国家高技术研究发展计划（863 计划）课题（200812Z106）
国家自然科学基金项目（40801166）
联合资助

# 遥感数字图像处理与应用

冯学智　　肖鹏峰　　赵书河
佘江峰　　安　如　　储征伟　　等编著

商务印书馆
2016 年·北京

### 图书在版编目(CIP)数据

遥感数字图像处理与应用/冯学智等编著. —北京:商务印书馆,2011(2016.9 重印)

ISBN 978-7-100-08554-0

Ⅰ.①遥… Ⅱ.①冯… Ⅲ.①遥感图像-数字图像处理 Ⅳ.①TP751.1

中国版本图书馆 CIP 数据核字(2011)第 173916 号

所有权利保留。
未经许可,不得以任何方式使用。

**遥感数字图像处理与应用**
冯学智　肖鹏峰　赵书河
佘江峰　安　如　储征伟　等编著

商 务 印 书 馆 出 版
(北京王府井大街36号　邮政编码 100710)
商 务 印 书 馆 发 行
北 京 冠 中 印 刷 厂 印 刷
ISBN 978-7-100-08554-0

2011 年 10 月第 1 版　　开本 787×1092　1/16
2016 年 9 月北京第 2 次印刷　印张 20½
定价:39.00 元

# 内 容 简 介

《遥感数字图像处理与应用》是南京大学"985学科建设"项目的主要研究成果之一,同时也是南京大学地理教学丛书的重要组成部分。本书基于遥感数字图像的成像原理和信息表征,首先系统介绍了遥感数字图像恢复处理、增强处理、融合处理和分类处理的相关理论、技术方法与基本内涵,然后根据遥感数字图像应用的最新研究成果和应用实践,着重论述遥感数字图像分割与遥感数字图像匹配的主要学术思想与技术路线。内容共分九章,第一章介绍遥感数字图像的成像原理,第二章阐述遥感数字图像的信息特征,第三章至第六章介绍遥感数字图像的恢复处理、增强处理、融合处理和分类处理的基本理论与技术方法,第七章和第八章分别介绍遥感数字图像的分割处理和匹配技术,第九章主要介绍与遥感数字图像处理相关的一些主要应用技术。

本书紧跟遥感数字图像处理技术发展的步伐,内容新颖丰富,知识覆盖面广,概念清晰,结构合理。可作为大专院校相关专业本科生的学习教材和研究生的主要参考书,同时也可供相关科技人员阅读参考。

# 编撰委员会

冯学智　南京大学地理信息科学系
肖鹏峰　南京大学地理信息科学系
赵书河　南京大学地理信息科学系
佘江峰　南京大学地理信息科学系
安　如　河海大学地球科学与工程学院
储征伟　南京市测绘勘察研究院
阮仁宗　河海大学地球科学与工程学院
张秀英　南京大学国际地球系统科学研究所
王得玉　南京邮电大学地理与生物信息学院
王培法　南京信息工程大学遥感学院
张　运　安徽师范大学国土资源与旅游学院
周立国　复旦大学环境科学与工程系
赵好好　南京信息工程大学遥感学院
韩文泉　南京市测绘勘察研究院
黄秋燕　广西师范学院资源与环境科学学院
吴桂平　南京大学地理信息科学系

# 前　　言

　　遥感是以军事为目的的空对地观测技术而逐渐演化为民用的一种高新科学技术，它将不同性能的传感器以不同的运载方式送入距地球一定高度的运行轨道，实现对地表物体与过程的空对地观测，并借助信息传输工具将观测结果实时发送到地面，通过地面的接收、解码与分析系统的处理、认知，获取观测信息，为进一步认知地球、合理开发和利用地球资源与环境保护提供强有力的技术支撑。遥感已经形成一套较为完整的"应用卫星和卫星应用"的理论体系，技术方法也不断完善，并逐步向"遥感科学"过渡。

　　目前，遥感的多平台已逐步形成从不同高度对地进行观测的立体观测网，遥感的多传感器已从框幅式光学相机、全景相机到光电扫描仪、CCD 扫描仪直至微波散射计、激光扫描仪和合成孔径雷达，几乎覆盖了可透过大气窗口的所有电磁波段。遥感的多角度则从三行的 CCD 阵列同时得到三个角度的扫描成像到 EOS AM-1（Terra）卫星上的 MISR 同时从九个角度对地成像，使多星种、多尺度的对地观测信息获取成为可能。

　　同时，传感器的分辨率已基本完成了从中分辨率到高分辨率的改进，IKONOS 和 QuickBird 的空间分辨率已达到米级和亚米级。时间分辨率已从单星 30 天左右的重复观测周期提高到 4～1/4 天的多星往返过程的补充。波谱分辨率则主要反映在由可见光、近红外向微波波段的进一步延伸，由多光谱向高光谱波段的进一步细化，在轨的 EOS AM-1（Terra）和 EOS DM-1（Aqua）卫星上的 MODIS 传感器已具有 36 个波段的中分辨率成像光谱仪，EOS-1 高光谱遥感卫星已具有 220 个波段。这些发展使得全天候、多极化的卫星探测信息成为可能，它不仅可直接获得地表的几何形态信息，还可间接获得地表的物化参数信息，全色波段的完善还可以获得地表的真三维信息。

　　随着遥感图像空间分辨率、波谱分辨率和时间分辨率的不断提高，遥感信息的分析与处理技术也得到长足的发展，从遥感图像中提取定量生物物理参数和土地利用与覆盖信息的能力大大增强。在图像匹配的基础上，遥感图像信息的智能化或自动识别技术将主要集中在图像数据的融合及基于统计和结构的目标识别与分类技术。在这一发展过程中，应用卫星将逐步从静态、二维、三维的信息获取向三维动态方向演化，定性描述将逐步向定量的表达过渡，资源探测的应用将逐渐迈向环境研究的实践。而且，随着各类空间数据库的建立和大量新的遥感数据的出现，实时的自动化监测已成为研究的热点。若将图像目标的三维重建与变化监测同步进行，可实现三维变化监测和数据库的自动更新。通过对地表的遥感和全定量化遥感技术的反演，可获得有关地物目标的几何与物理特性。随着成像机理、波谱特征和大气模型研究的进一步深入，几何与物理方程式的全定量化遥感方法正逐步从理论研究走向实用化。

在此背景下，作为多年研究成果的总结和"遥感数字图像处理"等本科课程的教学经验积累，《遥感数字图像处理与应用》基于遥感数字图像的成像原理和信息表征，首先系统介绍了遥感数字图像恢复处理、增强处理、融合处理和分类处理的相关理论、技术方法与基本内涵，然后根据遥感数字图像应用的最新研究成果和应用实践，着重论述遥感数字图像分割与遥感数字图像匹配的主要学术思想与技术路线。内容共分九章，第一章介绍遥感数字图像的成像原理，第二章阐述遥感数字图像的信息特征，第三章至第六章介绍遥感数字图像的恢复处理、增强处理、融合处理和分类处理等的基本理论与技术方法，第七章和第八章则分别介绍遥感数字图像的分割处理和匹配技术，第九章则主要介绍与遥感数字图像处理相关的一些主要应用技术。内容上力求"新、广、深"，即不仅要有一定的深度和广度，还要反映本学科的新动向和新内容，强调其内容的科学性、系统性和完整性。

本书是南京大学"985学科建设"项目的研究成果之一，同时也是南京大学地理教学丛书的组成部分。在编撰和出版过程中，得到国家高技术研究发展计划（863计划）课题"高空间分辨率卫星图像分割的新型技术研究"（200812Z106）、国家自然科学基金项目"基于频域特征的高空间分辨率卫星图像多尺度分割方法研究"（40801166）、国家自然科学基金项目"飞行器导航图像匹配理论与方法研究"（40771137）、国家自然科学基金项目"高分辨率遥感数据决策级融合方法研究"（40501047）的资助和支持。

本书是南京大学地理信息系统与遥感实验室全体科研人员共同努力的结果，由实验室主任冯学智教授拟定编撰大纲，并以他长期讲授的"遥感数字图像处理"课程讲稿为蓝本，几经讨论和修改，增加了部分博士学位论文的最新研究成果，形成本书的基本框架和内容，由编撰人员分别撰写。其中：第一章由冯学智、周立国、黄秋燕、赵书河、储征伟执笔，第二章由冯学智、张秀英、张运执笔，第三章由王得玉、赵好好执笔，第四章由王培法、肖鹏峰、储征伟执笔，第五章由赵书河执笔，第六章由佘江峰、张运、吴桂平、黄秋燕、韩文泉执笔，第七章由肖鹏峰、王培法执笔，第八章由安如执笔，第九章由阮仁宗执笔。

本书在编写过程中得到学校、院系有关领导的关心和支持。黄杏元、李满春、柯长青等教授给予指导和帮助,王周龙、邱新法、康国定、李虎、谢士杰、林广发、赵萍、Behara Satyanarayana、Elnazir Ramadan、张友水、徐春燕、叶盛等博士及 Rami Badawi、冯莉等博士研究生提供了相关素材,为本书的完稿做了有益的工作。闻春晶、姜红丹、肖凯等研究生参与了资料整理和部分撰写工作,在此一并致以诚挚的谢意。本书由冯学智、肖鹏峰进行了最后统稿与定稿,黄秋燕、吴桂平、王珂、李晖、林金堂、王剑庚、李云等博士生参与了统稿、校核及部分插图的编辑与修改工作。

本书与已出版的《"3S"技术与集成》、《数字地球导论》等教材关系密切,既相互补充,又相对独立。同时,本书与《"3S"技术与集成》一书中的个别内容略有重叠,仅为了便于读者阅读和查阅。此外,限于作者的水平和经验,书中错谬之处在所难免,抛砖引玉,恳请读者批评指正。

作 者

2009 年 9 月

# 目 录

**第一章 遥感图像的成像原理** ············································································ 1
 §1.1 电磁波谱特性 ······················································································ 2
  1.1.1 电磁波谱概述 ················································································ 2
  1.1.2 电磁波谱特性 ················································································ 6
 §1.2 地物波谱特性 ····················································································· 12
  1.2.1 地物的光谱特征 ············································································ 13
  1.2.2 典型地物的光谱特征 ······································································ 15
 §1.3 遥感的波段选择 ·················································································· 19
  1.3.1 遥感波段的设置 ············································································ 20
  1.3.2 常用的传感器与遥感卫星 ································································ 22
 §1.4 遥感成像过程 ····················································································· 29
  1.4.1 传感器工作原理 ············································································ 29
  1.4.2 遥感图像传输模型 ········································································· 31
  1.4.3 遥感图像处理简介 ········································································· 32
 参考文献 ··································································································· 34

**第二章 遥感图像的信息特征** ············································································ 35
 §2.1 遥感图像的数学表达 ············································································ 35
  2.1.1 遥感图像的函数形式 ······································································ 35
  2.1.2 遥感图像的参数特点 ······································································ 36
 §2.2 遥感图像的亮度响应 ············································································ 42
  2.2.1 亮度的数值表示 ············································································ 42
  2.2.2 亮度的统计分析 ············································································ 44
 §2.3 遥感图像的特征描述 ············································································ 48
  2.3.1 空间位置关系特征 ········································································· 48
  2.3.2 纹理特征 ······················································································ 54
  2.3.3 几何特征(形状特征) ······································································ 61
 参考文献 ··································································································· 65

## 第三章 遥感图像的恢复处理 ............ 66

### §3.1 几何校正 ............ 67
#### 3.1.1 几何精校正过程 ............ 67
#### 3.1.2 几何校正中的几个问题 ............ 71

### §3.2 辐射校正 ............ 73
#### 3.2.1 传感器端的辐射校正 ............ 73
#### 3.2.2 噪音消除 ............ 74
#### 3.2.3 日地距离校正和太阳高度角校正 ............ 76
#### 3.2.4 地形辐射校正 ............ 77

### §3.3 大气校正 ............ 78
#### 3.3.1 大气对遥感的影响 ............ 78
#### 3.3.2 常用的大气校正方法 ............ 80
#### 3.3.3 大气校正的实例 ............ 81

### §3.4 投影校正 ............ 87
#### 3.4.1 中心投影 ............ 88
#### 3.4.2 多中心投影 ............ 89
#### 3.4.3 中心投影图像的投影校正 ............ 95
#### 3.4.4 多中心投影图像的投影校正 ............ 96
#### 3.4.5 SAR 图像的投影校正 ............ 97

### §3.5 阴影去除 ............ 98
#### 3.5.1 阴影检测 ............ 98
#### 3.5.2 阴影消除 ............ 101

### 参考文献 ............ 103

## 第四章 遥感图像的增强处理 ............ 105

### §4.1 对比度增强 ............ 105
#### 4.1.1 线性变换 ............ 106
#### 4.1.2 非线性变换 ............ 107
#### 4.1.3 直方图调整 ............ 108

### §4.2 空域滤波 ............ 112
#### 4.2.1 空域滤波基础 ............ 113
#### 4.2.2 平滑滤波 ............ 115
#### 4.2.3 边缘增强 ............ 117

### §4.3 频域滤波 ............ 122

    4.3.1 傅立叶变换及相关性质 ················································ 122
    4.3.2 图像频谱分析 ······························································ 125
    4.3.3 频域平滑 ······································································ 128
    4.3.4 频域锐化 ······································································ 130
    4.3.5 同态滤波 ······································································ 131
  §4.4 波谱增强 ················································································ 132
    4.4.1 图像特征空间及多元统计 ············································ 132
    4.4.2 K-L 变换 ······································································ 134
    4.4.3 K-T 变换 ······································································ 136
  参考文献 ·························································································· 137
第五章 遥感图像的融合处理 ································································ 138
  §5.1 图像融合的原理 ···································································· 139
    5.1.1 图像融合的含义 ···························································· 139
    5.1.2 图像融合的内容 ···························································· 141
  §5.2 图像融合的方法 ···································································· 142
    5.2.1 像元级图像融合方法 ···················································· 142
    5.2.2 特征级图像融合方法 ···················································· 147
    5.2.3 决策级图像融合方法 ···················································· 150
  §5.3 融合示例 ················································································ 153
  §5.4 方法的评价 ············································································ 155
    5.4.1 定性的评价 ···································································· 155
    5.4.2 定量的评价 ···································································· 156
    5.4.3 方法的比较 ···································································· 159
  参考文献 ·························································································· 160
第六章 遥感图像的分类处理 ································································ 164
  §6.1 图像分类的原理 ···································································· 164
    6.1.1 分类问题的提出 ···························································· 164
    6.1.2 分类的内容 ···································································· 166
  §6.2 非监督分类 ············································································ 166
    6.2.1 ISODATA 分类方法 ······················································ 167
    6.2.2 Cluster 分类方法 ·························································· 171
    6.2.3 数据挖掘技术的应用 ···················································· 175
  §6.3 监督分类 ················································································ 182

6.3.1　监督分类原理 …………………………………………………………… 182
　　6.3.2　分类过程 ……………………………………………………………… 184
　　6.3.3　最大似然比方法 ……………………………………………………… 187
　　6.3.4　神经网络的分类方法 ………………………………………………… 189
　　6.3.5　专家分类器的应用 …………………………………………………… 192
参考文献 ……………………………………………………………………………… 196

## 第七章　遥感图像的分割技术 …………………………………………………… 197
§7.1　图像分割的原理 …………………………………………………………… 197
　　7.1.1　图像分割的含义 ……………………………………………………… 197
　　7.1.2　图像分割的内容 ……………………………………………………… 198
§7.2　基于边界的分割 …………………………………………………………… 199
　　7.2.1　边缘检测 ……………………………………………………………… 199
　　7.2.2　边缘连接 ……………………………………………………………… 205
§7.3　基于区域的分割 …………………………………………………………… 210
　　7.3.1　阈值分割 ……………………………………………………………… 210
　　7.3.2　区域生长 ……………………………………………………………… 214
　　7.3.3　分裂-合并 …………………………………………………………… 215
§7.4　边界与区域结合的分割 …………………………………………………… 216
　　7.4.1　分水岭变换 …………………………………………………………… 217
　　7.4.2　区域标记 ……………………………………………………………… 220
§7.5　图像分割评价 ……………………………………………………………… 221
参考文献 ……………………………………………………………………………… 223

## 第八章　遥感图像的匹配技术 …………………………………………………… 226
§8.1　图像匹配的原理 …………………………………………………………… 226
　　8.1.1　匹配的定义 …………………………………………………………… 226
　　8.1.2　匹配的描述 …………………………………………………………… 229
　　8.1.3　匹配的内容 …………………………………………………………… 229
§8.2　基于像元亮度的匹配 ……………………………………………………… 232
　　8.2.1　互相关方法 …………………………………………………………… 232
　　8.2.2　傅立叶变换方法 ……………………………………………………… 233
　　8.2.3　互信息方法 …………………………………………………………… 234
　　8.2.4　优化方法 ……………………………………………………………… 237
§8.3　基于图像特征的匹配 ……………………………………………………… 238

- 8.3.1 特征探测 ································································· 239
- 8.3.2 利用空间关系的匹配 ················································ 240
- 8.3.3 利用不变描述子的匹配 ·············································· 242
- 8.3.4 利用松弛算法的匹配 ················································ 245
- 8.3.5 金字塔与小波方法的应用 ··········································· 247

§8.4 匹配示例与应用 ···························································· 248
- 8.4.1 匹配示例 ····························································· 249
- 8.4.2 技术应用 ····························································· 255

参考文献 ················································································ 262

# 第九章 遥感图像的应用技术 ·················································· 267

§9.1 遥感在资源调查中的应用 ················································ 267
- 9.1.1 土地资源调查 ······················································· 267
- 9.1.2 水资源调查 ·························································· 269
- 9.1.3 草地资源调查 ······················································· 272
- 9.1.4 渔业资源调查 ······················································· 272

§9.2 遥感在环境评价中的应用 ················································ 274
- 9.2.1 水环境遥感 ·························································· 274
- 9.2.2 生态环境遥感 ······················································· 276
- 9.2.3 大气环境遥感 ······················································· 278

§9.3 遥感在灾害监测中的应用 ················································ 279
- 9.3.1 水灾监测 ····························································· 279
- 9.3.2 旱灾监测 ····························································· 281
- 9.3.3 雪灾监测 ····························································· 287
- 9.3.4 沙漠化监测 ·························································· 291
- 9.3.5 地震监测 ····························································· 295

§9.4 遥感在城市研究中的应用 ················································ 297
- 9.4.1 遥感用于城市空间信息提取 ······································· 297
- 9.4.2 城市热岛效应的研究 ··············································· 301
- 9.4.3 遥感在城市人口方面的应用 ······································· 303
- 9.4.4 遥感在城市规划中的应用 ·········································· 306

参考文献 ················································································ 311

# 第一章 遥感图像的成像原理

遥感(RS)是以军事为目的的空对地观测技术而逐渐演化为民用的一种高新技术。遥感的主体是将不同性能的观测仪器用不同的载体送入距地球一定的高度实现对地表的空对地观测,并将观测结果发送地面,通过地面接收系统的接收、解码及分析系统的处理、认识获取观测信息,为进一步认识地球、合理开发利用地球资源和整治环境提供强有力的技术支撑。遥感的主要内容可概括为以下几个方面:(1)植被、土壤、水体、岩石等地物的电磁波特性研究,特别是地物在可见光-近红外、热红外和微波(包括雷达)等电磁波谱段的反射、辐射特性研究;(2)运载工具和遥感传感器的研究,运载工具主要涉及卫星、飞机、气球、地面铁塔等遥感平台,传感器则主要指多光谱、高光谱和微波等遥感类型;(3)地面接收系统和预处理系统的研究;(4)遥感应用技术的研究,主要指为特定应用目的而发展的遥感图像的处理、分析技术以及遥感信息的应用技术。

利用遥感技术,人们总能得到反映对地观测的如下信息:

$$R.S. IMAGE = f(x,y,z,\lambda,t)$$

式中 $x,y$ 为空间位置参数,$z$ 为对应于 $(x,y)$ 的观测值,$\lambda$ 为获取观测值时所使用的电磁波长,$t$ 为观测周期。

从对地观测信息的表达式中可以看出,地物的电磁波特性是遥感图像表征的重要参数之一,也就是说遥感图像是特定条件下电磁波与地表相互作用的一种记录。因此,掌握被观测物体的电磁波谱特性及地物的反射光谱特征是理解遥感信息的基础,它是正确、有效地分析和处理遥感图像的必备内容。基于这一前提,本章主要介绍遥感图像(主要指遥感数字图像,下同)处理的部分物理基础,即遥感图像的成像原理,首先概述电磁波谱特性,并简要阐述典型地物的反射光谱与反射光谱特征;在此基础上分析遥感波段的设置,并介绍常用的遥感卫星与卫星传感器;最后从遥感传感器的工作原理、遥感的成像过程及遥感图像传输模型推出遥感图像处理所涉及的主要内容和技术方法。

## §1.1 电磁波谱特性

### 1.1.1 电磁波谱概述

遥感是指不直接接触物体,应用各种传感仪器对远距离目标所辐射和反射的电磁波信息,进行收集、处理,并最后成像,实现对地面各种景物进行探测和识别的一种对地观测综合技术。任何物体具有不同的电磁波反射或辐射特征,地物反射或发射的电磁波信息经过地球大气到达遥感传感器,传感器根据地物对电磁波的反射强度以不同的亮度记录下来,形成遥感图像。因此,遥感图像实质上是电磁辐射与地表相互作用的一种记录。电磁波及其基本特性是理解遥感图像成像原理的基础。

电磁波是电磁场的一种运动形态。根据麦克斯韦电磁场理论,空间任何一处只要存在着场,也就存在着能量,变化的电场能够在它的周围空间激起磁场,而变化的磁场又会在它的周围感应出变化的电场。这种变化的电磁场在空间传播,形成电磁波。实际上电磁振荡是沿着各个不同方向传播的。这种电磁能量的传递过程(包括辐射、吸收、反射和透射等)称为电磁辐射。

电磁波属横波,具有时、空周期性。电磁波的时、空周期性可以由波动方程的波函数来表示,如图 1-1 所示。

单一波长电磁波的一般函数表达式为:

$$\psi = A\sin[(\omega t - kx) + \varphi] \quad (1-1)$$

式中,$\psi$—波函数(表示电场强度);$A$—振幅;$(\omega t - kx) + \varphi$—位相;$\varphi$—初相位;$\omega = 2\pi/T$—圆频率;$k = 2\pi/\lambda$—圆波数;$t、x$—时、空变量($t$ 表示时间,$x$ 表示距离)。波函数由振幅和相位组成。一般传感器仅记录电磁波的振幅信息,舍弃相位信息;在全息摄影中,除了记录电磁波的振幅信息,同时也记录相位信息。

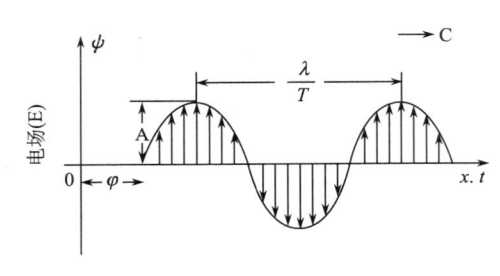

图 1-1 波函数图解[1]

按电磁波在真空中的波长或频率来划分,称电磁波谱。波谱区的划分没有明确的物理定义,因而界线并非严格、固定,是一种相互渗透的过渡关系,电磁波谱图如图 1-2 所示。如将电磁波的波段频率由低至高依次排列,分别是无线电波、红外线(远红外、中红外、近红外)、可见光、紫外线、X 射线、γ 射线及宇宙射线。各种电磁波的波长之所以不同,是由于产生电磁波的波源不同。如无线电波是由电磁振荡发射的,微波利用谐振腔及波导管激励与传输,通过微波天线向空间发射产生;红外辐射由分子的振动和转动能级跃迁时产生;可见光与近紫外辐射是由于原子、分子中的外层电子跃迁产生;紫外线、X射线和γ射线是由内层电子的跃迁和原子核内状态的变化产生;宇宙射线则是来自宇宙空间。

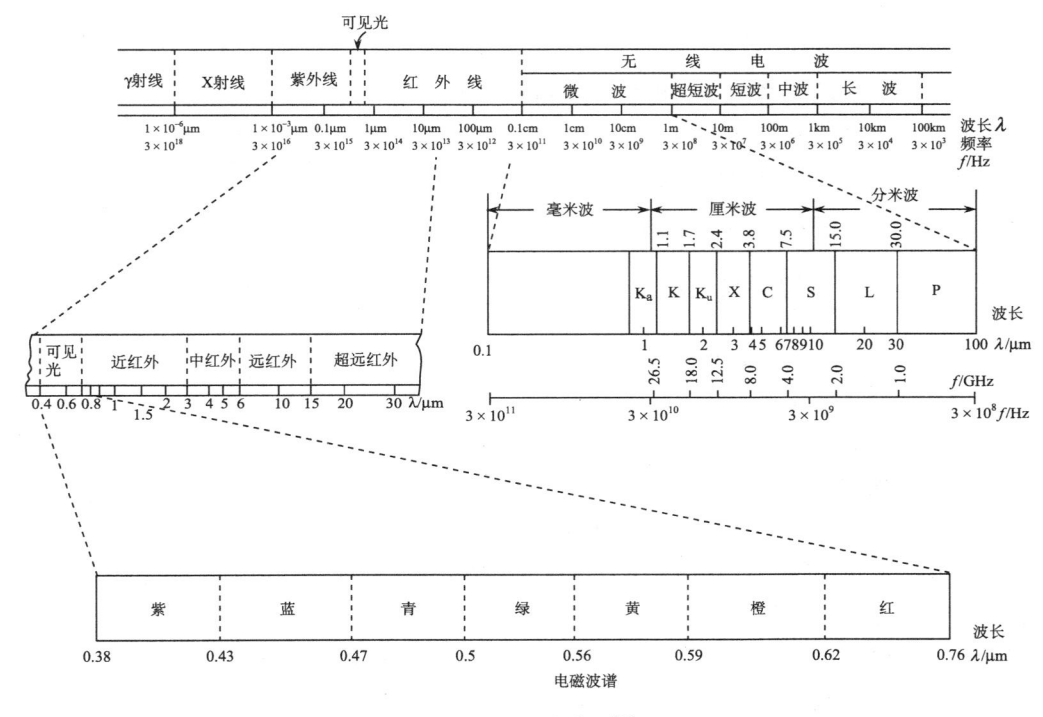

图 1-2 电磁波谱图[2]

在电磁波谱中,各种类型的电磁波,由于波长(或频率)的不同,它们的性质有较大的差别。如可见光可被人眼直接感觉到,看到物体各种颜色;红外线能克服夜障;微波可穿透云、雾、烟、雨等。但它们也具有共同性:

(1) 各种类型电磁波在真空(或空气)中传播的速度相同,都等于光速:$c = 3 \times 10^8 \text{m/s}$。

(2) 遵守统一的反射、折射、干涉、衍射及偏振定律。

(3) 电磁波具有波粒二象性。干涉、衍射、偏振和色散等现象均是电磁辐射波动性的表现。电磁波的粒子(量子)性,是指电磁波是由密集的光子微粒组成的,电磁辐射实质上是光子微粒流的有规律运动,波是光子微粒流的宏观统计平均状态,粒子是波的微观量子化。电磁辐射在传播过程中,主要表现为波动性;当电磁辐射与物质相互作用时,主要表现为粒子性,这即谓电磁波的波粒二象性。遥感传感器所探测到的是目标物在单位时间辐射(反射或发射)的能量,由于电磁辐射的粒子性,所以某时刻到达传感器的电磁辐射能量才具有统计性。电磁波的波长不同,其波动性和粒子性所表现的程度也不同,一般而言,波长愈短,辐射的粒子特性愈明显,波长愈长,辐射波动特性愈明显。充分利用电磁波波粒二象性这两方面特性,遥感技术就可探测到目标物电磁辐射信息。

遥感技术采用的电磁波波段主要集中在紫外波段到微波波段。可见光波段、红外波段和微波波段是目前遥感技术最常使用的波段,其中红外波段又可进一步划分为近红外、中红外、远红外波段。由于电磁波的波长不同,遥感技术使用的电磁波波段对地观测的特点也有较明显的差别。

### 1. 可见光

可见光波长为 $0.38\text{-}0.76\mu m$。在电磁波谱中,可见光仅占一个极狭窄的区间。可见光是原子或分子内的电子运动状态改变时所发出的电磁波。可见光是人视觉能感受到"光亮"的电磁波。当可见光进入人眼时,人眼的主观感觉依波长从长到短表现为红色($0.62\text{-}0.76\mu m$)、橙色($0.59\text{-}0.62\mu m$)、黄色($0.56\text{-}0.59\mu m$)、绿色($0.50\text{-}0.56\mu m$)、青色($0.47\text{-}0.50\mu m$)、蓝色($0.43\text{-}0.47\mu m$)和紫色($0.38\text{-}0.43\mu m$)。可见光属电磁波,具有反射、透射、散射和吸收等特性,且不同地物反射、透射、散射和吸收可见光的特性不同。人眼对可见光波段的电磁辐射具有连续响应的能力,对可见光不同波段的单色光也可直接感应。因此,利用各种不同地物在可见光波段的辐射特性及人眼感应可见光波段电磁辐射的特性,便可将不同地物区分出来。可见光是遥感技术中鉴别物质特征的主要波段。可见光主要来自反射太阳的短波辐射,只能在白天有日照的情况下工作,不能透过云、雨、烟雾等。

### 2. 近红外

近红外波长在 $0.76\text{-}3.0\mu m$,介于可见光和中红外区间的电磁波,在性质上与可见光十分相似,故又称光红外。由于近红外主要是地表面反射太阳的红外辐射,因此也称为反射红外。近红外是人们最早发现的非可见光区域,其中的 $0.76\text{-}1.2\mu m$ 可以使胶片感光,又称摄影红外。$1.2\text{-}3.0\mu m$ 处于发射红外波段内,主要反映地物的热辐射特性。近红外也是遥感技术中常用的波段。

### 3. 中红外

中红外的波长在 $3.0\text{-}6.0\mu m$ 之间,在电磁波谱中位于近红外的外侧。与近红外反射特性不同,中红外属热辐射。自然界中任何物体,当温度高于绝对温度($-273.15℃$)时,均能向外辐射红外线。其辐射能量的强度和波谱分布位置与物质表面状态有关,它是物质内部组成和温度的函数。由于这种辐射依赖于温度,故称"热辐射"。

物体在常温范围内发射红外线的波长多在 3-4$\mu m$ 之间,而 15$\mu m$ 以上的超远红外线易被大气和水分子吸收。在红外遥感中主要利用 3-5$\mu m$ 的中红外波段,这一波段对火灾、活火山等高温目标的识别敏感,常用于捕捉高温信息,进行各类火灾、活火山、火箭发射等高温目标的识别、监测。特别是对于森林火灾,它不仅可清楚地显示火点、火线的形状、大小、位置,且对小的隐火、残火也有很强的识别能力。中红外是利用地物本身的热辐射特性工作,不仅白天可以工作,晚上也可以工作,但受大气吸收和散射的影响,中红外不能在云、雨、雾天工作。

### 4. 远红外

远红外的波长为 6-15$\mu m$,是红外线中波长最长的一段红外线。远红外属一种不可见光,但却具备可见光所具有的一切物理特性,并有明显的热辐射特性。红外具有发射特性,与可见光一样不需要任何媒介便可直接传导。与可见光相比,远红外具有独特的渗透性。其能量可作用到皮下组织一定深度,再通过血液循环,将能量达到深层组织及器官中,具有极强的穿透能力。远红外也具有可见光一样的吸收、共振性。根据基尔霍夫辐射定律:任何良好的辐射体,必然是良好的吸收体。在同一温度下,辐射体本领越大,其吸收本领越强,两者成正比关系,所有含远红外的物体,既可以辐射远红外线,也可以吸收远红外线,辐射与吸收对等,特别是 6-14$\mu m$ 远红外线和人体表面峰值正相匹配,形成最佳吸收并可转化为人体的内能,极为密切影响到人类生命的起源、发生和发展,所以又称这一波长范围的远红外线为生命光波。在遥感应用中,远红外与中红外均属热辐射,均是以热感应方式探测地物本身的辐射。有时可不受黑夜限制。由于远红外线波长较长,大气中穿透力强,远红外摄影时不受烟雾影响,透过很厚的大气层仍能拍摄到地面清晰的像片。受大气和水分子吸收作用影响,遥感中主要使用 8-14$\mu m$ 波段区间,主要是夜间成像。

### 5. 微波

微波也称超高频,波长在 1mm-1m 之间,它介于无线电波与远红外线之间,在使用中为了方便将它分为分米波、厘米波和毫米波。微波波段中,波长在 1-25cm 的波段专门用于雷达,其余部分用于电讯传输。具体应用中常以一些更狭窄的具体波段名称,如 S 波段(10cm),C 波段(5cm),X 波段(3cm),K 波段(1.25cm)。微波同低频无线电波一样,具有电磁波所共有的一些本质属性。但是,由于微波频率高,波长短,它又具有区别其他频率电磁波的某些特性:(1)高频特性。微波的振荡频率极高,每秒在 3 亿次以上。由于频率比低频无线电波提高了几个数量级，一些在低频段并不显著的效应在微波波段就能非常明显地表现出来。微波遥感中利用微波高频特性，很容易区分出可见光与红外波段所不能区别的某些目标特性。(2) 短波特性。微波的波长比一般宏观物体如建筑物、船舰、飞机等的尺寸短得多，因此当微波波束照射到这些物体上时将产生显著的反射。这一特性对于雷达、导航和通信等应用都是很重要的。(3) 散射特性。当电磁波入射到某物体上时，波除了会沿入射波相反方向产生部分反射外还会在其他方向上产生散射，我们称该物体为散射体，散射是入射波与散射体相互作用的结果，故散射波中携带有关于散射体的频域、时域、相位、极化等多种信息，人们可通过对不同物体散射特性的检测，从中提取目标信息从而进行目标识别，这是实现微波遥感、雷达成像等的基础。(4) 穿透性。微波能穿透高空电离层。微波这一特点被用来进行卫星通信和宇航通信。与红外波相比，微波的波长比红外线波长长得多，散射小，在大气中衰减较少，对云层、雨区的穿透能力极强，基本不受烟、云、雨、雾的限制，具有全天时全天候遥感探测能力。(5) 量子特性。低频无线电波的频率很低，量子能量甚小，故其量子特性不显著。与微波频率相应的量子能量范围是 $10^{-5}$—$10^{-2}$ eV，在低功率电平下，微波的量子特性将明显地表现出来，当微波与物质相互作用时，不能忽略这种量子效应。微波独特的电磁波特性使其发展非常迅速，是目前最具有发展潜力的遥感波段。

## 1.1.2 电磁波谱特性

遥感图像是地球上及遥远宇宙天体上的各种物体的电磁波辐射特性（简称电磁波谱特性）的反映，特别是电磁波辐射和物质相互作用的反映。电磁辐射通过气体、液体或固体等介质时，其强度、波长、传播方向和偏振面等，将在传播过程中发生变化，产生反射、折射、散射、吸收等现象。了解电磁波与物质作用的波谱特性是遥感技术及其应用研究发展的重要基础。

**1. 反射特性**

当电磁辐射能到达两种不同介质的分界面时，入射能量的一部分或全部返回原介质的现象，称之为反射。不同地物对入射电磁波的反射能力是不一样的，通常采用反射率来表示。反射率是波长的函数，故称为光谱反射率 $\rho(\lambda)$。光谱反射率 $\rho(\lambda)$ 定义为：

$$\rho(\lambda) = E_R(\lambda)/E_I(\lambda) \tag{1-2}$$

其中，$E_R(\lambda)$ 为反射电磁波能量，$E_I(\lambda)$ 为入射电磁波能量，反射率 $\rho(\lambda)$ 以百分数表示。介质不同，电磁波的反射特性也不同。电磁波的反射特性是遥感技术重要的基础理论。

物体对电磁波反射表现为镜面反射、漫反射、方向反射 3 种形式,如图 1-3 所示。

镜面反射　　　　漫反射　　　　方向反射

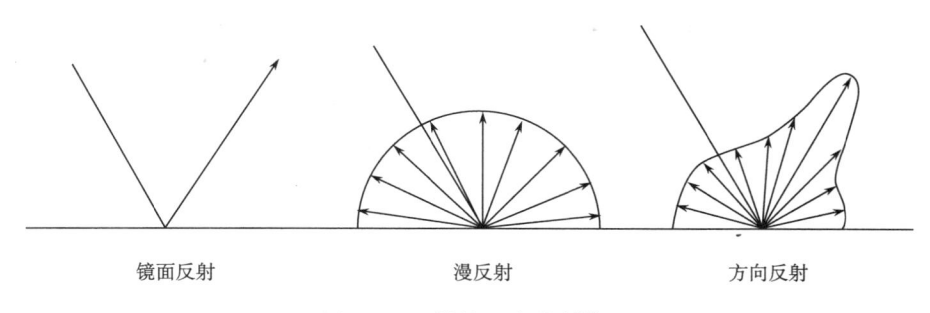

图 1-3　反射的 3 种形式[4]

当入射能量全部或几乎全部按相反方向反射,且反射角等于入射角,称为镜面反射。若表面相对于入射波长是光滑的,则出现镜面反射。对可见光而言,在镜面、光滑金属表面、平静水体表面均可发生镜面反射;而对微波而言,由于波长较长,故马路面也符合镜面反射规律。因此,在遥感器成像时间选择上,应避免中午成像,防止在遥感图像上形成镜面反射。

入射能量在所有方向均匀反射,即入射能量以入射点为中心,在整个半球空间内向四周各向同性地反射能量的现象,称为漫反射。一个完全的漫射体称为朗伯体。从任何角度观察朗伯体表面,其辐射亮度都相同。若表面相对于入射波长是粗糙的,即当入射波长比地表高度小或比地表组成物质粒度小时,则表面发生漫反射。如对可见光而言,土石路面、均一的草地表面均属漫射体。

朗伯体表面实际上是一个理想化的表面。它被假定为介质是均匀的、各向同性的,并在遥感中多用以作为近似的自然表面。但事实上,通过大量实验证明电磁辐射与地表相互作用表现出明显的方向性特征。自然界大多数地表既不完全是粗糙朗伯表面,也不完全是光滑的"镜面",而是介于两者之间的非朗伯表面。其反射并非各向同性,而是具有明显的方向性,即方向反射。镜面反射也可认为是方向反射的一个特例。

**2. 辐射特性**

能量以电磁波的形式由辐射源向空间传播,称电磁辐射。电磁的辐射特性实质是能量的传播。任何物体都可以是辐射源,不同的辐射源可以向外辐射不同强度和不同波长的辐射能量。遥感探测地物的过程实际上是对地物辐射能量的测定与分析。

电磁辐射能量测量采用国际单位制,主要有辐射能量、辐射通量、辐射通量密度、辐照度、辐射出射度、辐射强度、辐射亮度。电磁辐射是有能量的,它表现为被辐照的物体温度升高、改变物体的内部状态等各个方面,单位是焦耳(J)。辐射通量指在单位时间内通过某一面积的辐射能量,单位是瓦特(W)。辐射通量密度指单位面积上的辐射通量。辐射照度,简称辐照度,指投射到单位接收面积的辐射通量。辐射出射度,简称辐出度,指从辐射源表面单位面积发射出的辐射通量,其中单位波长间隔内的辐射出射度称光谱辐出度,其值一般与波长有关。辐射强度指点辐射源在单位立体角、单位时间内,向某一方向发出的辐射能量,单位为瓦/球面度($W \cdot sr^{-1}$)。辐射亮度指面辐射源在单位立体角、单位时间内,在某一升起于辐射方向单位面积(法向面积)上辐射出的辐射能量。即辐射源在单位投影面积上、单位立体角内的辐射能量,常用 L 表示,单位为瓦/米$^2$·球面度($W \cdot m^{-2} sr^{-1}$)。

黑体是指能够在热力学定律所允许的范围内、最大限度地把热能转变成辐射能的理想热辐射体,其发射率和吸收率都是 1。黑体电磁波辐射特性遵循普朗克辐射定律、斯特藩-玻耳兹曼定律和维恩位移定律。

对黑体辐射源,黑体辐射出射度($M$)与温度($T$)、波长($\lambda$)的关系符合普朗克热辐射定律(1-3)。

$$M(\lambda, T) = 2\pi hc^2 \lambda^{-5} \cdot \left[\exp\left(\frac{hc}{\lambda kT}\right) - 1\right]^{-1} \tag{1-3}$$

式中:$h$ 为普朗克常数,取值为 $6.626 \times 10^{-34}$ 焦·秒($J \cdot s$);$k$ 为玻耳兹曼常数,取值 $1.380\ 6 \times 10^{-23}$ 焦/开($J \cdot K^{-1}$);$c$ 为光速。

斯特藩-玻耳兹曼定律,见公式(1-4),

$$M(T) = \sigma T^4 \tag{1-4}$$

式中,$M(T)$ 为黑体表面发射的总能量,$\sigma$ 为斯-玻常数,取值 $5.669\ 7 \times 10^{-8}$ 焦/秒·米$^2$·开$^4$($J \cdot S^{-1} \cdot m^{-2} \cdot K^{-4}$),$T$ 为黑体温度。此式表明,黑体总辐射通量随温度的增加而迅速增加,它与温度的四次方成正比。因此,温度的微小变化,就会引起辐射通量密度很大的变化。这是红外装置测定温度的理论基础。

维恩位移定律描述了辐射能量峰值随温度升高向较短波长的方向偏移的规律,见公式(1-5)。式中,$\lambda_{max}$ 为辐射强度最大的波长,单位为 $\mu m$,$b$ 为常数,取值为 $2\ 898\mu m \cdot K$,$T$ 为热力学温度,单位为 K,

$$\lambda_{max} \cdot T = b \tag{1-5}$$

维恩位移定律表明,随着温度的升高,辐射最大值对应的峰值波长向短波方向移动。物体温度愈高,其单色辐射极大值所对应的波长愈短;反之,物体温度愈低,其辐射的波长愈长。高温地物发射波长较短的电磁波;低温地物发射波长较长的电磁波,常温地物,如地物为300K时,则发射峰值为$9.7\mu m$的红外线。遥感技术中利用维恩位移定律有助于对所要探测的目标进行最佳工作波段传感器的选择。

### 3. 大气窗口

由于大气分子和大气中的气溶胶粒子的影响,光线在透过大气的同时被吸收和散射,由此引起的电磁波衰减称作消光(Extinction),消光程度和电磁波的透过率直接有关。

表示消光程度的系数叫消光系数。若入射光亮度为$I_\lambda$,在吸收和散射物质密度为$\rho$的介质中通过光路长$ds$后,光亮度减弱了$dI_\lambda$,则消光系数表示为:

$$k_\lambda = -dI_\lambda/(\rho I_\lambda ds) \tag{1-6}$$

当太阳天顶角为$\theta$角时,则光线通过的路径会产生变化,这时其透过率$\tau(Z_1, Z_2, \theta)$可表达为:

$$\tau(Z_1, Z_2, \theta) = e^{-T(Z_1, Z_2)\sec\theta} \tag{1-7}$$

若入射光线的辐射照度为$E_0$,当通过高度$Z_1$到高度$Z_2$的大气层后,辐射照度为$E\tau$,则它们与透过率的关系为:

$$E\tau = E_0 e^{-T(Z_1, Z_2)\sec\theta} \tag{1-8}$$

有时将$\delta = T(Z_1, Z_2)\sec\theta$叫做衰减系数。它包含大气散射系数和吸收系数,因此又可写为:

$$\delta = \gamma + a \tag{1-9}$$

式中$\gamma$是散射系数,它取决于大气中气体分子、液态和固态杂质对电磁波的散射;$a$是吸收系数,它取决于大气中气体分子对电磁波的吸收。$\gamma$和$a$随波长不同而变化。可见光辐射的衰减以大气散射为主;紫外辐射与红外辐射的衰减以大气分子的选择性吸收为主。

由于大气对电磁波散射和吸收等因素的影响,使一部分波段的太阳辐射在大气中的透过率很小或者根本无法通过。对遥感传感器而言,只有选择透过率高的波段,观测才有意义。通常把电磁波通过大气层时较少被反射、吸收或散射的,透过率较高的波段称为大气窗口。为了利用地面目标反射或辐射的电磁波信息成像,遥感中对地物特性进行探测的电磁波"通道"应选择在大气窗口内。目前在遥感中使用的一些大气窗口为:

(1) $0.3$-$1.15\mu m$:包括部分紫外光、全部可见光和部分近红光。其中:

$0.3$-$0.4\mu m$,透过率约为70%;

$0.4$-$0.7\mu m$,透过率大于95%;

$0.7$-$1.1\mu m$,透过率约为80%。

(2) $1.4\text{-}1.9\mu m$：近红外窗口，透过率在60%-95%之间，其中$1.55\text{-}1.75\mu m$透过率较高。

(3) $2.0\text{-}2.5\mu m$：近红外窗口，透过率为80%。

(4) $3.5\text{-}5.0\mu m$：中红外窗口，透过率为60%-70%。

(5) $8.0\text{-}14.0\mu m$：热红外窗口，透过率为80%。

(6) $1.0\text{-}1.8mm$：微波窗口，透过率为35%-40%。

(7) $2.0\text{-}5.0mm$：微波窗口，透过率为50%-70%。

(8) $8.0\text{-}1\,000.0mm$：微波窗口，透过率为100%。

### 4. 大气吸收

除大气散射外，电磁辐射能穿过大气时，还受到大气分子等的吸收作用，而使能量衰减。大气吸收是将辐射能量转换成大气组成分子的运动。大气中对太阳辐射的主要吸收体是水汽、二氧化碳和臭氧。这些气体分子或蒸汽分子的吸收对波长是有选择性的。大气吸收波长和透射率关系图如1-4所示。

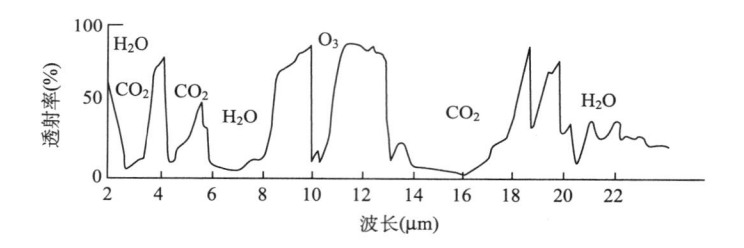

图1-4 大气吸收透射率图[3]

臭氧强吸收带主要位于$0.3\mu m$以下的紫外区的电磁波段，在$0.6\mu m$附近有一宽的弱吸收带，此外远红外$9.6\mu m$附近也有个强吸收带。虽然$O_3$在大气中含量很低，只占0.01%-0.1%，但是$O_3$对地球能量平衡起重要作用，$O_3$的吸收，阻碍了低层大气的辐射传播。

二氧化碳吸收带有若干个，强吸收带位于中-远红外区段的$2.7\mu m$、$4.3\mu m$、$14.5\mu m$附近，最强的吸收带出现在$13\text{-}17.5\mu m$的远红外波段。

水汽是对太阳辐射吸收最有效的物质，其吸收辐射是所有其他大气组分吸收辐射的几倍。水汽最重要的吸收带位于$2.5\text{-}3.0\mu m$、$5.5\text{-}7.0\mu m$和大于$27.0\mu m$处，这些区段水汽吸收可超过80%。在微波波段，水汽在$0.94mm$、$1.63mm$、$1.35cm$外有3个吸收峰。

此外，氧气对微波中$0.253cm$，$0.55cm$波长的电磁波也有吸收能力。甲烷、氧化氮、一氧化碳、氨气、硫化氢、氧化硫等也具有吸收电磁波的作用,但吸收率很低,可以忽略不计。

由于这些气体往往以特定的波长范围吸收电磁能量。因此,它们对任何给定的遥感系统影响很大。吸收的多少与波长有关。大气的选择性吸收,不仅能使气温升高,而且使太阳发射的连续光谱中的某些波段不能传播到地球表面。

**5. 大气散射**

电磁辐射在非均匀介质或各向异性介质中传播时,改变原来传播方向的现象称为散射。大气散射是电磁辐射能受到大气中微粒(大气分子或气溶胶等)的影响,而改变传播的方向。其散射依赖于微粒的大小、微粒的含量、辐射波长和能量传播穿过大气的厚度。散射的结果改变辐射方向,其中一部分上行被空中遥感器接收,一部分下行到达地表。

根据散射强度与波长的关系,大气散射有瑞利散射、米氏散射和无选择性散射3种形式。

1) 瑞利散射

当散射的大气粒子直径远小于入射电波波长($d \ll \lambda$)时,出现瑞利散射。气体分子如$O_2$、$N_2$等对可见光的散射均是瑞利散射。瑞利散射强度与波长的4次方成反比。波长越短,散射能力越强,且前向散射(指散射方向与入射方向夹角小于90度)与后向散射强度相同。瑞利散射多在9-10km的晴朗高空发生。在晴天,天空呈蓝色就是这个原因。瑞利散射对不同波长的电磁波有不同的散射能力,属于选择性散射。但是大气分子的密度、大小随着季节、纬度、气候条件而变动,不同地区上空大气的瑞利散射能力也是变化的。

2) 米氏散射

引起散射大气粒子的直径约等于入射波长 $d \cong \lambda$ 时,出现米氏散射。大气中悬浮微粒——霾、水滴、尘烟等气溶胶的散射均属米氏散射。与瑞利散射相比,米氏散射影响可见光及可见光以外的波段范围,影响波段范围更广。它的效果与波长密切相关,与瑞利散射不同的是,米氏散射的前向散射强于后向散射。

米氏散射与大气中微粒的结构、数量有关,其强度受气候影响较大。在大气低层0-5km,微粒更大,数量更多,散射最强。尽管在一般大气条件下,瑞利散射起主导作用,但米氏散射能够叠加于瑞利散射之上,使天空变得阴暗。

3) 无选择性散射

当引起散射的大气粒子直径远大于入射波长($d \gg \lambda$)时,出现无选择性散射,其散射强度与波长无关。大气中云、雾、水滴、尘埃的散射属此类。它一般直径 $5-100\mu m$,并大约同等地散射所有可见光、近红外波段。因此,无选择性散射对所有可见光区段即蓝、绿、红光散射是等量的,因而云、雾呈白色、灰白色。

遥感系统受大气散射影响极大。大气散射降低了太阳光直射的强度,改变了太阳辐射的方向,削弱了到达地面或地面向外的辐射,产生了漫反射的天空散射(天空辐射),增强了到达地面辐射和大气层本身的"亮度"。散射使地面阴影呈现暗色而不是黑色,使人们有可能在阴影处得到物体的部分信息。同时,散射使暗色物体表现得比它自身的要亮,使亮物体表现得比它自身的要暗。因此,大气散射导致遥感图像出现偏色、反差降低等现象,降低图像质量及图像上空间信息的表达能力。在遥感成像中,应尽量消除天空辐射的影响,如航空摄影时常用加滤光片的方法来消除天空光对成像的不良影响。

## §1.2 地物波谱特性

地表物体接收外来辐射能量的过程中,外来辐射能量经过较为稀疏的大气层向比较紧密的地表介质传播,到达地表物体的电磁波会出现入射能量被地物反射、吸收或者透射三种不同的现象。各种物体由于化学组分、物质结构及表面状态以及时间、空间环境的差别,它们对电磁辐射的反射、吸收、透射的能力是不相同的,即使同一个物体,它对各种波长的电磁辐射的响应也有很大差别,这种特性称为地物波谱特性。

当电磁辐射能量入射到地物表面上,将会出现 3 种过程:一部分入射能量被地物反射;一部分入射能量被地物吸收,成为地物本身内能或部分再发射出来;一部分入射能量被地物透射。

根据能量守恒定律可得:

$$E_0 = E_\rho + E_\alpha + E_\tau \tag{1-10}$$

式中:$E_0$ 为入射的总能量;$E_\rho$ 为地物的反射能量;$E_\alpha$ 为地物的吸收能量;$E_\tau$ 为地物的透射能量。

式(1-10)两端同除以 $E_0$,得:

$$\frac{E_\rho}{E_0} + \frac{E_\alpha}{E_0} + \frac{E_\tau}{E_0} = 1 \tag{1-11}$$

令 $\rho = E_\rho/E_0 \times 100\%$,即地物反射能量与入射总能量的百分率,称之为反射率;$\alpha = E_\alpha/E_0 \times 100\%$,即地物吸收能量与入射总能量的百分率,称之为吸收率;$\tau = E_\tau/$

$E_0 \times 100\%$,即地物透射的能量与入射总能量的百分率,称之为透射率。

则式(1-11)可写成:
$$\rho + \alpha + \tau = 1 \tag{1-12}$$

对于不透明的地物,透射率 $\tau = 0$,则(1-12)式可改写成为:
$$\rho + \alpha = 1 \tag{1-13}$$

该式表明,对于某一波段反射率高的地物,其吸收率就低,即为弱辐射体;反之,吸收率高的地物,其反射率就低。

### 1.2.1 地物的光谱特征

**1. 反射特性**

地物反射光谱特性是遥感数据正确识别的重要物理基础。地物的反射光谱特性指地物反射率随入射波长变化的规律。按地物反射率与入射波长之间关系所绘的曲线,称为地物反射光谱曲线。它的形状反映了地物的波谱特征。地物波谱特征受入射波的波长、入射角、偏振状况、物体的性质、表面状况及其周围环境等因素影响。地物反射率的大小,与入射波的波长、入射角的大小、地物的表面颜色及其表面粗糙度等因素有关。

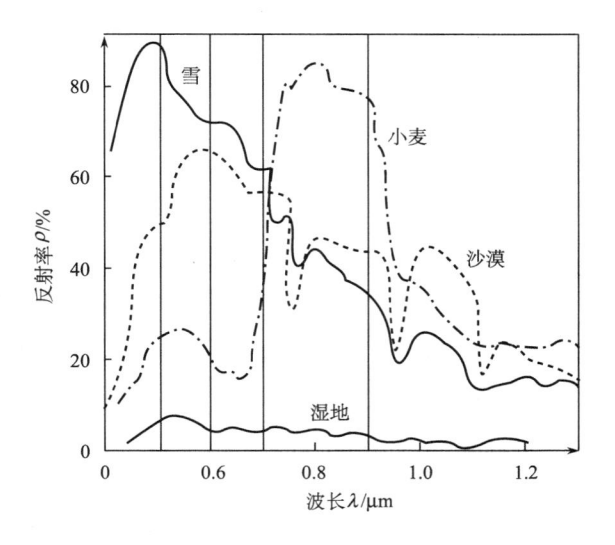

图 1-5 四种地物的反射光谱曲线[3]

图 1-5 为四种地物的反射光谱曲线。从图中曲线可以看到,雪的反射光谱与太阳光谱最相似,在蓝光 $0.49\mu m$ 附近有个波峰,随着波长增加反射率逐渐降低。沙漠的反射率在橙色 $0.6\mu m$ 附近有峰值,但在 $0.8$-$1.2\mu m$ 的长波范围中,沙漠的反射率比雪的

反射率高。湿地的反射率较低。小麦叶子的反射光谱与太阳的光谱有很大差别,在绿波处有个反射波峰,在红外部分 0.7-0.9μm 附近有一个强峰值。

一般而言,反射入射波能力强的地物,反射率大,传感器记录的亮度值大,在图像上呈现浅色调;反射入射波能力弱的地物。反射率小,传感器记录的亮度值小,图在像上呈现深色调。这些色调差异的变化是遥感图像信息识别的重要标志之一。

**2. 发射特性**

任何地物,不论其形态如何,当温度高于绝对温度零度 K 时,组成物质的原子、分子等微粒,在不停地做热运动,都有向周围空间辐射红外线和微波的能力,称地物的发射特性。在遥感技术中,量测物体电磁波发射强度的标准是其发射系数或发射率,而物体电磁波的发射系数或发射率又是以黑体辐射作为基准的。

黑体辐射是物理学上的理想体,在自然界并不存在,但黑体可以在实验室中进行模拟。斯特藩-玻耳兹曼定律、维恩位移定律仅适用黑体辐射,反映黑体辐射的出射度与温度、波长的定量关系。在自然界中,一般地物辐射能量总要比同温度下的黑体辐射总能量小。因此,在利用黑体辐射有关公式时,需要增加一个因子,这个因子就是发射率($\varepsilon_\lambda$),或称"比辐射率"。

对于某一波长来说,某地物的发射率为:

$$\varepsilon_\lambda = \frac{M'}{M} \tag{1-14}$$

其中,$M'$ 指观测地物发射的某一波长的辐射通量密度;$M$ 指与观测地物同温度下黑体的辐射通量密度。

发射率根据物质的介电常数、表面的粗糙度、温度、波长、观测方向等条件而变化,取 0 到 1 之间的值。物体发射红外线的强度与其温度有密切关系。物体温度的微小差异即可引起红外发射的明显不同。微波发射的强度和物体温度的关系不大,和物体的性质有关,故物体的微波发射特点由其物体性质差别决定。地物发射率的差异也是遥感探测的基础和出发点。

地物的发射率随波长变化的规律,称为地物的发射光谱。按地物发射率与波长间的关系绘成的曲线(横坐标为波长,纵坐标为发射率)称为地物发射光谱曲线。物体的发射率 $\varepsilon_\lambda$(或称比辐射率),不仅决定于物体的性质和表面状况(如粗糙度、涂料的颜色等),它还是温度和波长的函数。同一种物体在各种温度下的发射率(比辐射率)是不相同的。物体的性质可以通过发射波谱曲线特征的差别进行识别。

自然界各种物体的发射光谱是有差异的。不同的物体,由于它们的物质结构不同,其发射波谱曲线也就有着不同的特征,见表 1-1。地物的发射光谱特征见下表:

表 1-1  不同物体的发射系数[4]

| 波长<br>地物 | 红外 | | 微波 | |
|---|---|---|---|---|
| | 4μm | 10μm | 3mm | 3cm |
| 水体 | 0.92 | 0.99 | 0.63 | 0.38 |
| 干沙 | 0.83 | 0.95 | 0.86 | 0.90 |
| 混凝土路面 | 0.91 | 0.91 | 0.92 | 0.86 |
| 沥青路面 | 0.92 | 0.92 | 0.98 | 0.98 |

**3. 透射特性**

地物透射特性是指当电磁波入射到两种介质的分界面时，部分入射能穿越两介质的分界面的现象。

地物透射能力的大小，跟电磁波的波长和物体的性质差异有关。透射能力的大小，用透射率 $\tau$ 来表示。透射率就是入射光透射过地物的能量与入射总能量的百分比。例如，水体对 0.45-0.56μm 的蓝绿光波具有一定的透射能力，较混浊水体的透射深度为 1-2m，一般水体的透射深度可达 10-20m，清澈水体的透射深度甚至可达 100m 以上。又如，波长大于 1mm 的微波对冰体具有透射能力。

一般情况下，绝大多数地物对可见光都没有透射能力。红外线只对具有半导体特征的地物，才有一定的透射能力。微波对地物具有明显的透射能力，这种透射能力主要由入射波的波长而定。因此，在遥感技术中，可以根据它们的特性，选择适当的传感器来探测水下、冰下某些地物的信息。

## 1.2.2 典型地物的光谱特征

由地物波谱特性可知，不同的波段内，地物波谱将显示不同的特性。根据地物的波谱特性，研究分析地物的性质、状况和属性是遥感地物波谱研究的宗旨。利用反射率随波长变化的差别可以区分物体。同一物体的反射率曲线形态，反映出在不同波段下该物体反射率的不同。研究不同波段的反射率并以此与遥感传感器的相同波段和角度接收的辐射数据相对照，可以得到遥感图像数据和对应地物的识别规律。

**1. 水体的光谱特征**

水体的光谱特征主要是由水本身的物质组成决定，同时又受到各种水状态的影响。水与电磁辐射的相互作用比较复杂，除了水分子的作用之外，还与水中所含杂质的性质及数量相关。

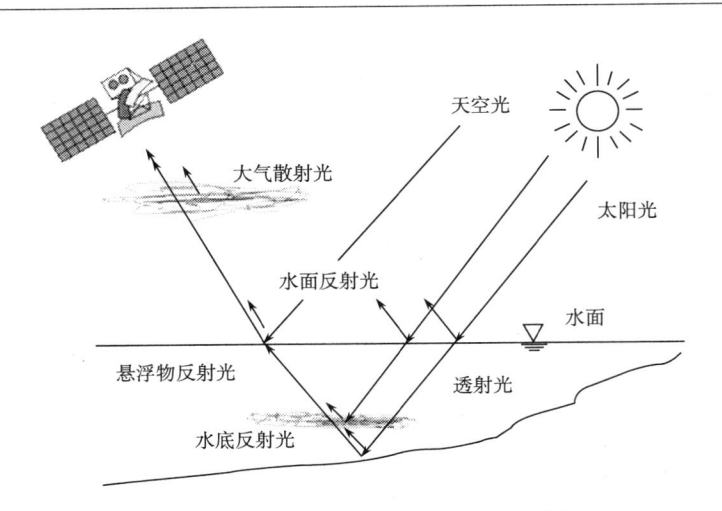

图 1-6 水体反射光的组成和传输过程[3]

地表较纯洁的自然水体对 0.4-2.5μm 波段的电磁波吸收明显高于绝大多数其他地物。在光谱的可见光波段内,水体光谱反射特性主要有以下特点:(1)水体光谱反射特性主要包括来自 3 方面的贡献:水的表面反射、水体底部物质的反射和水中悬浮物质的反射(图 1-6)。(2)水体光谱吸收和透射特性不仅与水体本身的性质有关,而且还明显地受到水中各种类型和大小的物质——有机物和无机物的影响。(3)在光谱的近红外和中红外波段,水几乎吸收了其全部的能量,即纯净的自然水体在近红外波段更近似于一个黑体,因此,在 1.1-2.5μm 波段,较纯净的自然水体的反射率很低,几乎趋近于零。(4)水中泥沙含量的增加,会导致 0.6-0.7μm 波段的反射率线性地加大,见图 1-7。

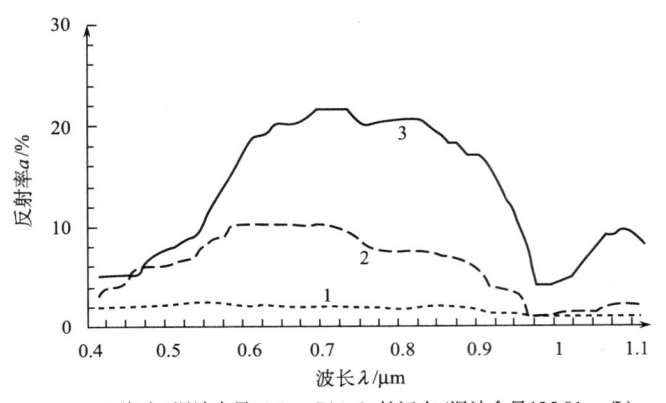

1. 湖水 (泥沙含量62.3mg/L)  2. 长江水 (泥沙含量125.81mg/L)
3. 黄河水 (泥沙含量3334mg/L)

图 1-7 不同含沙量的水体反射光谱曲线[7]

**2. 植被的光谱特征**

不同的植物各有其自身的波谱特征,从而成为区分植被类型、长势及估算生物量的依据。同时,同类植物由于生长状况、健康程度等因素不同,其反射率也有较大差异。绿色植被的反射光谱曲线与叶绿素含量的大小密切相关,叶绿素含量的任何微小差异,都能导致反射率的明显变化。

绿色叶子在 $0.5$-$0.6\mu m$(绿波段)有一明显反射峰,在 $0.6$-$0.76\mu m$(红波段)较低,在 $0.76\mu m$ 附近急剧上升,形成所谓植被"红边"。在 $0.7$-$1.3\mu m$ 近红外区反射率一般为 40%-50%,主要是植被叶子细胞结构多次反射的结果。$1.3\mu m$ 以后反射波谱区位于 $1.4\mu m$、$1.9\mu m$ 及 $2.7\mu m$ 处 3 个叶子内部液态水强烈吸收引起的明显低谷。叶片木质素的吸收峰表现在 $1.5$-$1.7\mu m$ 和 $2.3\mu m$ 附近,葡萄糖的吸收峰在 $1.6\mu m$ 和 $2.15\mu m$ 附近,蛋白质的吸收峰在 $1.5\mu m$、$1.75\mu m$、$2.05\mu m$、$2.15\mu m$ 和 $2.3\mu m$ 附近,但这些吸收峰由于绿色叶片水的影响往往表现不太明显。见图 1-8。

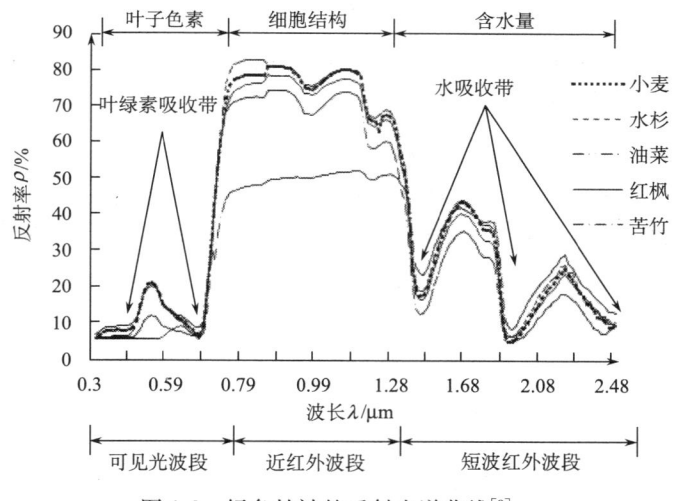

图 1-8 绿色植被的反射光谱曲线[8]

当植物进入衰老期或遭受病虫害时,叶绿素大量减少,叶红素与叶黄素相对增加,植物的光谱特性随之变化,出现吸收谱带与反射峰"红移"的现象(即特征谱带向长波方向转移)。见图 1-9。

植被叶片中叶绿素和水分含量的变化,导致了植被在各波长上反射率的变化,在遥感图像上产生了差异,因此可以通过遥感图像上植被色调的差异来判断植被的长势、健康、类型等。植被虽具有共同的光谱特征,但是不同种属的植被在实际光谱曲线值上有差异。见图 1-10。

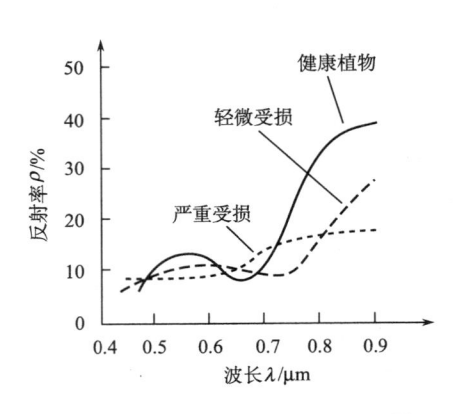

图 1-9 受虫害植被反射光谱特征[2]

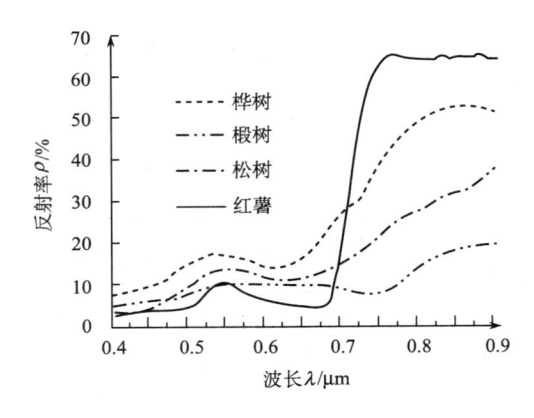

图 1-10 不同树种的反射光谱特征[8]

### 3. 岩石的光谱特征

岩石由矿物组成,并且大多数的岩石都是由一个以上的矿物所组成。岩石的可见光、近红外光谱的结构十分复杂,很难由此直接鉴定岩石,但是组成岩石的基本物质成分及其结构特点,可充分地由光谱反映出来。所以,岩石的可见光、近红外反射光谱,仍然是识别、区分岩石类型的重要依据。

岩石反射光谱曲线不像植被那样具有明显的相似特征,其曲线形态与矿物成分、矿物含量、风化程度、含水状况、颗粒大小、表面光滑程度、色泽等都有关系。其中浅色矿物和暗色矿物的含量比例对岩石反射率影响较大,浅色矿物反射率高,暗色矿物反射率低。见图 1-11。

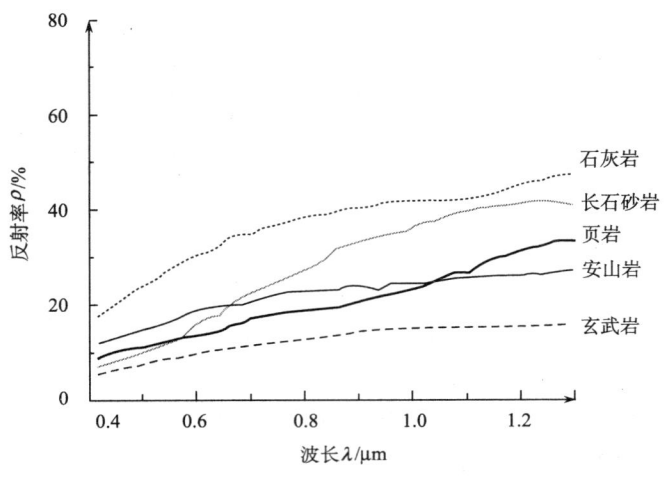

图 1-11 几种岩石的反射光谱曲线[2]

#### 4. 土壤的光谱特征

土壤是一种由物理、化学性质各不相同的物质组成的混合物。土壤光谱特征受到土壤生物地球化学（矿物成分，湿度，有机质、氧化铁含量，土壤结壳等），几何光学散射（几何，照明，微粒形状、大小、方位，粗糙度）以及外部环境（母岩成分，气候，风化程度，植被覆盖度，落叶及其他非光合作用植被）等的影响。这些因素一方面影响土壤光谱形态和反射率的大小，同时也常常在土壤光谱中显示其特定的光谱吸收特征。见图1-12。

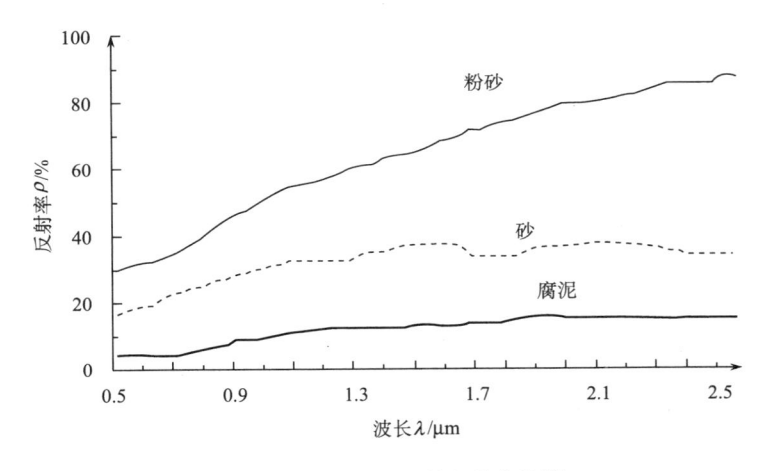

图1-12　3种土壤的反射光谱曲线[2]

## §1.3　遥感的波段选择

遥感波段选择是卫星传感器设计中的关键技术参数，它直接关系到卫星传感器的功能及应用卫星的效益。遥感波段的选择既要考虑遥感应用的目的，同时也要注重技术上实现的可能性。早期，受软、硬件条件的制约，遥感波段大都局限于单色波段。后来，随着科学技术的不断发展，遥感波段已从单波段向多波段发展，并延伸出多光谱遥感技术，波段范围也从可见光、近红外延伸到热红外、微波波段，各波段的区间变得越来越窄，波段的数量也越来越多（如TM到MODIS），并逐步向高光谱波段过渡。利用多光谱遥感和高光谱遥感，通过光谱波段的适当选样和组合就可以有效地感测记录和识别区分出各种不同的地物。因此，相对于单波段遥感，多光谱遥感和高光谱遥感更具有明显的优越性。

## 1.3.1 遥感波段的设置

遥感波段的设置是遥感技术与技术应用的关键。地物反射波谱特性是遥感波段设置的主要依据。但是，由于自然界是一个极其复杂的综合体，各种物体存在都是与其他物体，特别是错综复杂的环境要素相互依存。因此，要解决这一问题，必须进行大量的地物反射和辐射特性的实验研究，并在大量实验数据的科学分析基础上，进行遥感波段的设置。具体的工作过程可包括以下几个方面：(1)获取不同研究区的实验室和野外测量的地物反射光谱曲线。(2)根据地物反射光谱响应特征，将连续反射光谱曲线按均匀或非均匀的波段间隔进行划分。由图 1-13 可以看出，原来的连续波段区间被分成多个不同的波段区间，每个区间用离散后的数值记录地物反射光谱信息。(3)通过综合分析，选择出最具有综合目标识别能力的最佳波段区间。在多波段遥感中，由于同一地物在不同的波段区间其反射特征也不尽相同，因此，通过多个波段的组合，可更加容易将地物进行识别。如 TM1 蓝光波段($0.45-0.52\mu m$)，主要监测水深、水色；TM2($0.52-0.60\mu m$)绿光波段，主要监测健康植物绿色反射率；TM3($0.63-0.69\mu m$)红光波段，主要监测叶绿素、居住区；TM4($0.76-0.90\mu m$)近红外波段，主要监测植物长势；TM5 近红外波段($1.55-1.75\mu m$)，主要监测土壤和植物水分；TM7($2.08-2.35\mu m$)，主要监测大气及地表温度。同时，在针对特定遥感任务选择遥感传感器时，还必须考虑以下因素：(1)遥感传感器可用的光谱灵敏度；(2)需感应的波谱

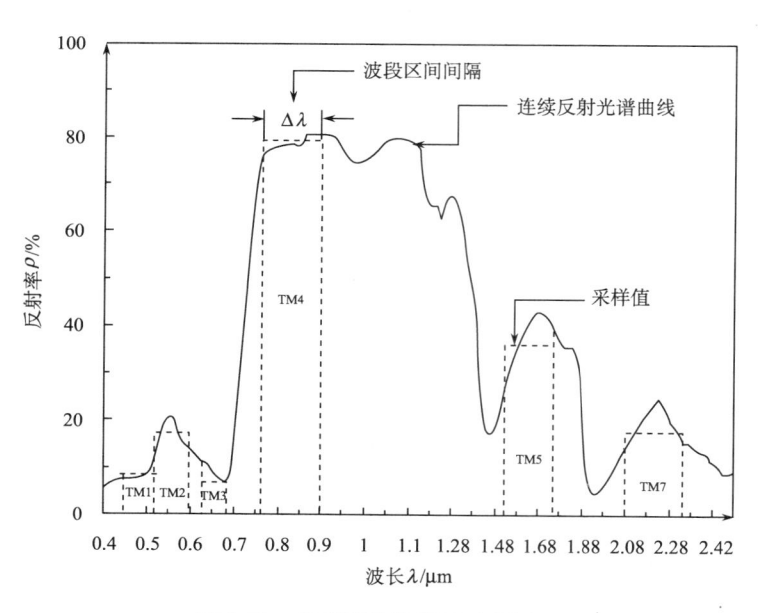

图 1-13 多光谱波段设置示意图

段是否在大气窗口内;(3)这些波谱段内,可用能量的能源大小及光谱组成;(4)遥感传感器波谱区间的选择必须基于能量与地表特征相互作用的方式。

**1. 可见光-近红外波段**

主要包括可见光($0.38$-$0.76\mu m$)与近红外($0.76$-$1.3\mu m$)波段,遥感器接收的能量主要来自太阳辐射和地面物体的反射辐射。主要影响因素包括大气纯洁度、地物波谱特性、太阳辐射强度、太阳高度角及其他变量。可见光-近红外波段主要是研究、检测、对比地面物体直接反射太阳能的差异。以摄影或扫描方式采集数据。

在遥感技术中,将可见光-近红外波段分成若干个波段同一瞬间对同一景物、同步摄影获得不同波段的像片;亦可采用扫描方式接收和记录地物对可见光-近红外的反射特征。

**2. 热红外波段**

波长大概在 $3$-$18\mu m$ 之间,也称发射红外波段。遥感器所接收的能量主要来自地面物体自身的发射辐射,它直接与热有关,所以被称为热红外波段。其辐射强度与物体的辐射率和分子运动的温度成正比。热红外图像就是这种辐射能量变化的一种视频显示。它也接收部分的太阳辐射和地物的反射辐射。其中 $6.0$-$8.0\mu m$ 由于水汽的强吸收而非大气窗口,遥感难以利用。与可见光-近红外波段相比,热红外波段是用遥感手段记录地面物体辐射能的差异,其遥感过程比可见光-近红外波段更加复杂。热红外波段的信息除了受大气干扰外,还受地表层热状况的影响,例如风速、风向、空气温度、湿度等微气象参数,土壤水分、组成、结构等土壤参数,植物覆盖状况,地表粗糙度、地形地貌等多种因素影响。通常以扫描方式获取地物信息。

**3. 微波波段**

微波的波长在 $1mm$-$1m$ 之间,也属无线电波。微波在接收与发射时常常仅用很窄的波段,又可细分成 $K_a$、$K$、$K_u$、$X$、$C$、$S$、$L$、$P$ 波段,见表 1-2。地球资源应用中常用波段 X、C、L 波段。X 波段广泛地应用于军事侦察及商业地形勘测中。C 波段主要用于机载和星载系统,如 ESA 的 ERS 卫星和加拿大的 RADARSAT,用于对海洋及海冰进行成像。L 波段在美国宇宙飞船飞行任务中经过测试并运行于日本的 JERS-1 卫星上,L 波的波长比 C 波长,相比之下 L 波段可以更深地穿透植被,因此在林业及植被研究中更有用。

微波波段有主动微波遥感与被动微波遥感两种方式。主动微波遥感是指遥感器自身发射能源,传感器记录地球表面对人为发射的微波辐射能的反射辐射能;被动微波遥感记录自然状况下,地球表面发射的微波辐射能。微波遥感与可见光-近红外遥感在技术上有很大的差别,微波遥感用的是无线电技术,而可见光-近红外遥感用的是光学技术,通过摄影或扫描方式来获取信息。

微波波段具有全天时、全天候、穿透性以及对地表粗糙度、地物几何形状、介电性质的敏感性、多波段多极化的散射特征等独特优势,因此微波波段已成为目前遥感技术中的研究热点,是目前对地观测中十分重要的前沿领域。它在地质构造、找矿、海洋、海冰调查、土壤水分动态监测、洪涝灾害调查、干旱区找水、农、林、土地资源调查研究以及军事上等方面越来越显示出其十分广阔的应用前景。

**表 1-2 微波遥感常用的波段**[2]

| 波段名称 | 波长/cm | 频率 $MH_z$ | 测量对象 |
| --- | --- | --- | --- |
| Ka | 0.75-1.13 | 40 000-26.5 | 雪 |
| K | 1.13-1.67 | 26.6-18.0 | 植被 |
| Ku | 1.67-2.42 | 18.0-12.5 | 风、冰、大地水准面 |
| X | 2.42-2.75 | 12.5-8.0 | 降雨 |
| C | 3.75-7.5 | 8.0-4.0 | 土壤水分 |
| S | 7.5-15 | 4.0-2.0 | 地质 |
| L | 15-30 | 2.0-1.0 | 波浪 |
| P | 30-100 | 1.0-0.3 | 云 |

## 1.3.2 常用的传感器与遥感卫星

**1. 常用的传感器**

遥感图像是各种传感器所获信息的产物,是遥感探测目标的信息载体。传感器的多平台、多波段、多视场、多时相、多角度、多极化等造成了遥感数据的多维特征。这种多维特征可以通过不同的分辨率和特性来描述。表 1-3 列出了常用传感器获取的图像特征。

**2. 常用的遥感卫星**

1) NOAA 气象卫星

NOAA 卫星是由美国海洋大气局运行的第三代气象观测卫星。NOAA/AVHRR 为一台旋转平面镜式扫描仪。探测器扫描角度为 ±55.4°,扫描带宽约 2 800km。空间分辨率为 1.1km,部分地区为 4km。它有 5 个光谱通道,其中可见光波段 0.58-0.68$\mu m$,近红外波段 0.725-1.1$\mu m$,热红外波段分别为 3.55-3.93$\mu m$、10.5-

表 1-3　几种主要传感器及其特性[2]

| 卫星传感器 | | 波段范围 | 空间分辨率(m) | 重访周期(天) | 覆盖范围(km²) | 主要用途 |
|---|---|---|---|---|---|---|
| NOAA/AVHRR | | 0.58-0.68μm | 1 100 | 0.5 | 2 400×2 400 | 植被、云、冰雪 |
| | | 0.725-1.10μm | | | | 植物、水陆界面 |
| | | 3.55-3.93μm | | | | 热点、夜间云 |
| | | 10.5-11.5μm | | | | 云及地表温度 |
| | | 11.5-12.5μm | | | | 大气及地表温度 |
| Landsat TM | | 0.45-0.52μm | 30 | 16 | 185×185 | 水深、水色 |
| | | 0.52-0.60μm | | | | 水色、植被状况 |
| | | 0.63-0.69μm | | | | 叶绿素、居住区 |
| | | 0.76-0.90μm | | | | 植物长势 |
| | | 1.55-1.75μm | | | | 土壤和植物水分 |
| | | 10.4-12.5μm | 120 | | | 云及地表温度 |
| | | 2.08-2.35μm | 30 | | | 大气及地表温度 |
| SPOT | | 0.49-0.69μm | 2.5 | 26 | 60×60 | 1:25万地形图修测;1:1万农村地籍图更新;小流域水土流失治理;工程选线;数字城市;三维模拟仿真;精细农业 |
| | | 0.43-0.47μm | 10 | | | |
| | | 0.49-0.61μm | | | | |
| | | 0.61-0.68μm | | | | |
| | | 0.78-0.89μm | | | | |
| | | 1.58-1.75μm | 20 | | | |
| IKONOS | | 0.45-0.90μm | 0.82 | 3 | 11×11 | 大比例尺制图、城市生态、环保、资源调查、紧急事务处理 |
| | | 0.45-0.52μm | 3.28 | | | |
| | | 0.52-0.60μm | | | | |
| | | 0.63-0.69μm | | | | |
| | | 0.76-0.90μm | | | | |
| CBERS | CCD | 0.45-0.52μm | 19.5 | 3 | 113×113 | 广泛用于土地利用、水资源调查、农作物估产、探矿、地质测绘、城市规划、环境保护、海岸带监测 |
| | | 0.52-0.59μm | | | | |
| | | 0.63-0.69μm | | | | |
| | | 0.77-0.89μm | | | | |
| | | 0.51-0.73μm | | | | |
| | IR-MSS | 0.5-0.9μm | 78 | 26 | 119.5×119.5 | |
| | | 1.55-1.75μm | | | | |
| | | 2.08-2.35μm | | | | |
| | | 10.5-12.5μm | 156 | | | |
| | WFI | 0.63-0.69μm | 258 | 5天覆盖全国 | 890×890 | |
| | | 0.77-0.89μm | | | | |

续表

| 卫星传感器 | | 波段范围 | 空间分辨率（m） | 重访周期（天） | 覆盖范围（km²） | 主要用途 |
|---|---|---|---|---|---|---|
| ASTER | VNIR | 0.52-0.60μm<br>0.63-0.69μm<br>0.78-0.86μm | 15 | 16 | 60×60 | 同轨立体观测,测制1:10万地图 |
| ASTER | SWIR | 1.600-1.700μm<br>2.145-2.185μm<br>2.185-2.225μm<br>2.235-2.285μm<br>2.295-2.365μm<br>2.360-3.430μm | 30 | 16 | 60×60 | 提高对黏土质的鉴别能力 |
| ASTER | TIR | 8.125-8.475μm<br>8.475-8.825μm<br>8.925-9.275μm<br>10.25-10.95μm<br>10.95-11.65μm | 90 | 16 | 60×60 | 矿产调查,大气,陆地,海洋的监测 |
| MODIS | | 0.4-14.5μm<br>（36个波段） | B1-B2：250<br>B3-B7：500<br>B8-B36：1 000 | 16 | 2 330×2 330 | 陆地和云的分界线以及二者的属性,海洋颜色,水层性质,生物化学,大气水蒸气,地表、大气和云的温度,卷云,水蒸气,臭氧,云顶高度 |
| SIR-C | | 0.40-12m<br>0.75-12m<br>0.75-12m | 标准：20-60<br>高分辨率：10-30 | 在不同纬度,重访周期不同 | 15×15-90×90 | 矿产资源、水资源、林业、农业 |

11.5μm、11.5-12.5μm。重复观测周期为0.5天。在双星系统下,同一地点每天有4次过境资料。AVHRR具有较高的辐射分辨率,其数据量化等级为1 024,温度分辨率达到1℃。

由于NOAA/AVHRR的成像范围大,有利于获得宏观同步信息,减少数据处理容量。相较于陆地卫星而言,受其成像周期、成像范围和云量等因素的影响,这样大范围内要取得卫星准同步资料是非常困难的,但是NOAA/AVHRR却可以轻易达到。另外,在同等数据量下,NOAA卫星地面覆盖面积是Landsat的194倍,大大减少了数据处理和存储的工作量。

由于时间分辨率比较高,有助于捕捉地面快速动态变化信息,如日变化频繁的大气海洋动力现象等,有利于高密度动态遥感研究,同时大大增强了获取无云图像的能力。经过加工处理,可绘制出各种高质量的等值线图,如平均云量等值线图、海陆表面温度等值线图等,以进行专题分析。

2) Landsat 陆地卫星

Landsat 卫星原名地球资源技术卫星 ERTS(Earth Resource Technology Satellite),它是美国国家航空和航天局(NASA)发射的用来获取地球表面图像的一种遥感平台,以观察陆地环境和资源为主。

Landsat 陆地卫星的轨道为与太阳同步的近极地圆形轨道,可以保证北半球中纬度地区获得中等太阳高度角的上午成像,而且卫星通过同一地点的地方时相同,有利于图像对比。陆地卫星每天向西移动 2 400km,每 18 天覆盖地球一次。在扫描一幅图像的 28 秒内形成平行四边形图像,覆盖范围为 185×185km。TM 的辐射分辨率为 256 级。TM 图像的地面分辨率在可见光部分为 30×30m,热红外部分为 120×120m。

Landsat 传感器的 TM 遥感图像有 7 个通道的信息,蓝波段(0.45-0.52$\mu m$),对水体穿透能力强,对叶绿素与叶色素浓度反应敏感,有助于判别水深,水中叶绿素分布,沿岸水和进行近海水域制图等;绿波段(0.52-0.60$\mu m$),对健康旺盛植物反射敏感,对水的穿透力较强。用于探测健康植物绿色反射率,按"绿峰"反射评价植物生命力,区分林型、树种和反映水下特征等;红波段(0.63-0.69$\mu m$),为叶绿素的主要吸收波段,反映不同植物的叶绿素吸收、植物健康状况,用于区分植物种类与植物覆盖度,广泛用于地貌、岩性、土壤、植被、水中泥沙流等方面;近红外波段(0.76-0.90$\mu m$),对绿色植物类别差异最敏感,为植物通用波段,用于生物量调查、作物长势测定、水域判别等;中红外波段(1.55-1.75$\mu m$),处于水的吸收带内,对含水量反应敏感,用于土壤湿度、植被含水量调查、水分状况的研究、作物长势分析等,从而提高了区分不同作物类型的能力,易于区分云与雪;热红外波段(10.4-12.5$\mu m$),可以根据辐射响应的差别,区分农、林覆盖类型,辨别表面湿度、水体、岩石,以及监测与人类活动有关的热特征,进行热制图;中红外波段(2.08-2.35$\mu m$),主要应用于地质学领域。可以区分主要岩石类型、岩石的水热蚀变,探测与岩石有关的黏土矿物等。

由于陆地卫星覆盖范围大,可获得准同步、全球性的系统覆盖,为宏观研究各种自然现象和规律提供有利条件;另外它重复覆盖,提供不同季节,不同照度条件下的图像,可满足动态监测与预报分析的需要;低-中等太阳高度角(25°-30°)使图像上产生明暗效应,从而增强了对地质、地貌现象的研究,利于地学分析。

### 3) SPOT 卫星

地球观测卫星系统 SPOT（法文 Systeme Probatoired'Observation dela Tarre）是由瑞典、比利时等国参加，法国国家空间研究中心（CNES）设计制造的。到目前为止，SPOT 计划发射了 5 颗卫星，轨道特征基本相同。SPOT-1、SPOT-2、SPOT-3 卫星搭载的是两台高分辨传感器 HRV（High Resolution Visible Imaging System），SPOT-4、SPOT-5 搭载的是 HRVIR（High Resolution Visible and Middle Infrared Imaging System）和"植被"（Vegetation）成像装置。具有高空间分辨率和偏离天底点（即倾斜观测）作业的特点。

SPOT 的轨道是太阳同步圆形近极地轨道，轨道高度为 830km 左右，卫星的覆盖周期是 26 天，重复观测能力一般 3-5 天，部分地区达到 1 天。与美国 Landsat 卫星相比，其最大的优势是最高空间分辨率达 2.5m，并且 SPOT 卫星的传感器带有可定向的反射镜，使仪器具有偏离天底点观察的能力，可获得垂直和倾斜的图像，因而其重复观察能力由 26 天提高到 1-5 天，并在不同轨道扫描重叠产生立体像对，可以提供立体观测地面、描绘等高线、进行立体测图和立体显示的可能性。另外，它的灵敏度高，在良好的光照条件下可探测出低于 0.5% 的地面反射的变化。因此，SPOT 卫星能满足资源调查、环境管理与监测、农作物估产、地质与矿产勘探、土地利用、测制地图及地图更新等多方面的需求。

SPOT 系统目前有三颗卫星处于正常运行状态，三星同时运行大大提高了重复观测能力，地球上 95% 的地点可在任意一天被 SPOT 的一颗卫星成像。这种多星运作体系的优点有：采集数据量大，在纬度高于 40°的区域，SPOT 可于任意一天观测到任意一点；在赤道，SPOT 在特定一天内，在每个相继轨迹的 2 800km 内，只有 250km 的区域是观测不到的，其余的地方都可以获得数据。重复观测能力强，在同一天内，SPOT 能以"双星"模式获取立体像对，即同一天内两颗不同的卫星以东西不同方向观测同一区域；SPOT 可以从不同轨道上拍摄同一地点，在 26 天一个周期内，可以侧向摄取的次数取决于纬度，从赤道附近的 10 次到南北 70°纬度出的 48 次不等，短时期内可提供大量满足要求的数据。这些从不同轨道获取的同一地区遥感图像构成立体相对，能够用于立体观察。

### 4) IKONOS 卫星

IKONOS 是美国空间成像公司于 1999 年 9 月 24 日发射升空的世界第一颗高分辨率商用卫星。由美国洛克希德马丁（Lockheed Martin）公司设计制造，雷神（Raytheon）公司负责建立地面接收系统和图像处理系统即客户服务系统。IKONOS

卫星能够提供高清晰度,分辨率达 1m 的卫星图像,从 681km 高度的轨道上,IKONOS 的重访周期为 3 天,并且可从卫星直接向全球 12 个地面站传输数据。

IKONOS 具有蓝($0.45$-$0.52\mu m$)、绿($0.52$-$0.61\mu m$)、红($0.64$-$0.72\mu m$)和近红外($0.77$-$0.88\mu m$) 4 个波段的信息,空间分辨率为 4m;以及全色波段($0.45$-$0.90\mu m$) 的信息,空间分辨率为 1m。该传感器每 1-1.5 天可以获得 4m 空间分辨率的数据,每 3 天可以获得 1m 空间分辨率的数据。IKONOS 的辐射分辨率很高,达到 $2^{11}$(2 048),其亮度级相较于前面介绍的几种图像高很多。

与中低分辨率卫星图像相比,在 IKONOS 高空间分辨率卫星图像上,地物景观结构、纹理和细节等信息更加清楚,这使得利用高空间分辨率卫星图像在较小的空间尺度上观察地表的细节变化、进行大比例尺遥感制图以及监测人为活动对环境的影响成为可能。由于时间分辨率的提高,重复轨道周期都缩短在 1-3 天之内,使得动态监测地表环境的运动变化和人类活动成为可能。另外,IKONOS 是三线阵 CCD 扫描成像,具有同轨立体的特点,可以构成准核线的立体图像,而且中间图像与前和后图像组成不同立体,提供三维同时测量的可能性。

目前来看,全色波段广泛用于城市规划、紧急救援反应和管理、电信、水和污水管理、地籍、油气勘探和现场开发、制图和地物编绘、地理信息系统建立和更新等等。多谱段和彩色图像产品除可用于上述领域外,还可以用于农业、林业、自然资源管理、环境评估及公用事业用地监控等。

5) MODIS 传感器

MODIS 的扫描宽度为 2 330km,时间分辨率为 16 天。它从可见光到热红外有 36 个波段的扫描成像辐射计,分布在 $0.4$-$14\mu m$ 的电磁波谱范围内。对于不同的波段,其空间分辨率不同,有 250m,500m 和 1 000m 3 种。它共有 44 种产品,其中包括栅格的植被指数(NDVI/EVI)、热异常火灾、叶面积指数和光合作用有效辐射等。

在地质资源勘查方面,利用波段 20、21、22、23、31 和 32 可以反演整个地球陆地表面的温度,用于地热资源的勘查;利用波段 1、3、7 和 20 等可以得到气溶胶观测数据,尤其蓝光通道提供了将陆地上气溶胶光学厚度计算扩展到其他地物上的可能性,使人们可以直接在遥感图像上确定污染的位置和范围,并根据它们的运动、发展规律来进行预测、预报;波段 1、2、6、7、20、21、22、23、31 和 32 可以用来探测火灾;波段 4、6、7、13、16、20、26、31 和 32 均可为冰雪监测提供原始资料;其植被指数产品可以提供全球植被状态的同一时间和空间比较,可用于监测地球上植被的生长变化,以便进行变化监测和生物气候学及生物物理学的解释,如波段 1 和 13 为叶绿素的主要吸收波段,波段 3 对叶绿素和叶色素浓度敏感;利用同一地区不同时相的遥感图像进行叠加,解译和对比分析,就可以准确地得出该地区土地资源的变化,例如波段 26 和波段 3 的比值可区分土壤类型是腐殖土还是沙土或黏土,黏土在通道 5、6 附近具有强吸收,而沙土则有强反射,盐渍土的反射率比非盐渍土高得多,并随着盐渍土程度的增加,波谱特征曲线向上平移。但是,由于空间分辨率的限制,只适用研究大面积的区域。

MODIS 数据波段多,光谱范围宽,采集的数据应用广,是 TM 和 AVHRR 无法比拟的。MODIS 是高信噪比仪器,增强了云监测能力,减少了子像元云污染影响,提高了对地观测能力。因此它对于开展自然灾害与生态环境监测、全球环境和气候变化研究以及进行全球变化的综合性研究等具有重要意义。

6) CBERS 卫星

1986 年国务院批准航天工业部关于加速发展航天技术的报告,确定了研制中国资源 1 号卫星的任务。1988 年中国和巴西两国政府联合议定书批准,在中国资源 1 号原方案基础上,由中、巴两国共同投资,联合研制中巴地球资源卫星 CBERS(China-Brazil Earth Resource Satellite),我国又称为 ZY-1。1999 年 10 月 14 日,CBERS-1 进入预定的太阳同步轨道,2003 年 11 月,CBERS-2 卫星成功发射进入轨道。CBERS 卫星是我国第一代传输型地球资源卫星。星上 3 种传感器可昼夜观察地球,利用高码速率数传系统将获取的数据传输回地球地面接收站,经加工、处理成各种所需的遥感资料,供各类用户使用。

CBERS 卫星在我国国民经济的主要用途是:监测国土资源的变化;每年更新全国土地利用图;测量耕地面积,估计森林蓄积量、农作物长势、产量、草场载畜量及其变化;监测自然和人为灾害;快速查清洪涝、地震、林火和风沙等破坏情况,估计损失,提出对策;对沿海经济开发、滩涂利用、水产养殖、环境污染提供动态情报;同时勘探地下资源、圈定黄金、石油、煤炭和建材等资源区;监督资源的合理开发。

CBERS 上设置了 3 种传感器,即 20m 分辨率的 5 谱段 CCD 相机,80m 和 160m 分辨率的 4 谱段红外扫描仪,以及 256m 分辨率的 2 谱段宽视场成像仪。CBERS 卫星遥感系统共有 11 个谱段,4 种不同的地面分辨率,以及 26 天、5 天的重复观测周期,辐射量化等级 8bit(256 级)。用 CCD 相机侧摆成像。可 3 天对重点地物进行重复观测 1 遍,分别解决多谱段、高分辨率和短观测周期的难题。

CCD 相机有蓝、绿、红、近红外和全色等 5 个光谱段,采用 CCD 器件推扫式成像技术获取地球图像信息。它只在白天工作,并有侧视功能($\pm 32°$),可以观测轨道两侧 450km 范围内的任何区域。红外扫描仪有可见光、近红外和热红外共 4 个谱段,采用多元探测器,利用扫描镜作 $\pm 4.4°$ 摆动扫描,通过高精度的控制回路进行同步补偿,实现双向扫描成像,可昼夜成像。宽视场相机具有红光和近红外谱段,由于扫描幅宽达890km,因而5天内可对地球覆盖一遍。3台传感器的图像数据传输均采用X频段。CCD相机数据传输分2个通道,红外扫描仪和宽视场相机共用第三个数据传输通道。

　　CBERS早在1987年进行可行性论证时就按照当时先进的地球资源卫星即法国SPOT-3和美国Landsat 5的技术指标为设计依据。吸取了它们的优点,在遥感谱段设置上与Landsat相近,但空间分辨率比Landsat 5高;与SPOT相近(全色谱段较低),但谱段数多。卫星设置多光谱观察,对地观察范围大,数据信息收集快,而且宏观、直观。因此,特别有利于动态和快速观察地球表面信息。

## §1.4 遥感成像过程

### 1.4.1 传感器工作原理

　　目前遥感使用的传感器按照工作方式主要可以分为被动方式和主动方式,见图1-14。

```
                                    ┌─ 地磁场测量
                         ┌─ 非图像方式 ┼─ 重力测量
              ┌─ 非扫描方式 ┤            └─ 其他
              │          │            ┌─ 单照相机
              │          └─ 图像方式  ─┤
    ┌─ 被动方式 ┤                       └─ 多光谱相机
    │         │          ┌─ 图像面扫描方式 ┬─ 电视摄像机
    │         │          │                └─ 固体扫描仪
    │         └─ 扫描方式 ┤
传感器┤                    │          ┌─ 多光谱扫描仪
    │                    └─ 目标面扫描方式 ┤
    │                                    └─ 微波辐射计
    │         ┌─ 非扫描方式 ┬─ 激光光谱仪
    │         │            └─ 激光测距仪
    └─ 主动方式 ┤
              │          ┌─ 雷达
              └─ 扫描方式 ┤
                         └─ 侧视雷达
```

图1-14　传感器的分类[4]

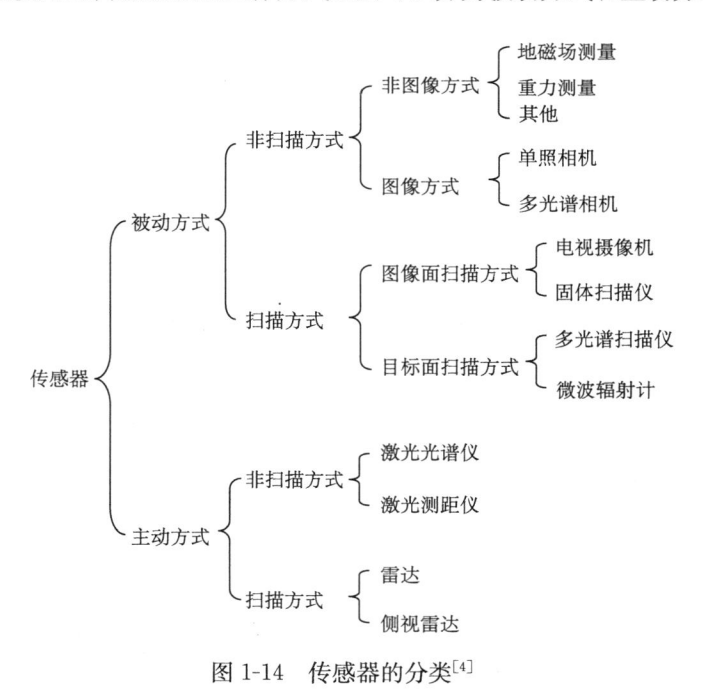

　　被动方式就是传感器收集来自地面的电磁波,而主动方式则是由传感器向地面发射电磁波然后再收集返回到传感器的电磁波。

图像面扫描方式的电视摄像机是对图像面进行扫描,而固体扫描仪(亦称刷式扫描仪)方式则是对图像所产生的信号进行扫描。目标面扫描方式是通过运载工具的飞行和行扫描而获得面的图像,它包括多光谱扫描仪和微波辐射计,多光谱扫描仪被装置在运载工具上以数字形式记录信号。

在主动方式中,非扫描方式大多作为辅助手段使用,而其中的激光光谱仪在今后的研究大气污染探测中将会有更广泛的用途。扫描方式的传感器有雷达,其中的合成孔径天线的侧视雷达,在高分辨率图像获取方面得到了广泛的应用。同时,雷达可以不分昼夜不管是否有云雾的情况下使用,故是一种全天候和全天时型的传感器。

传感器的工作原理根据其工作方式分为:主动式和被动式两种。主动式工作原理即为通过人工辐射源向目标物发射电磁波辐射能量,然后传感器接收目标物反射回来的电磁波能量,从而获得目标物信息,常用的如雷达。被动式工作原理即为传感器直接接收地物反射的太阳电磁波辐射能量或地物本身辐射的热辐射能量,如摄影机、多光谱扫描仪(MSS、TM、ETM、HRV)。

摄影型传感器主要有航空摄影机,它通过光学系统采用胶片或磁带记录地物的反射光谱能量。记录的波长范围以可见光-近红外为主。

扫描方式的传感器包括光机扫描仪和推扫式扫描仪。光机扫描仪用光学系统接收来自目标地物的辐射,并分成几个不同的光谱段,使用探测仪器把光信号转变为电信号,同时发射信号回地面,如 MSS、TM 等,常分为红外扫描仪和多光谱扫描仪。推扫式扫描仪用平行排列的 CCD 探测杆收集地面辐射信息,每根探测杆由 3 000-6 000 个 CCD 元件呈一字排列,负责收集某一波段的地面辐射信息,扫描成像。其工作原理如图 1-15。

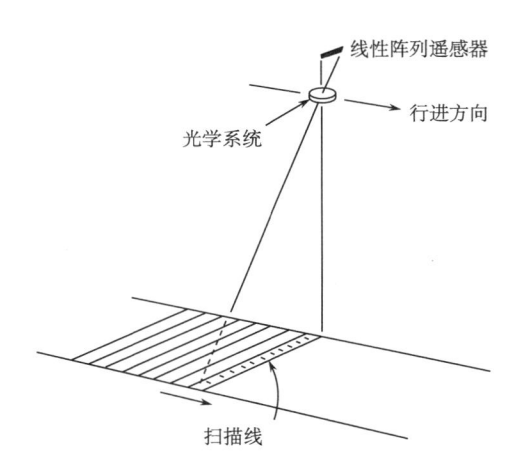

图 1-15 推扫式扫描仪工作原理[5]

微波遥感的传感器则分为主动微波遥感和被动微波遥感。主动微波遥感是指通过向目标地物发射微波并接收其后向辐射信号来实现对地观测的遥感方式。主要传感器为雷达、侧视雷达和合成孔径雷达,此外还有微波高度计和微波散射计。被动微波遥感是指通过传感器,接收来自目标地物发射的微波,而达到探测目的的遥感方式。被动接收目标地物微波辐射的传感器为微波辐射计,被动探测目标地物微波散射特性的传感器为微波散射计。

## 1.4.2 遥感图像传输模型

从图 1-16 可以看出,遥感是从一定的高空探测感知地面物体,也就是不直接接触地面物体,从远处通过探测仪器接收来自目标地物的电磁波信息。太阳辐射经过大气层到达地面,一部分与地面发生作用后产生反射,其反射能量再次经过大气层,到达传感器,并被传感器接收,传感器将这部分能量记录下来,再传回地面,即成为遥感数据或遥感图像。

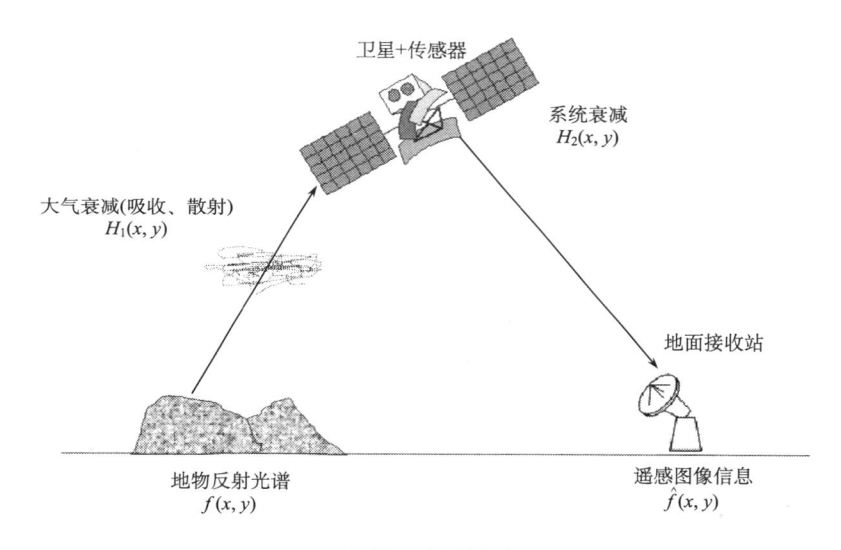

图 1-16 成像过程

遥感数据实质上是一幅反映地物目标电磁辐射特性的能量分布图。这种能量分布在空间上和时间上本来都是连续的,并与地物目标的平面坐标$(x,y)$,电磁波长$(\lambda)$和成像时间$(t)$等因素有关。能量函数 $f(x,y)$(或称地物反射光谱曲线函数,下同)表示的是二维空间内物质的辐射电磁波能量的分布,是地表覆盖的直接反映,其表达式为:

$$f(x,y) = i(x,y)r(x,y) \tag{1-15}$$

其中,$i(x,y)$为光照函数,取值取决于大气条件,取值范围:$0 \leqslant i(x,y) \leqslant \infty$;
$r(x,y)$为反射/辐射函数,取值随地物而异,取值范围:$0 \leqslant r(x,y) \leqslant 1$。

传感器所接收的电磁波辐射能量至少还要受到辐射电磁波与大气层的相互作用的影响。因此,遥感平台上的传感器所记录下来的物质辐射特征及几何特征与实际的地物辐射特征之间还有差别,也就是说,$f(x,y)$经过大气辐射至卫星传感器的输入端,再从卫星检波器系统的输出,其地物反射光谱能量要经过大气及系统的影响而产生衰减和畸变,加之各种噪声的影响,实际送至地面接收站的信息 $\hat{f}(x,y)$(表示实际得到的遥感图像信息,下同)可用以下模型表示:

$$\hat{f}(x,y) = H_1(x,y)H_2(x,y)f(x,y) + \eta(x,y) \tag{1-16}$$

其中,$H_1(x,y)$为大气衰减函数,由大气的吸收和散射引起,会造成遥感图像信息的衰减,主要表现在图像信息的分辨率下降,对比度下降和信息模糊;$H_2(x,y)$为系统衰减函数,由检测系统的非一致性引起,主要造成遥感图像信息几何畸变。

该模型称为遥感图像的传输模型,在模型中,若令:

$$H(x,y) = H_1(x,y)H_2(x,y) \tag{1-17}$$

则模型简化为:

$$\hat{f}(x,y) = H(x,y)f(x,y) + \eta(x,y) \tag{1-18}$$

当把相加性随机噪声 $\eta(x,y)$ 忽略不计时,传输模型可进一步简化为:

$$\hat{f}(x,y) = H(x,y)f(x,y) \tag{1-19}$$

其传输过程可由下式所示:

$$f(x,y) \Rightarrow \boxed{H(x,y)} \Rightarrow \oplus \Rightarrow \hat{f}(x,y) \quad \overset{\eta(x,y)}{\phantom{xx}} \tag{1-20}$$

式中,$H(x,y)=H_1(x,y)H_2(x,y)$,称为衰减函数,受大气吸收、散射及传感器系统的共同影响;$\eta(x,y)$为噪声函数,包括系统噪声和随机噪声。

## 1.4.3 遥感图像处理简介

从遥感的成像过程和传输模型可以清楚地看出,地面物体的反射、辐射能量函数 $f(x,y)$ 在成像和传输过程中要受到 $H_1(x,y)$ 和 $H_2(x,y)$ 的共同影响,造成地面接收站所接收到的图像信息 $\hat{f}(x,y)$ 产生信息失真和几何畸变。因此,当利用遥感图像 $\hat{f}(x,y)$ 来识别或认知地表物体 $f(x,y)$ 时,必须对遥感图像 $\hat{f}(x,y)$ 进行适当的技术处理,以尽量消除或减弱 $H(x,y)$ 对 $\hat{f}(x,y)$ 所造成影响。因此,为了便于遥感图像的地学解释和应用,还需对 $\hat{f}(x,y)$ 进行某些技术加工,这就形成了遥感图像处理的基本框架和主要内容,可简要用图 1-17 来表述。

从图 1-17 可以看出,遥感图像处理的内容需涉及光学处理和数字处理两个方面,由于本书所针对的处理对象主要为数字图像,因此,核心内容也仅涵盖遥感图像的数字处理技术。为了便于理解和掌握,除了相关理论知识,现将一些技术与方法简要归纳如下:

(1) 图像的恢复处理,属于图像复原的内容,目的在于尽可能地消除或减轻大气衰减参数 $H_1(x,y)$ 和 $H_2(x,y)$ 对遥感图像 $\hat{f}(x,y)$ 所造成的信息衰减及几何畸变,技术方法主要涉及大气校正和几何校正等内容。

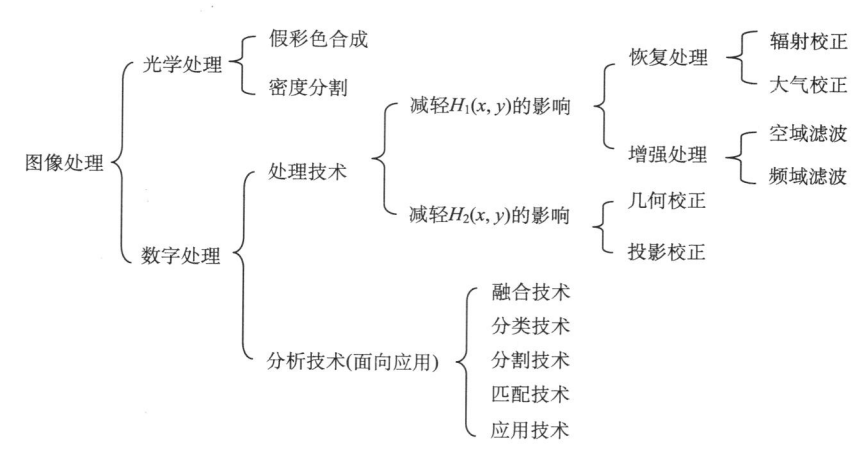

图 1-17　遥感图像处理的主要内容

（2）图像的增强处理，属于图像恢复的间接处理技术，主要目的是通过对遥感图像 $\hat{f}(x,y)$ 直接附加一些信息，或施加某种变换，以改变遥感图像的亮度分布结构，对 $H_1(x,y)$ 所造成的某些信息失真或信息降质进行适当补偿或增强，以提高解像力，技术方法主要涵盖空域滤波和频域增强等内容。

（3）图像的融合处理，属于面向应用的分析技术，主要目的是根据遥感图像的多波段和多时相分辨率特点，通过不同空间分辨率或时间分辨率的融合处理，以提高解像力。技术方法主要涉及图像的变换及波段的替换等内容。

（4）图像的分类处理，属于面向应用的分析技术，主要目的是利用遥感图像像元之间的相关性或在特征空间的聚集位置，找一种对图像像元归并或对特征空间划分的方法，实现对像元的类别划分，以获取分类图，便于对图像的进一步理解和应用。技术方法主要包括非监督分类和监督分类等内容。

（5）图像的分割技术，属于面向对象的特征识别与特征提取技术，涵盖某些特征检测的方法。区分特定目标及图像分类均属图像分割的范畴，但图像分类的输出结果是分类图，而图像分割的输出结果则是对输入图像的进一步描述与解释。技术方法主要包括基于边缘的分割与基于区域的分割等内容。

（6）图像的匹配技术，属于面向应用的分析技术，也是图像处理和应用的重要环节，已在计算机视觉、模式识别、医学图像分析及飞行器导航等领域有着广泛的应用。技术方法主要涉及优化搜索及特征匹配等内容。

（7）图像的应用技术，遥感技术和遥感图像信息可在资源调查、环境评价、灾害监测和城市研究中得到广泛的应用。所谓应用技术,就是指根据特定的研究目标或应用需求所发展的一些实用技术,涵盖面较广。根据需要,读者可参阅本书各章的相关内容。

## 参 考 文 献

[1] Lillesand, T. M., Kiefer R. W. *Remote Sensing and Image Interpretation*, 3rd Ed. John Wiley & Sons, Inc. New York, USA, 1994.

[2] 陈述彭等主编. 遥感信息机理研究. 北京:科学出版社,1998.

[3] 陈述彭主编. 遥感大辞典. 北京:科学出版社,1990.

[4] 冯学智等. "3S"技术与集成. 北京:商务印书馆,2007.

[5] 马蔼乃. 遥感概论. 北京:科学出版社,1984.

[6] 梅安新,彭望琭,秦其明,刘慧平. 遥感导论,北京:高等教育出版社,2001.

[7] 彭望琭主编. 遥感概论. 高等教育出版社,2002.

[8] 日本遥感研究会编著. 遥感原理概要. 北京:科学出版社,1981.

[9] 萨宾(F. F. Sabins)著,杨廷槐译. 遥感原理及解译. 北京:地质出版社,1981.

[10] 舒宁. 微波遥感原理. 武汉:武汉大学出版社,2000.

[11] 孙家抦等. 遥感原理与应用. 武汉:武汉大学出版社,2003.

[12] 孙星和. 宇航遥感物理基础. 北京:地震出版社,1990.

[13] 童庆禧等编著. 中国典型地物波谱及其特征分析. 北京:科学出版社,1990.

[14] 魏益鲁. 遥感地理学. 青岛:青岛出版社,2002.

[15] 徐希孺. 遥感物理. 北京:北京大学出版社,2005.

[16] 赵英时等. 遥感应用分析原理与方法. 北京:科学出版社,2006.

[17] 中国科学院空间科学技术中心编. 中国地球资源光谱信息资料汇编. 北京:能源出版社,1986.

[18] 周成虎等著. 遥感影像地学理解与分析,北京:科学出版社,1999.

# 第二章 遥感图像的信息特征

遥感图像是各种传感器所获信息的产物,是遥感探测目标的信息载体。遥感图像因地物成分、结构、传感器性质之间的联系而具有相应的数学表达。遥感图像一般包含三方面的信息:目标地物的大小、形状及空间分布特点;目标地物的属性特点;目标地物的变化特点。因此相应地将遥感图像归纳为三方面特征,即几何特征、物理特征和时间特征。这三方面特征的表现参数即为空间分辨率、光谱分辨率、辐射分辨率和时间分辨率。

本章分为遥感图像的数学表达、遥感图像的亮度响应、遥感图像的特征描述三节。第一节介绍遥感图像的数学表达,包括遥感数字图像表达的具体函数形式和参数特点,有助于读者从根本上理解、认识遥感图像。第二节详述了由图像亮度值体现出的统计特征,对于发现图像中蕴涵的规律,分析理解图像具有重要的意义。第三节阐述了遥感图像的空间特征,包括位置特征、纹理特征和几何特征等内容。

## §2.1 遥感图像的数学表达

### 2.1.1 遥感图像的函数形式

遥感图像记录的是遥感传感器对地观测的结果,其图像亮度响应值(简称亮度值,下同)反映了地物的反射或发射电磁波能力,该值与地物的成分、结构,传感器的性质等之间存在某种内在联系,这种内在关系可以用函数来表达,也就是说客观存在着遥感图像的模式。对于一般的陆地卫星图像(为表述方便,图像信息仍用 $f(x,y)$ 定义),其数学模型可定义为:

$$Image = f(x,y,z,\lambda,t) \tag{2-1}$$

式中,$x,y,z$ 表示该图像的空间特征;$x,y$ 为位置信息,$z$ 表示 $(x,y)$ 处的反射光谱信息,如果用显函数形式,其模型可以定义为:

$$z = f(x,y,\lambda,t) \tag{2-2}$$

其中,$\lambda$ 为传感器所使用的波段。如 TM 图像的 7 个不同的波段分别用($\lambda_1$,

$\lambda_2, \cdots, \lambda_7$)来表示,则每个波段的函数可以用下式表示：

$$z = f_{\lambda_i}(x, y, t) \tag{2-3}$$

若固定 $\lambda_i$,得到某一波段的单色图像。$t$ 表示获得图像的时间序列,如果 $t$ 固定,则可得到一幅瞬时的图像。

通常所说的多波段、多时相的图像处理,就是指充分利用模型中提供的参数 $\lambda$ 和 $t$ 所做的各种处理。为分析模型本身的空间特征,往往将 $\lambda, t$ 固定,则图像的数学模型可简化为二维的光强度函数 $f(x,y)$。该函数适用于任何形式的图像,因此,其定义是广泛的。由于光是一种能量形式,故 $f(x,y)$ 的取值范围为：

$$0 \leqslant f(x,y) \leqslant \infty \tag{2-4}$$

在考虑图像模式化简时,图像函数 $f(x,y)$ 只考虑了不同空间坐标位置上的像元的光谱值。实际遥感图像处理中,$\lambda$ 往往通过不同波段组合来体现,即多波段组合问题；$t$ 主要表现在同一地区不同时间的图像重复获取,即多时相组合问题。

该数学函数具有以下特点：(1)函数值的物理意义明确：遥感图像的亮度值即图像函数值代表地物电磁波辐射的一种度量,也就是说图像函数值主要反映的是地物的光谱特征；(2)函数定义域的限定性：由于每一种遥感传感器都具有一定的视域,因而它所获得的图像大小也是有限的,所以图像函数只在实际图像范围内有效；(3)图像函数值的限定性：图像的亮度一般都在一定的值域内变化,即有：

$$0 \leqslant f(x,y) \leqslant R_{\max} \tag{2-5}$$

式中,$f(x,y)$ 不小于零的物理意义是地物的电磁波辐射量最小是零,不应该出现负值；$R_{\max}$ 为地物的最大辐射值。

## 2.1.2 遥感图像的参数特点

### 1. 空间分辨率

遥感器可以放置在太空站、轨道卫星、航天飞机、航空飞机、高塔、遥感车等不同的遥感平台上。这些不同平台的高度、运行速度、观察范围、图像分辨率、应用目的等均不相同,它们构成了一个对地球表面观测的立体观测系统。选择遥感器的主要依据是地面分辨率,又称空间分辨率。前者是针对地面而言,指可以识别的最小地面距离或最小目标物的大小。后者是针对遥感器或图像而言的,指图像上能够详细区分的最小单元的尺寸或大小,或指遥感器区分两个目标的最小角度或线性距离的度量。它们均反映对两个非常靠近的目标物的识别、区分能力,有时也称分辨率或解像力。一般可有三种表示法：

（1）像元（pixel）。指单个像元所对应的地面面积大小，单位为米（m）或公里（km）。如美国 Quickbird 商业卫星一个像元相当于地面面积 0.61m×0.61m，其空间分辨率为 0.61m；Landsat TM 一个像元相当于地面面积 28.5m×28.5m，简称空间分辨率 30m；NOAA/AVHRR 一个像元约相当于地面面积 1 100m×1 100m，简称空间分辨率 1.1km（或 1km）。像元是扫描图像的基本单元，是成像过程中或用计算机处理时的基本采样点。

对于光电扫描成像系统，像元在扫描线方向的尺寸大小取决于系统几何光学特征的测定，而飞行方向的尺寸大小取决于探测器连续电信号的采样速率。

（2）线对数（line pairs）。对于摄影系统而言，图像最小单元常通过 1mm 间隔内包含的线对数确定，单位为线对/mm。所谓线对指一对同等大小的明暗条纹或规则间隔的明暗条对。

（3）瞬时视场（IFOV）。指遥感器内单个探测元件的受光角度或观测视野。单位为毫弧度（mrad）。IFOV 越小，最小可分辨单元（可分像元）越小，空间分辨率越高。IFOV 取决于遥感器光学系统和探测器的大小。一个瞬时视场内的信息，表示一个像元。然而，在任何一个给定的瞬时视场（IFOV）内，往往包含着不止一种地面覆盖类型。它所记录的是一种复合信号响应。因此，一般图像包含的是"纯"像元和"混合"像元的集合体。这依赖于 IFOV 的大小和地面物体的空间复杂性。

这 3 种表示方法意义相仿。只是考虑问题的角度不同，它们可以相互转换。例如，若 IFOV 为 2.5mrad 时，从 1 000m 高度上拍摄的图像的地面投影单元的大小为 2.5m×2.5m。事实上，空间分辨率所表示的尺寸、大小，在图像上是离散的、独立的，是可以识别的。它反映了图像的空间详细程度，而这种空间详细程度受到选择的遥感器，记录图像的高度等因素的影响。图 2-1 显示了 3 种不同空间分辨率的遥感图像。

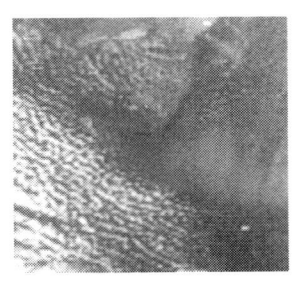

(a) 1.1km的NOAA/AVHRR图像　　(b) 30m的TM图像　　(c) 1m的IKONOS图像

图 2-1　不同空间分辨率的遥感图像

一般来说，遥感系统的空间分辨率越高，其识别能力越强。但实际上，每一物体的可分辨程度不完全取决于空间分辨率，还受形状、大小和它与周围物体的亮度差的影响。比如 Landsat TM 的空间分辨率为 30m，但是宽度仅为 15-20m 的铁路甚至仅宽 10m 的公路，当它们通过沙漠、水域、草原、农作区等背景光谱较单调或与道路光谱差异大的地区，往往清晰可辨。这是因为它们的独特的形状和较单一的背景值所致。可见，空间分辨率的大小，仅表明图像细节的可见程度，真正的识别效果，还要考虑环境背景复杂性等因素的影响。经验证明，遥感器系统空间分辨率的选择，一般应选择小于被探测目标最小直径的 1/2。比如，若要识别公园内的橡树，则可以接受的最小空间分辨率应是最小橡树直径的一半。不过，若橡树与背景特征间光谱响应差异很小，这种经验方法所推算的空间分辨率也不能保证成功。

设计成像遥感器系统时，选择空间分辨率是必须考虑的重点。对于摄影系统，空间分辨率是影响信息数量和质量的主要因素，它直接传递景物的空间结构信息，由此可以再推断出有关该景物的大量信息。对于扫描系统，空间分辨率决定了根据所获得的数据能直接确定的信息类别。比如，NOAA/AVHRR 空间分辨率 1.1km 的数据可以用于分析农、林、牧等信息类别；而 Landsat TM 空间分辨率 30m 的数据可以对上述的林地的子类别如针叶林、阔叶林、混交林等进行分析。但遥感资料并非单纯从地面分辨率的大小来决定其用途大小，而要看它研究什么对象，解决什么问题。对于不同的应用目的，要求的概括程度不同，选择的地面分辨率也完全不同。比如，研究如大陆漂移、洋流、自然地带等大致相当于千米级（1 000-5 000m）的宏观现象，陆地卫星的空间分辨率已嫌高了，采用气象卫星便可解决问题；研究如国家级、省级的大型环境特征，陆地卫星的空间分辨率可以保证；研究如作物估产、土种识别、林火监测、污染监测等中型环境特征，一般在 50m 以上的区域范围内，采用陆地卫星资料加上航空像片便可进行工作，SPOT 卫星图像也可使用；研究如港湾、水库工程建设、城市发展规划等小型环境特征，一般在 5-10m 的地区范围内，陆地卫星对之已无能为力，主要靠航空像片或者 Quickbird 和 IKONOS 卫星图像等，SPOT 卫星图像也可以做一些工作。

**2. 波谱分辨率**

波谱分辨率包含两方面的信息，一是指传感器所用的波段数目、波段波长及其波段宽度，二是指辐射分辨率。前者就是指传感器选择的通道数、每个通道的波长、带宽。光谱分段分得愈多愈细、频带宽度愈窄，所包含的信息量就愈大，针对性愈强，则易于鉴别细微差异。因此，多光谱信息的利用不仅大大开拓了遥感应用的领域，并且使光谱选择的针对性越来越强。过去的航空像片一般采用一个综合波段,而卫星遥感开始利用多波段。从综合波段记录电磁波信息,到分段分别记录电磁波的强度,这样可以把地物波谱的微弱差异区分并记录下来。例如,TM卫星图像的各个波段都针对不同地物进行探测。但是,波段愈细,各波段数据间的相关性就愈大,增加了信息的冗余度;而且数量愈大,给数据传输、数据处理和鉴别带来困难。

后者是指传感器接收波谱信号时,能分辨的最小辐射度差,即传感器对光谱信号强弱的敏感程度和区分能力。在遥感图像上表现为每一像元的辐射量化级。例如,陆地卫星 Landsat5 的 TM3 波段,其最小辐射量值为 $-0.008\ 3mv/cm^3 \cdot sr \cdot \mu m$,最大辐射量值为 $1.410mv/cm^3 \cdot sr \cdot \mu m$,量化为 8 位 256 级,即该图像的取值范围为 0-255。IKONOS 卫星图像的量化级为 11 位 2 048 级,则该图像的取值范围为 0-2047。显然,IKONOS 比 TM 的辐射分辨率提高,图像的可监测能力增强。

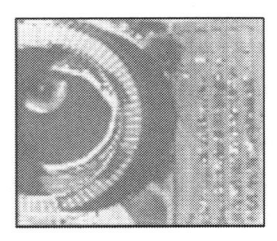

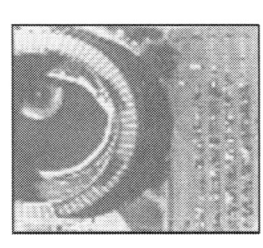

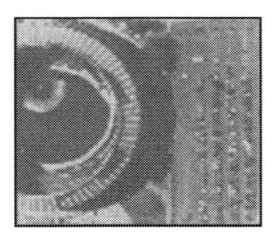

(a) 蓝波段图像　　(b) 绿波段图像　　(c) 红波段图像

图 2-2　IKONOS 卫星的蓝、绿、红三波段的图像

1) 光谱分辨率

遥感信息的多波段特性,多用光谱分辨率来描述。光谱分辨率指遥感器所选用的波段数量的多少、各波段的波长位置及波长间隔的大小,即选择的通道数、每个通道的中心波长、带宽,这三个因素共同决定光谱分辨率。

比如,对于黑/白全色航空像片,照相机用一个综合的宽波段($0.4$-$0.7\mu m$,波段间隔为 $0.3\mu m$)记录下整个可见光红、绿、蓝的反射辐射;Landsat TM 有 7 个波段,能较好的区分同一物体或不同物体在 7 个不同波段的光谱响应特性的差异,其中以 TM3 为例,遥感器用一个较窄的波段($0.63$-$0.69\mu m$,波段间隔为 $0.06\mu m$)记录下红光区内的一个特定范围的反射辐射;而航空可见光、红外成像光谱仪 AVIRIS,有 224 个波段($0.4$-$2.45\mu m$,波段间隔近 $10\mu m$),可以捕捉到各种物质特征波长的微小差异。可见,光谱分辨率越高,专题研究的针对性越强,对物体的识别精度越高,遥感应用分析的效果也就越好。但是,面对大量多波段信息以及它所提供的这些微小的差异,人们要直接地将它们与地物特征联系起来综合解译是比较困难的,而多波段的数据分析,可以提高识别和提取信息特征的概率和精度。

此外,传感器的波段选择必须考虑目标的光谱特征值,如感测人体应选择 8-12$\mu$m 的波长范围,如探测森林火灾等则应选择 3-5$\mu$m 的波长范围,才能取得较好的效果。

2) 辐射分辨率

任何图像目标的识别,最终依赖于探测目标和特征的亮度差异。这里有两个前提条件:一是地面景物本身必须有充足的对比度(指在一定波谱范围内亮度上的差异);二是遥感仪器必须有能力记录下这个对比度。因此,在遥感调查中,仪器的灵敏度以及地面目标与背景间存在的对比度总是至关重要的。

辐射分辨率指遥感器对光谱信号强弱的敏感程度、区分能力,即探测器的灵敏度——遥感器感测元件在接收光谱信号时能分辨的最小辐射度差,或指对两个不同辐射源的辐射量的分辨能力。一般用亮度的分级数来表示,即最暗—最亮亮度值间分级的数目——量化级数。它对于目标识别是一个很有意义的元素。如 Landsat MSS,起初以 6bits(取值范围 0-63)记录反射辐射值,经数据处理把其中 3 个波段扩展到 7bits(取值范围 0-127);而 Landsat TM,7 个波段中的 6 个波段在 30m×30m 的空间分辨率内,其数据以 8bits 记录(取值范围 0-255),显然 TM 比 MSS 的辐射分辨率提高,图像的可检测能力增强。

对于空间分辨率与辐射分辨率而言,有一点是需要说明的。一般瞬时视场 IFOV 越大,最小可分像元越大,空间分辨率越低;但是,IFOV 越大,光通量即瞬时获得的辐射能量越大,辐射测量越敏感,对微弱能量差异的检测能力越强,即辐射分辨率越高。因此,空间分辨率的增大,将伴之以辐射分辨率的降低。可见,高空间分辨率与高辐射分辨率难以两全,它们之间必须有个折中。

### 3. 时间分辨率

时间分辨率是关于遥感图像间隔时间的一项性能指标。时间分辨率指对同一地点进行遥感采样的时间间隔,即采样的时间频率,也称重访周期,又称回归周期。它是由飞行器的轨道高度、轨道倾角、运行周期、轨道间隔、偏移系数等参数所决定。这种重复观测的最小时间间隔称为时间分辨率。

时间分辨率的大小,除了主要决定于飞行器的回归周期外,还与遥感探测器的设计等因素直接相关。比如:法国 SPOT 卫星虽也是极地轨道卫星,轨道高度 832km,轨道倾角 98.7°,重复周期 26 天,但 SPOT HRV 遥感器具有倾斜观测能力(倾角

±27°），这样便可以从不同轨道上，以不同的角度来观测地面上同一点。因而，地表特定地区的重复观测时间间隔比其回归周期 26 天大大缩短。在 26 天的周期内，中纬度地区可以观测约 12 次，赤道可观测约 7 次，纬度 70°处可观测约 28 次。那么 SPOT 卫星的时间分辨率便可认为是 1-4 天。而极轨气象卫星 NOAA 由于长期以来采用双星系统，即同时有两颗在轨道运行，轨道平均高度分别为 833km 和 870km。倾角分别为 98.7°和 98.9°，重复周期为 1/2 天。在双星系统下，同一地点每天有 4 次越境资料。静止气象卫星，采用与地球同步轨道，轨道高度 36 000km，轨道倾角 0°，卫星公转角速度和地球自转角速度相等，因而，从地球上看卫星似固定在天空某一点，观测着约 1/4 的地球，对同一地点每隔 20-30 分钟可获得一次观测资料。因此，对于遥感系统的时间分辨率，我们可认为 Landsat 4、5 为 16 天，SPOT 为 1-4 天，NOAA 为若干小时，静止气象卫星为几十分钟。至于航空摄影、人工摄影等则可按应用需求人为控制。

根据遥感系统探测周期的长短可将时间分辨率划分为 3 种类型：

（1）超短或短周期时间分辨率：主要指气象卫星系列（极轨和静止气象卫星），以"小时"为单位，可以用来反映一天以内的变化，如探测大气海洋物理现象、突发性灾害监测（地震、火山爆发、森林火灾等）、污染源监测等。

（2）中周期时间分辨率：主要指对地观测的资源环境卫星系列（Landsat、SPOT、ERS、JERS、CBERS-1 等），以"天"为单位，可以用来反映月、旬、年内的变化，如探测植物的季相节律，捕捉某地域农时历关键时刻的遥感数据，以获取一定的农学参数，进行作物估产与动态监测，农林牧等再生资源的调查，旱涝灾害监测，气候学、大气、海洋动力学分析等。

（3）长周期时间分辨率：主要指较长时间间隔的各类遥感信息，用以反映以"年"为单位的变化。如湖泊消长、河道迁徙、海岸进退、城市扩展、灾情调查、资源变化等。至于数百年、上千年的自然环境历史变迁，则需要参照历史考古等信息研究遥感图像上留下的痕迹，寻找其周围环境因子的差异，以恢复当时的古地理环境。以年为单位刻画的遥感数据通常通过时间序列的对比来反映不同时间的轨迹。例如图 2-3 为洪泽湖地区在 1979、1988 和 2002 年的 TM 卫星图像，用 3 个时期的图像来监测该地区的土地利用变化。

可见，多时相遥感信息可以提供目标变量的动态变化信息。用于资源、环境、灾害的监测、预报，并为更新数据库据供保证，还可以根据地物目标不同时期的不同特征，提高目标识别能力和精度。实际上，遥感对象的变化规律要求遥感探测周期与之对应；另外一方面，对遥感本身来说，由于传感器选择波段有限制，不同的波段又有不同的时间要求,也就是要有一定的工作条件。如侧视雷达是全天候的,热红外摄影或扫描只有在清晨 2-3 点以及白天午间温场最高时为宜,多波段则必须晴空。

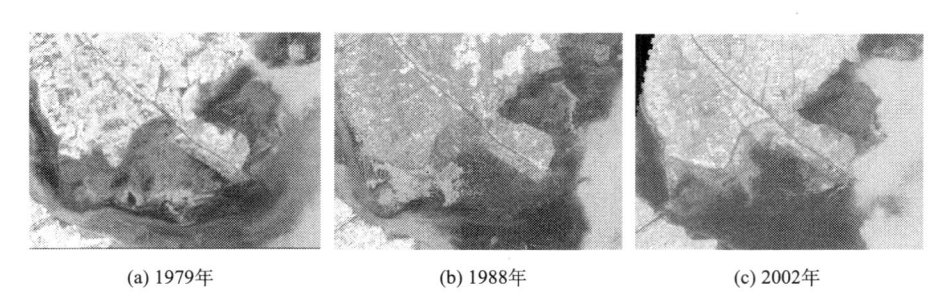

(a) 1979年　　　　　　(b) 1988年　　　　　　(c) 2002年

图 2-3　洪泽湖西部地区不同时间的 TM 卫星图像

## §2.2　遥感图像的亮度响应

### 2.2.1　亮度的数值表示

光谱响应特征是地物反射能量在图像上的亮度值表示,该值是地物反射或发射的光谱受大气层的影响后被传感器接收记录的数据,每个像元各波段的亮度值代表了该像元中地物平均反射和辐射值的大小。很显然地物的平均辐射亮度受地物成分、结构、状态、表面特征等因素的影响。所谓亮度值,实际上是在波段记录信息的极小值与极大值之间,在$[0,2^n-1]$区间中进行内插而得到的正整数。如果以 $G$ 表示亮度,则有:

$$G = f(i,j,x,y,\lambda,\Delta t) \tag{2-6}$$

式中,$i,j$ 是像元的坐标;$x,y$ 是像元的两个边长;$\lambda$ 是遥感波段;$\Delta t$ 是成像时段。其中,$\lambda$ 的物理意义与地理意义又可表示为:

$$\lambda = f(EMV, GEO) \tag{2-7}$$

式中,$EMV$(Electromagnetic Wave)为电磁波谱特性,$GEO$(Geographic)为地理特性。$EMV$ 与 $GEO$ 对波长来说是复杂的隐函数。

地物的光谱特征在遥感图像上主要反映为色调的差异,在单波段图像上呈现出不同的黑白程度,在多波段合成的图像上表现出不同的色彩。色调是采用人机交互方法进行专题信息提取的重要解译标志。比如,在 Landsat ETM+的全色波段图像上,水体表现出深色调,其次是植被,而以建筑物为主要分布的城市和村镇则表现出浅色调。

假设图像函数 $f(x,y)$ 是一种连续变化函数，即通常所说的模拟图像。模拟图像是遥感图像光学处理的对象，遥感图像数字处理一般都是在计算机上进行的，因此，必须把模拟图像转换为数字图像。把模拟图像转换成数字图像的过程（A/D）可分为空间取样和灰度量化两个相互衔接的阶段。空间取样阶段只把在空间域连续变化的模拟信号转化成离散信号，也就是说只是空间上的离散，而取值仍是连续的。后一阶段则是模拟信号转换成不仅在空间上而且在取值上也是离散的数字信号。

数字量与模拟量的本质区别在于模拟量是连续变量，而数字量是离散变量。观察一幅黑白相片，其黑白程度称为灰度（亮度），是由摄影处理过程中金属银聚集而成，密度越大，图像越黑；密度越小，图像越白。黑和白的变化是逐渐过渡的，没有阶梯状。有时为了使视觉分辨效果更好和对图像质量鉴定方便，人为地在图像下部设置一条灰标，制作成不同等级的亮度值标尺，但就图像本身而言，亮度仍旧是连续变化的。

将这样一幅图像通过扫描仪或数字摄影机等外部设备送入计算机时，就是对图像的位置变量进行离散化和灰度值进行量化。当数字化该图像时，数字图像在空间位置上取样，产生离散的 $x$ 值和 $y$ 值，则每一个 $\Delta x$ 和 $\Delta y$ 构成的小方格称为一个像元。像元是数字图像中的最小单位。每一个像元对应一个函数值，即亮度值，它是由连续变化的灰度等分得到。定义原图像函数是一个矩形区域 $R$ 内的实函数，记作：$0 \leqslant f(x,y) \leqslant F, x \in [0, x_{max}], y \in [0, y_{max}]$，式中，$F$ 为亮度值的上界；$x_{max}, y_{max}$ 分别为 $x, y$ 方向的最大值。

数字化后，连续空间变量被等间隔取样成离散值。一幅图像可以表示为一个矩阵，若 $x$ 方向上取 $N$ 个样点，$y$ 方向上取 $M$ 个样点，则成为有 $M \times N$ 个元素的矩阵函数：

$$f(m,n) = \begin{bmatrix} f(0,0) & \cdots & f(0,N-1) \\ \vdots & \ddots & \vdots \\ f(M-1,0) & \cdots & f(M-1,N-1) \end{bmatrix} \quad (2\text{-}8)$$

式中，$M$ 代表行数；$N$ 代表列数。$M, N$ 为正整数，矩阵中的每一元素代表图像中的一个像元，其面积大小相当于光学图像分割取样的最小单元 $\Delta x \times \Delta y$。

数字图像中的像元值可以是整型、实型和字节型。为了节省存储空间，字节型最常用，即每个像元记录为一个字节。图像中的每一个样本点被称为一个像元，像元的值（DN）表示图像在这个坐标点上的能量强度。对能量强度从黑到白进行分级就称为灰度量化。量化后，灰度值从 0 到 $2^L - 1$，共有 $2^L$ 级灰阶。$L$ 为正整数，通常取 6,7,8 或 11。

很显然,采样间隔越小,数字图像与模拟图像越接近,图像数字化后的失真也就越小;但是采样间隔越小,图像数据量也就越大,这必然影响遥感图像数字处理的速度。灰度等级越多,对地物辐射光谱描述得越精确,但灰度等级的无限增加又会影响到图像的数据量,进而影响遥感图像数据的传输与处理,使遥感图像数字处理复杂化。

### 2.2.2 亮度的统计分析

**1. 亮度值统计**

光谱响应特征在多光谱遥感图像地物识别中是最直接也是最重要的解译元素。地表的各种地物由于物质组成和结构不同而具有独特的波谱反射和辐射特性,在图像上反映为各类地物亮度值的差异,因此,可以根据这种亮度值的差异来识别不同的物体。图像各波段的亮度值是地表光谱特征通过大气层的影响被卫星传感器接收记录的数据,每个像元各波段的亮度值代表了该像元中地物平均反射和辐射值的大小。通常,根据不同地物在图像上表现的光谱的统计特征,如平均值、最大值、最小值、方差等,可以帮助识别地物。

均值:像元值的算术平均值,反映的是图像中地物的平均反射强度,大小由图像中主体地物的光谱信息决定。计算公式为:

$$\bar{f} = \frac{\sum_{j=0}^{M-1} \sum_{i=0}^{N-1} f(i,j)}{MN} \tag{2-9}$$

中值:指图像所有亮度级中处于中间的值,当亮度级数为偶数时,则取中间两亮度值的平均值。由于一般遥感图像的亮度级都是连续变化的,因而大多数情况下,中值可通过最大亮度值和最小亮度值来获得:

$$f_{med}(i,j) = \frac{f_{max}(i,j) + f_{min}(i,j)}{2} \tag{2-10}$$

方差:方差是衡量图像信息量大小的重要度量,计算公式如下:

$$\sigma^2 = \frac{\sum_{j=0}^{M-1} \sum_{i=0}^{N-1} [f(i,j) - \bar{f}]^2}{MN} \tag{2-11}$$

图 2-4 给出了一个 TM 遥感图像近红外波段的统计实例。

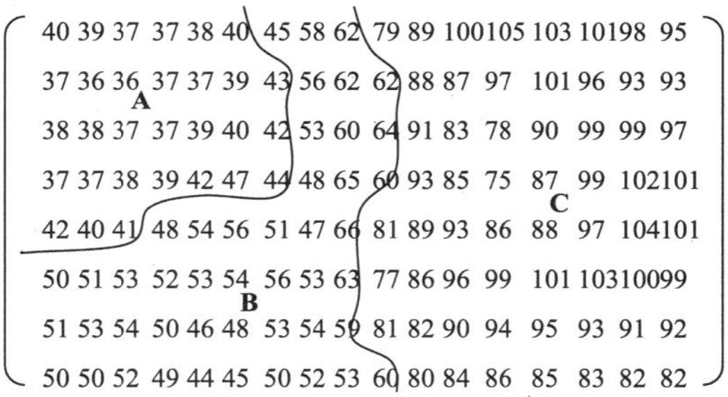

$$\begin{pmatrix}
40 & 39 & 37 & 37 & 38 & 40 & 45 & 58 & 62 & 79 & 89 & 100 & 105 & 103 & 101 & 98 & 95 \\
37 & 36 & 36 & 37 & 37 & 39 & 43 & 56 & 62 & 62 & 88 & 87 & 97 & 101 & 96 & 93 & 93 \\
38 & 38 & 37 & 37 & 39 & 40 & 42 & 53 & 60 & 64 & 91 & 83 & 78 & 90 & 99 & 99 & 97 \\
37 & 37 & 38 & 39 & 42 & 47 & 44 & 48 & 65 & 60 & 93 & 85 & 75 & 87 & 99 & 102 & 101 \\
42 & 40 & 41 & 48 & 54 & 56 & 51 & 47 & 66 & 81 & 89 & 93 & 86 & 88 & 97 & 104 & 101 \\
50 & 51 & 53 & 52 & 53 & 54 & 56 & 53 & 63 & 77 & 86 & 96 & 99 & 101 & 103 & 100 & 99 \\
51 & 53 & 54 & 50 & 46 & 48 & 53 & 54 & 59 & 81 & 82 & 90 & 94 & 95 & 93 & 91 & 92 \\
50 & 50 & 52 & 49 & 44 & 45 & 50 & 52 & 53 & 60 & 80 & 84 & 86 & 85 & 83 & 82 & 82
\end{pmatrix}$$

图 2-4　TM 图像的近红外波段的 DN 值

表 2-1　TM 图像近红外波段的亮度值统计

| 地物类别 | | A | B | C |
|---|---|---|---|---|
| 统计值 | 最大值 | 47 | 65 | 105 |
| | 最小值 | 36 | 44 | 77 |
| | 中　值 | 42 | 55 | 91 |
| | 均　值 | 39 | 54 | 90 |
| | 方　差 | 6.6 | 30 | 63.5 |

**2. 植被指数统计**

对于图像中单要素地物类型的统计分析，下面以植被指数为例进行说明。为了快速从 IKONOS 图像上识别不同植被类型，首先对植被在 IKONOS 图像上的光谱信息进行统计分析，以确定不同植被是否表现出较大的光谱差异。IKONOS 图像的波谱范围覆盖为 450-900μm，其波谱响应范围为蓝、绿、红和近红外 4 个波段。各类植被的光谱响应反映在假彩色合成的 IKONOS 图像上，表现为水生植被呈现亮紫色，人工草地和自然草地具有比较鲜亮的红色，其次是阔叶林，而针叶林呈现暗红色。

可以看出，各类型植被在 IKONOS 图像上的光谱响应曲线比较接近，在各波段上分布的值域部分重合。因此，单纯依靠光谱特征，很难在 IKONOS 图像上识别不同的植被类型。图 2-5 是 IKONOS 图像上采集的典型植被的均值光谱响应曲线。横坐标的 1-4 分别代表 IKONOS 图像的第 1-4 波段。纵坐标是地物的光谱响应值，即 DN 值。与地物光谱曲线相比，典型地物的光谱响应曲线与光谱曲线差别很大，但是，能反映大致相同的趋势。从图 2-5 可以看出，水生植被在各个波段上的光谱响应最高，其次是草本植被，然后是阔叶林，最后是针叶林。这种表现可以从不同植被类型的反射光谱曲线上看出，在 450-900μm 之间，草本植被的反射率高于乔灌木的反射率。其中，在蓝波段，几种植被类型的光谱响应值最接近，近红外波段的差异最大，在绿波段和红波段，差异介于蓝和近红外波段之间，这主要是因为在 757-852$\mu m$ 区间，各植被类型的反射率差别很大，而在 447-516$\mu m$ 区间，反射率特别接近，但是在 500-600$\mu m$ 之间，草本植被的反射率远远高于其他植被。从图 2-5 还可以看出，不同类型的植被在 4 个波段上表现出一致的趋势，蓝波段的光谱响应较低，在绿波段呈现一个相对高值，然后在红波段迅速下降，到达近红外波段，又急速上升。

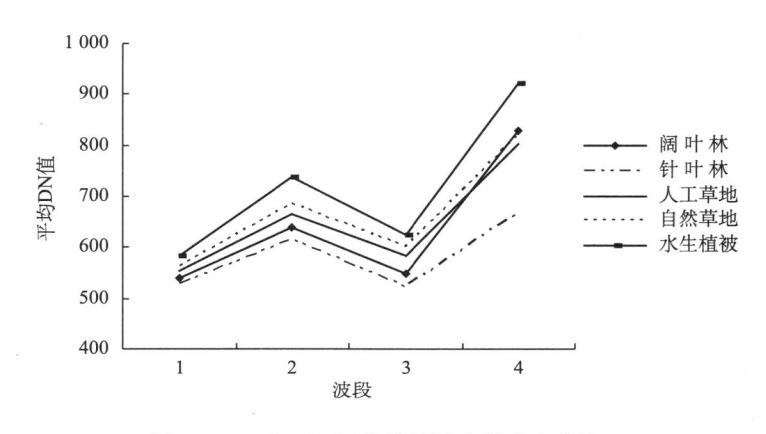

图 2-5　IKONOS 图像的植被光谱响应曲线

根据地物的光谱特征，利用不同波段之间光谱组合可以更加有效地识别地物。如利用植被在红波段的低反射特征和在近红外波段的高反射特征，建立了一系列植被指数，以用来表征植被含量的高低和生长的好坏。其中比较常用的有归一化植被指数（NDVI）、比值植被指数（RVI）、差值植被指数（DVI）、多时相植被指数（MTVI）、土壤调整植被指数（SAVI）、温度植被指数（Ts-VI）等。这些植被指数可以大体上分为 3 类：第一类是基于波段的线性组合得到的，第二类是基于物理原理建立的，第三类是针对高光谱遥感和热红外遥感发展起来的。植被指数数值大小主要受土壤亮度、土壤颜色、大气、遥感器定标、遥感器光谱响应和双向反射等生物要素和物理要素的影响。图 2-6(a) 为 TM 图像的原始图像，图 2-6(b) 为 TM 图像计算的标准植被指数图。从图上可以看出，植被覆盖度高且长势比较好的地方，植被指数的值比较高；相反，其他地物的植被指数比较低（表 2-2）。

也有研究根据植被和水体的波谱特征，利用植物在近红外波段具有较高的反射率，而在中红外波段由于植物叶子水分的吸收作用导致反射率降低的特点，构建的反映植被含水量的水体指数；或者利用温度和植被指数的关系，构建干旱指数，以用来对一个地区的干旱程度进行监测。

表 2-2 NDVI 统计值

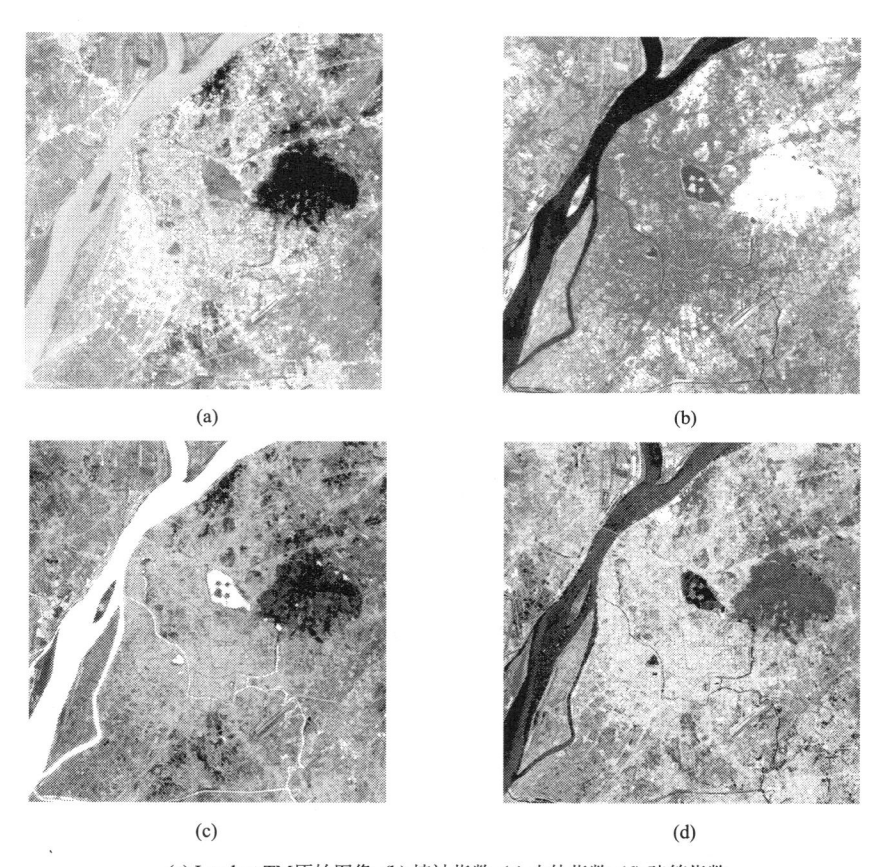

| NDVI | | 阔叶林 | 针叶林 | 人工草地 | 自然草地 | 水生植被 |
|---|---|---|---|---|---|---|
| NDVI | 最大值 | 0.253 | 0.154 | 0.195 | 0.258 | 0.219 |
| | 最小值 | 0.134 | 0.080 | 0.099 | 0.037 | 0.103 |
| | 均 值 | 0.202 | 0.121 | 0.158 | 0.151 | 0.191 |
| | 方 差 | 0.001 143 | 0.000 427 | 0.001 157 | 0.003 915 | 0.001 080 |

(a) Landsat TM原始图像,(b) 植被指数,(c) 水体指数,(d) 建筑指数

图 2-6 原始图像与光谱特征组合指数图

利用可见光波段和近红外波段的反差构成的水体指数可以快速地提取遥感图像中的水体信息。最常用的水体指数是归一化水体指数,其计算公式为:

$$NDWI = (Green - NIR)/(Green + NIR) \tag{2-12}$$

由图 2-6(c)可以看出,水体呈高亮度显示,表明水体指数可以十分有效的用来提取水域信息。

由于水泥、沥青等不透水层在中红外波段上反射率比较高,而在近红外波段上反射率比较低。根据不透水层在这两个波段上的差异构建建筑指数,而且与其他指数相配合,可以非常有效地提取城市、村镇等专题信息。在建筑物指数中,最常用的是归一化建筑指数,其计算公式为:

$$NDBI = (MIR - NIR)/(NIR + MIR) \tag{2-13}$$

由图 2-6(d)可以看出,城市等不透水地面表现出比较高的建筑指数值,其他地物的建筑指数值比较低。然而,需要指出的是,建筑指数与植被指数和水体指数相比,显著性低,因此单纯依靠建筑指数大于某一个值是很难提取不透水层信息。

## §2.3 遥感图像的特征描述

### 2.3.1 空间位置关系特征

各种地物在空间上都具有一定的空间特征,在图像上表现为光谱特性相似、具有一定大小和平面形状的区域。图像对象概念的出现使得处理单元对应于现实世界中的实体,从而在 GIS 与遥感图像处理系统之间架起了一座桥梁,为 GIS 分析提供了可能。形状信息随着高分辨率遥感图像的广泛应用得到了越来越多的研究,如有的研究利用形状指数和面积两个指标,对非监督分类中混淆的鱼塘、水库、河流和山体阴影重新进行识别,获得了较好的效果;有的研究利用光谱和形状特征进行城市地表的分类,以区分广场和建筑物;有的研究采用提取形状的新算法从遥感图像上直接提取景物的矢量图形,并通过在波谱空间和形状空间的两次聚类给出景物的分类结果;有的研究利用空间数据库,即集合光谱特征、GIS、航空相片和 DEM 等信息,对城市地区的土地覆盖进行分类。这些研究表明,地物的空间几何特征是地物识别的重要依据之一。

**1. 空间关系特征的表示**

1) 空间位置

位置分布特征是地物的环境位置以及地物间空间位置的配置关系在图像上的反映,也称为相关特征。任何地学研究对象均有一定的空间分布特征。地物的位置特征大体上可以从地物的绝对位置和地物间的相对位置两个方面来描述。

相对位置包括相邻关系、包含关系、穿过关系和拓扑关系等。如城市中道路和建筑物的区别,依靠与阴影的相邻关系就可以将二者区别。因为道路不具备高程信息,因此当太阳光照射时不形成阴影,而建筑物由于具有高度,形成阴影,而且阴影与建筑物相邻。

绝对位置是指地物在空间中所处的位置,反映到图像上,就是目标在图像上的位置,地物的绝对位置通常由一组坐标对来表示。对于面状对象的空间位置可由其界线的一组$(x,y)$坐标来确定;线状对象的空间位置可由线性形迹的一组$(x,y)$坐标对确定;点状对象的空间位置由其实际位置或中心位置的$(x,y)$坐标对确定。

对地物的特征分析可以发现,任何地物在地理空间的分布都体现了区域地理特征,与环境影响因子有关。比如自然草地和人工草地光谱的特征较为相似,但是自然草地一般在城郊结合处,不在主城区内,主城区内很少有闲置的土地;老城区内由于绿化比较早,且有一定的历史,以林木为主,而老城区外以草地为主。

2)空间关系

这里的地物空间关系指的是遥感图像中两个地物或多个地物之间在空间上的相互联系,这种联系由地物的空间位置决定。对于空间关系的描述多种多样,有定量的,也有定性的,有精确的,也有模糊的。空间的描述并非绝对独立,而是具有一定的联系。不同地物之间的空间关系主要表现为以下几种:

(1)方位关系

指两个地物之间方向与位置的相对关系。通常用来描述边界并不相互接触的两个物体。方位关系的描述包括距离关系和方向关系。

距离关系:即一个物体到另一个物体的直线距离。点状地物之间的距离则是两点间的距离。点状地物到线状地物的距离是该点到该线的最短距离。点状地物到面状地物的距离以该点到面状地物边界的最短距离表示。面状地物到面状地物的距离则以两个面状地物边界点的最短距离表示(图2-7)。

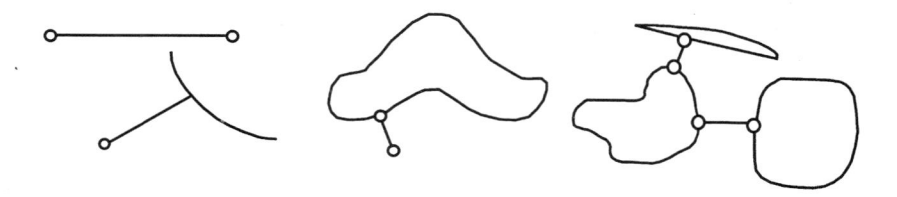

图2-7 不同地物间的距离关系

方向关系:即一个物体相对于另一个物体的方向。方向关系用正北、东北、正东、东南、正南、西南、正西、西北 8 个方向描述。每个方向用方位角区间来定量表示(表 2-3)。

表 2-3 方向关系

| 方向关系 | 方位角区间(单位:度) |
| --- | --- |
| 正北 | 337.5-22.5 |
| 东北 | 22.5-67.5 |
| 正东 | 67.5-112.5 |
| 东南 | 112.5-157.5 |
| 正南 | 157.5-202.5 |
| 西南 | 202.5-247.5 |
| 正西 | 247.5-292.5 |
| 西北 | 292.5-337.5 |

(2) 包含关系

包含关系指两个边界不相邻的物体,一个位于另一个的内部。包含关系通常具有图 2-8 所示的 3 种情况:点包含在面状地物内部,线状地物被包含在面状地物内部,一个小的面状地物被另一个大的面状物体所包围。

图 2-8 不同地物间的包含关系

(3) 相邻关系

如果两个地物在边界上相邻,我们称这两个地物具有相邻关系。相邻关系存在着两种不同的情形:外接邻域,内接邻域。不同地物类型间的相邻关系如图 2-9 所示。

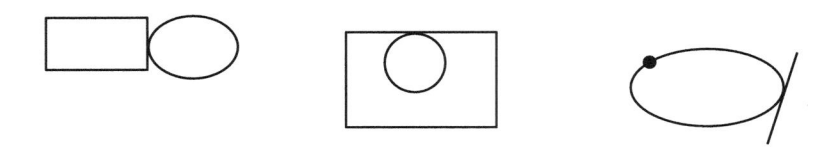

图 2-9 不同地物间的相邻关系

（4）相交关系

两个地物交会于一点，主要用来描述点状地物与线状地物，线状地物与线状地物的空间关系。如图 2-10 所示。

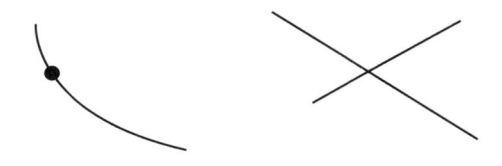

图 2-10　不同地物间的相交关系

（5）相贯关系

一个线状物体通过面状物体的内部，如图 2-11 所示。

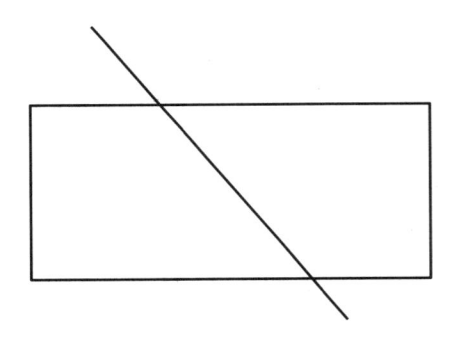

图 2-11　不同地物间的相贯关系

**2. 地物空间位置特征的识别**

一方面，地面目标往往要受某种空间分异规律的影响，在分布上呈现一定的空间关系，即具有一定的空间结构。例如，林业遥感中每一种树种有其特有的树冠形状和大小，有些树种是圆形树冠，有些是圆锥形树冠，而有些则呈星形树冠。在树木密集处，树冠的排列形成一种有别于其他树种的模式，密集的黑云杉树丛的树冠纹理看起来类似地毯。地质遥感中不同地质体——脊柱、马蹄形盾地等有规律的排列形成独特的山字形构造。另一方面，地物在遥感图像上的空间分布特征往往还受到地域分异规律的控制。例如，我国南方的地形，构造较为复杂，造成了其他环境要素的复杂化，土地资源条件和土地利用类型差异较大。因而从北到南自然景观的分异愈加明显，基本景观单元变小，类型增多，复杂程度增加。

不同的地物对象有着不同的空间分布特征，地物的空间位置和布局上的规律性，是识别地物类别的一个重要间接依据，是更高层次的空间特征。地物在空间上的分布受自然条件的控制和人为因素的干预，往往存在某种地域分异规律。例如，山区植被分布的垂直地带性；城市中心到周围乡村土地覆盖类型的逐步过渡性变化；水库一般和大坝相邻；与河流相交的道路一般为桥梁；高山和陡坡上一般不会有湖泊、池塘和房屋等。

很多学者在 GIS 的辅助下利用这种空间上的分布特征，对遥感图像土地利用/覆被分类结果中的错分类别进行后处理，提高分类的精度。如 Steven 等(1995)采用四种方法在 TM 图像上进行滨海湿地的分类，发现 GIS 辅助的规则分类法取得的效果最好，在该分类法中，作者引入了表征湿地位置的国家湿地资源图、土壤图和坡度图；Bojorquez 等(2001)利用公众参与的、基于 GIS 的多变量特征，包括利用离道路和海岸线的距离等，进行土地可持续性评价；Luo(2003)结合逐步最优选择模型和地理知识构建遥感图像上的地物的特征空间，以提高遥感图像的分类精度；杨存建和周成虎(2001)引进了居民地与水体和道路的空间关系知识，利用所发现的知识分别建立了城镇居民地的提取模型和集村居民地的提取模型；陈秋晓等(2004)通过引入形状指数和相邻指数，大大提高了分类精度。

### 3. 空间特征与空间分辨率

影响遥感图像空间信息的重要因素是遥感图像的空间分辨率，一般来说，图像的空间分辨率越高，图像的细节越清晰，图像的空间结构越丰富；反之，遥感图像的空间分辨率越低，图像的细节越模糊，图像的空间信息就越少，空间分辨率是影响图像空间结构特征丰富程度的主要因素。但是，实际上每个目标的可分辨程度，不完全决定于空间分辨率，同时还与它的形状、大小，以及它与周围物体亮度、结构的相对差异有关。例如：在 30m 空间分辨率的 Landsat TM 遥感图像上，即使是一条宽度仅为 10m 的公路，当它通过沙漠、水域、草原等背景光谱较单调或与道路光谱差异大的地区时，我们还是比较容易地在图像上清晰地识别出来。这是由于道路独特的形状以及比较单一的背景数据形成的反差所导致。因此，地物目标的空间特征的识别不仅仅取决于空间分辨率，还要考虑环境背景复杂性等因素的影响。表 2-4 列出了不同特征识别所要求的空间分辨率。

表 2-4　遥感图像空间特征的识别对空间分辨率的要求

| 环境特征 | 空间分辨率 | 环境特征 | 空间分辨率 |
|---|---|---|---|
| Ⅰ. 巨型环境特征 | | 水土保持 | 50m |
| 地壳 | 10km | 植物群落 | 50m |
| 成矿带 | 2km | 土种识别 | 20m |
| 大陆架 | 2km | 洪水灾害 | 50m |
| 洋流 | 5km | 径流模式 | 50m |
| 自然地带 | 2km | 水库水面监测 | 50m |
| 生长季节 | 2km | 城市、工业用水 | 20m |
| | | 地热开发 | 50m |
| Ⅱ. 大型环境特征 | | 地球化学性质、过程 | 50m |
| 区域地理 | 4km | 森林火灾预报 | 50m |
| 矿产资源 | 1km | 森林病害探测 | 50m |
| 海洋地质 | 1km | 港湾悬浮质运动 | 50m |
| 石油普查 | 1km | 污染监测 | 50m |
| 地热资源 | 1km | 城区地质研究 | 50m |
| 环境质量评价 | 100m | 交通道路规划 | 50m |
| 土壤识别 | 75m | | |
| 土壤水分 | 140m | Ⅳ. 小型环境特征 | |
| 土壤保护 | 75m | 污染源识别 | 10m |
| 灌溉计划 | 100m | 海洋化学 | 10m |
| 森林清查 | 400m | 水污染控制 | 10-20m |
| 山区植被 | 200m | 港湾动态 | 10m |
| 山区土地类型 | 200m | 水库建设 | 10-50m |
| 海岸带变化 | 100m | 航行设计 | 5m |
| 渔业资源管理与保护 | 100m | 港口工程 | 10m |
| | | 鱼群分布与迁移 | 10m |
| Ⅲ. 中型环境特征 | | 城市工业发展规划 | 10m |
| 作物估产 | 50m | 城市居住密度分析 | 10m |
| 作物长势 | 25m | 城市交通密度分析 | 5m |
| 天气状况 | 20m | | |

## 2.3.2 纹理特征

**1. 纹理的分析**

纹理是遥感图像的重要信息,不仅反映了图像的亮度统计信息,而且反映了地物本身的结构特征和地物空间排列的关系。一般将组成纹理的基本元素称为纹理基元。由于纹理基元及其分布形态复杂多样,因此很难对纹理的精确定义形成统一的认识,或者说目前尚无一个被广泛接受的纹理定义。一般认为,纹理是图像亮度或色彩在空间上的变化或重复。每种地物在图像上都有本身的纹理图案,地表的山脉、草地、沙漠、森林、城市建筑群等在图像上都表现为不同的纹理特征。一般都是定性的描述这些地物之间的纹理特征差异,如粗糙度、平滑性、随机性、方向性、直线性、周期性等。

纹理图像中亮度分布一般具有某种规律性,对于随机纹理,也有一些统计意义上的特征。目前,通常认为纹理具有以下几个特征:(1)纹理表现为某种局部序列性,该序列在更大的区域内不断的重复;(2)纹理存在引起视觉感知的基本构成单元,即纹理基元;(3)纹理不能处理成一个点过程,更多的表现为区域特征;(4)纹理区域各个部分大致是均匀的统一体,各部分有大致相同的尺寸。

纹理基元及其排列规则可以用下式来表示:

$$f = R(e) \tag{2-14}$$

其中,$R$ 描述了纹理基元的排列规则,$e$ 描述纹理的基元形态。不同的基元形态和排列规则,就构成了千差万别的纹理结构。

纹理分析方法可以归纳为 4 种:统计方法、频谱方法、模型方法和结构方法。

1) 统计方法

多数纹理可以描述为一个随机变量,尤其是自然纹理,在局部分析中表现出很大的随机性,而在整体分析和统计意义上,纹理存在某种规律性。从区域统计的角度去分析纹理图像的方法称为基于统计的纹理分析方法。

(1) 共生矩阵法

共生矩阵法是 Haralick 提出的,是对图像所有像元进行统计调查,以描述其亮度分布的一种方法。该方法由亮度级之间二阶联合条件概率密度 $P(i,j,d,\theta)$ 构成矩阵,反映了图像中任意两点间亮度的空间相关性。定义方向为 $\theta$,间隔为 $d$ 的灰度共生矩阵为 $[P(i,j,d,\theta)]_{l*l}$,$P(i,j,d,\theta)$ 代表矩阵第 $i$ 行第 $j$ 列元素,表示在给定空间距离 $d$ 和方向 $\theta$ 时,以亮度级 $i$ 为起点,出现亮度级 $j$ 的概率。$l$ 为亮度级的数目,

θ 一般取 0°、45°、90°和 135°四个方向。由于共生矩阵不能直接用于描述图像的纹理特征,常用反映局部同质性的 Homogeneity 指数、度量图像局部变化的 Contrast 指数、度量局部变化但呈线性增长的 Dissimilarity 指数、度量信息量的 Entropy 指数、反映图像亮度分布均匀性的 Angular Second Moment 指数、亮度平均状况的 Mean 指数、度量偏离均值程度的 Standard Deviation 指数和衡量邻域亮度的线性依赖性的 Correlation 指数来描述图像的纹理信息。

表 2-5 常用的灰度共生矩阵纹理特征

| 纹理特征 | 公式 |
| --- | --- |
| 平均值指数 | $MEAN = \sum_{i=0}^{N-1}\sum_{j=0}^{N-1} P_{i,j}/N^2$ |
| 均匀度指数 | $HOM = \sum_{i=0}^{N-1}\sum_{j=0}^{N-1} \dfrac{p_{i,j}}{1+(i-j)^2}$ |
| 异质性指数 | $DISS = \sum_{i=0}^{N-1}\sum_{j=0}^{N-1} P_{i,j} \mid i-j \mid$ |
| 能量指数 | $ENT = \sum_{i=0}^{N-1}\sum_{j=0}^{N-1} P_{i,j} \log P_{i,j}$ |
| 角二阶矩阵指数 | $ASM = \sum_{i=0}^{N-1}\sum_{j=0}^{N-1} P_{i,j}^2$ |
| 相关性指数 | $CORR = \dfrac{\sum_{i=0}^{N-1}\sum_{j=0}^{N-1} i \cdot j \cdot P_{i,j} - u_1 \cdot u_2}{\sigma_1^2 \sigma_2^2}$ |

注:公式中各参数的代表意义分别为:$\mu$ 是 $P_{i,j}$ 的均值,$u_1 = \sum_{i=0}^{N-1} i \sum_{j=0}^{N-1} P_{i,j}$,$u_2 = \sum_{j=0}^{N-1} j \sum_{i=0}^{N-1} P_{i,j}$,$\sigma_1 = \sum_{i=0}^{N-1}(i-u_1)^2 \sum_{j=0}^{N-1} P_{i,j}$,$\sigma_2 = \sum_{i=0}^{N-1}(i-u_2)^2 \sum_{j=0}^{N-1} P_{i,j}$。

这些度量指标从不同侧面反映了图像的纹理特征,但也存在着一定的相关性。在实际应用中,应根据具体情况加以选择。另外,考虑到实际的工作量和地物在不同波段上的纹理特点,纹理特征都是利用单一波段计算。如果原始图像是多波段数据,则利用全色波段或通过主成分变换选择第一主成分,再进行纹理分析。

共生矩阵纹理分析首先确定适宜的纹理窗口尺寸,因为误分像元往往集中在窗口的边缘区域。大的纹理计算窗口产生比较稳定的纹理测量,但造成大的边缘效应;小的纹理窗口的边缘效应小,但一般难以产生稳定的纹理测量。研究表明,随着纹理计算窗口的增大,纹理的可分性增大,选取边缘以外的像元评价的可分性被提高。根据已有的研究,纹理特征的变异系数随着窗口的增大逐渐变小,当到达某一个窗口时,变异系数趋于稳定,即随着窗口的增大,变异系数的变化趋于 0,表明窗口的增大不会对类别的可分性有更大贡献。因此,常用纹理的变异系数来确定类别可分的最佳窗口。

图 2-12 是 IKONOS 遥感图像的 DISS、HOM、VAR 和 SAM 在最优窗口上的显示,可以看出,DISS 对于均匀分布的地物具有很高的值,比如人工草地和自然草地,林地具有较低的值;HOM 指数则是人工草坪具有高值,其次是自然草地、阔叶林,最后是针叶林;人工草地的 VAR 指数值最高,很容易和其他地物区分,自然草地具有相对高值,林地的值比较低;SAM 的高值出现在林地,其次是自然草地,最后是人工草地。从纹理特征来看,人工草地最容易跟其他植被类型用地相区分,主要是其纹理较细致;其次是自然草地;两类林地则很难区分,一是因为二者的纹理特征比较相近,二是因为本研究区域中,针叶林的分布范围太小,很容易混合到其他地物之中。另外,从图上几乎观察不到水生植被的分布,主要是因为水生植被的分布面积特别小,最多有十几个平方米,进行纹理计算后,很容易把这类地物模糊到其他类型中。

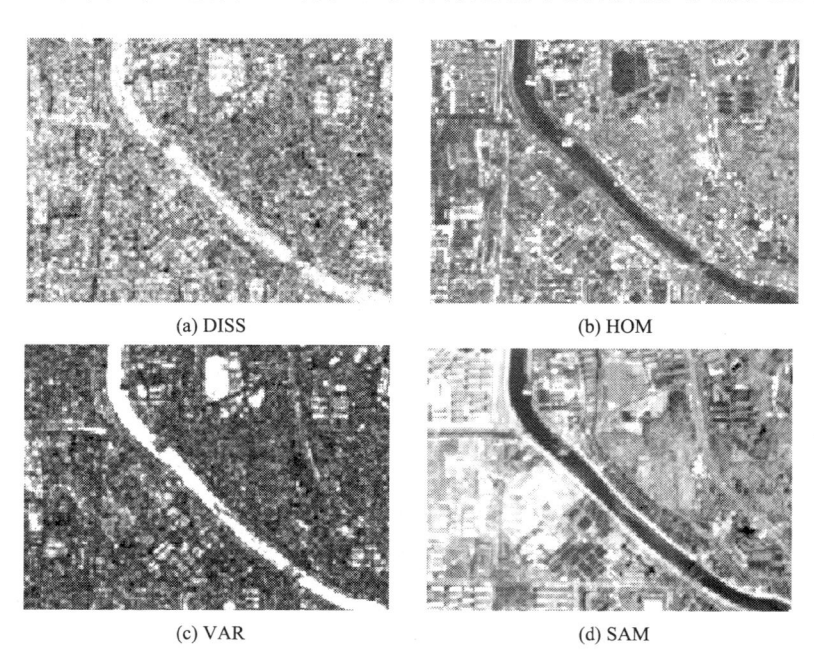

(a) DISS  (b) HOM

(c) VAR  (d) SAM

图 2-12  IKONOS 图像的纹理特征

(2) 灰度游程长度法

灰度游程长度为同一直线上具有相同亮度值的最大像元集合。它与亮度级数、长度、方向等因素有关。一个灰度游程长度定义为游程中像元点的个数。灰度游程

长度矩阵 $R(\theta)=[P(i,j/\theta)]$ 中每一项 $P(i,j/\theta)$ 表示在方向 $\theta$ 上，亮度级为 $i$，而游程为 $j$ 的次数。$\theta$ 一般取 0°、45°、90° 和 135° 四个方向，在求得灰度游程长度矩阵的基础上计算纹理特征。常用的基于灰度游程长度算法的纹理特征如表 2-6 所示：

表 2-6 灰度游程长度法纹理特征

| 纹理特征 | 公式 |
| --- | --- |
| 短游程优势 | $RF_1(\theta) = \dfrac{1}{T_R} \sum\limits_{i=0}^{N_G-1} \sum\limits_{j=1}^{N_R} \dfrac{p(i,j/\theta)}{j^2}$ |
| 长游程优势 | $RF_2(\theta) = \dfrac{1}{T_R} \sum\limits_{i=0}^{N_G-1} \sum\limits_{j=1}^{N_R} j^2 p(i,j/\theta)$ |
| 灰度级非均匀性 | $RF_3(\theta) = \dfrac{1}{T_R} \sum\limits_{j=1}^{N_R} \left[ \sum\limits_{i=0}^{N_G-1} p(i,j/\theta) \right]^2$ |
| 游程长非均匀性 | $RF_4(\theta) = \dfrac{1}{T_R} \sum\limits_{i=1}^{N_R} \left[ \sum\limits_{j=0}^{N_G} p(i,j/\theta) \right]^2$ |
| 游程百分数 | $RF_5(\theta) = \dfrac{1}{T_R} \sum\limits_{i=0}^{N_G-1} \sum\limits_{j=1}^{N_R} p(i,j/\theta)$ |

注：$N_G$ 为灰度级数，$N_R$ 为游程长个数，$T_R$ 为像元总数。

$$T_R = \sum_{i=0}^{N_G-1} \sum_{j=0}^{N_R} p(i,j/\theta)$$

(3) 空间自相关函数

空间自相关函数的思想是考察窗口内某一像元和与其偏离一定值的像元相似程度，空间自相关函数的数学表达式为：

$$C(\varepsilon,\eta,j,k) = \dfrac{\sum\limits_{m=j-w}^{j+w} \sum\limits_{n=k-w}^{k+w} f(m,n) f(m+\varepsilon, n+\eta)}{\sum\limits_{m=j-w}^{j+w} \sum\limits_{n=k-w}^{k+w} [f(m,n)]^2} \tag{2-15}$$

式中，$f$ 为像元亮度，$C$ 表示对于给定的 $(2w+1) \times (2w+1)$ 窗口内的每一个像元 $(j,k)$ 与偏离值为 $\varepsilon, \eta$ 像元之间的亮度相关性计算。

自相关函数的周期性反映纹理基元重复出现的周期性，其下降速度反映纹理基元的粗细度。纹理粗糙，则下降缓慢；纹理细腻，则下降较快。规则纹理的自相关函数具有峰值和谷值，可用于检测纹理基元的排列情况。

2) 频谱方法

频谱法将空间域的纹理图像变换到频率域中，利用信号处理的方法来获得在空间域不易获得的纹理特征,如周期、功率谱等。频谱分析法是建立在多尺度分析与时、频分析基础上的纹理分析方法,目前主要有小波变换和傅立叶变换等。

(1) 小波变换

小波变换提供了一种在不同尺度上研究分析图像纹理细节的工具,为更精细地进行图像纹理分类和分析提供了新思路。近年来,小波理论发展了许多分支,如小波变换、多进制小波、小波包以及小波框架等,它们均在图像纹理分析中发挥了积极的作用,归纳它们分解过程的实现算法,主要是金字塔结构算法(PWT)和树状结构算法(TWT)两种。

PWT算法是标准的分解过程,即通过一组低通滤波器和高通分解滤波器来对图像进行离散小波分解。将图像数据按不同频带和分解率分解成子带图像,每一层小波系数分解成4个子带,垂直和水平方向低频的子带LL、水平方向低频和垂直方向高频的子带LH、垂直方向低频和水平方向高频的子带HL、垂直和水平方向高频的子带HH。这种小波分解可以递归分解信号的低频部分,以生成下一尺度的各频带输出,直至达到满意的小波尺度为止。

TWT算法不仅可以对低频部分进行分解,同时也可以对高频部分进行分解。与PWT算法不同,TWT算法将图像分解成4个子带图像后,可对每个子带图像$h_{LL}$、$h_{LH}$、$h_{HL}$、$h_{HH}$进行进一步分解,形成树状结构,从而获得对图像的更精细的描述。但是并不是所有的子带图像信息都是有用的,对具体纹理图像进行分解时,可选择一个判据以确定子带图像是需要分解的,不必使计算复杂的图像全分解。

(2) 傅立叶变换

该方法借助于傅立叶频谱的频率特性来描述具有周期性或近似周期性纹理图像的方向性。傅立叶频谱中突起的峰值对应纹理模式的主方向,这些峰值在频域平面位置对应模式的基本周期;如果用滤波把周期性成分去除,剩下的非周期性部分可用统计方法描述。纹理功率谱法是检测纹理方向的一种常用方法。

如定义$f(x,y)$为图像的一个区域,$R$是定义域,则$f(x,y)$的傅立叶变换为:

$$F(u,v) = \sum_{x=0}^{M-1}\sum_{y=0}^{N-1} f(x,y)\exp\left[-j2\pi\left(\frac{ux}{M}+\frac{vy}{N}\right)\right] \quad (2-16)$$

傅立叶变换的作用是将空间域大小为$M\times N$像元的数字图像变换为大小相等、中心对称的频率域$F(u,v)$。式中,$f(x,y)$表示在空间域中$(x,y)$处的像元值,$F(u,v)$表示在频率$(u,v)$处的图像谱,通常$F(u,v)$是2个实频变量$u$和$v$的复数,频率$u$对应$x$轴,频率$v$对应于$y$轴($u=0,1,2,\cdots,M-1$;$v=0,1,2,\cdots,N-1$),二维函数的傅立叶谱为:

$$|F(u,v)| = [R^2(u,v)+I^2(u,v)]^{1/2} \quad (2-17)$$

式中，$R(u,v)$ 和 $I(u,v)$ 分别表示实部和虚部。由于傅立叶变换 $F(u,v)$ 随 $u$ 或 $v$ 的增加衰减太快，通常用对数的形式表示，即 $\lg(1+|F(u,v)|)$，这样有助于对 $F(u,v)$ 高频分量以及图像频谱的视觉理解。

3）模型方法

模型法将纹理基元分布看作某种数学模型，运用统计、信号分析等理论中相应的方法对纹理模型进行分析，获得纹理特征。常用的模型有马尔可夫随机场模型、自回归模型、分形、Wold 分解模型等。

(1) 马尔可夫(Markov)随机场模型

这一模型假设每一像元的密度与邻域像元有关，与其他像元无关。紧靠的像元有直接交互作用，另外全局的影响也可以传播。在纹理分析中，马尔可夫随机场模型基于纹理满足随机、静态等前提条件。

设 $S=\{s_1,s_2,\cdots,s_n\}$ 表示 $n$ 个位置的集合，$x_s$ 是定义在 $s\in S$ 处的未观察随机变量，$X=\{x_s, s\in S\}$ 表示一个随机场。对于 $s_i$ 和 $s_j$，如果 $P(x_{s_i}|x_{s_1},x_{s_2},\cdots,x_{s_n})$ 与 $x_{s_j}$ 有关，则 $s_j$ 是 $s_i$ 的一个邻点集，$\eta=\{\eta_s, s\in S\}$ 是 $S$ 的邻域系统。基团是包含若干位置的集合，它或者只含有一个元素，或者其中任一个都是其余的邻点。

设 $\Lambda_s$ 是 $x_s$ 的取值域，$Q=\{x=(x_{s_1},x_{s_2},\cdots,x_{s_n}), x_{s_i}\in\Lambda_{s_i}, 1\leqslant i\leqslant n\}$ 是所有可能状态的集合。若对任意 $s\in S$ 和 $x\in Q$，有 $P(x)>0$ 且

$$P(x_s|\{x_r, r\neq s, r\in S\})=P(x_s|\{x_r, r\neq s, r\in \eta_s\}) \tag{2-18}$$

则称 $X$ 是关于邻域系统 $\eta$ 的马尔可夫随机场。

马尔可夫随机场图像纹理分类，首先需要确定马尔可夫随机场的模型阶数和模型形式。有了各模型参数、分形特征之后，进行规一化处理，构成特征空间，以进行分类。

(2) 分形算法

分形几何是研究分形理论的最有效工具，分形中分维值最直接的意义就是它代表了表面的起伏程度。基于分形的纹理描述大多采用分形维数法。分形维数是图像物质稳定的表示量，可以用来描述图像表面的粗糙程度。关于分维数的计算方法较多，主要有基于亮度差值法、基于分形布朗运动自相似模型、基于差分盒子数法、基于小波分解的分维法和地毯覆盖法。

差分灰度维是盒子维方法在二维平面中的推广，其原理是把平面分割方格应用到小立方得到的。令 $N(r)$ 表示为 $r\times r\times r$ 的包含所要估计的图像区域的最少亮度级个数。所要估计的图像区域的分数维 $D$ 将由下式决定：

$$N(r)r^D = c \tag{2-19}$$

式中 $c$ 为常数，两边取对数有：

$$\log N(r) = -D\log r + \log c \qquad (2\text{-}20)$$

再用线性回归等求出 $\log N(r)$ 相对于 $\log r$ 斜率，也就是该图像区域的分维，即差分灰度维。

4) 结构方法

结构分析法从纹理图像的结构角度分析纹理基元的形状和排列分布特征。纹理基元存在面积、周长、偏心度、方向、延伸度、欧拉数、矩、幅度、紧支性等特征。由此产生的分析纹理基元几何形态的分析方法称之为结构分析方法。结构分析方法通常首先确定纹理基元，然后根据句法模式识别理论，利用形式语言对纹理的排列规则进行描述。

结构分析方法的优点是有利于对纹理构成的理解和高层检索使用，适用于描述人工规则纹理。对于自然纹理，由于基元本身提取困难以及基元之间的排列规则不易用确定的数学模型去描述，因此在随机纹理的描述方法中，结构分析法应用不多或者常被用作辅助分析手段。

**2. 纹理的应用**

纹理应用于遥感图像处理，主要用来识别和分析目标，一是目标表面特性分析、识别；二是目标区域分割。

纹理特征是物体的自然属性，物体表面的纹理特征在一定程度上反映了该物体的一些特性及其变化。分析表面纹理是获取物体信息很重要的方法。另外，纹理受周围环境影响较小，而且抗遮挡能力强，因此，利用合适的纹理特征对目标进行识别与定位具有鲁棒性优势。

纹理应用于目标识别的另外一个重要内容是目标区域的分类和分割。纹理的分类和分割主要是将具有特定纹理结构的某一区域或对象从背景或其他对象中分离出来。一般经过纹理特征选择、特征提取、特征整合和聚类分析几个步骤。当目标物体的光谱特性比较接近时，纹理特征对于区分目标可能会起到积极的作用。例如，要区分图像上的针叶林和阔叶林，二者的光谱特性基本相同，但是它们的纹理特征有明显的区别，前者的纹理比较细，后者的纹理比较粗。如果在分类的过程中或者在分类后引入纹理信息，则可将二者分开。很多情况下，物体区别于其他物体或背景，不是在于平均灰度或亮度等信息，而是在于物体表面的纹理特征。这时，图像的分割必须以纹理为基础，生成一幅纹理特征图像，图像中的每一个像元表示在这个像元的某个邻域内的纹理特征值，将纹理图像分类或区域分割问题转化为一般图像分类或图像分割问题。

## 2.3.3 几何特征(形状特征)

**1. 几何特征的表示**

目标物体的几何特征在物体的识别中占有重要的地位。对于模式识别和计算机视觉而言,物体的几何形状是物体的内在特征,利用它还可以推导出许多其他的特性,如物体的边界、法线等。同时物体的几何特征又能被人的视觉直接感知,便于提取和处理。

地物的形状不同,其图像形状也不同,图像形状在一定程度上反映出地物的某些性质。地物的图像形状大致可分为曲线、直线或折线、岛状、斑状、扇状、环状、带状等,如表 2-7 所示。

表 2-7 地物形状分类

| 几何形状 | 几何类型 | 地物类型 |
| --- | --- | --- |
| 点状体 | 点 | 树、建筑 |
| 线状体 | 曲线 | 河流 |
| | 直线 | 道路、沟渠 |
| 面状体 | 区域 | 农田、植被 |
| 扇状体 | | 三角洲、冲积扇 |
| 带状体 | | 海岸带 |
| 斑状体 | | 沼泽 |

通常面状对象又可分为:连续且布满整个研究区域的对象,如高度、地物类型、地貌、地质、气温等;间断且成片分布于大片区域上的对象,如森林、草地、湖泊、沙地等;在研究区域上分散分布的大面积对象,如果园、石林等。线状对象在空间上呈线状或带状分布,如道路、河流、海岸等。点状对象在地面上分布面积较小或呈点状分布,如独立的树、单个建筑等。

1) 大小、尺寸特征

最直接的大小表示方法是此类地物在图像上所占的像元数,也可以用所占的面积来衡量或将栅格图像转换为矢量格式进行量度。对象的大小由一系列参数来描述,如面积、长度、边界间距等。

一般目标物体的周长定义为目标物体的边界长度。物体的周长在识别具有简单形状或复杂形状物体时都特别有用。由于周长定义为边界,在这里定义周长 $L$ 为目标物体边界上的像元的总数目。假设对目标物体进行边界跟踪后的数字轮廓曲线为 $\{P=p_1,p_2,p_3,p_4,\cdots,p_n\}$,其中 $n$ 为数字轮廓曲线上像元点数目,则周长 $L=n$。

面积是物体的总体尺寸的一个方便直观的度量。面积只与该物体的边界有关,而与其内部亮度级的变化无关。面积可以有以下两种计算方法:

最简单的面积计算方法是统计边界内部(也包括边界上)的像元数目。在这个定义下,计算相对简单,求出区域内边界内像元点的总和即可。对于一幅 $N \times M$ 维的目标图像,亮度分布为 $f(x,y)$,计算公式如下:

$$A_{area} = \sum_{i=1}^{N} \sum_{j=1}^{M} f(x_i, y_j) \qquad (2\text{-}21)$$

对二值图像而言,若用 1 表示物体,用 0 表示背景,其面积计算就是统计 $f(x_i, y_i)=1$ 的个数。

第二种方法为利用边界坐标计算面积,Green(格林)定理表明,在 $XY$ 平面中的一个封闭曲线的面积由其轮廓积分给定,即:

$$A_{area} = \frac{1}{2} \oint (x\mathrm{d}y + y\mathrm{d}x) \qquad (2\text{-}22)$$

其中,积分沿着目标物体的闭合边界曲线进行。为了计算方便,将其离散化,则式(2-22)变为:

$$A_{area} = \frac{1}{2} \sum_{i=1}^{n} [x_i(y_{i+1} - y_i) - y_i(x_{i+1} - x_i)] \qquad (2\text{-}23)$$

式中 $n$ 为边界点数目。

2) 形状特征

形状是指地物的外形轮廓所构成的几何图像。通常情况下,地物的形状会存在差异,如河流和道路呈现为线状,居民地表现为不规则的团状,水田表现为规则的矩形等。用来描述形状的参数有很多,如长/宽指数、周长面积比、长度指数、宽度指数、形状指数、不对称指数、密度指数、紧凑度和椭圆率等,大部分参数的计算都是基于组成地物目标的像元的空间分布,用协方差矩阵作为统计的基础:

$$S = \begin{bmatrix} Var(X) & Cov(YX) \\ Cov(XY) & Var(Y) \end{bmatrix} \qquad (2\text{-}24)$$

其中,$X$ 和 $Y$ 分别是组成目标的所有像元的 $x$ 坐标和 $y$ 坐标。

(1) 目标的中心

目标图像根据实际情况不可能是一个点,因此,用物体的中心点来描述目标物体的位置。中心就是指单位面积质量恒定的相同形状图形的质心(图 2-13)。因为二值图像质量分布是均匀的,质心和形心重合。本文统称为目标物体的中心。对于 $N \times M$ 维目标物体的二值图像 $f(x,y)$,若其对应的像元位置坐标为 $(x_i, y_i)$,其中 $i=0,1,\cdots,N-1$, $j=0,1,\cdots,M-1$。则图像的中心 $(\bar{x}, \bar{y})$ 计算公式如下:

$$\bar{x} = \frac{1}{N}\sum_{i=1}^{N} x_i, \bar{y} = \frac{1}{M}\sum_{j=1}^{M} y_j \qquad (2-25)$$

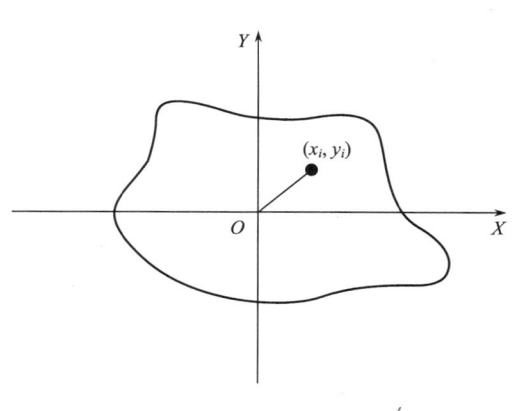

图 2-13 目标物体位置中心表示图

(2) 紧凑度

紧凑度反映目标物体对其外接矩形的充满程度,定义为目标物体的像元数与包围目标的最小外接矩形内的像元之间的比值。目标的最小外接矩形内的像元数就等于最小外接矩形的面积 $A_{MER}$,由前面可知,$A_{MER}=L_{MER} \times W_{MER}$,所以紧凑度表示为:

$$J = \frac{A_{area}}{A_{MER}} \qquad (2-26)$$

$A$ 是该目标物体的面积,$A_{MER}$ 表示 MER 的面积。

(3) 复杂度

目标复杂度定义为目标边界像元点个数与整个目标物体的像元点个数的比值。在数字图像中,目标物体的边界像元点个数就等于目标边界曲线的周长 $L$,而整个目标像元点即为目标物体区域的面积 $A_{area}$。利用边缘检测以及边界跟踪,可得到细致的目标物体的轮廓边界曲线,然后对边界像元进行统计,可得到周长 $L$。所以目标复杂度计算公式为:

$$F = \frac{L}{A_{area}} \qquad (2-27)$$

**2. 几何特征的描述**

1) 微分链码

边界链码是一种形状描述算子,图 2-14 显示了一个简单物体和其边界链码以及边界链码的微分。微分链码反映了边界的曲率,峰值处显示了其凸凹性,而边界链码将边界切线角作为环绕物体边界长度的函数显示。两个函数都可以进一步分析获得形状度量。

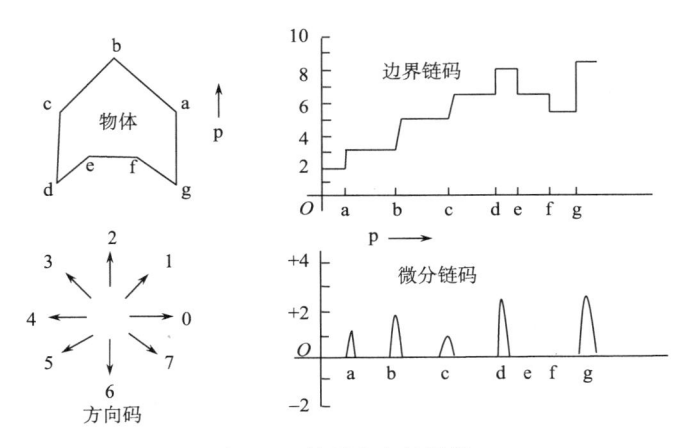

图 2-14 链码和它的导数

多边形形体在每个顶点处有一个尖峰凸起,从而可在微分链码中分离出来。例如一个多边形是三角形,可以用微分链码的傅立叶展开式中的三次谐波的幅值来度量。因此,可以用三次谐波和四次谐波的幅值比来区分三角形和四方形。

2) 傅立叶描述子

当一个区域边界上的点已被确定时,可以从这些点中提取信息。这些信息就可以用来鉴别不同区域的形状。假如一个区域有 $M$ 个点可利用,可以把这个区域看作是在复平面内,纵坐标为虚轴,横坐标为实轴,如图 2-15 所示。

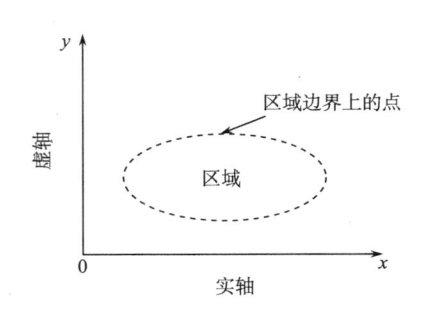

图 2-15 在复平面上区域边界的表示

在边界上分析每一个点的坐标 $(x,y)$ 可以用一复数来表示,即 $(x+jy)$。从边界上任一点开始,沿此边界跟踪一周就得到一个复数序列。这个复数序列叫做傅立叶描绘子(FD)。因为 DFT 是可逆的线性变换,因此,在这个过程中没有信息的增益或损失。对形状的这种频域表示进行简单的处理就可以避免对于位置、大小及方向的依赖。当给定了任意的 FD,用若干步骤可以使之归一化,从而不必考虑其原始形状的位置、大小及方向。

关于归一化问题可直接从 DFT 的性质中得出结论。例如,要改变轮廓大小,只要把 FD 分量乘以一个常数就行了。由于傅立叶变换是线性的,它的反变换也会被乘以同样的常数。又如,把轮廓旋转一个角度,只要把每一个坐标乘以 $\exp(j\theta)$ 就可以使其旋转 $\theta$ 角。由 DFT 的性质,在空域中旋转了 $\theta$ 角,那么在频域中也会旋转 $\theta$

角。关于轮廓起始点的移动，由 DFT 的周期性可以看到，在空域中有限的数字序列实际上代表周期函数的一个周期。DFT 的系数就是这个周期率系数乘以 $\exp(jkt)$，这里 $t$ 是周期的一部分，即起始点移动的部分，实际上这就是傅立叶变换的平移性质所导致的结果。当 $T$ 从 0-$2\pi$ 变化时，从起点开始把整个轮廓点遍历一次。

## 参 考 文 献

[1] Bojorquez-Tapia T. A., Diaz-Mondragon S., Ezcurra E. GIS-based approach for participatory decision making and land suitability assessment. *International Journal of Geographical Information Science*, 2001, 15: 129-151.

[2] Chou T. Y., Lei T. C., Wan S., Yang L. S. Spatial knowledge database as applied to the detection of changes in urban land use. *International Journal of Remote Sensing*, 2005, 26(14): 3047-3068.

[3] Luo J. C., Zheng J., Leung Y., Zhou C. H. A knowledge-integrated stepwise optimization model for feature mining in remotely sensed images. *International Journal of Remote Sensing*, 2003, 24(23): 4661-4680.

[4] Segl K., Kaufmann H. Detection of small objects from high resolution panchromatic satellite imagery based on supervised image segmentation. *IEEE Transactions on Geoscience and Remote Sensing*, 2001, 39(9): 2080-2083.

[5] Sader S. A., Ahl D., Liou W. S. Accuracy of Landsat-TM and GIS rule-based methods for forest wetland classification in Maine. *Remote Sensing of Environment*, 1995, 53: 133-144.

[6] 陈秋晓,骆剑承,周成虎,郑江,鲁学军,沈占锋. 基于多特征的遥感影像分类方法. 遥感学报, 2004, 8(3): 239-245.

[7] 江闽,骆剑承,周成虎. 结合高斯马尔可夫随机场纹理模型与支撑向量机在高分辨率遥感图像上提取道路网. 遥感学报, 2005, 9(3): 271-276.

[8] 黎夏. 形状信息的提取与计算机自动分类. 环境遥感, 1995, 10(4): 279-285.

[9] 李亚春,夏德深,徐萌. 小波变换在图像纹理分析中的研究进展. 计算机工程与应用, 2005, 35: 47-51.

[10] 刘晓民. 纹理研究及其应用综述. 测控技术, 2008, 27(5): 4-9.

[11] 梅安新,彭望琭,秦其明,刘慧平. 遥感导论. 北京:高等教育出版社, 2001.

[12] 徐涵秋. 基于谱间特征和归一化指数分析的城市建筑用地信息提取. 地理研究, 2005, 24(2): 311-320.

[13] 杨存建,周成虎. 基于知识发现的 TM 图像居民地自动提取研究. 遥感技术与应用, 2001, 16(1): 1-6.

[14] 周一凡,周坚华. 基于矢量图形特征提取的遥感图像分类器. 计算机应用研究, 2003, 20(4): 58-62.

# 第三章　遥感图像的恢复处理

　　遥感图像恢复处理的主要目的是对遥感图像成像过程中造成的信息衰减进行恢复或补偿。主要内容包括对信息模糊、对比度下降和分辨率下降所作的一些恢复或补偿处理。遥感图像成像时，由于传感器平台和地球自转、地球曲率等各方面原因，原始图像往往会在几何位置、形状、尺寸、方位等方面存在着几何变形。遥感图像的几何变形误差可分为内部和外部几何误差两类。内部几何误差一般由遥感系统本身或遥感系统与地球自转，地球曲率共同引起，通常是系统性的，因此也称为系统误差，可通过数据采集时遥感系统和地球的几何特征参数来进行几何粗校正；外部几何误差是在传感器正常工作状态下，由传感器以外的各种因素造成的误差，如传感器高度和姿态的变化、地形起伏等引起的变形误差，利用地面控制点和适当的数学模型进行几何精校正。目前，许多商用遥感数据都已经消除了大多数系统误差，所以用户在应用前所要进行的几何校正一般是第二阶段的几何精校正。

　　在理想遥感系统中，太阳辐射强度恒定，没有大气对辐射传输的影响，不存在地形因素的影响，也不考虑传感器本身的误差，传感器所接收到的辐射值直接取决于地物目标反射率的差异，即遥感图像的辐射亮度直接反映地物目标的差异。但是这种理想的情况现实中并不存在，除了地物目标差异外，还有许多因素会对传感器接收到的辐射值产生影响，例如日地距离和太阳入射光的几何条件、太阳辐射在上行和下行过程中大气的吸收和散射作用、地形因素、传感器误差等。因此，需要对这些干扰的因素进行辐射校正，使得遥感图像尽可能地反映并且只反映地物目标的差异。其中，由于大气校正方法和过程的复杂性，单独用一节来论述。

　　遥感图像中，框幅式图像属于纯中心投影构像，全景摄影机图像属于多中心等焦距圆柱投影，多光谱图像属于多中心扫描投影，HRV图像属于多中心推扫扫描投影，合成孔径侧视雷达属于多中心斜距投影，这些图像因投影方式存在着各种各样的变形，投影校正的目的是将中心投影或多中心投影的遥感图像校正成正射投影图像。

　　受地形、地物和云等因素的影响，部分地表由于得不到太阳直射光的照射，在遥感图像中形成阴影。其表现为阴影区域的DN值大大低于正常值，给定量遥感精度带来较大的误差；由于阴影与水体的光谱特征相类似,也会给遥感图像的判读和分类带来困难。因此,在使用遥感图像之前,需要通过阴影检测和阴影消除两个步骤,尽可能地去除遥感图像中的阴影。

## §3.1 几何校正

遥感图像成像时,由于传感器平台和地球自转、地球曲率等各方面的原因,原始图像往往会在几何位置、形状、尺寸、方位等方面存在着几何变形。遥感图像的几何变形误差可分为内部和外部几何误差两类。其中,内部几何误差一般由遥感系统本身或遥感系统与地球自转、地球曲率共同引起。内部几何误差通常是系统性的,可通过数据采集时遥感系统和地球的几何特征参数来确定和校正。外部几何误差是在传感器正常工作状态下,由传感器以外的各种因素造成的误差,如传感器高度和姿态的变化、地形起伏等引起的变形误差。

遥感图像的几何校正就是要校正成像过程中所造成的各种几何变形。几何校正分为两种：几何粗校正和几何精校正。几何粗校正仅作系统误差改正,由于系统误差在成像过程中较为简单而且固定,因此比较容易校正,在进行校正时只需将传感器的校准数据、卫星运行姿态参数、传感器的位置等代入理论校正公式即可。经几何粗校正之后的遥感图像还存在着随机误差和某些未知的系统误差,这就需要进行几何精校正。几何精校正是指消除图像中的几何变形,产生一幅符合某种地图投影或图形表达要求的新图像的过程。几何精校正需要利用地面控制点和适当的数学模型进行。

目前,许多商用遥感数据都已经消除了大多数系统误差,所以用户在应用前所要进行的几何校正只是第二阶段的几何精校正处理。

### 3.1.1 几何精校正过程

几何精校正分两个过程：

(1) 确定原始输入图像像元坐标$(x_i', y_i')$和该点对应的参考图件坐标$(x_i, y_i)$之间的几何关系。通过地面控制点(Ground Control Point,GCP)建立几何关系,然后将待校正图像的坐标$(x_i', y_i')$校正到输出图像$(x_r, y_r)$中。这个过程称为空间插值。

(2) 确定输出图像像元亮度值。由于原始图像像元值与输出像元坐标之间没有直接的一一对应关系,校正后的输出图像像元需要填入一定的亮度值,而该像元栅格并非刚好落在规则行列坐标上,因此必须采用一定的方法来确定校正后输出像元的亮度值,这一过程称为亮度插值,也称为重采样。

**1. 空间插值**

地面控制点是一个在图像上可以分辨并且能在地图上精确定位的地表位置(如道路交叉口)。几何校正的目的就是根据参考图件的若干 GCP,对遥感图像的几何失真进行校正。在校正过程中,用户必须获得每个地面控制点的两组坐标:即在图像上的坐标(第 $i$ 行、第 $j$ 列)和地图坐标(从参考图件上测得的某参照系统的坐标或 GPS 野外测得的坐标)。然后根据这些值按最小二乘法进行回归分析,从而确定两个坐标转换方程的系数,该方程即可用于联系参考图件的坐标和待校正遥感图像的坐标。一旦方程的系数确定下来,那么待校正遥感图像的任何位置的实际坐标就可以精确地评估。空间插值的步骤如下:

1) 选取 $GCP_i, i=1,2,\cdots,n$。

从参考图件上选取 $GCP_i(x_i,y_i)$,从待校正图像 $f$ 上选取 $GCP'_i(x'_i,y'_i)$,以获取校正后图像 $\hat{f}$ 上 $GCP_r(x_r,y_r)$。

2) 对两组控制点坐标进行拟合,形成变换矩阵,其拟合式为:

$$\begin{cases} x'_i = g_1^t(x_i,y_i) \\ y'_i = g_2^t(x_i,y_i) \end{cases} \tag{3-1}$$

其中,$i=1,2,\cdots,n$,$g$ 由最小二乘法确定,$t$ 为方程的幂,GCP 的点数 $n$ 与 $t$ 的关系为:

$$n \geqslant \frac{(t+1)(t+2)}{2} \tag{3-2}$$

当 $t=1$(线性)时,$g$ 的形式为:

$$\begin{cases} x'_i = b_1 + b_2 x_i + b_3 y_i \\ y'_i = a_1 + a_2 x_i + a_3 y_i \end{cases} \tag{3-3}$$

将上式改写成矩阵的形式,则得:

$$\begin{pmatrix} x'_i \\ y'_i \end{pmatrix} = \begin{pmatrix} b_2 & b_3 \\ a_2 & a_3 \end{pmatrix} \begin{pmatrix} x_i \\ y_i \end{pmatrix} + \begin{pmatrix} b_1 \\ a_1 \end{pmatrix}$$

当 $t=2$ 时,可得到二次多项式:

$$\begin{cases} x'_i = c_0 + c_1 x + c_2 y + c_3 xy + c_4 x^2 + c_5 y^2 \\ y'_i = d_0 + d_1 x + d_2 y + d_3 xy + d_4 x^2 + d_5 y^2 \end{cases} \tag{3-4}$$

3) 利用第 2 步解得方程进行坐标计算,求得改正后图像上各控制点坐标 $GCP_r$,$r=1,2,\cdots,n$。

4) 计算各点均方根误差 $RMS_{error}$ 和总的均方根误差 $\sum_{i=1}^{n} RMS_{error}$,通常会为其设立阈值 $\varepsilon$(如一个像元)。$RMS_{error}$ 按下式计算:

$$RMS_{error} = \sqrt{(x_r - x_i)^2 + (y_r - y_i)^2} \tag{3-5}$$

计算结果须使 $\sum_{i=1}^{n} RMS_{error} \leqslant \varepsilon$,否则,需要删除 $RMS_{error}$ 最大的点,再重新从第 2 步

计算,依次循环,直至满足需求。

**2. 亮度插值(重采样)**

重采样需要提取原始图像中的坐标$(x'_i, y'_i)$的亮度值,将其赋值给该点在校正后图像的坐标$(x_r, y_r)$,采用像元填充的方法生成图像。作为输出图像坐标$x_r$和$y_r$,其大小即行列数要取连续的整数,而与其相对应的原始图像的坐标$x'_i$和$y'_i$的值却往往不是整数,多数情况下是落在原始图像阵列的几个像元点之间,因而必须采用合适的方法将该点四周临近的若干个整数点位上的亮度值赋值给它。

常用的重采样方法有最近邻插值法、双线性插值法和三次卷积插值法。

1) 最近邻插值法

如图 3-1 所示,最近邻插值法将与特定的$(x'_i, y'_i)$坐标距离最近的像元$(x'_j, y'_j)$亮度值分配给输出像元$(x_r, y_r)$。其中:

$$\begin{cases} x'_j = \text{int}(x'_i + 0.5) \\ y'_j = \text{int}(y'_i + 0.5) \end{cases} \quad (3-6)$$

最近邻插值法的优点是算法简单,计算效率高,而且不改变像元的亮度值。通常若要从遥感图像中提取生物物理信息,应该采用这种方法。而最近邻插值法的缺点是几何精度较差,校正后的图像具有不连续性。

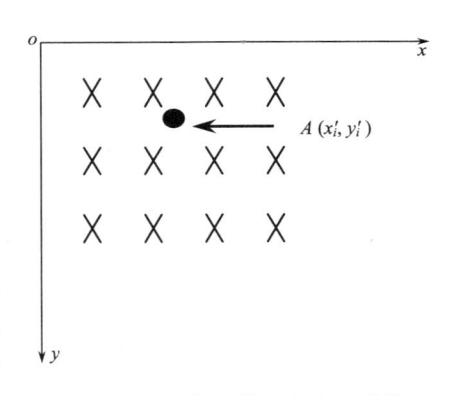

图 3-1 最近邻插值法亮度重采样

2) 双线性插值法

这种方法是取原始图像上点$(x'_i, y'_i)$的 4 个邻近的已知像元亮度值的近似加权平均和,权系数由双线性内插的距离值构成,相当于先对由 4 个像元点形成的四边形中的 2 条相对边做线性内插,然后再跨这两边做线性内插,如图 3-2 所示。

首先对边 13 和 24 做一维线性内插,然后对 $mz_m$ 和 $nz_n$ 再进行线性内插。计算公式如下:

$$\begin{cases} z_m = \dfrac{(z_3 - z_1)}{D} d_y + z_1 \\ z_n = \dfrac{(z_4 - z_2)}{D} d_y + z_2 \\ z_r = \dfrac{(z_n - z_m)}{D} d_x + z_m \end{cases} \quad (3-7)$$

其中，
$$\begin{cases} D = y_3 - y_1 = 1 \\ d_y = y_m - y_1 = y_n - y_2 \\ d_x = x_r - x_m = x_r - x_1 = x_r - x_3 \end{cases} \quad (3\text{-}8)$$

最后得出：
$$z_r = \sum_{i=1}^{4} \frac{(D - \Delta x_i)(D - \Delta y_i)}{D^2} z_i \quad (3\text{-}9)$$

其中，
$$\begin{cases} \Delta x_i = x_r - x_i \\ \Delta y_i = y_r - y_i \end{cases} \quad (3\text{-}10)$$

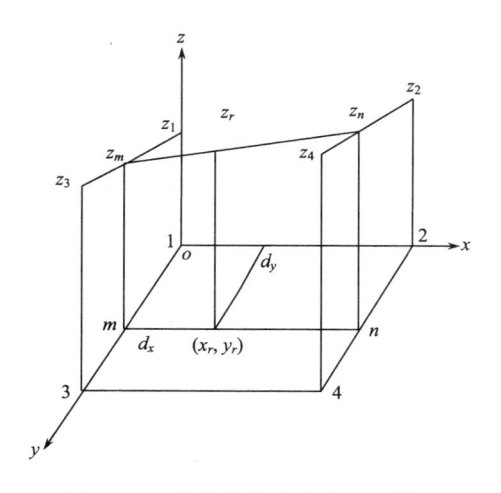

图 3-2 双线性插值法亮度重采样

双线性插值法的优点是计算较为简单，并且有一定的亮度采样精度，从而使校正后的图像亮度连续；其缺点是由于亮度值内插，使原图像的光谱信息发生了变化，造成高频成分的损失，使图像变得模糊。在很多种情况下这种方法被用作空间平滑滤波器，对输出图像像元亮度极值进行平滑处理。

3) 三次卷积插值法

三次卷积插值法用待求点$(x', y')$邻域的 16 个输入像元的加权值来确定输出像元值。该法用一个三次重采样函数来近似表示理论上的最佳重采样函数即辛克函数：$\mathrm{sinc}(x) = \frac{\sin \pi x}{\pi x}$，三次多项式的表达式如下：

$$\mathrm{sinc}(x) \approx s(x) = \begin{cases} 1 - 2x^2 + |x|^3 & |x| < 1 \\ 4 - 8|x| + 5x^2 - |x|^3 & 1 \leqslant |x| < 2 \\ 0 & |x| \geqslant 2 \end{cases} \quad (3\text{-}11)$$

其中 $x$ 定义为以待求点$(x', y')$为原点的邻近像元 $x$ 坐标值，像元间隔为 1。当把函数式作用于图像 $y$ 方向时，只要将 $x$ 换成 $y$ 即可。

在图 3-3 中，设 $p$ 为被采样点，它距离左上方最近像元 22 的坐标差是一个小数值，即：

$$\begin{cases} \Delta x = x_p - \mathrm{int}(x_p) = x_p - x_{22} \\ \Delta y = y_p - \mathrm{int}(y_p) = y_p - y_{22} \end{cases} \quad (3\text{-}12)$$

当利用三次函数对 $p$ 点亮度重采样时，需要 $p$ 点邻近的 $4 \times 4$ 个已知像元。

令：

$$\begin{cases} x_1 = 1 + \Delta x, \\ x_2 = \Delta x, \\ x_3 = 1 - \Delta x, \\ x_4 = 2 - \Delta x, \\ y_1 = 1 + \Delta y, \\ y_2 = \Delta y, \\ y_3 = 1 - \Delta y, \\ y_4 = 2 - \Delta y \end{cases} \quad (3\text{-}13)$$

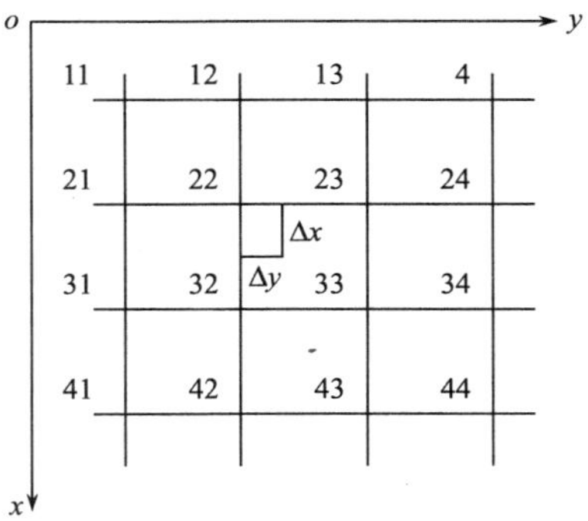

图 3-3 三次卷积法亮度重采样

将 $x_i, y_i (i=1,2,3,4)$ 代入上式可得：

$$s(x_1), s(x_2), s(x_3), s(x_4)$$
$$s(y_1), s(y_2), s(y_3), s(y_4)$$

再令：

$$\begin{cases} S_x = [s(x_1), s(x_2), s(x_3), s(x_4)]^T \\ S_y = [s(y_1), s(y_2), s(y_3), s(y_4)]^T \end{cases} \quad (3\text{-}14)$$

则由待求点 $(x', y')$ 周围邻近的 16 个点用三次卷积法重采样亮度值 $Z$ 的计算公式为：

$$Z_{(x'_i, y'_i)} = S_x^T Z S_y \quad (3\text{-}15)$$

其中，

$$Z = \begin{bmatrix} z_{11} & z_{12} & z_{13} & z_{14} \\ z_{21} & z_{22} & z_{23} & z_{24} \\ z_{31} & z_{32} & z_{33} & z_{34} \\ z_{41} & z_{42} & z_{43} & z_{44} \end{bmatrix} \quad (3\text{-}16)$$

这里,对于任意 $\Delta x$ 和 $\Delta y$ 值,皆有：

$$\sum_{i=1}^{4} s(x_i) = \sum_{i=1}^{4} s(y_i) = 1 \quad (3\text{-}17)$$

所以, $s(x_i)$ 和 $s(y_i)$ 实质上是三次卷积插值法重采样时所采用的权系数。

三次卷积法重采样的优点是精度较高,不仅使图像的亮度连续,还能较好地保持高频成分;其缺点是运算量较大。

## 3.1.2 几何校正中的几个问题

**1. 控制点**

良好的地面控制点应选取道路或者清晰的海岸线交点,控制点要有一定的数量,并且分布应比较均匀。

1) 控制点获取方法

目前，获取控制点主要有以下几种方法：

(1) 采用简单的量算方法，从一定比例尺的地形图中提取 GCP 坐标；
(2) 从经过几何校正的数字正射影像中提取 GCP 坐标；
(3) 通过 GPS 外业测量获取 GCP 坐标。

2) 控制点数量

对于二元多项式来说，多项式的次数决定了所需 GCP 数量的最低限度。适当增加 GCP 的数量可以提高几何校正的精度（表 3-1），但却带来了寻找 GCP 的困难，同时，当点数增加到一定程度时，几何校正的精度不会显著提高，但计算量却会大大增加。

表 3-1 控制点个数与几何精度的关系

|  | 东西方向 | | 南北方向 | |
| --- | --- | --- | --- | --- |
|  | 长度(m) | 误差 | 长度(m) | 误差 |
| 实际 | 2 550 | — | 2 725 | — |
| 16 个 GCP | 2 562 | 0.5% | 2 712 | 0.46% |
| 8 个 GCP | 2 572 | 0.98% | 2 800 | 2.75% |

3) 控制点分布

GCP 的分布对校正效果影响也较大，GCP 应尽可能均匀分布在校正区域内。若 GCP 分布很不均匀，则在分布密集区域校正后图像与实际图像符合较好，而分布稀疏区域则会出现较大的拟合误差。

4) 控制点精度

GCP 的精度越高，几何校正的效果越好。对于多项式校正法而言，当 GCP 个数 $n > (t+1)(t+2)/2$ 时（$t$ 为方程的次数），由于是采用最小二乘法进行曲面模拟，拟合曲面反映的是一种拟合趋势，并不严格通过 GCP，因此个别 GCP 的误差对整体拟合影响不大。而当条件限制，$n = (t+1)(t+2)/2$ 时，由于没有多余观测量，拟合曲面将严格通过 GCP，校正多项式保留了 GCP 的全部误差，这时若某一 GCP 误差较大将会对整个校正带来较大影响。

**2. 方程次数与误差分布**

理论上，多项式次数越高，就越接近模拟原始输入图像的几何误差的应得参数，高次多项式常常能精确地拟合地面控制点周围的区域。然而，在远离 GCP 的区域可能引入其他几何误差，并且采用高次多项式的计算量较大。一般情况下，应尽可能使用一次线性多项式，只有当数据集中存在严重的几何误差时才使用二次或更高次多项式。

# §3.2 辐射校正

在理想遥感系统中，太阳辐射强度恒定，没有大气对辐射传输的影响，不存在地形因素的影响，也不考虑传感器本身的误差，传感器所接收到的辐射值直接取决于地物目标反射率的差异，即遥感图像的辐射亮度直接反映地物目标的差异。但是这种理想的情况现实中并不存在，除了地物目标差异外，还有许多因素会对传感器接收到的辐射值产生影响，例如日地距离和太阳入射光的几何条件、太阳辐射在上行和下行过程中大气的吸收和散射作用、地形因素、传感器误差等。在利用遥感图像进行地表的遥感监测时，需要对这些干扰的因素进行辐射校正，使得遥感图像尽可能地反映并且只反映地物目标的差异。下面给出这些因素的具体校正方法，其中大气校正在本章 3.3 节单独论述。

## 3.2.1 传感器端的辐射校正

在使用透镜的光学系统中，由于镜头光学特性的非均匀性，在其成像平面上存在着边缘部分比中间部分暗的现象，即边缘减光。如果以光轴到摄像面边缘的视场角为 $\theta$，理想的光学系统中某点的光量与 $\cos^n\theta$ 成正比，利用这一性质可以进行边缘减光的校正。

在扫描方式的传感器中，传感器收集到的电磁波信号经过光电转换系统转变成电信号记录下来。传感器将每个波段探测到的辐射转换为电子信号，然后生成量化的辐射值级别的离散整数图像，即 DN(Digital Number)值图像。传感器端的辐射校正就是把只具有相对意义的离散亮度值转换为具有物理意义的辐亮度或反射率的过程。在卫星遥感中，经过传感器端辐射校正的反射率也称为行星反射率或大气顶层反射率。

在遥感应用中，特别是定量遥感中，一般需要把 $DN$ 值图像转换为具有物理意义的辐亮度图像，计算方式如下：

$$L_t = \frac{L_{\max} - L_{\min}}{DN_{\max} - DN_{\min}} \times (DN - DN_{\min}) + L_{\min} \tag{3-18}$$

式中，

$L_t$ 为图像的辐亮度，单位为 $W \cdot m^{-2} \cdot sr^{-1}$；

$L_{\min}$ 为最小 DN 值 $DN_{\min}$ 对应的辐亮度，单位为 $W \cdot m^{-2} \cdot sr^{-1}$；

$L_{max}$ 为最大 DN 值 $DN_{max}$ 对应的辐亮度,单位为 W·m$^{-2}$·sr$^{-1}$;

$DN_{min}$ 为最小辐亮度 $L_{min}$ 对应的像元 DN 值,无单位,一般为 0 或 1;

$DN_{max}$ 为最大辐亮度 $L_{max}$ 对应的像元 DN 值,无单位,与图像位数($N$)有关,$DN_{max}=2^N-1$,$N$ 越大,说明传感器的辐射分辨率越高。

针对陆地卫星的 TM 传感器,辐亮度图像也可以通过式(3-19)直接计算:

$$L_t = Gain \times DN + Bias \tag{3-19}$$

式中,$Gain$ 为增益,$Bias$ 为偏置,单位为 W·m$^{-2}$·sr$^{-1}$·μm$^{-1}$,从 TM 遥感图像的头文件中获得。

针对特定传感器的辐射校正参数也不是固定不变的,它们会随着传感器的使用逐渐产生变化。为了获得最新的辐射校正参数,需要定期对传感器进行辐射定标。辐射定标是在卫星飞越实验场上空时,同步测量选定像元的地物反射率和大气光学参数,根据大气辐射传输模型,正演出到达传感器的辐亮度 $L_t$。然后根据正演得到的 $L_t$ 和相应像元的 $DN$ 值反算出用于传感器端辐射校正的参数。

对于朗伯体:

$$L_t = \rho \times E \times t^\uparrow / \pi + L_p \tag{3-20}$$

式中,$\rho$ 为实测的地物反射率;$E$ 是太阳直射光与天空散射光在地面上的辐照度;$t^\uparrow$ 为大气上行透射率;$L_p$ 为大气程辐射。

对于非朗伯体,式(3-20)修改成:

$$L_t = BRF \times E \times t^\uparrow / \pi + L_p \tag{3-21}$$

式中,$BRF$ 为双向反射比因子。

通过传感器端的辐射校正,把 DN 值图像转换为辐亮度图像之后,通过式(3-22)获得行星反射率图像:

$$\rho_p = \frac{\pi \times L_t}{E_0} = \frac{\pi \times L_t \times d^2}{E_{0S} \times \cos\theta_s} \tag{3-22}$$

$\rho_p$ 为行星反射率(Planet Reflectance),无单位;$E_0$ 为经过日地距离和太阳高度角校正的大气顶层太阳辐照度,单位为 W·m$^{-2}$。

### 3.2.2 噪音消除

由于感测、信号数字化或数据记录过程中的偏差,会对遥感数字图像形成干扰,造成遥感数字图像的噪音。潜在的噪音源可能是探测器周期性偏移,或探测器故障,或传感器元件的电子干扰,或数据在传播与记录过程中出现的断断续续的"打嗝声"。噪音会干扰甚至完全掩盖遥感数字图像的有效信息,在利用遥感数据进行图像解译之前需要消除图像噪音,尽可能地恢复图像的质量。

噪音的校正方法取决于它是周期性的系统噪音或随机噪音,还是两种噪音的混合。一种典型的系统噪音就是遥感数字图像中的带状噪音。在多条扫描线的多光谱扫描仪中经常产生带状噪音,这是由于每个波段的单个探测器在响应上存在差异。这个问题在陆地卫星多光谱扫描仪 MSS 的早期数据中尤其普遍,传感器中一个或多个辐射响应出现偏移,使得图像中每隔六条扫描线就会出现一条具有相对较高或较低值的扫描线。我们需要把这种扫描线位置出现偏差的有效数据恢复到正常值。在消除遥感数字图像中带状噪音的技术方法中,直方图法是比较成熟的一种。具体为,根据波段内探测器的多少,相应地编辑该波段图像一组直方图,对多光谱扫描仪数据 MSS 而言,它有 6 个直方图,第 $N(N=1,2,\cdots,6)$ 个直方图是由扫描线 $0+N,6+N,12+N$ 等产生。比较这些直方图的平均值和中值,从而找出有问题的探测器。校正时,将正常数据线的亮度值等级参数应用到有问题扫描线的每一个像元,而其他像元值不变。

遥感数字图像中的另外一种系统噪音是线状的亮度值剧降(line drop),即整条线上或临近区的许多像元值非常低。解决这个问题的方法是,用这条线两侧正常 DN 值的平均值替代该线上有问题的像元 DN 值,也可以用这条线两侧某一条正常线的 DN 值替代有缺陷的像元值。

遥感数字图像中的随机噪音在像元亮度级上的变化具有非系统变化特征,也被称为比特误差(bit errors),随机噪音会导致图像出现所谓的"椒盐状"或"雪花状"的斑点。其处理方式与系统噪音的处理方式完全不同。由比特误差所产生的噪音值一般比真正的图像值变化更突然,因此可以利用这一特点来消除比特误差。可以根据数字图像中某一个像元值与临近像元值的比较来确定噪音像元。如果给定像元的亮度值与周围像元的亮度值之间的差异超过了规定的阈值,则判定该像元为噪音像元,其亮度值中包含噪音。噪音像元的亮度值可以由它临近像元的平均亮度值来替换,处理时通常采用 $3\times 3$ 或 $5\times 5$ 像元移动窗口。

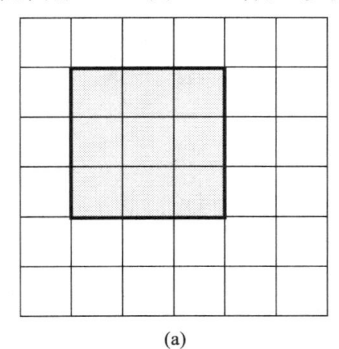

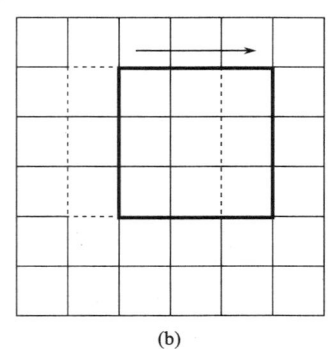

(a)                    (b)

(a)$3\times 3$ 像元窗口在遥感图像上的投影  (b)移动窗口在水平方向上以像元为单位向右移动

图 3-4  移动窗口的概念

| DN1 | DN2 | DN3 |
|---|---|---|
| DN4 | DN5 | DN6 |
| DN7 | DN8 | DN9 |

A 的平均值 AVG$_A$=(DN1+DN3+DN7+DN9)/4
B 的平均值 AVG$_B$=(DN2+DN4+DN6+DN8)/4
A、B 平均值的差异 DIFF=|AVG$_A$−AVG$_B$|
阈值 THRESH=DIFF*WEIGHT(权重)
如果|DN5−AVG$_A$|>THRESH 且 |DN5−AVG$_B$|>THRESH
　　则 DN$_5$=AVG$_B$
如果|DN5−AVG$_A$|<THRESH 且 |DN5−AVG$_B$|<THRESH
　　则 DN$_5$=DN$_5$

图 3-5　采用 3×3 邻近像元法的一种典型的噪音校正方法

## 3.2.3　日地距离校正和太阳高度角校正

在相同的大气条件、地表条件和传感器几何条件下,传感器接收到的辐射强度还受到大气顶层的太阳辐射强度和入射几何条件(太阳高度角)的影响,到达大气顶层太阳辐射强度会随着日地距离的平方而减小。一般情况下,在两种遥感应用中需要对遥感数据进行太阳高度角和日地距离校正:一是在定量遥感中,为了研究不同季节或不同区域地表反射率的变化特征,需要获取绝对地表反射率值;二是图像目视解译中,把不同时间获取的遥感图像镶嵌成一幅图像,通过校正消除因不同太阳辐射强度造成的图像间的明暗差异。

在定量遥感中,往往需要精确计算成像时的太阳入射辐射强度。在遥感数据的辅助文件(元文件、头文件或使用手册)中,一般只给出针对特定传感器的某一波段的标准太阳辐照度,即日地平均距离时到达大气顶层的太阳辐照度。日地距离和太阳天顶角对大气顶层太阳辐照度的影响,可以表达为:

$$E_0(\lambda) = \frac{E_{0S}(\lambda)\cos\theta_0}{d^2} \tag{3-23}$$

式中:

$E_0(\lambda)$ 为成像时大气顶层太阳辐照度(W·m$^{-2}$);

$E_{0S}(\lambda)$ 为平均日地距离时的标准太阳辐照度(W·m$^{-2}$);

$\theta_0$ 为太阳天顶角(无单位);

$d$ 为日地距离(天文单位)。

标准太阳辐照度 $E_{0S}(\lambda)$ 和太阳天顶角 $\theta_0$ 一般可以从遥感数据的辅助文件中获取;日地距离用天文单位来表示,一个天文单位就是日地平均距离,约为 149.6×10$^2$ km,日地距离 $d$ 按下式计算得到:

$$d = 1 + 0.167\cos(2\pi(J-3)/365) \tag{3-24}$$

$J$ 为儒略日(Julian),根据遥感图像成像日期换算得到。

在遥感图像的目视解译中,可以直接通过式(3-25)来消除日地距离和太阳天顶角对遥感图像的影响:

$$RS_c = RS \times d^2/\cos(\theta_0) \tag{3-25}$$

式中,$RS_c$ 为经过日地距离和太阳天顶角校正的遥感图像,$RS$ 为原始遥感亮度图像。

## 3.2.4 地形辐射校正

地球陆地表面大部分是不平坦的,地形是遥感数据处理中必须要考虑的一个重要因素,特别是对于丘陵和山区等地形起伏较大的区域。地形要素对遥感的影响主要表现在,不同地形下地表所接收到的辐照度不同。地面全辐照度 $E_g(\lambda)$ 由两个部分构成:太阳光直射辐照度 $E_b(\lambda)$ 与天空光辐照度 $E_d(\lambda)$,即:

$$E_g(\lambda) = E_b(\lambda) + E_d(\lambda) \tag{3-26}$$

当地形高低起伏时,不同坡度、坡向的地表所接收到的太阳光直射辐照度是不同的,即

$$E_b(\lambda) = E_0(\lambda)\cos(\gamma)t^{\downarrow}(\lambda) \tag{3-27}$$

式中,$E_0(\lambda)$ 为经过日地距离校正的太阳辐照度,$\gamma$ 为太阳光线与地面法线的夹角,$\cos(\gamma)$ 可以由下式计算:

$$\cos\gamma = \cos\theta_0\cos\theta_n + \sin\theta_0\sin\theta_n\cos(\varphi_0 - \varphi_n) \tag{3-28}$$

式中,$\theta_0$ 为太阳天顶角;$\varphi_0$ 为太阳方位角;$\theta_n$ 和 $\varphi_n$ 分别为每个像元的坡度和坡向,根据 DEM 计算获得。$\cos(\gamma)$ 计算值为负时取零值。

忽略地表和天空光的二次散射,天空光辐照度可以表达为瑞利散射和气溶胶散射的漫反射之和,即:

$$\begin{aligned} E_d(\lambda) = &\left(\frac{1}{2}\right)E_0\cos\theta_0[1-t_r^{\downarrow}(\lambda)]t_a^{\downarrow}(\lambda)t_{OZ}^{\downarrow}(\lambda) \\ &+ F_C(\theta_0)E_0\cos\theta_0[1-t_a^{\downarrow}(\lambda)]t_r^{\downarrow}(\lambda)t_{OZ}^{\downarrow}(\lambda)\omega_0 \end{aligned} \tag{3-29}$$

式中,$E_0\cos\theta_0$ 表示经过日地距离和太阳天顶角校正的太阳辐照度;$t_r^{\downarrow}(\lambda)$、$t_a^{\downarrow}(\lambda)$、$t_{OZ}^{\downarrow}(\lambda)$ 分别表示瑞利散射、气溶胶散射和臭氧吸收的下行透射率,$\omega_0$ 为气溶胶单次散射的反照率。上式前半部分为瑞利散射漫反射,瑞利散射各向同性,前向散射和后向散射各占一半,所以用 1/2;后半部分为气溶胶散射漫反射,气溶胶散射各向异性,$F_c(\theta_0)$ 表示前向散射占总散射之比,通过插值获取。

## §3.3 大气校正

在太阳辐射下行穿越大气层到达地表的过程中,受到大气分子、气溶胶和云粒子等的散射作用,部分散射辐射直接到达传感器,这部分辐射称为程辐射。在大部分针对地表的遥感图像中,程辐射都被视为无效信息。太阳辐射下行到达地表,受到地表的反射作用,部分辐射上行穿越大气层,最终到达传感器,这部分辐射携带地物目标的有效信息,在其上行穿过大气的过程中,也受到大气的吸收和散射作用而衰减。遥感图像的大气校正就是从传感器接收到的信号中,消除大气效应的影响,提取有用的地表反射辐射的信息。

### 3.3.1 大气对遥感的影响

**1. 吸收**

太阳辐射在下行穿越大气层达到地表和经地表反射上行到达传感器的过程中,都会受到大气分子吸收作用的影响,在遥感成像上主要表现为辐射亮度的衰减。大气中对太阳辐射产生吸收作用的成分有氧气($O_2$)、臭氧($O_3$)、水汽($H_2O$)、二氧化碳($CO_2$)、甲烷($CH_4$)和氧化亚氮($N_2O$)等。

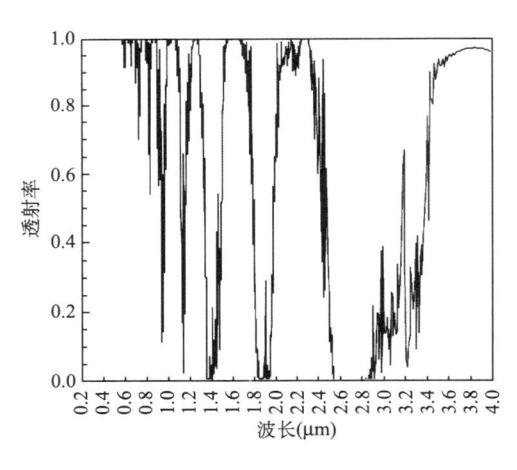

图 3-6　$H_2O$ 的光谱透射率

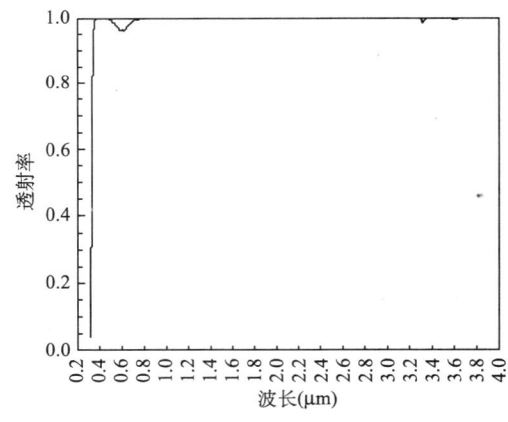

图 3-7　$O_3$ 的光谱透射率

$H_2O$ 的吸收作用表现在大于 $0.7\mu m$ 的波谱区域;$O_3$ 在 $0.55\text{-}0.65\mu m$ 波谱范围表现出明显的吸收效应,在 $<0.35\mu m$ 波谱范围内表现出强烈的吸收效应,这种强吸收效应限制了遥感探测;$CO_2$ 在大于 $1\mu m$ 的波谱范围表现出明显的吸收效应,但远远小于 $H_2O$;$O_2$ 的吸收波谱在 $0.7\mu m$ 附近;$CH_4$ 有两个吸收波谱,分别为 $2.3\mu m$ 和

$3.35\mu m$；$N_2O$ 的吸收波谱在 $2.9\mu m$ 和 $3.9\mu m$。

传感器的波段设计一般会避开大气吸收作用强的波谱范围,选择受大气分子吸收作用弱的波谱范围(即大气窗口)。在太阳波谱范围内,卫星遥感的大气窗口为:

可见光波段:$0.40$-$0.75\mu m$;

近红外和中红外波段:$0.85$、$1.06$、$1.22$、$1.60$ 和 $2.20\mu m$ 附近。

在对太阳辐射产生吸收作用的大气成分中,$O_2$、$CO_2$、$CH_4$ 和 $N_2O$ 在大气中的分布均匀且稳定,对遥感图像的影响比较容易校正;而 $O_3$ 和 $H_2O$ 的分布随着时间和空间的变化较大,其光学厚度参数的获取比较困难,给遥感图像的大气校正带来了不便。

**2. 散射**

太阳辐射在大气中传输时,受到大气分子和微粒散射的影响。散射分为选择性散射和非选择性散射两种。

在选择性散射中,按大气中的颗粒大小的不同,散射分为瑞利散射(Rayleigh)和米氏散射(Mie)。瑞利散射为大气中的分子等粒径远小于光波波长的粒子引起的散射,散射大小与波长的四次方成反比。米氏散射由大小与波长相当的颗粒引起,也称为气溶胶散射,大小与波长成反比,常见的气溶胶颗粒包括烟、水蒸气和霾等。

非选择性散射由尘埃、雾、云等大小超过波长 10 倍的颗粒引起,对各种波长予以同等散射。表 3-2 给出了散射的类型及其与波长的关系。

表 3-2　散射的类型及其与波长的关系

| 散射类型 | | 颗粒种类 | 颗粒大小(与 λ 比较) | 与波长的关系(正比) |
| --- | --- | --- | --- | --- |
| 选择 | 瑞利 | 气体分子 | <0.1 | $1/\lambda^4$ |
| | 米氏 | 烟、水蒸气、霾 | 0.1-10 | $1/\lambda^2$-$1/\lambda^4$ |
| 非选择 | | 尘埃、雾云 | >10 | $1/\lambda^2$ |

大气对太阳辐射的散射效应,使得太阳辐射在下行到达地表和上行到达传感器的过程中逐渐衰减,部分散射直接穿越大气到达传感器,这部分散射不携带地表的信息,使遥感图像出现了加效应,降低了遥感图像的反差。反差可定义为:

$$C_r = B_{max}/B_{min} \qquad (3\text{-}30)$$

式中,$C_r$ 为遥感图像的反差,$B_{max}$、$B_{min}$ 分别为图像的最大和最小亮度值。反差越大,说明图像对信息的表达越好。

设两类地物的亮度值分别为 2 和 4 个单位,假设散射使亮度都增加了 2 个单位,无散射时：
$$C_r = 4/2 = 2$$
有散射时：
$$C_r = (4+2)/(2+2) = 1.5$$

因此，大气散射效应降低了图像的反差，在使用前需要校正大气的散射效应。大气散射还会在大气与地表之间产生多次散射，使得模拟大气辐射传输过程变得非常困难，彻底消除大气散射效应的影响成了几乎不可能的任务。在简化的大气辐射传输模型中，一般忽略大气的多次散射，从而简化遥感图像的大气校正过程。

## 3.3.2 常用的大气校正方法

根据不同的研究和应用需要，目前出现很多的大气校正方法。根据校正方法对所需大气参数的数量和精度，可以把它们分为两类：辐射传输模型法和基于图像信息的大气校正方法。

**1. 辐射传输模型法**

该方法基于电磁能量在大气中传输的辐射传输方程。为了精确地估算大气参数，这类方法需要现场测量的大气光学参数，如气溶胶光学厚度等。常用的大气辐射传输模型有 MODTRAN、6S、ACORN、FLAASH 和 Turner 等。其中，MODTRAN 和 6S 最具代表性。MODTRAN 4 是美国空军地球物理实验室开发的一系列大气校正软件中比较成熟的版本。MODTRAN 4 是 LOWTRAN 的改进模型，将光谱分辨率从 $20cm^{-1}$ 提高到 $2cm^{-1}$，主要改进包括发展了一种 $2cm^{-1}$ 分辨率的分子吸收算法并更新了对分子吸收的气压温度关系的处理。一些基于辐射传输的大气校正模型，如 ACORN 和 FLAASH 都是在 MODTRAN 的基础上发展起来的。

6S(Second Simulation of the Satellite Signal in the Solar Spectrum)大气校正模型是 Vermote 等在 5S 模型的基础上发展起来的。6S 模型可以很好地模拟太阳光在太阳—地面目标—传感器的传输过程中所受到的大气影响；相对于 5S 模型，6S 模型考虑了地面目标的海拔高度、非朗伯平面的情况和新的吸收气体种类（$CH_4$、$N_2O$、CO）；通过采用最新近似算法和逐次散射 SOS(Successive Orders of Scattering)运算法则，提高了瑞利和气溶胶散射作用的计算精度；光谱步长提高到了 $2.5\mu m$。6S 模型适用于可见光和近红外波段的大气校正。所需参数包括：几何参数（太阳天顶角、太阳方位角、卫星天顶角、卫星方位角）、遥感图像获取日期、大气模型、气溶胶模型和地面目标海拔高度。其中最关键的是大气模型和气溶胶模型，在缺乏实测数据时，可以选用标准的大气模型和气溶胶模型，见表 3-3。

表 3-3  6S 的大气模型和气溶胶模型

| 代码 | 大气模型 | 代码 | 气溶胶模型 |
| --- | --- | --- | --- |
| 0 | no gaseous absorption | 0 | no aerosols |
| 1 | Tropical | 1 | Continental Model |
| 2 | Midlatitude Summer | 2 | Maritime Model |
| 3 | Midlatitude Winter | 3 | Urban Model |
| 4 | Subarctic Summer | 4 | USER using basic components |
| 5 | Subarctic Winter | 5 | Desertic Model |
| 6 | JS standard 62 | | ... |
| * | user defined | * | user defined |

这类模型都是建立在辐射传输理论基础之上，模型应用范围广，不受研究区特点及目标类型等的影响。模型的精度比较高，但在实际应用中代价昂贵。对每一景图像的大气校正都需要同步测量的大气参数，这对遥感应用几乎是不可能实现的，特别是分析历史数据时。

**2. 基于图像信息的大气校正方法**

由于获取同步的大气参数非常困难，比较理想的方法是基于图像信息来获取大气参数，从而克服大气校正对实测大气参数的依赖。最有代表性的是黑体像元法（dark-object approach），假设大气中的程辐射（path radiance）就是图像中黑体像元的辐射亮度值，这些黑体像元包括阴影、浓密植被或清洁水体。这种方法可以去除程辐射对遥感图像的影响，但只校正了大气散射的影响（加效应），而忽略了大气的透射率（乘效应）。对黑体像元法的明显改进就是考虑到对大气透射率的校正。两种方法可以校正大气透射率的影响：第一种方法称为余弦方法（COST），分别用太阳天顶角和卫星天顶角的余弦计算大气下行和上行透射率；第二种方法，称为 Taumean 方法，对每一波谱段，利用实测的平均值作为缺省的下行大气透射率。黑体像元法是一种简便的大气校正方法，可以满足一般的遥感应用需求。但是，黑体像元地表辐射为零的假设可能带来较大的误差，在黑体像元法的基础上，又发展了暗像元法、清洁水体像元法等大气校正方法。这类大气校正方法的共同特点是，暗目标像元的地表辐射值为一个很低的值，但不是零，从而减少"零"假设带来的误差。下面以太湖为试验区，基于清洁水体像元法，给出一个 TM 遥感图像的大气校正的实例。

### 3.3.3  大气校正的实例

到达卫星传感器的辐射亮度可以表示为：

$$L_t(\lambda) = L_r(\lambda) + L_a(\lambda) + t^\uparrow(\lambda)L_g(\lambda) + t^\uparrow(\lambda)L_w(\lambda) \tag{3-31}$$

式中,$L_t(\lambda)$为传感器接收到的总辐射值(W·m$^{-2}$·sr$^{-1}$),$L_r(\lambda)$为瑞利散射(W·m$^{-2}$·sr$^{-1}$),$L_a(\lambda)$为气溶胶散射(W·m$^{-2}$·sr$^{-1}$),$L_w(\lambda)$为离水辐射率(W·m$^{-2}$·sr$^{-1}$),$t^\uparrow(\lambda)$为大气上行透射率(无单位)。式(3-31)是简化的辐射传输模型,该模型基于如下假设:(1)忽略了大气的多次散射辐照作用和邻近像元的漫反射;(2)大气的影响主要是瑞利分子和气溶胶的作用;(3)水体表面是一个理想的朗伯体;(4)大气性质是均一的。对陆地卫星 TM/ETM+传感器而言,只要观测时的太阳天顶角不是很小,就不会接收到太阳耀光,因此,式(3-31)中的$L_g$可以忽略不计。式(3-31)可以转换为:

$$t^\uparrow(\lambda)L_w(\lambda) = L_t(\lambda) - L_r(\lambda) - L_a(\lambda) \tag{3-32}$$

式(3-32)是根据遥感数据估算离水辐射$L_w$的基本公式。其中,传感器接收到的辐射率$L_t$可以根据 DN 值通过定标获得,瑞利散射可以近似计算,气溶胶散射$L_a$可以通过基于图像本身的方法估算。下面介绍瑞利散射$L_r$的计算方法。

**1. 瑞利散射**

瑞利散射是大气中的分子等粒径远小于光波波长的粒子引起的散射。瑞利散射在大气中相对稳定,主要受海拔高度、波长、太阳和卫星的天顶角和方位角等因素的影响。水色遥感中,某一波段的瑞利散射$L_r$可根据下式计算:

$$L_r(\lambda) = \frac{1}{4\pi\mu}[E_O(\lambda)T_{OZ}(\lambda)\tau_R(\lambda)]\{P_R(\lambda^\downarrow) + [\rho(\mu) + \rho(\mu_0)]P_R(\gamma^\uparrow)\} \tag{3-33}$$

式中,$E_0$是波长$\lambda$处大气上界太阳辐照度,随日地距离而变化,通过$E_O(\lambda)=E_{OS}/d^2$计算,其中,$d$为单位日地距离,$E_{0S}$为标准太阳辐照度。$\lambda$和$E_{0S}$可以从 Landsat5 TM 参考手册中获取。

$T_{OZ}$是臭氧上行和下行总透射率,根据式(3-24)计算:

$$T_{OZ}(\lambda) = \exp[-\tau_{OZ}(\lambda)(1/\mu + 1/\mu_0)] \tag{3-34}$$

式中,$\mu_0$,$\mu$分别为太阳天顶角和卫星天顶角的余弦,$\tau_{OZ}$为臭氧的光学厚度,是波长和时相的函数,$\tau_{OZ}(\lambda)=\alpha_{OZ}*O_3$。$\alpha_{OZ}$是臭氧的吸收系数,通过查找表获得;$O_3$是臭氧浓度(atm-cm),可以通过 Donbson 浓度换算得到,臭氧 Donbson 浓度在 NASA 网站[①]上可以免费查询。

$\tau_R$是瑞利光学厚度,可以写成波长和海拔的函数:

$$\tau_R(\lambda, h_0) = Hr(h_0)\{0.00859\lambda^{-4}(1+0.0113\lambda^{-2} + 0.00013\lambda^{-4})\} \tag{3-35}$$

---

① http://toms.gsfc.nasa.gov/teacher/ozone_overhead_v8.html.

其中，$\lambda$ 为波段的中心波长，单位为 $\mu m$，$Hr(h_0) = \exp(-0.1188h_0 - 0.0011h_0^2)$，$h_0$ 为海拔，单位为 km。

$P_R(\gamma^\downarrow)$ 和 $P_R(\gamma^\uparrow)$ 分别为入射光和反射光的瑞利相位函数，计算方法如下：

$$P_R(\gamma^\downarrow) = \frac{3}{4}(1 + \cos^2\gamma^\downarrow) \quad (3-36)$$

$$P_R(\gamma^\uparrow) = \frac{3}{4}[1 + (2\mu\mu_0 + \cos\gamma^\uparrow)^2] \quad (3-37)$$

式中，$\gamma^\downarrow$，$\gamma^\uparrow$ 分别为入射光和反射光散射相位角，分别用式(3-38)和式(3-39)计算：

$$\cos\gamma^\downarrow = \cos\theta_0\cos\theta - \sin\theta_0\sin\theta\cos(\varphi - \varphi_0) \quad (3-38)$$

$$\cos\gamma^\uparrow = \cos\theta_0\cos\theta - \sin\theta_0\sin\theta\cos(\varphi - \varphi_0) \quad (3-39)$$

式中 $\theta_0$，$\varphi_0$ 分别为太阳的天顶角和方位角，$\theta$，$\varphi$ 分别为卫星的天顶角和方位角，从 Landsat TM 数据头文件中获取。

对反射光的瑞利散射强度还受菲涅耳(Fresnel)反射率 $\rho(x)$ 的影响：

$$\rho(x) = 1 - 2xym\left[\frac{1}{(x+my)^2} + \frac{1}{(mx+y)^2}\right] \quad (3-40)$$

式中，$x = \mu_0, \mu$；$y = \frac{1}{m}\sqrt{(m^2 + x^2 - 1)}$，$m$ 为水的折射系数。

### 2. 气溶胶散射

利用清洁水体像元法来估算气溶胶参数，主要步骤为：

1) 通过 TM 的中红外波段(Band7，$2.215\mu m$)来确定清洁水体像元。相对于可见光波段，中红外波段对气溶胶散射不敏感，但依然对地表特征敏感。因此，TM 中红外波段被用来确定清洁水体像元。忽略中红外波段的气溶胶散射，利用式(3-41)来计算中红外波段的离水辐射率 $L_w(\lambda_1)$。

$$t^\uparrow(\lambda_1)L_w\lambda_1 = L_t(\lambda_1) - L_r(\lambda_1) \quad (3-41)$$

基于 TM 中红外波段的离水辐射亮度图像，根据表 3-4 给出的定义，把研究区分为清洁水体像元、一般水体像元和非水体像元。

**表 3-4 基于 TM 中红外波段的水体像元类型的定义**

| $L_w(\lambda_1)$ | <0.2 | 0.2—1.0 | >1.0 |
|---|---|---|---|
| 水体像元类型 | 清洁水体像元 | 一般水体像元 | 非水体像元 |

2) 确定绿光波段的气溶胶参数。清洁水体在绿光波段的离水辐射 $L_w^0(560)$ 相对稳定。清洁水体在绿光波段的气溶胶散射 $L_a^0(560)$ 可以用式(3-42)来计算：

$$L_a^0(560) = L_t^0(560) - L_r^0(560) - L_w^0(560) \tag{3-42}$$

由于受到周围城市的影响，太湖区域内气溶胶并不是水平均匀分布的，但是利用清洁水体像元获得的气溶胶的光学特征可以用于相邻的水域。利用几个清洁水体区域的绿光波段气溶胶散射 $L_a^0(560)$，经过插值得到整幅图像气溶胶散射图像 $L_a(560)$。

3) 获取 TM 蓝、红波段的气溶胶参数。根据绿光波段气溶胶散射 $L_a^0(560)$，可以利用式(3-43)求出 TM 蓝、红波段的气溶胶散射：

$$L_a(\lambda_i) = S(\lambda_i, \lambda_2) L_a(560) \tag{3-43}$$

式中 $i=1,3$，表示 TM 的第 1,3 波段。$S(\lambda_i, \lambda_2)$ 可以表示为：

$$S(\lambda_i, 560) = \varepsilon(\lambda_i, 560) F_0(\lambda_i) / F_0(560) \tag{3-44}$$

在 Landsat 有限的可见光波段内，可以假设 $\varepsilon(\lambda_i, 560) = 1.0$。

至此，获得了 TM3 个可见光波段（蓝、绿、红）的气溶胶散射图像。

**3. 大气校正过程**

图 3-8 为经过数据定标和几何精校正的 TM 图像。瑞利散射计算需要的参数包括波段中心波长 $\lambda$，大气层外标准太阳辐照度 $E_a$，遥感数据获取日期，太阳天顶角和方位角 $\theta_0, \varphi_0$，卫星的天顶角和方位角 $\theta, \varphi$，水面海拔 $h_0$ 以及臭氧 $O_3$ 浓度。瑞利散射计算的输入参数见表 3-5。

图 3-8 经过数据定标和几何精校正的
太湖 TM 图像(RGB=3,2,1)

表 3-5  瑞利散射计算输入参数

| TM 波段 | 中心波长 $\lambda(\mu m)$ | $E_{os}$ | 获取日期 | $\theta_0$ | $\theta$ | $h_0$(km) | $O_3$(atm-cm) |
| --- | --- | --- | --- | --- | --- | --- | --- |
| Band1 | 0.485 | 1 969 | | | | | |
| Band2 | 0.560 | 1 840 | 2004 年 10 月 14 日 | 44 | 0 | 0.003 | 268 |
| Band3 | 0.660 | 1 551 | | | | | |
| Band7 | 2.215 | 82.1 | | | | | |

气溶胶的光学特性主要表现为散射作用,大气吸收主要受瑞利光学厚度、臭氧光学厚度和几何参数的影响,计算瑞利散射时可以同步计算出大气透射率。大气上行透射率 $t^{\uparrow}(\lambda)$ 和下行透射率 $t^{\downarrow}(\lambda)$ 可以分别根据式(3-45)和式(3-46)计算:

$$t^{\uparrow}(\lambda) = \exp\{-[\tau_R(\lambda)/2 + \tau_{OZ}(\lambda)]/\cos\theta\} \quad (3-45)$$

$$t^{\downarrow}(\lambda) = \exp\{-[\tau_R(\lambda)/2 + \tau_{OZ}(\lambda)]/\cos\theta_0\} \quad (3-46)$$

根据前述公式分别计算出 TM 可见光波段和中红外波段的瑞利散射和大气透射率等参数。瑞利散射的计算结果见表 3-6。

表 3-6  Landsat TM 可见光和中红外波段的瑞利散射计算结果

| TM 波段 | $\tau_{OZ}(\lambda)$ | $t^{\uparrow}_{OZ}(\lambda)$ | $t^{\downarrow}_{OZ}(\lambda)$ | $t_r$ | $L_r$ | $t^{\uparrow}(\lambda)$ | $t^{\downarrow}(\lambda)$ |
| --- | --- | --- | --- | --- | --- | --- | --- |
| Band1 | 0.005 3 | 0.994 8 | 0.992 7 | 0.163 0 | 30.629 | 0.916 9 | 0.886 4 |
| Band2 | 0.028 1 | 0.972 3 | 0.961 6 | 0.090 6 | 15.057 | 0.929 2 | 0.903 0 |
| Band3 | 0.014 7 | 0.985 4 | 0.979 7 | 0.046 5 | 6.722 0 | 0.962 7 | 0.948 6 |
| Band7 | 0 | 1 | 1 | 0.000 4 | 0.002 8 | −0.999 8 | 0.999 8 |

根据式(3-41)和式(3-45)得出 TM 中红外波段的离水辐射率图像,见图 3-9。

根据 TM 中红外波段的离水辐射率图像和表 3-4 给出的定义,把研究区分为清洁水体、一般水体和陆地岛屿(图 3-10)。从图 3-10 可以看出清洁水体主要分布在太湖中心东部水域、太湖南部水域和东太湖水域。需要说明的是,在竺山湾、梅梁湾和贡山湾等水域也分布有许多零散的清洁水体,但由于受到图像分辨率的影响,图 3-10 中并没有显示出来。TM 中红外波段识别的清洁水体像元有 24 144 个,占太湖总像元数的 0.77%。由于有了准同步的实测水质和光谱数据,可以结合这些数据来确定用于估算绿光波段气溶胶的"清洁水体像元",从而减小气溶胶估算的误差。"清洁水体像元"必须满足以下条件:(1)透明度高,悬浮物浓度低(<20mg/L,太湖总悬浮物浓度范围 3.10-169.47mg/L);(2)不受水底影响或轻度影响;(3)绿光波段的反射率较低(<0.045,太湖总实测反射率范围 0.017-0.069)。"清洁水体像元"的分布如图 3-10 所示,对应的实测参数见表 3-7。

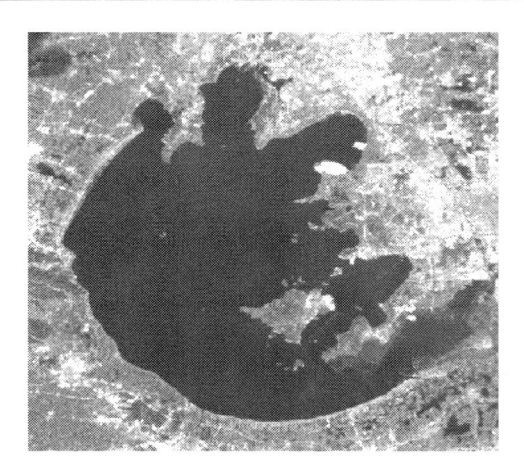

图 3-9　TM 中红外波段的离水辐射率图像

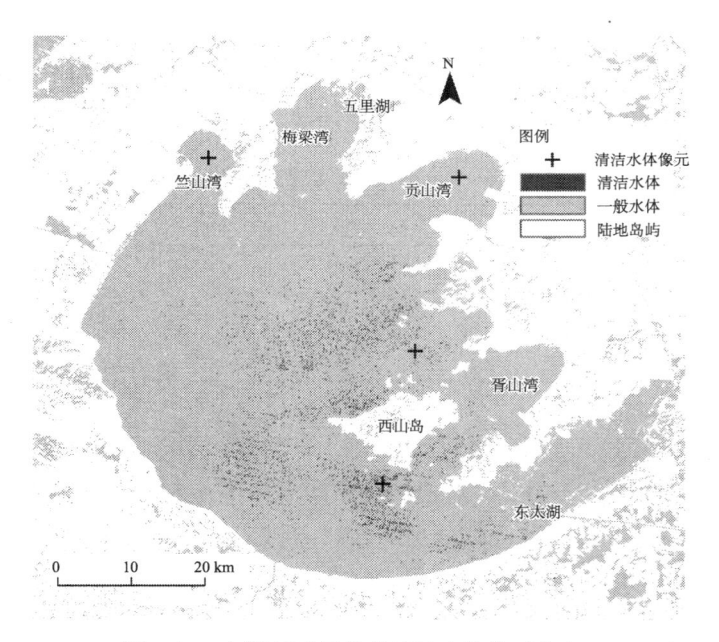

图 3-10　太湖 TM 图像的清洁水体像元分布

表 3-7　清洁水体像元的悬浮物浓度和绿光波段的遥感反射率

| 像元序号 | 15# | 27# | 41# | 48# |
|---|---|---|---|---|
| $C_{SPM}$(mg/L) | 15.36 | 17.03 | 13.08 | 13.54 |
| $R_{rs}$(560$\mu$m) | 0.031 | 0.028 | 0.045 | — |
| 水底影响 | 否 | 否 | 否 | 轻度 |

根据实测光谱来确定清洁水体像元在绿光波段的离水辐射率 $L_w^0(560)$。为减小估算误差,按 $3\times 3$ 窗口计算出这些清洁像元的 $L_t^0(560)$ 平均值,根据式(3-42)计算出清洁水体像元在 TM 绿光波段的气溶胶散射 $L_a^0(560)$,插值获取整幅图像的绿光波段气溶胶散射 $L_a(560)$。然后根据式(3-43)和式(3-44),获得了 TM 蓝光波段和红光波段的气溶胶散射 $L_a(485)$ 和 $L_a(660)$。至此,得到了计算离水辐射率所需的所有参数,根据式(3-32)计算出 TM 可见光波段的离水辐射率(如图 3-11(a))。水体表面入射辐照度 $E_d^+(\lambda)$ 可由遥感成像时的条件计算出来,假设水体为朗伯体,水体表面遥感反射率 $R_{rs}$ 由式(3-47)求出,计算结果如图 3-11(b)所示。

$$R_{rs}(\lambda) = \frac{L_w(\lambda)}{E_d^+(\lambda)} = \frac{d^2 L_w(\lambda)}{E_0^+(\lambda) t^\downarrow(\lambda)(1-\rho(\theta_0)\cos(\theta_0))} \tag{3-47}$$

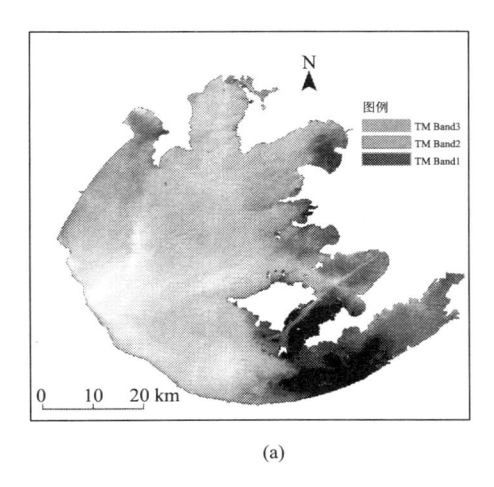

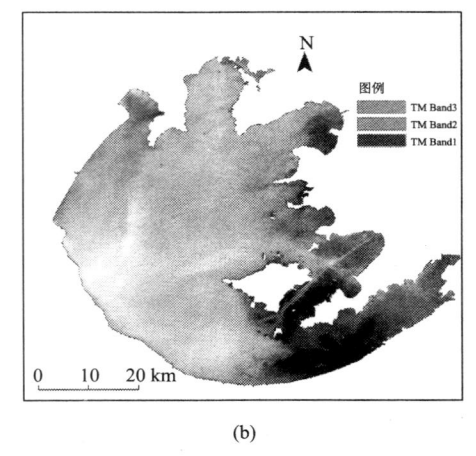

图 3-11 经过大气校正的 TM 可见光波段的(a)离水辐射率和(b)水体遥感反射率

# §3.4 投影校正

遥感图像中,框幅式图像属于纯中心投影构像,全景摄影机图像属于多中心等焦距圆柱投影,多光谱图像属于多中心扫描投影,HRV 图像属于多中心推扫扫描投影,合成孔径侧视雷达属于多中心斜距投影,这些图像因投影方式存在着各种各样的变形,投影校正的目的是将中心投影或多中心投影的遥感图像校正成正射投影图像。

## 3.4.1 中心投影

**1. 中心投影原理**

中心投影是根据小孔成像原理,在小孔处安装一个摄影物镜,在成像处放置感光材料,快门开启瞬间,物体经摄影物镜成像于感光材料上,感光材料受到投影光线的光化作用,再经摄影处理便得到物体的光学图像。成像的各光线汇聚于物镜中心,形成成像的几何特点,物镜中心称为摄影中心。

已感光的底片经摄影处理后得到的是负片,将负片接触晒印在相纸上,得到正片,负片和正片以摄影中心成几何对称。中心投影几何关系如图3-12所示:

中心投影图像有如下特点:

1) 地物点、地物点所对应的成像点以及传感器投影中心3点共线。
2) 传感器投影中心到成像平面的距离为物镜主距 $f$。
3) 图像受地面起伏的影响发生像点位移。
4) 成像平面倾斜会引起成像变形。
5) 有高差的地物成像时产生投影差。

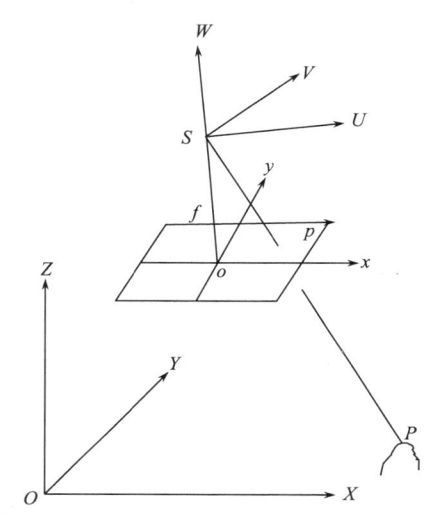

图 3-12 中心投影几何关系图

**2. 中心投影构像方程**

要把中心投影图像转换为正射投影图像,则要讨论地面坐标系和传感器坐标系之间的转换关系,即构像方程。根据中心投影特点,图像坐标 $(x,y,-f)$ 和传感器系统坐标 $(U,V,W)$ 之间有如下关系:

$$\begin{bmatrix} U \\ V \\ W \end{bmatrix} = \lambda_P \begin{bmatrix} x \\ y \\ -f \end{bmatrix} \tag{3-48}$$

式中,$\lambda_P$ 为成像比例尺分母,$f$ 为摄影机主距,中心投影像片坐标与地面点大地坐标的关系即构像方程为:

$$\begin{bmatrix} X \\ Y \\ Z \end{bmatrix}_P = \begin{bmatrix} X \\ Y \\ Z \end{bmatrix}_S + \lambda_P A \begin{bmatrix} x \\ y \\ -f \end{bmatrix} \tag{3-49}$$

式中，
$$A = \begin{bmatrix} a_{11} & a_{12} & a_{13} \\ a_{21} & a_{22} & a_{23} \\ a_{31} & a_{32} & a_{33} \end{bmatrix} \tag{3-50}$$

具体表达式为：
$$\begin{cases} a_{11} = \cos\varphi\cos\kappa - \sin\varphi\sin\bar{\omega}\sin\kappa \\ a_{12} = -\cos\varphi\sin\kappa - \sin\varphi\sin\bar{\omega}\cos\kappa \\ a_{13} = -\sin\varphi\cos\bar{\omega} \\ a_{21} = \cos\bar{\omega}\sin\kappa \\ a_{22} = \cos\bar{\omega}\cos\kappa \\ a_{23} = -\sin\bar{\omega} \\ a_{31} = \sin\varphi\cos\kappa + \cos\varphi\sin\bar{\omega}\sin\kappa \\ a_{32} = -\sin\varphi\sin\kappa + \cos\varphi\sin\bar{\omega}\cos\kappa \\ a_{33} = \cos\varphi\cos\bar{\omega} \end{cases} \tag{3-51}$$

其中，$\varphi, \bar{\omega}, \kappa$ 为传感器的姿态角。

通过上式可得出：
$$\begin{cases} x = -f\dfrac{a_{11}(X_P - X_S) + a_{21}(Y_P - Y_S) + a_{31}(Z_P - Z_S)}{a_{13}(X_P - X_S) + a_{23}(Y_P - Y_S) + a_{33}(Z_P - Z_S)} \\ y = -f\dfrac{a_{12}(X_P - X_S) + a_{22}(Y_P - Y_S) + a_{32}(Z_P - Z_S)}{a_{13}(X_P - X_S) + a_{23}(Y_P - Y_S) + a_{33}(Z_P - Z_S)} \end{cases} \tag{3-52}$$

这就是中心投影的共线方程。

## 3.4.2 多中心投影

大部分遥感图像是通过扫描器对地面点或线进行连续扫描、同时平台向前移动的方式获得的，图像具有动态特征，成像几何关系比中心投影更为复杂。

**1. 推扫式传感器的构像方程**

推扫式传感器是行扫描动态传感器。在垂直成像的情况下，每一条线的成像属于中心投影，在时刻 $t$ 像点 $p$ 的坐标为 $(0, y, -f)$，如图 3-13 所示，推扫式传感器的成像方程则为：

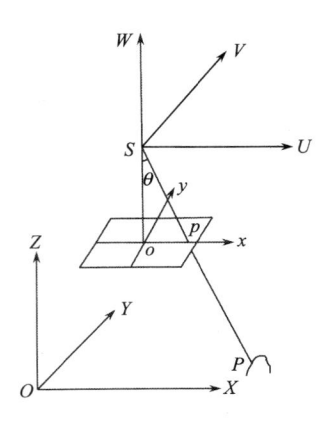

图 3-13 推扫式传感器的构像几何关系

$$\begin{bmatrix} X \\ Y \\ Z \end{bmatrix}_P = \begin{bmatrix} X \\ Y \\ Z \end{bmatrix}_{s_t} + \lambda A_t \begin{bmatrix} 0 \\ y \\ -f \end{bmatrix} \tag{3-53}$$

在一幅图像内,每条扫描线的投影中心大地坐标和姿态角是随时间变化的。相应的共线方程为:

$$\begin{cases} 0 = -f \dfrac{a_{11}(X_P - X_S) + a_{21}(Y_P - Y_S) + a_{31}(Z_P - Z_S)}{a_{13}(X_P - X_S) + a_{23}(Y_P - Y_S) + a_{33}(Z_P - Z_S)} \\ y = -f \dfrac{a_{12}(X_P - X_S) + a_{22}(Y_P - Y_S) + a_{32}(Z_P - Z_S)}{a_{13}(X_P - X_S) + a_{23}(Y_P - Y_S) + a_{33}(Z_P - Z_S)} \end{cases} \tag{3-54}$$

为获取立体像对,推扫式传感器要进行倾斜扫描,此时构像方程为:

$$\begin{bmatrix} X \\ Y \\ Z \end{bmatrix}_P = \begin{bmatrix} X \\ Y \\ Z \end{bmatrix}_{s_t} + \lambda A_t R_\theta \begin{bmatrix} 0 \\ y \\ -f \end{bmatrix} \tag{3-55}$$

其中,$R_\theta$ 为倾斜角 $\theta$ 引起的旋转矩阵。

当推扫式传感器沿旁向倾斜固定角 $\theta$ 时,

$$R_\theta = \begin{bmatrix} 1 & 0 & 0 \\ 0 & \cos\theta & -\sin\theta \\ 0 & \sin\theta & \cos\theta \end{bmatrix} \tag{3-56}$$

共线方程可表示为:

$$\begin{cases} 0 = -f \dfrac{a_{11}(X_P - X_S) + a_{21}(Y_P - Y_S) + a_{31}(Z_P - Z_S)}{a_{13}(X_P - X_S) + a_{23}(Y_P - Y_S) + a_{33}(Z_P - Z_S)} \\ \dfrac{y\cos\theta + f\sin\theta}{f\cos\theta - y\sin\theta} = -f \dfrac{a_{12}(X_P - X_S) + a_{22}(Y_P - Y_S) + a_{32}(Z_P - Z_S)}{a_{13}(X_P - X_S) + a_{23}(Y_P - Y_S) + a_{33}(Z_P - Z_S)} \end{cases} \tag{3-57}$$

当推扫式传感器做前视或后视成像,视角为 $\theta$ 时,

$$R_\theta = \begin{bmatrix} \cos\theta & 0 & -\sin\theta \\ 0 & 1 & 0 \\ \sin\theta & 0 & \cos\theta \end{bmatrix} \tag{3-58}$$

此时,共线方程可表示为:

$$\begin{cases} f\tan\theta = -f \dfrac{a_{11}(X_P - X_S) + a_{21}(Y_P - Y_S) + a_{31}(Z_P - Z_S)}{a_{13}(X_P - X_S) + a_{23}(Y_P - Y_S) + a_{33}(Z_P - Z_S)} \\ \dfrac{y}{\cos\theta} = -f \dfrac{a_{12}(X_P - X_S) + a_{22}(Y_P - Y_S) + a_{32}(Z_P - Z_S)}{a_{13}(X_P - X_S) + a_{23}(Y_P - Y_S) + a_{33}(Z_P - Z_S)} \end{cases} \tag{3-59}$$

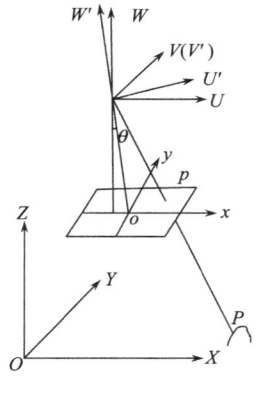

图 3-14 前视成像

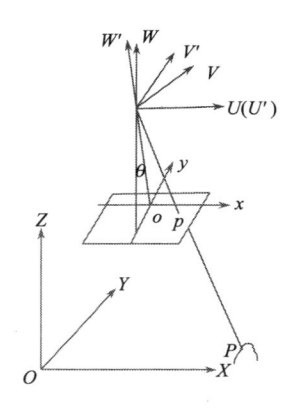

图 3-15 侧视成像

**2. 全景摄影机的构像方程**

全景摄影机图像是由一条曝光缝隙沿旁向扫描而成,对于每条缝隙图像的形成,其几何关系等效于中心投影沿旁向倾斜一个扫描角 $\theta$ 后,以中心线成像的情况,如图 3-16 所示,此时像点坐标为 $(x,0,-f)$,其构像方程为:

$$\begin{bmatrix} X \\ Y \\ Z \end{bmatrix}_P = \begin{bmatrix} X \\ Y \\ Z \end{bmatrix}_{S_t} + \lambda A_t R_\theta \begin{bmatrix} x \\ 0 \\ -f \end{bmatrix} \quad (3\text{-}60)$$

其中,

$$R_\theta = \begin{bmatrix} 1 & 0 & 0 \\ 0 & \cos\theta & -\sin\theta \\ 0 & \sin\theta & \cos\theta \end{bmatrix} \quad (3\text{-}61)$$

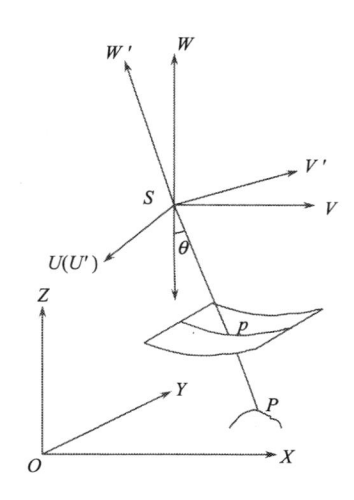

图 3-16 全景摄影机成像瞬间的几何关系

其共线方程为:

$$\begin{cases} \dfrac{x}{\cos\theta} = -f\dfrac{a_{11}(X_P-X_S)+a_{21}(Y_P-Y_S)+a_{31}(Z_P-Z_S)}{a_{13}(X_P-X_S)+a_{23}(Y_P-Y_S)+a_{33}(Z_P-Z_S)} \\ f\tan\theta = -f\dfrac{a_{12}(X_P-X_S)+a_{22}(Y_P-Y_S)+a_{32}(Z_P-Z_S)}{a_{13}(X_P-X_S)+a_{23}(Y_P-Y_S)+a_{33}(Z_P-Z_S)} \end{cases} \quad (3\text{-}62)$$

严格地讲,式(3-60)的投影中心的坐标和姿态角是相对于一条扫描线而言的,一幅图像内每条图像线的投影中心的坐标和姿态角是变化的,它们是时间 $t$ 的函数,因此这里用 $S_t$ 和 $A_t$ 区别表示。

### 3. 扫描式传感器的构像方程

红外扫描仪(IRS)和多光谱扫描仪(MSS)都属于扫描式传感器。扫描式传感器获得的图像属于多中心投影,每个像元都有自己的投影中心,随着扫描镜和平台的前进来实现整幅图像的成像。对于扫描式传感器的任意一个像元的构像,等效于中心投影朝旁向旋转了扫描角 $\theta$ 后,以像幅中心成像的几何关系,见图 3-17。扫描式传感器的构像方程为:

$$\begin{bmatrix} X \\ Y \\ Z \end{bmatrix}_P = \begin{bmatrix} X \\ Y \\ Z \end{bmatrix}_{s_t} + \lambda A_t R_\theta \begin{bmatrix} 0 \\ 0 \\ -f \end{bmatrix} \quad (3\text{-}63)$$

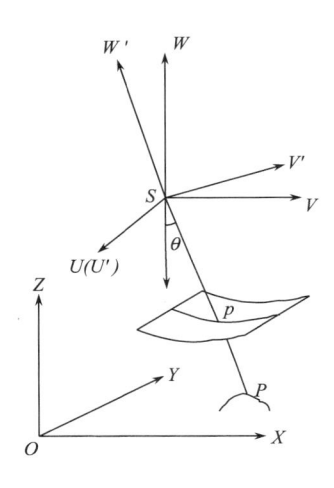

图 3-17 扫描式传感器的几何构像关系

式中:

$$R_\theta = \begin{bmatrix} 1 & 0 & 0 \\ 0 & \cos\theta & -\sin\theta \\ 0 & \sin\theta & \cos\theta \end{bmatrix} \quad (3\text{-}64)$$

扫描式传感器的共线方程可表达为:

$$\begin{cases} 0 = -f \dfrac{a_{11}(X_P - X_S) + a_{21}(Y_P - Y_S) + a_{31}(Z_P - Z_S)}{a_{13}(X_P - X_S) + a_{23}(Y_P - Y_S) + a_{33}(Z_P - Z_S)} \\ f\tan\theta = -f \dfrac{a_{12}(X_P - X_S) + a_{22}(Y_P - Y_S) + a_{32}(Z_P - Z_S)}{a_{13}(X_P - X_S) + a_{23}(Y_P - Y_S) + a_{33}(Z_P - Z_S)} \end{cases} \quad (3\text{-}65)$$

### 4. 侧视雷达图像的构像方程

侧视雷达属于主动式传感器,按天线结构的不同,侧视雷达又分为真实孔径雷达(RAR)和合成孔径雷达(SAR)。合成孔径雷达在距离方向上与真实孔径雷达相同,在方位方向上则通过合成孔径原理来实现。这里通过介绍合成孔径雷达成像说明雷达成像的特点。

由于侧视雷达是斜着照射地面的,所以如果有地形起伏,就会在图像上出现透视收缩、顶底位移以及雷达阴影等现象,从而使图像失真。SAR 图像的成像原理是:向垂直轨道方向的一侧或两侧发射微波,把从地物返回的散射波以图像的形式记录下来,并按照回波返回的时间顺序排列,构成一条距离扫描线,通过平台的前进,扫描线在地表面移动,获得一系列扫描线,若干条距离扫描线便构成一幅 SAR 图像。图 3-18 为 SAR 图像的成像几何关系,其中 $H$ 为航高,$R_0$ 为扫描延迟,$r_0$ 为扫描延迟在图像上的投影,$R$ 为地面点 $P$ 到天线中心的斜距,$x$ 为斜距显示的 $P$ 点在图像上的像点坐标，$\lambda_x$ 为距离向比例尺。

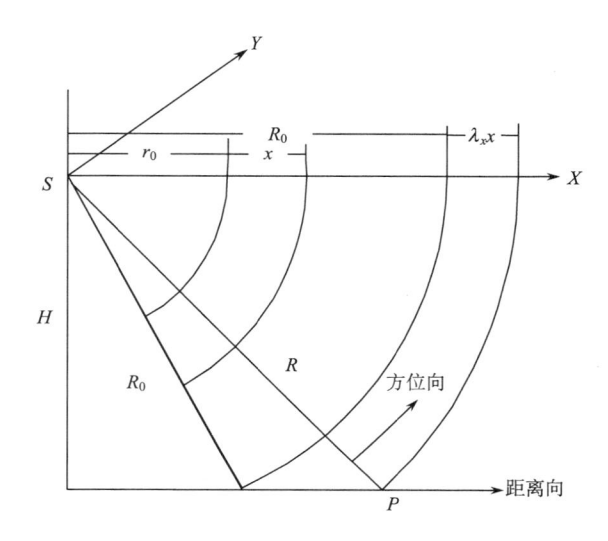

图 3-18 SAR 成像几何关系图

SAR 图像成像方程式的表达主要有两种形式：一种使用距离条件和多普勒条件方程式来表达像点、目标点和雷达天线中心三者之间的坐标关系；另一种是用共线方程来表达。由于雷达侧向扫描平台恒垂直于遥感平台运动的速度矢量，则有多普勒条件成立，即：

$$R \cdot V = 0 \quad (3-66)$$

其中，

$$R = \begin{bmatrix} X_P - X_S \\ Y_P - Y_S \\ Z_P - Z_S \end{bmatrix}, V = \begin{bmatrix} V_x \\ V_y \\ V_z \end{bmatrix} \quad (3-67)$$

将上式展开可得：

$$V_x(X_P - X_S) + V_y(Y_P - Y_S) + V_z(Z_P - Z_S) = 0 \quad (3-68)$$

距离条件是指：

$$R = \lambda_x(r_0 + x) = \sqrt{(X_P - X_S)^2 + (Y_P - Y_S)^2 + (Z_P - Z_S)^2} \quad (3-69)$$

如图 3-19 所示，设高程为 $Z_0$ 的地平面上任意一地面点 $P$ 在斜距显示 SAR 图像上的像点为 $p$，相应的坐标为 $x_p$；而 $P$ 点在等效的以 $f$ 为焦距的中心投影图像点为 $p'$，相应的像点坐标为 $x_{p'}$，则 $x_p$ 和 $x_{p'}$ 满足：

$$x_{p'} = \sqrt{(r_0 + x_p)^2 - f^2} \quad (3-70)$$

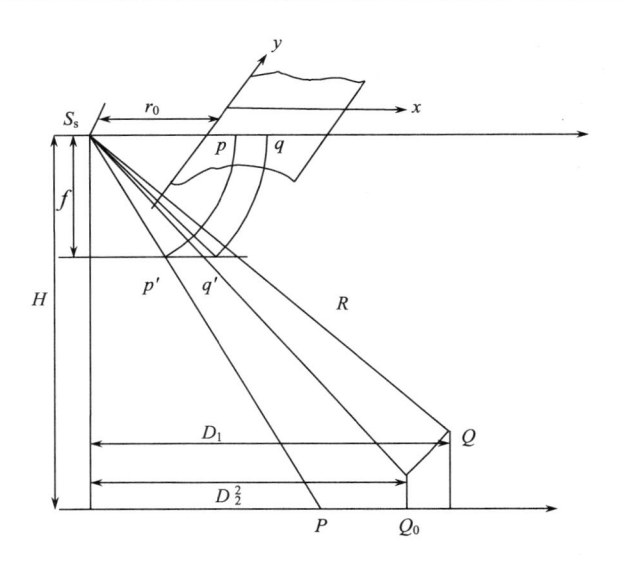

图 3-19 SAR 图像距离投影与中心投影的转换

式中 $r_0$ 为图像上的扫描延迟,$f$ 为等效焦距。这时,天线中心 $S$、像点 $p'$ 和地面点 $P$ 严格满足共线关系。因此,地面平坦时,SAR 图像共线方程为:

$$\begin{cases} \sqrt{(r_0+x_p)^2-f^2} = -f\dfrac{a_{11}(X_P-X_S)+a_{21}(Y_P-Y_S)+a_{31}(Z_P-Z_S)}{a_{13}(X_P-X_S)+a_{23}(Y_P-Y_S)+a_{33}(Z_P-Z_S)} \\ 0 = -f\dfrac{a_{12}(X_P-X_S)+a_{22}(Y_P-Y_S)+a_{32}(Z_P-Z_S)}{a_{13}(X_P-X_S)+a_{23}(Y_P-Y_S)+a_{33}(Z_P-Z_S)} \end{cases} \quad (3\text{-}71)$$

如果地面不平坦,假设任一点 $Q$ 相对于平均平面有高差 $h$,$Q$ 点在斜距 SAR 图像上和等效中心投影图像上的像点坐标分别为 $q$ 和 $q'$。按照距离投影方法,所有到天线中心的斜距相等的地面点,包括平均平面上的 $Q_0$ 在 SAR 图像上成像点均重合,即产生透视收缩变形。此时,$s$、$q'$ 和 $Q_0$ 满足共线关系。$Q_0$ 与 $Q$ 两点的地面坐标存在如下转换关系:

$$\begin{cases} (X_{Q_0}-X_s) = m(X_Q-X_s) \\ (Y_{Q_0}-Y_s) = m(Y_Q-Y_s) \end{cases} \quad (3\text{-}72)$$

式中 $m$ 为修正参数,且 $m=D_2/D_1$。

这时得到任意地面点的共线方程式:

$$\begin{cases} \sqrt{(r_0+x_p)^2-f^2} = -f\dfrac{a_{11}m(X_P-X_S)+a_{21}m(Y_P-Y_S)+a_{31}(Z_0-Z_S)}{a_{13}m(X_P-X_S)+a_{23}m(Y_P-Y_S)+a_{33}(Z_0-Z_S)} \\ 0 = -f\dfrac{a_{12}m(X_P-X_S)+a_{22}m(Y_P-Y_S)+a_{32}(Z_0-Z_S)}{a_{13}m(X_P-X_S)+a_{23}m(Y_P-Y_S)+a_{33}(Z_0-Z_S)} \end{cases}$$

$$(3\text{-}73)$$

### 3.4.3 中心投影图像的投影校正

数字正射校正前,必须确定原始图像和校正后图像之间的几何关系。令原始图像和校正后图像坐标分别为$(x,y)$和$(X,Y)$,它们之间函数关系为:

$$\begin{cases} x = f_x(X,Y) \\ y = f_y(X,Y) \end{cases} \quad (3-74)$$

$$\begin{cases} X = g_x(x,y) \\ Y = g_y(x,y) \end{cases} \quad (3-75)$$

由校正后图像的像点坐标反算其在原始图像上的像点坐标的校正方法为反解法(又称间接法),由原始图像的像点坐标解求其在校正后图像上的像点坐标的校正方法为正解法(又称直接法)。

**1. 反解法数字微分校正**

1) 计算地面点坐标

设正射图像上任意一点 $P$ 的坐标为$(X',Y')$,由正射图像左下角图廓点地面坐标$(X_0,Y_0)$与正射图像比例尺分母 $\lambda_p$ 计算 $P$ 点对应的坐标$(X,Y)$。

2) 计算像点坐标

利用共线方程计算原始图像上相应像点坐标 $p(x,y)$,在航空摄影情况下,反解共线方程公式为:

$$\begin{cases} x - x_0 = -f \dfrac{a_{11}(X_P - X_S) + a_{21}(Y_P - Y_S) + a_{31}(Z_P - Z_S)}{a_{13}(X_P - X_S) + a_{23}(Y_P - Y_S) + a_{33}(Z_P - Z_S)} \\ y - y_0 = -f \dfrac{a_{12}(X_P - X_S) + a_{22}(Y_P - Y_S) + a_{32}(Z_P - Z_S)}{a_{13}(X_P - X_S) + a_{23}(Y_P - Y_S) + a_{33}(Z_P - Z_S)} \end{cases} \quad (3-76)$$

$p$ 点高程$Z_p$可由 DEM 内插求得。

3) 重采样

由于所得的像点坐标不一定落在像元中心,必须进行亮度内插,一般可采用双线性内插,求得像点 $p$ 的亮度值$m(x,y)$,并将此亮度值赋给校正后的像元 $P$。

**2. 正解法数字微分校正**

正解法数字微分校正是从原始图像出发,用正解公式求得校正后的像点坐标。但由于校正图像上所得的像点不是规则排列,像元可能出现空白或重复的现象,难以进行亮度内插,获得规则排列的校正数字图像。

另外,由像点坐标计算大地坐标的正算公式为:

$$\begin{cases} X_p = X_s + (Z_P - Z_s)\dfrac{a_{11}x + a_{12}y - a_{13}f}{a_{31}x + a_{32}y - a_{33}f} \\ Y_p = Y_s + (Z_P - Z_s)\dfrac{a_{21}x + a_{22}y - a_{23}f}{a_{31}x + a_{32}y - a_{33}f} \end{cases} \tag{3-77}$$

利用上述公式须先知道 $Z_p$,但 $Z_p$ 又是 $X_p$ 和 $Y_p$ 的函数,因此进行计算时必须先假定一近似值 $Z_0$,求得 $(X_1, Y_1)$,再由 DEM 内插该点 $(X_1, Y_1)$ 的高程 $Z_1$,然后再由正算公式求得 $(X_2, Y_2)$,如此反复迭代。

由于正解法存在上述缺点,投影校正一般采用反解法。

## 3.4.4 多中心投影图像的投影校正

**1. 多项式校正法**

遥感图像的几何变形是由多种因素引起的,多项式校正法的基本思想是回避成像的空间几何过程,直接对图像变形本身进行数学模拟,将遥感图像的变形看成平移、缩放、旋转、仿射、偏扭、弯曲以及更高次的基本变形的综合作用结果,并用一个适当的多项式来描述校正前后图像相应点之间的坐标关系。该方法对各类型传感器图像的校正是普遍适用的。

常用的多项式校正公式为:

$$\begin{cases} x = a_0 + (a_1 X + a_2 Y) + (a_3 X^2 + a_4 XY + a_5 Y^2) \\ \qquad + (a_6 X^3 + a_7 X^2 Y + a_8 XY^2 + a_9 Y^3) + \cdots \\ y = b_0 + (b_1 X + b_2 Y) + (b_3 X^2 + b_4 XY + b_5 Y^2) \\ \qquad + (b_6 X^3 + b_7 X^2 Y + b_8 XY^2 + b_9 Y^3) + \cdots \end{cases} \tag{3-78}$$

其中:$x, y$ 为像元原始图像坐标;$X, Y$ 为同名像元的地面坐标。

多项式校正法的基本过程是利用有限个地面控制点的已知坐标,求解多项式的系数,然后将各像元的坐标代入多项式进行计算,从而求得校正后的坐标。多项式校正法控制点的数量应超过多项式系数的个数。多项式校正法的精度与地面控制点的精度、分布和数量以及校正的范围有关。

**2. 共线方程校正法**

共线方程校正法是建立在图像坐标与地面坐标严格数学变换基础上的,即成像瞬间像点、地面点以及传感器投影中心 3 点共线。该方法需要有地面高程信息,可以改正地形起伏引起的投影差。同多项式校正法相比,这种方法理论上严密,同时考虑了地物点高程的影响，因此在地形起伏较大的情况下，这种方法较为优越。而此方法计算量比多项式校正法要大，同时，在动态扫描成像时，由于传感器的位置和姿态角在不断发生变化，其外方位元素是随时间变化的，变化规律只能近似地表达，这时该方法理论上的严密性难以得到保证，因此动态扫描图像的共线方程校正法相对于多项式校正法精度提高并不明显。

本节前面介绍了不同传感器的共线方程，这些共线方程即是进行共线方程校正的基本公式。共线方程中的待定系数主要是传感器的 3 个姿态参数和 3 个位置参数。参数的解算方法类似于多项式校正法，可采用一定数量控制点按照最小二乘的方法求得。

对于框幅式遥感图像，可以直接采用上述方法进行共线方程校正；而对于动态传感器图像，由于每一条扫描线图像甚至每个像元都有一组自己的共线方程参数，整幅图像可能含有很多共线方程参数，不可能取得那么多的已知控制点进行校正，因此，通常情况下将整幅图像成像过程中的共线方程参数看成是成像时间 $t$ 的函数，该函数可用一般多项式来表示：

$$\begin{cases} \Delta X_s = X_s - X_{s'} = a_0 + a_1 t + a_2 t^2 + a_3 t^3 + \cdots \\ \Delta Y_s = Y_s - Y_{s'} = b_0 + b_1 t + b_2 t^2 + b_3 t^3 + \cdots \\ \Delta Z_s = Z_s - Z_{s'} = c_0 + c_1 t + c_2 t^2 + c_3 t^3 + \cdots \\ \Delta \varphi = \varphi - \varphi' = d_0 + d_1 t + d_2 t^2 + d_3 t^3 + \cdots \\ \Delta \bar{\omega} = \bar{\omega} - \bar{\omega}' = e_0 + e_1 t + e_2 t^2 + e_3 t^3 + \cdots \\ \Delta \kappa = \kappa - \kappa' = f_0 + f_1 t + f_2 t^2 + f_3 t^3 + \cdots \end{cases} \quad (3\text{-}79)$$

其中，$\Delta X_s$、$\Delta Y_s$、$\Delta Z_s$、$\Delta \varphi$、$\Delta \bar{\omega}$、$\Delta \kappa$ 为外方位元素的改正数，$X_{s'}$、$Y_{s'}$、$Z_{s'}$、$\varphi'$、$\bar{\omega}'$、$\kappa'$ 为外方位元素的近似值，$a_i$、$b_i$、$c_i$、$d_i$、$e_i$、$f_i$ 为多项式系数，$t$ 为飞行时间。

实际应用中，一般假定外方位元素随时间呈线性变化，又因动态扫描图像的线元素和角元素之间存在极强的相关性，求解时可将线元素和角元素分开求解，交替迭代。

## 3.4.5 SAR 图像的投影校正

由前面的讨论可知，如果存在地形起伏，SAR 图像上存在透视收缩，顶底位移以及阴影等像点位移。SAR 图像投影校正的目的就是消除由地形起伏引起的几何位置误差，生成地理编码的正射图像。

对于 SAR 图像，由地形起伏引起的像点位移比摄影类型成像的图像严重得多，例如在侧视角相同的情况下，高程引起的 SAR 像点位移约是 SPOT 卫星图像的 4-5 倍。因此，用简单的多项式校正方法已经不能满足 SAR 图像投影校正的要求，而必须根据地面高程对图像进行逐点校正。

SAR 图像校正方法大致分两种：一种是按照前面所述的共线方程法进行；另一种则是根据距离和多普勒条件表示的成像方程式进行。

第一种校正方法与多中心投影图像共线方程法校正类似，按照公式(3-71)进行校正；对于第二种方法，若地面控制点容易得到，则利用成像参数（如平台高度、雷达侧视角、飞行轨迹的方位角和参考点、扫描延迟等）和地面控制点精确估计飞行路线参数，以此为基础建立正射校正变换公式；对于地面控制点不容易获取的地区，则需要利用 DEM 产生模拟图像，将模拟图像与原始图像进行匹配，从而建立 DEM 坐标与原始图像间的变换关系。

## §3.5 阴影去除

受地形、地物（如建筑物）和云等因素的影响，部分地表由于得不到太阳直射光的照射，在遥感图像中形成阴影。其表现为阴影区域的 DN 值大大低于正常值，给定量遥感精度带来较大的误差；由于阴影与水体的光谱特征相似，也会给遥感图像的判读和分类带来困难。因此，在使用遥感图像之前，需要尽可能地去除遥感图像中的阴影。去除阴影一般包括两个步骤：检测阴影区域和消除阴影。

### 3.5.1 阴影检测

检测遥感图像中阴影区域的方法有很多，主要分为两类：第一类，根据 DEM 数据和遥感成像时入射太阳光的几何条件等模拟计算出阴影区域；第二类是基于图像光谱特征、纹理特征和色调特征等检测阴影区域。由于获取 DEM 数据的代价高昂，在一般的遥感应用中，基于图像光谱特征、纹理特征或色调特征来检测阴影区域是最常用的方法。

**1. 直方图阈值法**

遥感图像中的阴影是由于受到较高物体遮挡而得不到太阳光的直接照射形成的，阴影区域的地表只受到天空光和环境反射光的照射，而非阴影区域则受到直接太阳光、天空光和环境反射光的照射。阴影区域接收到的辐射少，表现在遥感图像上，就是阴影区像元的 DN 值一般小于非阴影区域。在遥感图像的直方图中，阴影像元一般集中在亮度值较低的区域，可以根据遥感图像的直方图确定阴影区域与非阴影区域的亮度临界值，即阈值。把亮度值小于该阈值的像元识别为阴影像元，这种阴影检测的方法被称为直方图阈值法，它是一种基于图像光谱特征的阴影区检测方法。

利用直方图阈值法检测阴影,首先需要选择合适的波段。遥感图像的阴影主要集中于可见光至近红外波段。在此波段范围内,环境光所占比例很小,区分阴影与非阴影主要由直射光和散射光能量比所决定。瑞利散射和米氏散射远远大于无选择性散射,瑞利散射强度与波长的四次方成反比,米氏散射强度与波长的二次方成反比,散射光强度随波长增大急剧减小。近红外波段在产生阴影的波段范围内波长最长,散射光最小,阴影区域与非阴影区域的地物目标辐射能量差值最大,因此用近红外波段进行基于直方图阈值法提取阴影,比用其他单波段的效果好。

由于阴影区高反射率目标和非阴影区的低反射率目标(如水体等)的存在,单波段的直方图阈值法有时会造成阴影区的漏提取或误提取,对大范围、复杂地形地物的遥感图像并不适用。为了克服这种阴影提取的误差,可以利用波段组合来检测阴影。由于散射光强度随波长增大急剧减小,对遥感图像阴影区域影响的结果是绿光波段相对于蓝光波段急剧减小。另外,地物反射率在蓝光波段与绿光波段有很高的相关性。因此,在非阴影区域,蓝光波段和绿光波段有很高的相关性;在阴影区域,绿光波段相对于蓝光波段急剧减小。将绿光波段图像减去(或除以)蓝光波段图像,对所得图像进行基于直方图阈值法提取阴影。这种方法提取阴影主要与地物光谱反射变化特性有关,不受地物反射率大小的影响。

**2. 纹理分析法**

共生矩阵是一种有效的阴影提取的纹理分析方法,与一般纹理分析一样,这种方法描述了一个像元和它周边相邻像元之间的亮度值的关系。但是,共生矩阵并不使用原始亮度值,而是通过对图像亮度级之间二阶联合条件概率 $P(i,j,d,\theta)$ 计算表示纹理。$P(i,j,d,\theta)$ 表示在给定空间距离 $d$ 和 $\theta$ 方向时,以亮度级 $i$ 为起始点,出现亮度级 $j$ 的概率。一般需要在不同的 $d,\theta$ 下计算。图 3-20 给出了一个共生矩阵计算的例子,其中(a)为原始图像的亮度值,(b)为从左到右方向上的共生矩阵,$\theta=0$,(c)为从左下到右上方向上的共生矩阵,$\theta=45$,(d)为从下到上方向共生矩阵,$\theta=90$,(e)为从右下到左上方向上的共生矩阵,$\theta=135$。相邻间隔 $d=1$。

共生矩阵包含了大量的遥感图像信息,根据共生矩阵可以定义大量的纹理指数,应用最广泛的有下列 4 个:

能量:$Energy = \sum_{i=0}^{N-1}\sum_{j=0}^{N-1}[P(i,j,d)]^2$ (3-80)

反差:$Contrast = \sum_{i=0}^{N-1}\sum_{j=0}^{N-1}(i-j)^2 P(i,j,d)$ (3-81)

熵:$Entropy = \sum_{i=0}^{N-1}\sum_{j=0}^{N-1}P(i,j,d)\log P(i,j,d)$ (3-82)

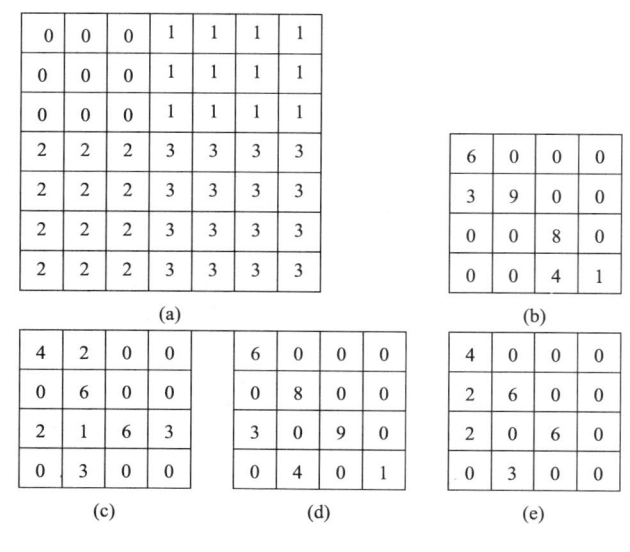

|   |   |   |   |   |   |   |
|---|---|---|---|---|---|---|
| 0 | 0 | 0 | 1 | 1 | 1 | 1 |
| 0 | 0 | 0 | 1 | 1 | 1 | 1 |
| 0 | 0 | 0 | 1 | 1 | 1 | 1 |
| 2 | 2 | 2 | 3 | 3 | 3 | 3 |
| 2 | 2 | 2 | 3 | 3 | 3 | 3 |
| 2 | 2 | 2 | 3 | 3 | 3 | 3 |
| 2 | 2 | 2 | 3 | 3 | 3 | 3 |

(a)

|   |   |   |   |
|---|---|---|---|
| 6 | 0 | 0 | 0 |
| 3 | 9 | 0 | 0 |
| 0 | 0 | 8 | 0 |
| 0 | 0 | 4 | 1 |

(b)

|   |   |   |   |
|---|---|---|---|
| 4 | 2 | 0 | 0 |
| 0 | 6 | 0 | 0 |
| 2 | 1 | 6 | 3 |
| 0 | 3 | 0 | 0 |

(c)

|   |   |   |   |
|---|---|---|---|
| 6 | 0 | 0 | 0 |
| 0 | 8 | 0 | 0 |
| 3 | 0 | 9 | 0 |
| 0 | 4 | 0 | 1 |

(d)

|   |   |   |   |
|---|---|---|---|
| 4 | 0 | 0 | 0 |
| 2 | 6 | 0 | 0 |
| 2 | 0 | 6 | 0 |
| 0 | 3 | 0 | 0 |

(e)

图 3-20 一个共生矩阵计算的例子

$$\text{局部一致性：}Homogeneity = \sum_{i=0}^{N-1}\sum_{j=0}^{N-1}\frac{P(i,j,d)}{1+(i-j)^2} \tag{3-83}$$

式中，$N$ 为共生矩阵的阶数；$i,j$ 为共生矩阵的坐标；$P$ 为 $(i,j)$ 处的共生矩阵数值。

对于高分辨率遥感图像，当用共生矩阵的纹理指数计算来提取阴影时，对所采用的方向性并不敏感，但对窗口大小敏感。有实验表明，当窗口大小为 3×3 像元，阴影提取的效果最好。基于图像纹理特征来检测阴影的方法，利用了阴影区和非阴影区像元亮度值突变的特点。这种阴影检测方法适用于边界明显的阴影，如建筑物阴影等，但对树和云产生的边界模糊的阴影效果并不理想。

**3. 色调特征法**

除了光谱特征和纹理特征，阴影区域的色调特征也可以被用于遥感图像的阴影检测。通过分析 Phong 光照模型可以发现，相对于非阴影区域，彩色图像上的阴影区域具有如下特性：(1)亮度值更低，这是因为阴影区域的直射太阳光线被阻挡；(2)饱和度更高，这是由于大气瑞利散射的影响使得阴影区域的散射光线主要来自波长更短的蓝紫色光；(3)色调值更大。具体方法如下：

首先对彩色图像进行 RGB 到 HSI 色彩空间变换。依据阴影区域的低亮度值和高饱和度特性，可对 S 分量和 I 分量采用差值 S－I、比值 S/I 或归一化差值(S－I)/

(S+I)的阈值来进行阴影区域检测。比较常用的是利用归一化差值来进行阴影检测。在归一化差值结果图上,阴影区域将比非阴影区域具有更大的像元值。通过对归一化差值结果图采用阈值分割的方法可得到大致的阴影区域,但图像上某些亮度值较高的地物,可能也有很高的饱和度,这样对归一化差值进行阈值处理的结果并不能将这类地物与阴影区别开来。为了消除这种误差,可以将I分量图和归一化差值图结合,采用双阈值来进行阴影检测,只有在归一化差值图上高于某一阈值,并在I分量图上低于某一阈值的区域才被检测为阴影区域。

上述给出了检测阴影区域的3种方法,每种方法都有各自的优缺点和适用范围。例如,纹理分析法适合检测建筑物阴影,而对云阴影的检测效果就比较差。在应用中应该根据需要选择合适的方法,有时也可以把不同方法结合在一起,以取得最佳检测效果。在得到了阴影检测的初步结果后,还需要进行阴影检测后处理。例如,统计独立阴影区域的面积,以便去除面积过小的阴影区,因为它很可能属于非阴影区域低亮度地物;对阴影区进行数学形态学的闭合处理,以消除阴影区域的空洞,这种空洞很可能是因为阴影区存在亮度较高的地物形成的。

## 3.5.2 阴影消除

常规的图像增强方法,例如直方图均衡化、同态滤波、归一化处理等,对改善图像的阴影都有一定的作用,但处理后的图像阴影仍然明显,并且这些方法在对信息补偿的同时,也改变了非阴影区的信息。消除阴影比较理想的方法是,尽量补偿阴影区辐射值的同时,不改变非阴影区的信息。下面从阴影产生的机理出发,探讨消除遥感图像阴影的方法。

传感器所接收到辐射 $L_t$ 主要由两大部分构成:地表辐射 $L_g$ 和程辐射 $L_p$。忽略大气与地表之间的多次散射,地表反射的贡献包括以下几个部分:

(1) 太阳光直接入射到地面并经地面直接反射到传感器的部分:
$$L_1 = e^{-\tau/\mu_v} \rho_s e^{-\tau/\mu_s} \tag{3-84}$$

(2) 太阳光经大气散射到达地面并经地面直接反射到传感器的部分:
$$L_2 = t_d(\mu_s) \bar{\rho} e^{-\tau/\mu_v} \tag{3-85}$$

(3) 太阳光直接入射到达地面,并经地面反射和大气散射到传感器的部分:
$$L_3 = e^{-\tau/\mu_s} \bar{\rho}' t_d(\mu_v) \tag{3-86}$$

(4) 太阳光经大气散射到达地面,并经地面反射和大气散射到传感器的部分:
$$L_4 = t_d(\mu_v) \bar{\bar{\rho}} t_d(\mu_s) \tag{3-87}$$

式中,$\rho_s$ 为地面反射率;$\mu_s$ 为太阳天顶角的余弦;$\mu_v$ 为传感器天顶角的余弦;$e^{-\tau/\mu_s}$ 和 $t_d(\mu_s)$ 分别为到达地面的太阳直射光和经大气散射光到达地面的大气透射率;$e^{-\tau/\mu_v}$

和 $t_d(\mu_v)$ 分别为观测方向地面反射直达传感器和经过大气散射光到达传感器的大气透射率；$\tau$ 为大气衰减系数；$\bar{\rho}$、$\bar{\rho}'$ 和 $\bar{\bar{\rho}}$ 分别为大气散射到地面的半球反射率、经地面散射到大气的地面半球反射率和经大气和地面两次散射后的地面半球反射率。

地表辐射贡献可以分为两个部分，由太阳光直射产生的地表反射（即太阳光直射部分 $L_1$ 和 $L_3$）和太阳光经大气散射后所产生的地表反射（即太阳光散射部分 $L_2$ 和 $L_4$）。在遥感图像上的阴影区域，由于得不到太阳光的直接照射，$L_1$ 和 $L_3$ 为零。对阴影区域，传感器实际接收的总辐射值可以表示为：

$$L'_t = L_p + L_2 + L_4 \tag{3-88}$$

式中，$L'_t$ 为阴影区传感器接收到的总辐射值。阴影消除目的就是在阴影区域对直射太阳光部分（$L_1$ 和 $L_3$）进行辐射补偿。那么，能不能根据已知的遥感图像推算出 $L_1$ 和 $L_3$ 呢？

在式（3-88）中，程辐射 $L_p$ 可以通过 6S 和 MODTRAN 等大气辐射传输模型进行估算，$L'_t$ 可以根据图像 DN 值换算得到，因此，对阴影区域，太阳光经大气散射后所产生的地表反射（$L_2 + L_4$）可以通过下式计算：

$$L_2 + L_4 = L'_t - L_p \tag{3-89}$$

因此，对遥感图像中的阴影区域来说，太阳光散射部分的地表贡献可以作为已知。把未知的太阳光直射部分的地表贡献与太阳光散射部分相除，把式（3-84）、（3-85）、（3-86）、（3-87）代入，则有：

$$\frac{L_1 + L_3}{L_2 + L_4} = \frac{e^{-\tau/\mu_v}\rho_s e^{-\tau/\mu_s} + e^{-\tau/\mu_s}\bar{\rho}' t_d(\mu_v)}{t_d(\mu_s)\bar{\rho} e^{-\tau/\mu_v} + t_d(\mu_v)\bar{\bar{\rho}} t_d(\mu_s)} \tag{3-90}$$

假设地表为均一的朗伯体，则有：

$$\rho_s = \bar{\rho} = \bar{\rho}' = \bar{\bar{\rho}} \tag{3-91}$$

因此，式（3-90）可以简化为：

$$\frac{L_1 + L_3}{L_2 + L_4} = \frac{e^{-\tau/\mu_s}}{t_d(\mu_s)} \tag{3-92}$$

从式（3-92）可以看出，在传感器接收的总辐射量中，地表反射贡献的太阳直射部分与太阳光散射部分的比值，等于到达地面的太阳直射光和经大气散射光到达地面的大气透射率的比值。这一点可以这样理解，在地物目标不变的情况下，不管它是否受其他物体的遮挡，由于总的太阳辐射不变，大气透射率的大小直接决定到达地面的太阳辐射的大小，进而决定地表反射的辐射量的大小。与程辐射一样，直射光和散射光的大气透射率也可以通过 6S、MODTRAN 等大气辐射传输模型进行估算，这说明地表辐射贡献中，未知的直射光部分可以根据已知的散射光部分进行计算，这对消除阴影非常关键。

因此，经过阴影辐射补偿后，传感器接收的总辐射亮度表示为：

$$L_t = L'_t + L_1 + L_3 = L'_t + (L_2 + L_4)\frac{L_1 + L_3}{L_2 + L_4} = L'_t + (L'_t - L_p)\frac{e^{-\tau/\mu_s}}{t_d(\mu_s)} \quad (3\text{-}93)$$

式中，$L_t$ 为经过辐射补偿的阴影区域总辐射量，根据 DN 值换算得到。至此，完成了阴影区的辐射补偿，即消除了遥感图像中的阴影。

式(3-93)中 $L_t$、$L'_t$ 和 $L_p$ 为辐射值，设其遥感图像的 DN 值分别为 $DN_t$、$DN'_t$ 和 $DN_p$，$a,b$ 为增益量(Gain)和偏移量(Offset)，则有：

$$a \times DN_t + b = [a \times DN'_t + b] + [(a \times DN'_t + b) - (a \times DN_p + b)]\frac{e^{-\tau/\mu_s}}{t_d(\mu_s)} \quad (3\text{-}94)$$

简化得：

$$DN_t = DN'_t + (DN'_t - DN_p)\frac{e^{-\tau/\mu_s}}{t_d(\mu_s)} \quad (3\text{-}95)$$

简化后的阴影消除公式，可以直接使用遥感图像的 DN 值。

遥感图像经过阴影消除的过程之后，由于一个像元具有一定的实际地面面积，处于阴影区域边界的像元和处于非阴影区域边界的像元，既有阴影部分，又有非阴影部分，而且由于环境反射光的差异，阴影去除后，形成阴影边界的亮边缘和非阴影边界的暗边缘。对云阴影这类边界模糊的阴影，经过补偿处理之后会在云阴影边界产生亮度值突变。为了消除这些边界效应，沿阴影边界进行一次中值滤波处理，从而使亮度补偿后的阴影区域向非阴影区域平滑过渡。

在绝大多数的遥感应用中，阴影都是不利因素，需要进行阴影消除来提高遥感图像的可用性。但遥感图像中的阴影并不都是令人讨厌的干扰，有时它可以提供有用的信息。例如，可以利用高分辨率图像的建筑物阴影来计算建筑物的高度，或利用阴影区地表辐射低的特点来估算气溶胶等大气参数。

## 参 考 文 献

[1] Acharya P. K., Berk A., Bernstein L. S., et al. *MODTRAN User's Manual* Versions 3.7 and 4.0. Air Force Geophysic Laboratory. Hanscom, USA, 1998.

[2] Gilabert M. A., Conese C. and Maselli F. An atmospheric correction method for the automatic retrieval of surface reflectances from TM images. *International Journal of Remote Sensing*, 1994, 15(10): 2065-2086.

[3] Gueymard C. Simple Model for the Atmospheric Radiative Transfer of Sunshine(SMARTS2) Algorithms and performance assessment. *Florida Solar Energy Center*, 1995.

[4] Jensen J. R. 陈晓玲等译. 遥感数字影像处理导论. 北京：机械工业出版社, 2007.

[5] Kaufman Y. J. and Sendra C. Algorithm for automatic atmospheric correction to visible and near-IR satellite imagery. *International Journal of Remote Sensing*, 1988, 9: 1357-1381.

[6] Kaufman Y. J., Fraser R. S. and Ferrare R. A. Satellite remote sensing of large scale air pollution-meth-

od. *Journal of Geophysical Research*, 1995, 95:9895-9909.

[7] Lillesand T. M., Kiefer R. W. 彭望琭等译. 遥感与图像解译. 北京:电子工业出版社,2003.

[8] Vermote E. F., Tanrè D., Deuzè J. L., et al. Second Simulation of the Satellite Signal in the Solar Spectrum (6S): User Guide (version 2). University of Maryland/Laboratoire d'Optique Atmosphèrique/European Centre for Medium Range Weather Forecast, 1997.

[9] Zhang M., Carder K. L., Muller-Karger F. E., et al.. Noise reduction and atmospheric correction for coastal applications of Landsat Thematic Mapper imagery. *Remote Sensing of Environment*, 1999, 70:167-180.

[10] 陈奋,赵忠明,杨健,闫冬梅. 高分辨率遥感影像中的云阴影去除. 计算机工程与应用,2005,35:180-182.

[11] 陈述. 遥感技术与遥感数字图像分析处理方法、解译制图及其综合应用实务全书. 银川:宁夏大地音像出版社,2005.

[12] 冯学智,王结臣,周卫等. "3S"技术与集成. 北京:商务印书馆,2007.

[13] 郭德方. 遥感图像的计算机处理和模式识别. 北京:电子工业出版社,1987.

[14] 虢建宏,田庆久,吴昀昭. 遥感影像阴影多波段检测与去除理论模型研究. 遥感学报,2006,10(2):151-159.

[15] 李艳霞,闫冬梅,徐素妍等. 基于彩色空间多特征的高空间分辨率遥感影像阴影检测. 装备指挥技术学院学报,2007,18(3):94-98.

[16] 孙家抦. 遥感原理与应用. 武汉:武汉大学出版社,2002.

[17] 韦玉春,汤国安,杨昕等. 遥感数字图像处理教程. 北京:科学出版社,2007.

[18] 谢军飞,李延明. 利用IKONOS卫星图像阴影提取城市建筑物高度信息. 国土资源遥感,2004,4:4-6.

[19] 许妙忠,余志惠. 高分辨率卫星影像中阴影的自动提取与处理. 测绘信息与工程,2003,28(1):20-22.

[20] 杨俊,赵忠明,杨健. 一种高分辨率遥感影像阴影去除方法. 武汉大学学报·信息科学版,2008,33(1):17-20.

[21] 朱述龙,张占睦. 遥感图像获取与分析. 北京:科学出版社,2000.

# 第四章 遥感图像的增强处理

遥感图像的增强处理主要是指对遥感图像成像过程中所造成的某些信息衰减或降质图像所作的一些间接的恢复或补偿处理,其目的主要在于提高解像力。遥感图像增强的方法根据处理空间的不同,可分为空间域增强和频率域增强两种类型。空间域增强是通过改变像元的亮度值来增强图像。若每次改变单个像元的亮度值,其结果与邻域像元无关,称此种增强处理为点处理;若每次根据一个像元周围的各个像元亮度值来修改该像元的亮度值,称此种增强处理为邻域处理或模板处理。频率域增强则是先对图像进行傅立叶变换,对变换后获得的频谱图像进行相应处理,对处理后的频谱图像反变换后即可获得增强后的图像,从而来增强图像。

本章从对比度增强、空域滤波、频域滤波和波谱增强四个方面来介绍常用的遥感图像增强方法。

## §4.1 对比度增强

遥感器记录来自地球表面物质的反射和发射辐射能量。理想情况下,不同物质的不同波长反射能量有较大差别,使得遥感器记录的地物间存在对比度,可以较好地进行遥感图像信息的分析及解译。然而实际中多数遥感图像的对比度较低,不便于进一步的分析处理。造成遥感图像对比度低的原因概括起来有两个方面,一是不同地物经常在可见光、近红外和中红外具有相似的辐射能量,当图像中具有相似辐射强度的地物比较集中时,会导致图像的低对比度;另一方面,为记录地表各种物质的辐射能量,遥感器具有记录较大辐射能量(或亮度值)的能力,然而实际的遥感图像并不能充分利用遥感器的全部记录范围,遥感图像中记录的地物亮度值往往局限于比较小的亮度范围内,不能达到其全部亮度值范围,导致图像显示时的低对比度。

低对比度的图像地物间对比性差,细节难以显现,地物目标难以辨认,因此需要进行对比度增强处理。遥感图像对比度增强又称反差增强或灰度拉伸,主要是根据图像特点和处理目的,将图像中的亮度范围拉伸或压缩成指定的显示范围,从而突出图像像元之间的对比度,提高图像的可解译性。

遥感图像对比度增强方法可分为线性变换和非线性变换两种方法,非线性变换又可分为非线性函数变换和直方图调整。

### 4.1.1 线性变换

线性变换是将图像亮度值范围按线性关系式扩展至指定范围,实质上就是通过改变像元的亮度值来拓展亮度级的范围,从而提高图像的对比度。根据线性关系式的不同,线性变换又可分为按比例线性变换和分段线性变换。

**1. 按比例线性变换**

假设原图像 $f(i,j)$ 的对比度较差,亮度值区间为 $[a,b]$;经线性变换后获得增强后图像 $g(i,j)$,其亮度值范围扩展为 $[a',b']$,一般要求 $a'<a,b'>b$。线性变换过程可由式(4-1)来表示,可以看出变换方程为一直线:

$$\frac{g(i,j)-a'}{b'-a'}=\frac{f(i,j)-a}{b-a} \tag{4-1}$$

上式也可化简为:

$$g(i,j)=\frac{b'-a'}{b-a}[f(i,j)-a]+a' \tag{4-2}$$

进行变换时,只需将原始图像中每个像元的亮度值代入(4-2)式,用得到的新值代替原始值便可得到增强后的新图像。一般情况下 $a'$ 和 $b'$ 分别取输出范围的最小和最大亮度值,如 0 和 255,此种情况下的拉伸称为最小—最大值对比度拉伸。但当最大值或最小值偏离大部分像元的亮度值太远,则这种线性变换的效果就不会很好。因此有时也会根据原始图像亮度直方图均值附近,某个像元百分比范围的最大值和最小值来代替式中的 $b$ 和 $a$ 值,此种变换即为线性百分比对比度拉伸。

图像线性变换后的效果与直线方程密切相关,调整 $a,b,a'$ 和 $b'$ 四个参数即可改变直线方程,从而得到不同的变换效果。四个参数决定着直线的斜率,当 $b'-a'>b-a$ 时,即斜率大于 1,图像被拉伸,图像亮度值范围扩大,对比度增强;当 $b'-a'<b-a$ 时,即斜率小于 1,图像被压缩,图像亮度值范围缩小,对比度减小。

**2. 分段线性变换**

上述的按比例线性变换适合于直方图为正态分布或接近正态分布,图像亮度值比较集中,只有一个峰值的图像。当图像直方图不符合正态分布,即为多于一个峰时,可以使用分段线性变换。分段线性变换就是将原图像亮度值划分为几段,将每段亮度值拉伸到指定的亮度范围。通常采用的是三段线性变换,若用 $a,b,m$ 表示原始图像亮度值,用 $a'$,$b'$,$m'$ 表示变换后对应的亮度值,此六个值即确定了扩展的三个亮度区间,可以通过调节六个参数的数值来完成不同效果的增强处理。其分段线性变换表达式为:

$$g(i,j) = \begin{cases} \dfrac{a'}{a}f(i,j) & 0 \leqslant f(i,j) < a \\ \dfrac{b'-a'}{b-a}[f(i,j)-a]+a' & a \leqslant f(i,j) < b \\ \dfrac{m'-b'}{m-b}[f(i,j)-b]+b' & b \leqslant f(i,j) \leqslant m \end{cases} \quad (4\text{-}3)$$

实际应用中,需要在分析原图像直方图的基础上,结合增强的目的首先确定分段线性增强的段数。段数确定后,则需要确定每一段的亮度值区间和线性变换后的亮度值区间,从而确定分段线性变换的表达式,进行图像增强。要用好分段线性变换进行图像增强,必须熟悉直方图峰值和现实地物间的对应关系。但需要注意的一点是,经该变换增强后的图像很少用于进一步的图像分类。

## 4.1.2 非线性变换

上述的按比例线性变换或分段线性变换,都可对图像的一定亮度区间进行等比例地变换亮度值。在遥感图像处理应用中发现,用非线性函数关系扩展原图像的亮度值范围,即以不等比例的关系扩展亮度值范围,常能产生更好的增强效果。

非线性变换的方法较多,可概括为非线性函数变换和直方图调整。由于直方图调整的方法较为常用,为此在下一小节进行介绍,本小节只介绍非线性函数变换方法中常用的对数变换和指数变换。

**1. 对数变换**

对数变换的数学表达式为:

$$g(i,j) = b\log[af(i,j)+1]+c \quad (4\text{-}4)$$

式中 $g(i,j)$ 为变换后的图像亮度值,$f(i,j)$ 为原图像亮度值,$a,b,c$ 是调整变换曲线位置和形态的参数,以实现不同的增强效果。

从对数变换公式可以看出,对数变换可扩展低亮度区,即图像上较暗区域,同时压缩高亮度区域的对比度。经对数变换增强后的图像,较暗区域图像层次增多,隐伏于暗区的地物显现,地物间对比度增强。因此对数变换常用于突出暗区地物目标,如阴影区内的目标。

**2. 指数变换**

指数变换的数学表达式为:

$$g(i,j) = be^{af(i,j)} + c \tag{4-5}$$

指数变换的增强效果正好与对数变换相反,能扩展高亮度区,而压缩暗区。若地物目标主要分布在亮区,或目标本身比较亮时,可采用指数变换进行增强。

### 4.1.3 直方图调整

直方图是图像每一亮度间隔内像元频数的统计,每幅图像均可做出其直方图。通过观察直方图的形态,可粗略地分析图像的质量。若图像的直方图接近正态分布(图 4-1(a)),则说明图像中像元的亮度接近随机分布,图像适合用统计的方法进行分析;若图像直方图的峰值偏向亮度值小的一侧(图 4-1(b)),则说明图像偏暗;若图像直方图的峰值偏向亮度值大的一侧(图 4-1(c)),则说明图像偏亮;若图像直方图的峰值变化过快(图 4-1(d)),则说明图像的亮度值过于集中。后 3 种情况均是图像对比度小,图像质量差的反映。为提高图像的对比度,可通过改善图像像元亮度值出现的比例关系,从而改造图像直方图的方法来实现。常用的直方图调整方法有直方图均衡化和直方图匹配。

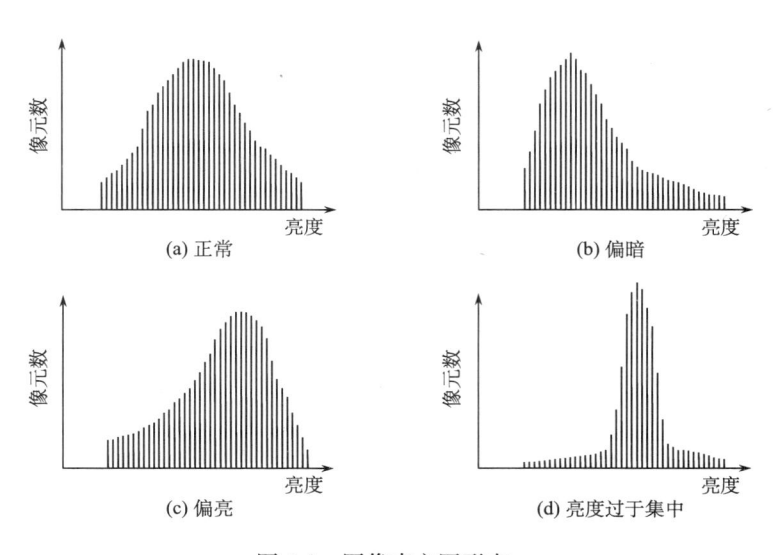

图 4-1 图像直方图形态

**1. 直方图均衡化**

直方图均衡化是将原图像的直方图,经过某种变换,变成一幅具有近似均匀直方图的图像。直方图均衡化使得原图像直方图上亮度值分布密集的部分被拉伸,较稀疏的部分被压缩,从而使图像的对比度得到了增强。下面先讨论连续函数的情况,然后推广到离散的数字图像上。

设 $r$ 为原图像归一化处理后的亮度值,取值范围为 $0 \leqslant r \leqslant 1$,$s$ 为新图像归一化后的亮度值,取值范围为 $0 \leqslant s \leqslant L$;$p_r(r)$ 为原图像亮度分布的概率密度函数,$p_s(s)$ 为新图像亮度分布的概率密度函数。在原图像直方图中取一小亮度值范围 $\Delta r$,经变换后对应于新图像直方图的 $\Delta s$,显然 $\Delta r$ 和 $\Delta s$ 区间所具有的像元数相等,可表达为:

$$\Delta r p_r(r) = \Delta s p_s(s) \tag{4-6}$$

当 $\Delta r \to 0, \Delta s \to 0$ 时,

$$p_s(s) = p_r(r) \frac{\mathrm{d}r}{\mathrm{d}s} \tag{4-7}$$

在直方图均衡化后 $p_s(s)=1/L$,归一化时 $L=1$,则 $p_s(s)=1$。上式可化简为:

$$\mathrm{d}s = p_r(r) \mathrm{d}r \tag{4-8}$$

两边积分得:

$$s = \int_0^r p_r(r) \mathrm{d}r \tag{4-9}$$

式(4-9)即为原图像亮度值 $r$ 到均衡化后图像亮度值 $s$ 的变换函数,即为原图像归一化后的累积密度函数。若原图像未进行归一化处理,图像灰度级(亮度级)为 $L$,则变换函数公式变为:

$$s = (L-1) \cdot \int_0^r p_r(r) \mathrm{d}r \tag{4-10}$$

将式(4-10)推广到离散情况。设一幅图像总像元数为 $n$,亮度级为 $L$,$n_k$ 表示第 $k$ 亮度级 $r_k$ 出现的频数,则第 $k$ 亮度级出现的概率为:

$$p_r(r_k) = \frac{n_k}{n} \quad (k=0,1,\cdots,L-1) \tag{4-11}$$

则变换函数可表示为:

$$S_k = (L-1) \sum_{j=0}^{k} p_r(r_j) = (L-1) \sum_{j=0}^{k} \frac{n_j}{n} \quad (k=0,1,\cdots,L-1) \tag{4-12}$$

下面用一个例子来说明直方图均衡化的过程。设一幅图像由 64 行和 64 列(4 096个像元)组成,有 8 个亮度级,各亮度级频数见表 4-1 频数列,该图像的直方图见图 4-2(a)。此幅图像的直方图均衡化过程可由以下步骤完成:(1)统计图像中每一亮度级的像元数,即亮度级的频数;(2)计算各亮度级的频率和累积频率;(3)根据式(4-12)计算直方图均衡变换后的新值,并对其四舍五入取整,获得新亮度级;(4)用新亮度值代替原亮度值,形成均衡化后的图像,上述计算过程见表 4-1。

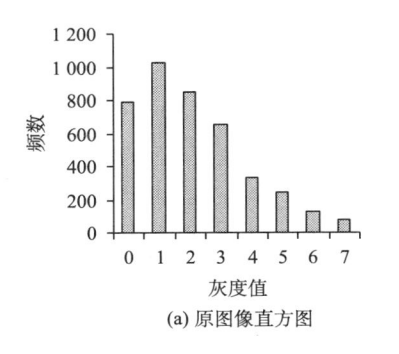

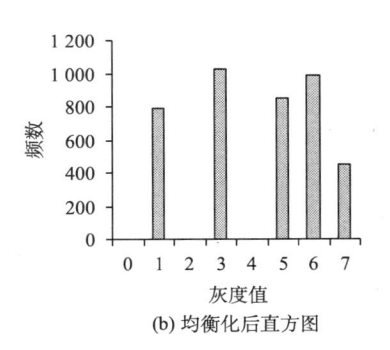

图 4-2 直方图均衡化

表 4-1 直方图均衡化计算实例

| 原亮度级 $k$ | 频数 $n_k$ | 频率=$n_k/n$ | 累积频率 $P$ | 变换后值 $S_k=(L-1)\times P$ | 新亮度级 | 新频数 |
|---|---|---|---|---|---|---|
| 0 | 790 | 0.19 | 0.19 | 1.33 | 1 | 790 |
| 1 | 1 023 | 0.25 | 0.44 | 3.08 | 3 | 1 023 |
| 2 | 850 | 0.21 | 0.65 | 4.55 | 5 | 850 |
| 3 | 656 | 0.16 | 0.81 | 5.67 | 6 | 985 |
| 4 | 329 | 0.08 | 0.89 | 6.23 | 6 | |
| 5 | 245 | 0.06 | 0.95 | 6.65 | 7 | 448 |
| 6 | 122 | 0.03 | 0.98 | 6.86 | 7 | |
| 7 | 81 | 0.02 | 1 | 1 | 7 | |

根据原图像像元统计值计算出新亮度级的频数，做出均衡化后图像的直方图，见图 4-2(b)。从图 4-2(b)可以看出均衡化后的直方图并不是理论上的完全平直的直方图，这主要是由于在离散情况下，只能使各亮度级出现的频率近似相等。从直方图均衡化前后的直方图对比可以看出：一方面，直方图均衡后，直方图确实比原来的直方图平坦得多；另一方面，原图像上频数小的亮度级被合并，频数大的亮度级被拉伸，即原图像中一些亮度值不同的像元经直方图均衡处理后，值变得相同了，其他一些亮度值很接近的亮度值则被拉开，从而增加了它们之间的对比度。值得注意的是，虽然直方图均衡化处理可以提高图像细节的可视化效果，但同时也改变了亮度值和遥感图像结构的关系。因此，不宜从直方图均衡化处理后的图像中提取纹理信息或生物信息。

## 2. 直方图匹配

直方图匹配是指将一幅图像的直方图变成指定形状的直方图,从而对原始图像进行增强处理的一种方法。指定的直方图可以是一幅参考图像的直方图,也可以是特定函数形式的直方图。

直方图匹配的过程是对原始图像和参考图像的直方图都做均衡化,变成相同的均匀直方图,以均匀直方图为媒介,再以参考图像的均衡化变换函数对原始图像做均衡化的逆运算,使原始图像的直方图和参考图像的直方图近似。

下面从连续函数的角度来分析直方图匹配方法。设 $p_r(r)$ 为原图像亮度分布的概率密度函数,$T(r)$ 为原图像直方图均衡化的变换函数,$p_m(m)$ 为参考图像亮度分布的概率密度函数,$G(m)$ 为参考图像直方图均衡化的变换函数。首先对原始图像进行直方图均衡化处理:

$$s = T(r) = \int_0^r p_r(r) \mathrm{d}r \qquad (4\text{-}13)$$

对参考图像也做直方图均衡化处理:

$$v = G(m) = \int_0^m p_m(m) \mathrm{d}m \qquad (4\text{-}14)$$

由于对原始图像和参考图像均做了直方图均衡化处理,因此 $p_s(s)$ 和 $p_v(v)$ 具有相同的概率密度。若想得到直方图匹配后的亮度级 $m$,应对函数 $v$ 求逆运算,即:

$$m = G^{-1}(v) = G^{-1}(s) = G^{-1}(T(r)) \qquad (4\text{-}15)$$

式(4-15)即为直方图匹配的变换函数。可以看出,在连续函数的情况下,涉及求反变换函数的问题,一般情况下较为困难。在数字图像处理时,通常是以均衡化的变换函数为桥梁,建立原始图像亮度级和匹配后亮度级间的映射来绕过这个问题。

下面通过实例来说明直方图匹配的过程。原始图像仍采用直方图均衡化时的图像,并进行了归一化处理,参考图像此处直接给出其直方图,见图 4-3(a),对应的亮度级频率见表 4-2。直方图匹配的过程如下:(1)统计原图像亮度级的频数,计算频率和累积频率,从而对原图像进行直方图均衡化处理;(2)统计参考图像的频数,计算频率(此处已给出)和累积频率,对参考图像进行直方图均衡化处理;(3)对原图像每一亮度级的累积频率(即归一化后原图像直方图均衡化后图像的亮度级),在参考图像的累积频率(即归一化后参考图像直方图均衡化后图像的亮度级)中找到对应的近似值,从而找到参考图像中对应的亮度级,即为直方图匹配后的新亮度级,上述计算过程见表 4-2。

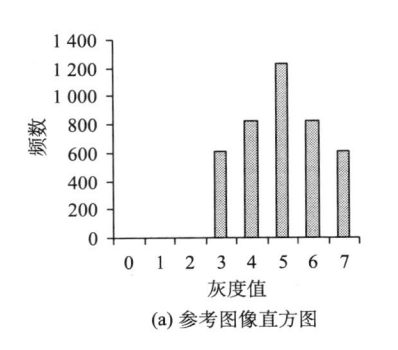

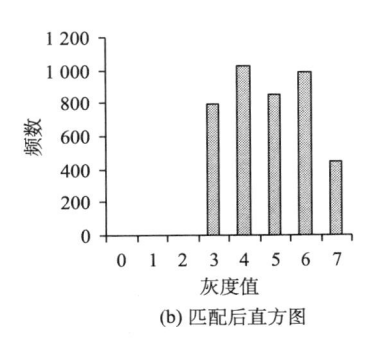

(a) 参考图像直方图　　(b) 匹配后直方图

图 4-3　直方图匹配

表 4-2　直方图匹配计算实例

| 原亮度级 $k$ | 频数 $n_k$ | 频率$=n_k/n$ | 累积频率 $P$ | 参考图像的频率 | 参考图像的累积频率 | 匹配后亮度级 | 匹配后的频数 |
|---|---|---|---|---|---|---|---|
| 0 | 790 | 0.19 | 0.19 | 0.00 | 0.00 | 3/7 | 790 |
| 1/7 | 1 023 | 0.25 | 0.44 | 0.00 | 0.00 | 4/7 | 1 023 |
| 2/7 | 850 | 0.21 | 0.65 | 0.00 | 0.00 | 5/7 | 850 |
| 3/7 | 656 | 0.16 | 0.81 | 0.15 | 0.15 | 6/7 | 985 |
| 4/7 | 329 | 0.08 | 0.89 | 0.20 | 0.35 | 6/7 | |
| 5/7 | 245 | 0.06 | 0.95 | 0.30 | 0.65 | 1 | 448 |
| 6/7 | 122 | 0.03 | 0.98 | 0.20 | 0.85 | 1 | |
| 1 | 81 | 0.02 | 1 | 0.15 | 1 | 1 | |

根据原图像像元统计值统计出新亮度级的频数，作出直方图匹配后图像的直方图，见图 4-3(b)。可以看出直方图匹配后的直方图只是近似的接近参考图像的直方图，而非完全相同。

直方图匹配经常作为图像镶嵌或应用遥感图像进行动态变化研究的预处理工作，通过直方图匹配可以部分消除由于太阳高度角或大气影响造成的相邻图像的色调差异。

## §4.2　空域滤波

前面所述的对比度增强处理是通过改变单个像元亮度值，从而在整体上改善图像质量的方法，但不能解决由于遥感系统成像过程中可能产生的"模糊"作用，而导致的遥感图像上的线性地物、纹理与地物边缘等信息显示不清晰的问题。要解决此问题,需要分析、比较和调整像元与周围相邻像元的对比度关系来增强图像,也就是说要采用空域滤波的方法。空域滤波在方法上强调像元与周围像元间的关系,采用空间域中邻域处理的方法,使处理像元及周围像元均参与图像的处理过程。

## 4.2.1 空域滤波基础

**1. 图像信息的频率特征**

遥感图像的空间频率特征是其特征之一,空间频率定义为图像中任一特定部分单位距离内亮度值的变化数量。从图像的平滑或粗糙程度来看,如果一幅图像中给定区域的亮度值变化很少,如水体、大面积的农田、人工草地等,称该区域为低频区域,图像较为平滑;如果一幅图像中给定区域的亮度值变化剧烈,如建筑物密集区,称该区域为高频区域,图像较为粗糙;介于两者之间的则是中频区域。从图像信息的空间频率构成角度看,任一幅图像信息都可由低频信息、中频信息和高频信息组成。高频信息是图像"形"的表征,主要对应地物的轮廓和主体结构信息,如边缘、纹理等细节信息。低频信息则是图像"色"的表征,主要对应地物的变化特征和结构内容,是图像的背景信息。介于两者之间的则是中频信息,三者之间并没有明确的分界线。需要说明的是,前述的低频区域并不是只有低频信息,而是低中高频信息均有,只是低频信息相对较多而已;同样,高频区域也有低中频信息,只是高频信息较为突出而已。

图像信息是由不同空间频率的信息组成,那么就可以通过增强或抑制图像中某些空间频率信息来实现图像的增强。滤波就是对空间频率信息的一种筛选技术,图像滤波增强处理实质上就是运用滤波技术增强图像的某些空间频率特征,以改善目标地物与邻域或背景间的对比度关系。因此,若增强高频信息抑制低频信息,则突出像元亮度值变化较快的边缘、线条和纹理等细节;相反,若增强低频信息,则平滑图像的细节特征,突出均匀连片的主体图像。

图像滤波增强分空间域滤波和频率域滤波两种,通常简称为空域滤波和频域滤波。空域滤波是在图像空间内进行邻域处理,使用空间二维卷积的方法,主要通过卷积模板来实现,其运算简单,易于实现,但增强容易过度,使结果图像有不协调的感觉。频域滤波则是首先用傅立叶变换把图像分离成空间频率组分,然后通过强调或抑制特定的空间频率来实现,其计算量大,但比较直观,图像视觉效果好。本节将介绍空域滤波的相关内容,下一节讨论频域滤波的内容。

**2. 邻域处理**

空间频率描述了空间区域亮度值的变化特征,通过查看局部或邻近像元的亮度值,而不仅仅是某个独立像元的亮度值,可以提取有用的空间频率信息,这种处理方法即是空域滤波的邻域处理方法。对于图像中的任一像元$(i,j)$,把像元的集合$\{i+p,j+q\}$($p,q$为非零整数)称为该像元的邻域,常用的邻域为 4-邻域和 8-邻域,如图 4-4 所示。

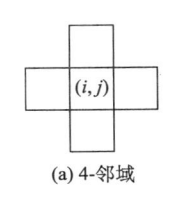

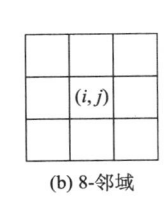

(a) 4-邻域　　(b) 8-邻域

图 4-4　像元的邻域

邻域处理就是在对图像进行处理时,某一像元$(i,j)$处理后的值$g(i,j)$(表示处理输出图像像元亮度值,下同)由处理前该像元及其邻域的像元值$N(i,j)$确定,邻域处理的表达式为:

$$g(i,j) = \varphi[N(i,j)] \tag{4-16}$$

式中$\varphi$为某种运算处理的函数。

**3. 空间卷积**

空间卷积是在空间域上对图像进行邻域处理,是空域滤波的主要方法。进行空间卷积运算需要确定一个卷积函数,通常称为模板,或称为滤波器、核或窗口。模板实际上是一个$M \times N$的小图像,常用的模板大小是$3 \times 3$、$5 \times 5$、$7 \times 7$和$9 \times 9$。需要注意的是,模板图像中的值是系数值或权重值,而不是亮度值或灰度值。

空间卷积运算的过程是,首先选定模板$w(m,n)$,然后从原图像的左上角开始取一个与模板同样大小的窗口$f(m,n)$,把模板放在窗口图像上,计算两者之间对应的各像元值乘积并求和,计算结果$g(i,j)$作为该窗口中心位置像元的新亮度值。模板运算公式为:

$$g(i,j) = \sum_{m=1}^{M} \sum_{n=1}^{N} f(m,n) w(m,n) \tag{4-17}$$

然后把窗口移动一个像元,用模板做同样的运算,如此逐行逐列依次计算,直到全幅图像扫描完成,生成一幅新的图像,模板移动过程如图 4-5。由于新的亮度值位于窗口的中心,所以表示模板的大小$M$和$N$一般取奇数,而且二者常常相等。从空间卷积的过程可以看出,空间卷积对一幅图像的影响直接取决于模板的大小和其对应的系数值,即模板是决定卷积滤波效果的主要因素。

在实际应用中,经常使图像窗口与模板像元的亮度值对应相乘后再相加,相加的总和再除以模板内所有值的和作为中心像元新的亮度值,模板运算公式为:

$$g(i,j) = \frac{\sum_{m=1}^{M} \sum_{n=1}^{N} f(m,n) w(m,n)}{\sum_{m=1}^{M} \sum_{n=1}^{N} w(m,n)} \tag{4-18}$$

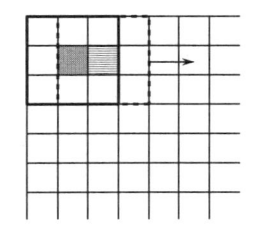

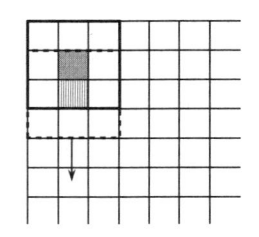

图 4-5　模板移动示意图

从图 4-5 可以看出，模板的大小为 3×3，当从图像的左上角开始运算时，第一行和第一列的像元无法进行模板计算；相应的当模板中心移动到距离图像右边界或下边界一个像元时也会出现相同的情况。这样使得新图像比原图像左右少一列，上下少一行；若模板为 $n \times n$，则少 $(n-1)/2$ 行和列。若要保持图像大小不变，可在图像边缘外补上 $(n-1)/2$ 行和列，所加像元的值可以和边缘像元值相同或全部为 0。

## 4.2.2　平滑滤波

平滑滤波是低频增强的空域滤波技术，常用于模糊处理和减少噪声。模糊处理经常用于预处理，主要目的是去除图像中的一些细节，突出地物目标主体。对于图像上的噪声点或亮度变化过大的区域，可用平滑滤波抑制噪声改善图像质量。平滑滤波常用的方法为均值平滑和中值滤波。

**1. 均值平滑**

均值平滑是将每个像元在以它为中心的邻域内取平均值，作为该像元的新亮度值。假定邻域的大小为 $M \times N$，则均值平滑的计算公式为：

$$g(i,j) = \frac{1}{MN} \sum_{m=1}^{M} \sum_{n=1}^{N} f(m,n) \tag{4-19}$$

具体做卷积运算时，若邻域大小为 3×3，则模板为：

$$w(m,n) = \begin{bmatrix} \frac{1}{9} & \frac{1}{9} & \frac{1}{9} \\ \frac{1}{9} & \frac{1}{9} & \frac{1}{9} \\ \frac{1}{9} & \frac{1}{9} & \frac{1}{9} \end{bmatrix} \tag{4-20}$$

均值平滑算法简单，计算速度快，可有效去除图像中的噪声。邻域的大小与平滑的效果直接相关，邻域越大平滑效果越好，但邻域过大，平滑会使边缘和细节信息损失越大,从而使输出的图像变得模糊,因此需合理的选择邻域的大小。

为保留图像的边缘和细节信息,减小平滑处理后的模糊,除合理选择邻域大小外,也可通过以下两种方法:

(1) 改变平滑模板:平滑模板可采用权重不等的加权模板,如:

$$w(m,n) = \begin{bmatrix} 0.25 & 0.50 & 0.25 \\ 0.50 & 1.00 & 0.50 \\ 0.25 & 0.50 & 0.25 \end{bmatrix} \tag{4-21}$$

$$w(m,n) = \begin{bmatrix} 1.00 & 1.00 & 1.00 \\ 1.00 & 2.00 & 1.00 \\ 1.00 & 1.00 & 1.00 \end{bmatrix} \tag{4-22}$$

(2) 改进均值滤波算法:引入阈值 $T$,将原图像亮度值 $f(i,j)$ 和平滑后亮度值 $g(i,j)$ 之差的绝对值与选定的阈值进行比较,根据比较结果决定平滑后的像元亮度值 $G(i,j)$。滤波算法表达式为:

$$G(i,j) = \begin{cases} g(i,j), & |f(i,j)-g(i,j)| > T \\ f(i,j), & |f(i,j)-g(i,j)| \leqslant T \end{cases} \tag{4-23}$$

### 2. 中值滤波

中值滤波是将以每个像元为中心的 $M \times N$ 邻域内的所有像元按亮度值大小排序,用中值作为中心像元滤波后的亮度值,以达到去除噪声和平滑图像的目的。中值滤波的计算方法与卷积方法类似,仍采用活动窗口的扫描方法,一般窗口大小 $M \times N$,取奇数。

显然中值滤波是一种非线性滤波,其突出优点是在消除噪声的同时,还能防止边缘模糊。中值滤波与均值平滑的目的都是去除噪声和平滑图像,但两者之间又有区别。一般来说,当图像亮度为阶梯状变化时,中值滤波后阶梯保留,而均值平滑后阶梯消失,边缘模糊;对于突出亮点的噪声干扰图像,去除噪声后中值滤波对原图像的保留程度优于均值平滑。

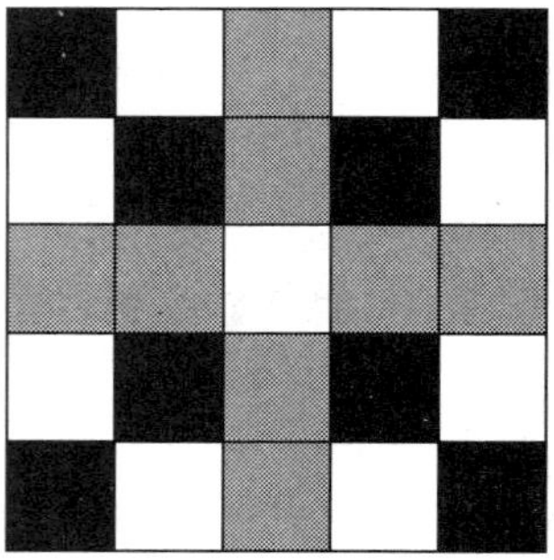

中值滤波虽然具有如上优点,但仍会擦除图像中窄于 1/2 邻域宽度的线,保边缘中值滤波方法可以用于解决该问题。该滤波方法采用图 4-6 所示的 5×5 窗口。首先计算黑色像元的中值,然后计算灰色像元的中值,最后将这两个中值和中心的原始亮度值按升序排列,选取中值为新的像元亮度值。

图 4-6 保边缘中值滤波器窗口

### 3. 其他方法

均值和中值滤波虽然比较常用,但一些其他的平滑滤波方法也非常有用。

奥林匹克滤波方法对简单的均值滤波进行了改进,它根据奥林匹克运动的记分系统而命名。该方法不用 3×3 模板中所有的 9 个像元取平均值,而是去掉最大和最小值后用剩余的值来求平均值,可用于去除大多数的孤立点噪声。

最大值或最小值滤波同中值滤波较为相似,不同之处在于后者是用窗口像元排序后的中值来代替中心像元的亮度值,而前者则是用最大值或最小值来代替。最大值滤波可以用于发现图像中的亮点,并消除图像的"胡椒"噪声;而最小值滤波可用于发现图像中的暗点,并消除"盐"噪声。

## 4.2.3 边缘增强

在许多遥感地学应用中,可以从图像中提取的最有价值的信息往往包含各种感兴趣地物的边缘。为了突出地物的边缘、线状目标或某些亮度变化率大的部分,可以采用边缘增强的方法。边缘增强可使图像上边缘与图像背景信息的反差提高,因此也称为锐化。前述的平滑滤波通过积分过程使得图像边缘模糊,边缘增强则是通过微分使图像边缘突出。由于边缘、线状目标或某些亮度变化率大的图像区域属于高频信息,因此边缘增强是对图像的高频信息进行的增强。

图像的微分运算是求像元值变化率的,具有加强高频分量的作用,从而使图像边缘突出、轮廓清晰。图像处理中常用的微分方法有梯度法、拉普拉斯算子法以及突出方向性的定向滤波方法。

### 1. 梯度法

梯度法是最常用的微分方法,是基于一阶微分的图像增强方法。对于函数 $f(x, y)$,在其坐标 $(x, y)$ 上的梯度定义为一个二维列向量:

$$\nabla f = \begin{bmatrix} G_x \\ G_y \end{bmatrix} = \begin{bmatrix} \frac{\partial f}{\partial x} \\ \frac{\partial f}{\partial y} \end{bmatrix} \tag{4-24}$$

梯度向量的模值为:

$$|\nabla f| = [G_x^2 + G_y^2]^{\frac{1}{2}} = \left[ \left(\frac{\partial f}{\partial x}\right)^2 + \left(\frac{\partial f}{\partial y}\right)^2 \right]^{\frac{1}{2}} \tag{4-25}$$

通常在数字图像处理中把梯度向量的模值称为梯度。当用式(4-25)计算整幅图像的梯度时,常用绝对值代替平方与平方根运算:

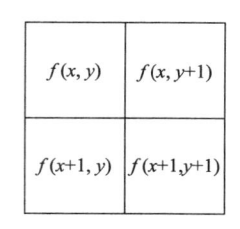

$$|\nabla f| \approx |G_x| + |G_y| \qquad (4\text{-}26)$$

对于数字图像一般用差分来近似上式中的偏导运算,如对于图 4-7 所示的图像窗口,梯度的计算如下:

$$\begin{cases} G_x = f(x,y) - f(x+1,y) \\ G_y = f(x,y) - f(x,y+1) \end{cases} \qquad (4\text{-}27)$$

图 4-7 梯度计算图像窗口示例

则:
$$|\nabla f| \approx |f(x,y) - f(x+1,y)| + |f(x,y) - f(x,y+1)| \quad (4\text{-}28)$$

从梯度的定义及实际数字图像处理时的计算可知,梯度反映了相邻像元之间亮度的变化率。图像中的边缘处亮度值变化较大,因此有较大的梯度值。相应地,在图像平滑处,亮度值变化缓慢,则梯度值较小。所以用计算的梯度值代替原像元值就突出了边缘,实现了边缘增强。下面介绍几种常用的方法。

1) Roberts 梯度

Roberts 梯度采用交叉差分的方法:

$$\begin{cases} G_x = f(x,y) - f(x+1,y+1) \\ G_y = f(x+1,y) - f(x,y+1) \end{cases} \qquad (4\text{-}29)$$

将计算的值代入式(4-26)获得梯度值,显然其对应的卷积模板有两个,即:

$$G_x = \begin{bmatrix} 1 & 0 \\ 0 & -1 \end{bmatrix}, \quad G_y = \begin{bmatrix} 0 & -1 \\ 1 & 0 \end{bmatrix} \qquad (4\text{-}30)$$

用 Roberts 梯度来增强图像的过程相当于在图像上开一个 2×2 大小的窗口,用模板 $G_x$ 作卷积运算后取绝对值加上模板 $G_y$ 计算后的绝对值,将计算的结果作为像元 $(x,y)$ 的梯度值,从而获得边缘增强后的图像。

2) Prewitt 和 Sobel 梯度

Roberts 梯度计算简单,但存在模板为偶数尺寸和考虑邻域像元少的缺点。为克服这些缺点,Prewitt 梯度较多的考虑邻域点的关系,将模板扩大为 3×3 的奇数模板,如图 4-8。

Prewitt 梯度模板如下:

$$G_x = \begin{bmatrix} -1 & -1 & -1 \\ 0 & 0 & 0 \\ 1 & 1 & 1 \end{bmatrix}, \quad G_y = \begin{bmatrix} -1 & 0 & 1 \\ -1 & 0 & 1 \\ -1 & 0 & 1 \end{bmatrix}$$

(4-31)

图 4-8 3×3 模板梯度计算图像窗口

为突出中心位置像元的作用达到平滑的目的，Sobel 梯度对 Prewitt 梯度模板进行了加权改进，其模板如下：

$$G_x = \begin{bmatrix} -1 & -2 & -1 \\ 0 & 0 & 0 \\ 1 & 2 & 1 \end{bmatrix}, \quad G_y = \begin{bmatrix} -1 & 0 & 1 \\ -2 & 0 & 2 \\ -1 & 0 & 1 \end{bmatrix} \tag{4-32}$$

Roberts 梯度和 Prewitt 梯度及 Sobel 梯度相比，前者提取的是边缘的一边，而后两者则是提取边缘的两边。而 Prewitt 梯度与 Sobel 梯度相比，前者计算较为简单，后者在噪声抑制方面具有优势。

### 2. 拉普拉斯算子法

拉普拉斯(Laplace)算子法是基于二阶微分的图像增强方法。一个二维图像函数 $f(x,y)$ 的拉普拉斯运算定义为：

$$\nabla^2 f = \frac{\partial^2 f}{\partial x^2} + \frac{\partial^2 f}{\partial y^2} \tag{4-33}$$

对于离散数字图像而言，二阶偏微分用二阶差分近似计算，即：

$$\begin{cases} \dfrac{\partial^2 f}{\partial x^2} = f(x+1,y) + f(x-1,y) - 2f(x,y) \\ \dfrac{\partial^2 f}{\partial y^2} = f(x,y+1) + f(x,y-1) - 2f(x,y) \end{cases} \tag{4-34}$$

则二维拉普拉斯算子的离散表达式为：

$$\nabla^2 f = f(x+1,y) + f(x-1,y) + f(x,y+1) + f(x,y-1) - 4f(x,y) \tag{4-35}$$

其对应的模板如下，即用中心像元的上下左右四个相邻像元的和减去该像元的 4 倍：

$$w(m,n) = \begin{bmatrix} 0 & 1 & 0 \\ 1 & -4 & 1 \\ 0 & 1 & 0 \end{bmatrix} \tag{4-36}$$

与前述的梯度法不同，拉普拉斯算子检测的是像元亮度变化率的变化率，因此不检测图像上均匀的亮度变化，产生的图像更加突出亮度值突变的位置。

若直接用拉普拉斯计算的结果生成新的图像，虽然突出了边缘，但原图像信息没有得到保留。为此，可用原图像的值减去模板运算结果的整数倍作为最终的边缘增强结果，即：

$$g(x,y) = f(x,y) - kl(x,y) \tag{4-37}$$

式中 $g(x,y)$ 为边缘增强后的图像，$f(x,y)$ 为原始图像，$l(x,y)$ 为拉普拉斯计算的结果，$k$ 为正整数。这样的计算结果保留了原图像作为背景，边缘处增加了对比度，从

而突出了边界的位置。当 $k=1$ 时,此时对应的模板则变为:

$$w(m,n) = \begin{bmatrix} 0 & -1 & 0 \\ -1 & 5 & -1 \\ 0 & -1 & 0 \end{bmatrix} \tag{4-38}$$

### 3. 定向滤波

前述的边缘增强方法并不能增强特定方向的边缘,为了有目的地增强某一特定方向的边缘、线性目标或纹理特征,通常选择特定的卷积模板进行定向检测。常用的模板为:

垂直方向检测模板

$$w(m,n) = \begin{bmatrix} -1 & 0 & 1 \\ -1 & 0 & 1 \\ -1 & 0 & 1 \end{bmatrix} 或 \begin{bmatrix} -1 & 2 & -1 \\ -1 & 2 & -1 \\ -1 & 2 & -1 \end{bmatrix} \tag{4-39}$$

水平方向检测模板

$$w(m,n) = \begin{bmatrix} -1 & -1 & -1 \\ 0 & 0 & 0 \\ 1 & 1 & 1 \end{bmatrix} 或 \begin{bmatrix} -1 & -1 & -1 \\ 2 & 2 & 2 \\ -1 & -1 & -1 \end{bmatrix} \tag{4-40}$$

45°方向检测模板

$$w(m,n) = \begin{bmatrix} 1 & 1 & 0 \\ 1 & 0 & -1 \\ 0 & -1 & -1 \end{bmatrix} 或 \begin{bmatrix} -1 & -1 & 2 \\ -1 & 2 & -1 \\ 2 & -1 & -1 \end{bmatrix} \tag{4-41}$$

135°方向检测模板

$$w(m,n) = \begin{bmatrix} 0 & 1 & 1 \\ -1 & 0 & 1 \\ -1 & -1 & 0 \end{bmatrix} 或 \begin{bmatrix} 2 & -1 & -1 \\ -1 & 2 & -1 \\ -1 & -1 & 2 \end{bmatrix} \tag{4-42}$$

将上述的三种边缘增强效果和卷积模板结合来看就会发现,若卷积模板的和值为 0,则增强图像为不保留图像背景的边缘增强;若卷积模板的和值为非 0,则增强图像为保留图像背景的边缘增强。

### 4. 边缘增强图像的表示

应用以上各种图像边缘增强方法处理后,可以根据不同的研究目的生成不同的边缘增强图像,方法有以下几种。

1) 突出边缘,不保留图像背景

以边缘增强后的像元值代替原亮度值,即:
$$g(x,y) = edge(x,y) \tag{4-43}$$
式中 $edge(x,y)$ 表示边缘增强后的图像。用此方法得到的图像与原图像不同,边缘处突出,而亮度变化平缓或均匀的区域则几乎是黑色。

2) 突出边缘,保留图像背景

原图像包含大量信息,为突出边缘的同时保留图像背景,可适当选取一个非负阈值 $T$,使边缘增强后大于此阈值的像元亮度值为边缘增强后的亮度值,其他则保留原亮度值,即:
$$g(x,y) = \begin{cases} |edge(x,y)| & |edge(x,y)| \geqslant T \\ f(x,y) & \text{其他} \end{cases} \tag{4-44}$$

3) 边缘亮度值恒定,保留图像背景

对式(4-44)稍作改动,让边缘增强后图像大于指定阈值的像元亮度值为一固定值 $L$,如 255,即:
$$g(x,y) = \begin{cases} L & |edge(x,y)| \geqslant T \\ f(x,y) & \text{其他} \end{cases} \tag{4-45}$$

4) 图像背景亮度值恒定,保留边缘

指定一亮度级 $L_B$ 作为背景,如 0,而边缘增强后大于阈值 $T$ 的像元亮度值为边缘增强后的亮度值,即:
$$g(x,y) = \begin{cases} edge(x,y) & |edge(x,y)| \geqslant T \\ L_B & \text{其他} \end{cases} \tag{4-46}$$

5) 二值图

将边缘和背景图像分别以不同的亮度级 $L$ 及 $L_B$ 表示,如 1 表示边缘,0 背景,即:
$$g(x,y) = \begin{cases} L & |edge(x,y)| \geqslant T \\ L_B & \text{其他} \end{cases} \tag{4-47}$$

## §4.3 频域滤波

空域滤波增强强调了像元与周围相邻像元的关系,用空间卷积的方法来实现图像增强。对一般应用而言,空间卷积的方法方便有效,但随着卷积模板的增大,运算量会越来越大,这时采用频率域的增强方法更为有效。空域滤波的平滑滤波和边缘增强分别对应低频增强和高频增强,频域滤波不但可以完成上述滤波,而且可以实现一些在空间域不易实现的滤波。在频率域也可以构造频域滤波器,用于增强或抑制特定频率的组分。

频域滤波的一般过程为:首先对原图像 $f(x,y)$ 进行傅立叶变换,将图像从空域变换到频域,获得频率域图像 $F(u,v)$,然后用滤波器 $H(u,v)$ 和 $F(u,v)$ 相乘,以改变原图像的频谱成分,对改变后的频谱图像进行傅立叶逆变换,将图像从频域变换回空域,获得滤波后的图像。

### 4.3.1 傅立叶变换及相关性质

**1. 傅立叶变换**

在数字图像处理中,傅立叶变换是一种将图像分离成不同空间频率组分的数学方法。傅立叶理论认为,任何一个连续函数 $f(x)$ 都可以用一系列不同频率的正弦和/或余弦乘以加权函数的积分来表示。考虑一个连续函数 $f(x)$ 的傅立叶变换式为:

$$F(u) = \int_{-\infty}^{+\infty} f(x) e^{-j2\pi u x} dx \tag{4-48}$$

式中 $j^2 = -1$,$u$ 为频域变量。显然,$F(u)$ 是一个频率域函数,傅立叶变换将函数 $f(x)$ 从空域变换到频域。而空域函数 $f(x)$ 也可以通过对 $F(u)$ 的傅立叶逆变换(又称傅立叶反变换)得到:

$$f(x) = \int_{-\infty}^{+\infty} F(u) e^{j2\pi u x} du \tag{4-49}$$

式(4-48)和(4-49)两个等式组成了傅立叶变换对。为了在数字图像处理中使用傅立叶变换,需将傅立叶变换对从一维扩展到二维,则二维傅立叶变换对为:

$$F(u,v) = \int_{-\infty}^{+\infty} \int_{-\infty}^{+\infty} f(x,y) e^{-j2\pi(ux+vy)} dx dy \tag{4-50}$$

$$f(x,y) = \int_{-\infty}^{+\infty} \int_{-\infty}^{+\infty} F(u,v) e^{j2\pi(ux+vy)} du dv \tag{4-51}$$

上述傅立叶变换函数都是连续的,而对于计算机上使用的傅立叶变换通常都是离散形式的,即离散傅立叶变换,可以认为离散傅立叶变换就是对原始连续傅立叶变换的采样。对于遥感图像处理来说,涉及的图像函数都是离散实函数,设 $f(x,y)$ 表示一幅大小为 $M \times N$ 的图像,$f(x,y)$ 的离散傅立叶变换为:

$$F(u,v) = \frac{1}{MN} \sum_{x=0}^{M-1} \sum_{y=0}^{N-1} f(x,y) e^{-j2\pi\left(\frac{ux}{M}+\frac{vy}{N}\right)} \quad (4\text{-}52)$$

式中 $u,v$ 为频域变量,$u=0,1,2,\cdots,M-1$,$v=0,1,2,\cdots,N-1$。$F(u,v)$ 称为 $f(x,y)$ 的傅立叶谱或空间频谱,其覆盖的域称为频率域频域。

从式(4-52)中可以看出,傅立叶变换后对于不同的 $u,v$ 值,$F(u,v)$ 的值由 $f(x,y)$ 函数所有值与基函数 $e^{-j2\pi\left(\frac{ux}{M}+\frac{vy}{N}\right)}$ 乘积的和组成。也就是说对于确定的 $u,v$ 值,图像中的所有像元对 $F(u,v)$ 值都有贡献。当一幅图像的大小确定时,$M,N$ 为常数,基函数形式确定,这时决定 $F(u,v)$ 值的是图像内像元值的大小及分布。

二维离散傅立叶反变换为:

$$f(x,y) = \sum_{u=0}^{M-1} \sum_{v=0}^{N-1} F(u,v) e^{j2\pi\left(\frac{ux}{M}+\frac{vy}{N}\right)} \quad (4\text{-}53)$$

式中 $x=0,1,2,\cdots,M-1$,$y=0,1,2,\cdots,N-1$。

式(4-52)和(4-53)构成了二维离散傅立叶变换对。从傅立叶反变换可以看出,对于图像 $f(x,y)$ 中的任何一个像元都可分解为不同频率二维波的叠加,因此不能建立像元与频率间的对应关系。

**2. 二维傅立叶变换的一些性质**

二维傅立叶变换具有一些性质,可以让我们更好地理解和认识傅立叶变换。

1) 平移性

傅立叶变换具有如下平移性质:

$$f(x,y) e^{j2\pi\left(\frac{u_0 x}{M}+\frac{v_0 y}{N}\right)} \Leftrightarrow F(u-u_0, v-v_0) \quad (4\text{-}54)$$

$$f(x-x_0, y-y_0) \Leftrightarrow F(u,v) e^{-j2\pi\left(\frac{u x_0}{M}+\frac{v y_0}{N}\right)} \quad (4\text{-}55)$$

式中⇔表示傅立叶变换对,即左边的表达式可通过对右边表达式进行反傅立叶变换获得,同样,右边的表达式可通过对左边表达式进行傅立叶变换获得。当 $u_0=M/2$ 且 $v_0=N/2$ 时有:

$$e^{j2\pi\left(\frac{u_0 x}{M}+\frac{v_0 y}{N}\right)} = e^{j\pi(x+y)} = (-1)^{x+y} \quad (4\text{-}56)$$

则式(4-54)就变为:

$$f(x,y)(-1)^{x+y} \Leftrightarrow F(u-M/2, v-N/2) \quad (4\text{-}57)$$

同理,式(4-55)就变为:

$$f(x-M/2, y-N/2) \Leftrightarrow F(u,v)(-1)^{u+v} \qquad (4\text{-}58)$$

傅立叶变换平移性的意义在于，可以将频域图像的坐标原点平移到图像的中心点，不仅有助于可视化，更便于对频谱图像的分析。

2) 可分性

离散傅立叶变换可以用可分离的形式表示：

$$F(u,v) = \frac{1}{M}\sum_{x=0}^{M-1} e^{-j2\pi ux/M} \frac{1}{N}\sum_{y=0}^{N-1} f(x,y) e^{-j2\pi vy/N} = \frac{1}{M}\sum_{x=0}^{M-1} F(x,v) e^{-j2\pi ux/M} \qquad (4\text{-}59)$$

式中，$F(x,v) = \frac{1}{N}\sum_{y=0}^{N-1} f(x,y) e^{-j2\pi vy/N}$。

显然，对于函数 $F(x,v)$ 的每个 $x$ 值，当 $v=0,1,2,\cdots,N-1$ 时，函数是完整的一维傅立叶变换，是沿着图像 $f(x,y)$ 的一行所进行的傅立叶变换。当 $x$ 值由 0 变为 $M-1$ 时，则对 $f(x,y)$ 的所有行进行了傅立叶变换。在上述计算过程中频率 $u$ 是保持不变的，当 $u$ 值从 0 变到 $M-1$ 时，则是对计算的 $F(x,v)$ 的每一列计算一维傅立叶变换。

二维傅立叶变换的可分性使得可以通过先对图像的每一行计算一维变换，然后对中间结果的每一列计算一维变换的方法来计算二维傅立叶变换。若将前后次序颠倒（即先列后行）可分性同样成立。此性质也同样适用于计算二维傅立叶反变换。

3) 平均值

当 $u=0,v=0$ 时，式(4-52)变为：

$$F(0,0) = \frac{1}{MN}\sum_{x=0}^{M-1}\sum_{y=0}^{N-1} f(x,y) \qquad (4\text{-}60)$$

即 $F(0,0)$ 是图像 $f(x,y)$ 所有像元值的平均值，因此 $F(0,0)$ 通常称为傅立叶变换的直流分量 DC。

4) 卷积定理

设图像 $f(x,y)$ 和空域滤波器 $h(x,y)$ 的傅立叶变换分别为 $F(u,v)$ 和 $H(u,v)$，卷积定理认为：

$$f(x,y) * h(x,y) \Leftrightarrow F(u,v) H(u,v) \qquad (4\text{-}61)$$

$$f(x,y) h(x,y) \Leftrightarrow F(u,v) * H(u,v) \qquad (4\text{-}62)$$

式中 * 表示卷积操作。

从卷积定理可以看出，空域滤波和频域滤波不是各自独立的，而是相互联系的。在空域中图像和滤波器的卷积就等于它们的傅立叶变换相乘，而傅立叶变换的相乘则正是频域滤波过程。同样,频率域的卷积也就等于空间域对应的乘法。

上面介绍了遥感图像处理中经常用到的性质,除此之外,二维傅立叶变换还有其他性质,请参考数字图像处理相关书籍,在此不再赘述。

### 4.3.2 图像频谱分析

**1. 图像的频域表达**

图像 $f(x,y)$ 经傅立叶变换后获得 $F(u,v)$,$F(u,v)$ 本身是空间频率变量 $u$ 和 $v$ 的复函数,可用如下形式来表示:

$$F(u,v) = R(u,v) + I(u,v)i \tag{4-63}$$

式中 $R(u,v)$ 为 $F(u,v)$ 的实部,$I(u,v)$ 为 $F(u,v)$ 的虚部。$F(u,v)$ 的幅度为:

$$|F(u,v)| = \sqrt{R^2(u,v) + I^2(u,v)} \tag{4-64}$$

$|F(u,v)|$ 称为傅立叶变换的幅度谱,或振幅谱,或频率谱。$F(u,v)$ 的相位角为:

$$\phi(u,v) = \arctan\left[\frac{I(u,v)}{R(u,v)}\right] \tag{4-65}$$

$\phi(u,v)$ 称为傅立叶变换的相位谱。

复数 $F(u,v)$ 也可用幅度和相位来表达,即其极坐标表达:

$$F(u,v) = |F(u,v)| e^{-j\phi(u,v)} \tag{4-66}$$

另一个重要的量是功率谱,它被定义为幅度谱的平方:

$$P(u,v) = |F(u,v)|^2 = R^2(u,v) + I^2(u,v) \tag{4-67}$$

**2. 频谱特征分析**

一幅空域图像转换到频域后,会产生幅度谱、相位谱和功率谱三幅图像,三幅频谱图像的分析是获取图像信息特点、进行滤波器设计的基础。

1) 幅度谱分析

为了便于分析,通常将幅度谱图像进行坐标原点平移。对于 $M \times N$ 大小的图像,一般在进行傅立叶变换前用 $(-1)^{x+y}$ 乘以输入图像,以将 $|F(u,v)|$ 原点平移到频率坐标下的 $(M/2, N/2)$。因此在平移原点后的幅度谱图像上,低频成分以原点 $(u=0, v=0)$ 为中心向外扩散,高频成分分布在图像四周。

由于图像 $f(x,y)$ 为实函数,其傅立叶变换必然是对称的,即:

$$F(u,v) = F^*(-u,-v) \tag{4-68}$$

* 表示复数的共轭操作。则对于幅度谱

$$|F(u,v)|=|F(-u,-v)| \quad (4-69)$$

即幅度谱是中心对称的，也就使得分析幅度谱，只要分析其图像的一半即可。

在遥感图像的幅度谱图像上，每一个 $F(u,v)$ 项都包含了原图像所有像元的贡献，中心（$u=v=0$）对应图像的平均亮度级。当从原点向外移动时，低频对应着图像的慢变化分量，如大面积地物的平滑亮度；当进一步往外移动时，较高的频率开始对应图像中变化越来越快的亮度级，它们是地物的边缘和由亮度级的突变（如噪声）所标志的图像成分。如果遥感图像的幅度谱中低频分量丰富，高频分量较小，那么这幅图像具有较平坦的纹理；如果遥感图像的幅度谱中低频较少，高频比较丰富，则具有较复杂的纹理特征。图像上相同方向的地物边缘，在频域形成通过原点并与原方向垂直的谱线。

上面仅是对遥感图像上的信息表征进行了定性描述，显然定性描述不能获取幅度谱在不同频带、不同方向上的能量分布特征。在物理上可采用楔环阵列探测器来测量频谱在不同频带和方向上的光强能量分布，在数字图像处理上通常采用由 Conners & Harlow(1980) 提出的辐射状扫描法来进行定量分析。此方法以频谱的中心为原点，以同心圆或直线的形式向四周作辐射状扫描，求出一定半径 $r$ 的圆周内一定角度 $\theta$ 的直线上的幅度值总和，从而分别得出图像能量径向分布特征和角向分布特征（图 4-9），从而获取幅度谱图像的频带和角度分布特征。

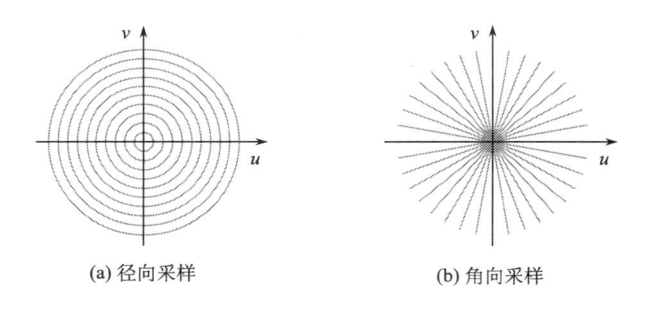

(a) 径向采样　　　　(b) 角向采样

图 4-9　幅度谱的径向采样与角向采样

为表达方便，通常使用幅度谱的极坐标表达式 $S(r,\theta)$ 描述谱，$S$ 是幅度谱函数，$r$ 和 $\theta$ 是极坐标系中的变量。对于每个频率 $r$，$S(r,\theta)$ 可看作一维函数，固定 $r$ 对一定角度范围内 $S(r,\theta)$ 求和即为频谱在此角度范围的径向分布特征。由于幅度谱是中心对称的，因此只需计算 $\theta$ 从 0 到 $\pi$ 的范围：

$$S_\theta(r) = \sum_{\theta=0}^{\pi} S(r,\theta) \quad (4-70)$$

径向分布特征通常用来分析幅度谱随频率的变化特征，具有在低频值高，高频值低的特点。通过分析径向特征,可以获知图像整体结构特征,若低频值高,说明图像较为平滑,若高频突出,说明图像复杂,地物破碎,纹理丰富。如果某频带值特别突出,说明此频率为图像的主频,图像中具有以该频率为主频分布的地物。

同理,固定 $\theta$ 对 $S(r,\theta)$ 求和即为频谱的角向分布特征:

$$S_r(\theta) = \sum_{r=1}^{N/2} S(r,\theta) \tag{4-71}$$

式中 $N$ 为幅度谱图像的长或宽度,$r$ 为以幅度谱中心为圆心的圆的半径。由于 $r=0$ 处对应于幅度谱直流分量,即原图像像元值的平均值,通常值较大,而且并不能表示幅度谱随频率的变化情况,所以 $r$ 常从 1 开始。角向分布中的峰值给出了图像中纹理的主要方向,若图像在角度 $\theta$ 的方向上具有大量的边缘或直线,则角向分布曲线在 $\theta+\pi/2$ 上具有较大的值;为进一步分析在角向分布曲线峰值方向的幅度分布情况,可把峰值方向 $\theta$ 看作常量,研究 $S(r,\theta)$ 的分布情况。如果原图像的纹理没有方向性,则其对应的角向分布曲线也没有明显的峰值,表现为一条较平滑的曲线。由于幅度谱的对称性,通常在计算时 $r$ 仅取图像长或宽一半。

2) 相位谱分析

在频域图像处理中,幅度谱图像特征的分析更加多些,而相位谱也包含了重要的图像信息。从傅立叶变换式可知,$F(u,v)$ 是 $M\times N$ 个复数相加获得,因此对于相位谱中任一频率处的相位很难给出确切的含义。为了更好的理解相位谱,多位研究者对其进行了分析。Oppenheim & Lim(1981)强调了相位分析在信号处理中的重要性,并指出当仅保留图像的相位信息,而采用任一数值作为幅值,则重建出的图像保留了图像的大部分特征。张若岚等(2002)通过分别对相位谱和振幅谱重建后图像的分析发现,相位谱决定了每一种频率分量在图像中的位置,只要每一种频率分量保持在图像中的正确位置,那么图像的完整性就能得到很好的保持,幅度的大小只是影响图像的亮度细节,而一旦相位信息受损或丢失,则整幅图的完整性也就被破坏了。根据傅立叶变换的可平移性可知,当图像位置移动,也就是地物的位置移动时,不改变其频率成分及幅度谱,而相位谱改变了,张若岚等(2002)认为这从侧面证明了相位谱决定了图像信号中各频率分量的位置。王家文等(2004)认为相位信息表明了各正弦分量在图像中出现的位置。Owen *et al.*(1989)、Kovesi(2003)基于相位一致理论利用相位信息对图像边缘进行了检测,肖鹏峰(2007)将相位一致算法引入到高分辨遥感图像边缘提取及分割中,并获得较好的结果。从上述可以看出,相位谱包含了图像的结构信息,但相位谱的分析相对较为抽象。

3）功率谱分析

根据巴塞瓦定理，功率谱$|F(u,v)|^2$与图像$f(x,y)$的能量在数值上存在着相等的关系：

$$\sum_{x=0}^{M-1}\sum_{y=0}^{N-1}|f(x,y)|^2 = \frac{1}{MN}\sum_{u=0}^{M-1}\sum_{v=0}^{N-1}|F(u,v)|^2 \qquad (4\text{-}72)$$

因此，功率谱或幅度谱表征了图像的能量特征，在某频率处的幅值表示了在此频率处能量的多少，幅值越大，说明此频率在原始图像能量中占的比重越大。

### 4.3.3 频域平滑

在频率域让低频信息通过而使高频信息衰减的滤波器称为低通滤波器，用低通滤波器对图像进行的处理称为低通滤波。在一幅图像中，边缘和其他亮度值突变（如噪声）主要处于图像的高频部分，低通滤波通过衰减高频信息达到平滑图像的目的。常用的低通滤波器有：

**1. 理想低通滤波器**

二维理想低通滤波器函数如下：

$$H(u,v) = \begin{cases} 1 & D(u,v) \leqslant D_0 \\ 0 & D(u,v) > D_0 \end{cases} \qquad (4\text{-}73)$$

式中$D_0$为非负数值，大小可以根据需要具体确定；$D(u,v)$是从点$(u,v)$到频谱原点的距离：

$$D(u,v) = \sqrt{u^2 + v^2} \qquad (4\text{-}74)$$

$H(u,v)$是一个三维图形，其剖面图如图4-10(a)所示。对于理想低通滤波器，在以$D_0$为半径的圆内，所有频率分量无损通过，在此圆外的频率分量则完全去除。由此，$D_0$又被称为截止频率。

由于高频分量包含大量边缘信息，在理想低通滤波时又完全被去除，因此经此滤波处理后的图像边缘信息损失，图像模糊，$D_0$越小这种现象越严重。

**2. Butterworth 低通滤波器**

一个$n$阶 Butterworth 低通滤波器的函数为：

$$H(u,v) = \frac{1}{1 + \left[\dfrac{D(u,v)}{D_0}\right]^{2n}} \qquad (4\text{-}75)$$

Butterworth 低通滤波器 $H(u,v)$的剖面图如图4-10(b)所示。与理想低通滤波器不同,在通过频率和滤除频率之间没有明显的不连续性,而是有一个平滑的过渡。过渡区域会包含有高频信息,使得与理想滤波器相比,经 Butterworth 低通滤波后图像的模糊程度大大降低,因此 Butterworth 低通滤波的结果比理想低通滤波结果要好。

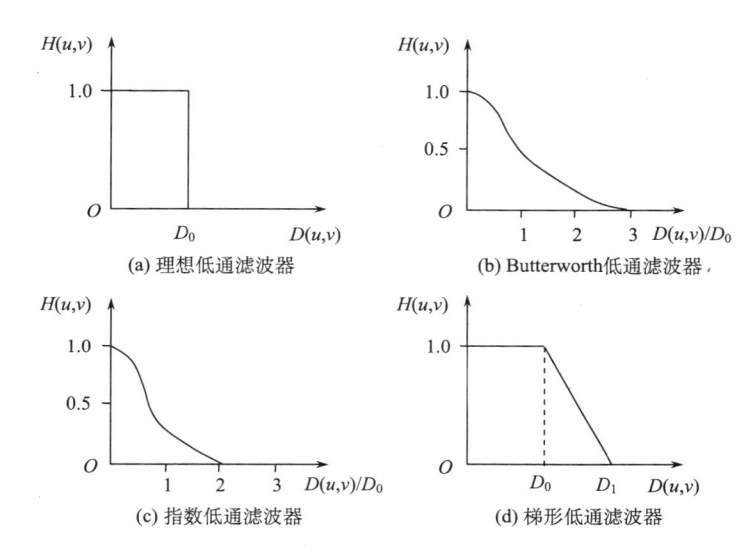

图 4-10  低通滤波器剖面示意图

### 3. 指数低通滤波器

在图像处理中常用的另一种平滑滤波器是指数低通滤波器,其函数表达式为:

$$H(u,v) = e^{-[D(u,v)/D_0]^n} \qquad (4\text{-}76)$$

指数低通滤波器 $H(u,v)$ 的剖面图如图 4-10(c)所示。与 Butterworth 低通滤波器相比,指数低通滤波器衰减得更快,对高频信息的稍弱更多,因此经指数低通滤波后的图像比 Butterworth 低通滤波后的图像稍模糊。

### 4. 梯形低通滤波器

梯形低通滤波器的函数表达式为:

$$H(u,v) = \begin{cases} 1 & D(u,v) < D_0 \\ \dfrac{D(u,v)-D_1}{D_0-D_1} & D_0 \leqslant D(u,v) \leqslant D_1 \\ 0 & D(u,v) > D_1 \end{cases} \qquad (4\text{-}77)$$

式中 $D_0$ 为截止频率,$D_1$ 为大于 $D_0$ 的另一频率。

梯形低通滤波器 $H(u,v)$ 的剖面图如图 4-10(d)所示,其形状介于理想低通滤波器和具有平滑过渡带的低通滤波器之间,因此其滤波效果也介于两者之间。

### 4.3.4 频域锐化

在频率域让高频信息通过而使低频信息衰减的滤波器称为高通滤波器,用高通滤波器对图像进行的滤波处理称为高通滤波。在一幅图像中,边缘和其他亮度值突变(如噪声)主要处于图像的高频部分,高通滤波通过衰减低频信息而相对地突出高频分量,从而达到图像锐化的目的。

**1. 理想高通滤波器**

二维理想高通滤波器函数如下:

$$H(u,v) = \begin{cases} 0 & D(u,v) \leqslant D_0 \\ 1 & D(u,v) > D_0 \end{cases} \tag{4-78}$$

$H(u,v)$ 剖面图如图 4-11(a)所示,理想高通滤波器和理想低通滤波器正好相反。在以 $D_0$ 为半径的圆内,所有频率分量均被去除,在此圆外的频率分量则无损通过。

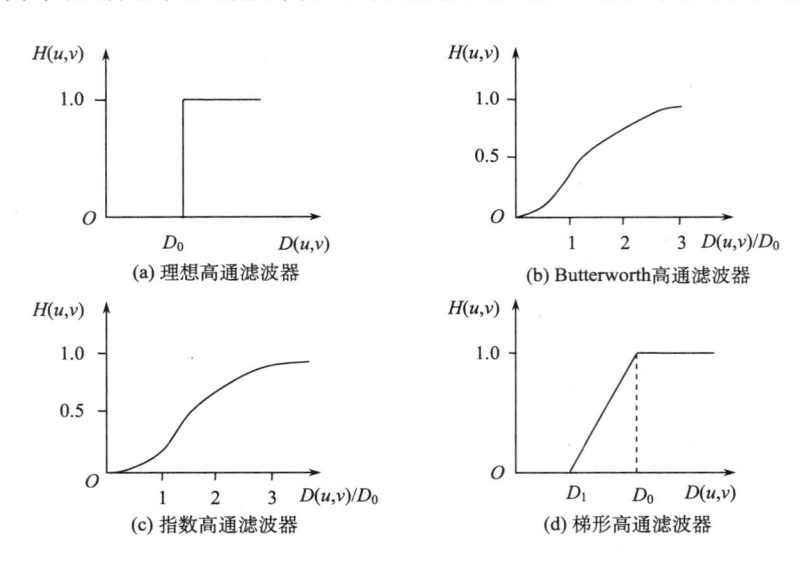

图 4-11 高通滤波器剖面示意图

**2. Butterworth 高通滤波器**

一个 $n$ 阶 Butterworth 高通滤波器的函数为:

$$H(u,v) = \frac{1}{1 + \left[\dfrac{D_0}{D(u,v)}\right]^{2n}} \tag{4-79}$$

Butterworth 高通滤波器 $H(u,v)$ 的剖面图如图 4-11(b) 所示。

**3. 指数高通滤波器**

指数高通滤波器的函数表达式为:
$$H(u,v) = e^{-[D_0^n/D(u,v)]^n} \tag{4-80}$$

指数高通滤波器 $H(u,v)$ 的剖面图如图 4-11(c) 所示。

**4. 梯形高通滤波器**

梯形高通滤波器的函数表达式为:
$$H(u,v) = \begin{cases} 0 & D(u,v) < D_1 \\ \dfrac{D(u,v) - D_1}{D_0 - D_1} & D_1 \leqslant D(u,v) \leqslant D_0 \\ 1 & D(u,v) > D_0 \end{cases} \tag{4-81}$$

式中 $D_0$ 为截止频率,$0 \leqslant D_1 < D_0$。

梯形高通滤波器 $H(u,v)$ 的剖面图如图 4-11(d) 所示。

## 4.3.5 同态滤波

同态滤波是把图像的照度—反射模型作为频域处理的基础,同时进行亮度范围的压缩和对比度增强来改善图像的一种处理技术。

一幅图像 $f(x,y)$ 可由两个分量来表征:(1) 入射分量,又称照度分量:入射的光源总量;(2) 反射分量:物体反射光的能力,即反射率。则图像 $f(x,y)$ 可以用照度分量 $i(x,y)$ 及反射分量 $r(x,y)$ 来表示,即:

$$f(x,y) = i(x,y) \cdot r(x,y) \tag{4-82}$$

同态滤波的过程如下:

(1) 对式(4-82)两边取对数,将照度和反射分量分开,即:
$$\ln f(x,y) = \ln i(x,y) + \ln r(x,y) \tag{4-83}$$

(2) 对式(4-83)两边进行傅立叶变换:
$$F(u,v) = I(u,v) + R(u,v) \tag{4-84}$$

式中 $F(u,v), I(u,v), R(u,v)$ 分别为 $\ln f(x,y), \ln i(x,y), \ln r(x,y)$ 的傅立叶变换。

(3) 设计滤波器 $H(u,v)$ 对 $F(u,v)$ 进行滤波:

$$G(u,v) = F(u,v)H(u,v) = I(u,v)H(u,v) + R(u,v)H(u,v) \quad (4\text{-}85)$$

$H(u,v)$ 称为同态滤波器,同时对照度分量和反射分量滤波。

(4) 对上式应用傅立叶反变换:

$$f'(x,y) = i'(x,y) + r'(x,y)$$

(5) 对上步结果取指数,获得滤波后的图像 $g(x,y)$:

$$g(x,y) = e^{f'(x,y)} = e^{i'(x,y)} \cdot e^{r'(x,y)}$$

在滤波处理时可以将照度分量和反射分量与低频和高频近似地联系起来。图像的照度分量通常为慢变化特征,而反射分量往往引起突变。这些特性导致图像的低频成分与照度分量相联系,高频成分与反射分量相联系。通过设计合适的同态滤波器对照度分量和反射分量改变来获取不同的滤波效果,若同态滤波器抑制低频(照度分量),而增强高频(反射分量),则获得动态范围压缩和对比度增强的图像。

## §4.4 波谱增强

遥感多光谱图像通常波段较多,信息量大,利于图像信息的解译,但需耗费大量的处理时间和存储空间。同时,多光谱图像的各波段间具有一定的相关性,存在着数据的冗余。波谱增强的方法就是通过空间变换的方法,使波段间的信息得以分离或归并,从而突出主干信息,压缩部分冗余,以便于后续的分析和解译。波谱增强主要有两种变换:K-L 变换和 K-T 变换。空间变换的本质是对遥感图像实行线性变换,使多光谱空间的坐标系按要求进行旋转。

### 4.4.1 图像特征空间及多元统计

#### 1. 多光谱空间

遥感图像波谱增强是在多光谱空间中进行的。多光谱空间又称特征空间,就是一个 $n$ 维坐标系,每一个坐标轴代表一个波段,坐标值为亮度值,坐标系内的一个点表示多波段图像中的一个像元。在实际应用中通常是作特征空间图来对多波段数据进行分析。常用的是两波段的特征空间图,可以对两个波段的像元分布、像元值协同变化及相关情况进行分析。

在特征空间中,像元点在坐标系中的位置可以表示成一个 $n$ 维向量:

$$X = [x_1, x_2, \cdots, x_i, \cdots, x_n]^T \quad (4\text{-}86)$$

该向量由 $n$ 个分量组成,每个分量 $x_i$ 表示该点在第 $i$ 个坐标轴上的投影,即亮度值。但特征空间只表示各波段之间的关系,并不表示该点在原图像中的位置信息,没有图像空间的意义。

## 2. 多光谱图像协方差分析

如果给定像元在某波段的亮度值与另一波段的亮度值之间没有关联,那么它们是相互独立的。也就是说,一个波段的亮度值的变化不会随另一个波段的亮度值发生可预见的相应变化。通常各波段间并不是相互独立的,而是具有一定的相关关系,因此需要一些统计值来定量地表示其相关的程度。协方差就是这样的统计值,它是图像中两波段的像元亮度值和其对应波段均值之差的乘积的平均值,计算公式如下:

$$cov_{kl} = \frac{\sum_{i=1}^{N}(DN_{ik} - \mu_k)(DN_{il} - \mu_l)}{N-1} \tag{4-87}$$

式中 $DN_{ik}$,$DN_{il}$ 分别是 $i$ 像元在 $k$ 和 $l$ 波段的亮度值;$\mu_k$,$\mu_l$ 分别是 $k$ 和 $l$ 波段的均值,$N$ 是图像的总像元数。

多光谱图像的每两个波段便可计算一个协方差值,多个波段便会产生多个协方差值,若波段间不存在相关关系,则值趋近 0 或为 0。对于 4 个波段的图像来说,会计算出如表 4-3 所示的 $4\times4$ 协方差,称为协方差矩阵。由协方差的计算公式可知,协方差矩阵为对称阵,因此通常在表示协方差矩阵时只有矩阵对角线左下角被列出。

表 4-3 4 波段图像的协方差矩阵

|  | 第 1 波段 | 第 2 波段 | 第 3 波段 | 第 4 波段 |
|---|---|---|---|---|
| 第 1 波段 | $cov_{11}$ | $cov_{12}$ | $cov_{13}$ | $cov_{14}$ |
| 第 2 波段 | $cov_{21}$ | $cov_{22}$ | $cov_{23}$ | $cov_{24}$ |
| 第 3 波段 | $cov_{31}$ | $cov_{32}$ | $cov_{33}$ | $cov_{34}$ |
| 第 4 波段 | $cov_{41}$ | $cov_{42}$ | $cov_{43}$ | $cov_{44}$ |

## 3. 多光谱图像相关分析

由于协方差的大小受量纲的影响,为了消除量纲的影响,通常将两波段间的协方差除以各波段的标准差,得到两波段的相关系数,即:

$$r_{kl} = \frac{cov_{kl}}{s_k s_l} \tag{4-88}$$

式中 $r_{kl}$ 为 $k$ 和 $l$ 两波段间的相关系数,$s_k$,$s_l$ 分别为 $k$ 和 $l$ 波段的标准差。由于相关系数是一个比值,所以它是一个无量纲的数。由于协方差小于或等于变量之间标准差的乘积,因此相关系数的取值范围为 $-1$ 到 $+1$。相关系数大于 0,则说明两波段间一个波段亮度值的增加会引起另一个波段上亮度值的增加;若相关系数小于 0,则一个波段上亮度值的增加会引起另一波段上亮度的减少。与协方差矩阵相似,多个波段间的相关系数组成相关矩阵,同样由于相关矩阵为对称阵,通常也只列出矩阵对角线的左下角。

### 4.4.2 K-L 变换

**1. 变换原理及步骤**

K-L(Karhunen-Loeve)变换也称为主成分变换(Principal Component Analysis, PCA),是在统计特征基础上的多维正交线性变换,也是多波段图像应用处理中常用的一种变换技术。

由于遥感图像的波段间往往存在着较高的相关性,从信息提取的角度来说,存在着数据的冗余和重复。K-L 变换的主要目的就是把原始多波段图像的信息变换成互不相关的主成分,简言之,K-L 变换是去相关、进行特征提取和数据压缩的有效方法。

K-L 变换的原理是:对 $n$ 个波段的多光谱图像进行线性变换,即对该多光谱图像组成的光谱空间 $X$ 乘以线性变换矩阵 $A$,产生一个新的光谱空间 $Y$,其表达式为:

$$Y = AX \tag{4-89}$$

K-L 变换的的步骤如下:

(1) 根据原始图像矩阵 $X$ 计算其协方差矩阵 $C$,若波段间存在相关关系则进行 K-L 变换,否则不需要进行变换。

(2) 由特征方程

$$|C - \lambda E| = 0 \tag{4-90}$$

求出协方差矩阵的特征值 $\lambda_i (i=1,2,\cdots,n)$,并按 $\lambda_i$ 的大小进行排列。式(4-90)中 $\lambda$ 为特征值,$E$ 为单位矩阵。

(3) 求出排序后各特征值对应的协方差矩阵特征向量 $u_i(i=1,2,\cdots,n)$,

$$u_i = [u_{i1}, u_{i2}, u_{i3}, \cdots, u_{in}]^T \tag{4-91}$$

按特征值大小顺序排列特征向量则组成特征向量矩阵 $U$:

$$U = \begin{vmatrix} u_{11} & u_{21} & \cdots & u_{n1} \\ u_{12} & u_{22} & \cdots & u_{n2} \\ \vdots & \vdots & \vdots & \vdots \\ u_{1n} & u_{2n} & \cdots & u_{nn} \end{vmatrix} \tag{4-92}$$

特征向量矩阵 $U$ 的转置则是 K-L 变换所需要的变换矩阵 $A$,即:

$$A = U^T \tag{4-93}$$

(4) 利用式(4-89)即可获得变换后的多光谱空间,即:

$$Y = AX = U^\mathrm{T} X \tag{4-94}$$

经过 K-L 变换后,得到一组新的变量,即 $Y$ 的各个行向量,从上至下,依次被称为第一主成分、第二主成分,…,第 $n$ 主成分。

从 K-L 变换的计算过程可以看出,K-L 变换实际上是以原始图像协方差矩阵的特征向量为权重值,对原始图像所做的线性变换。每一主成分均包括原始图像信息,而不是简单的取舍,这使得新的 $n$ 维随机向量 $Y$ 能很好地反映原有图像的特征。

**2. 变换特点**

K-L 变换具有以下特点:

(1) 变换前后的方差总和不变,只是把原来的方差不等量的分配到新的主成分图像中;每个主成分所占的总方差百分比可用如下公式计算:

$$p_i = \frac{\lambda_i}{\sum_{i=1}^{n} \lambda_i} \times 100\% \tag{4-95}$$

式中 $p_i$ 为第 $i$ 个主成分所占总方差的百分比。显然第一主成分所占的比例最大,实际上第一主成分通常占了总方差的绝大部分,一般在 80% 以上。由于方差大小与信息量成正比,因此 K-L 变换后第一主成分包含了原始图像信息的绝大部分,而其他主成分信息则依次迅速减少。

(2) 在几何意义上,变换的过程相当于空间坐标系的平移和旋转。变换后的主成分空间坐标系与变换前的特征空间坐标系相比,坐标系的原点进行了平移,并且坐标系以新的原点旋转了一个角度。第一主成分取波谱空间中数据散布最集中的方向,即新坐标系的一个坐标轴指向,第二主成分取与第一主成分正交且数据散布次集中的方向,即新坐标系中另一坐标轴指向,依此类推。

(3) 在原特征空间中各波段是相互相关的,在坐标系中是斜交的,变换后各主成分则是相互独立的,在坐标系中是正交的,也就是说主成分间的信息内容是不相关的。由于信息集中于前几个主成分分量上,可用较少的主成分分量来代替原来的多维或高维数据,达到降维及数据压缩的目的。

(4) 第一主成分相当于原来各波段的加权和,而且每个波段的加权值与该波段的方差大小成正比,其余各主成分相当于不同波段组合的加权差值图像。

(5) 第一主成分的信息量大,噪声少,有利于细部特征的分析。

(6) 不能用主成分的顺序来确定其在图像处理中的价值。虽然第一主成分包含了图像大部分信息,最后的几个主成分信息很少,噪声较多,但有可能包含特定的专题信息。

### 4.4.3 K-T 变换

K-T 变换又称缨帽变换(Tasseled Cap Transform),是 Kauth 和 Thomass 通过分析陆地卫星 MSS 影像反映农作物生长过程的特点,于 1976 年提出的一种经验性线性变换,变换后将波谱空间变换到具有物理意义的空间中,变换公式为:

$$Y = AX + a \tag{4-96}$$

式中 $Y$ 为变换后的特征空间矩阵,$X$ 为变换前多光谱空间矩阵,$A$ 为变换矩阵,$a$ 为补偿向量,以避免 $Y$ 有负值出现。

K-T 变换的研究主要集中于 MSS 和 TM 数据的应用分析,由于 MSS 数据现已不常用,因此,在此仅介绍 TM 数据的 K-T 变换。Crist 和 Cicone 根据三个地区 TM 图像(不包括热红外波段)的研究,在 1984 年给出了对 TM 图像 6 个波段(第 1 至 5 波段,第 7 波段)的变换矩阵为:

$$A_{TM} = \begin{bmatrix} 0.3037 & 0.2793 & 0.4743 & 0.5585 & 0.5082 & 0.1863 \\ -0.2848 & -0.2435 & -0.5436 & 0.7243 & 0.0840 & -0.1800 \\ 0.1509 & 0.1973 & 0.3279 & 0.3406 & -0.7112 & -0.4572 \\ -0.8242 & -0.0849 & 0.4392 & -0.0580 & 0.2012 & -0.2768 \\ -0.3280 & -0.0549 & 0.1075 & 0.1855 & -0.4357 & 0.8085 \\ 0.1084 & -0.9022 & 0.4120 & 0.0573 & -0.0251 & 0.0238 \end{bmatrix} \tag{4-97}$$

TM 图像 K-T 变换后的 $Y = [y_1, y_2, y_3, y_4, y_5, y_6]^T$ 中的六个分量相互垂直,前三个分量具有明确的物理意义。$y_1$ 为亮度,是 TM 图像六个波段的加权和,反映图像总体的反射值;$y_2$ 为绿度,从第二行系数可以看出,加权后此分量基本是近红外波段与可见光波段的差值,主要用于突出植被信息;$y_3$ 为湿度,从第三行系数可以看出,分量是可见光和近红外四个波段与中红外两个波段的差值,而中红外两个波段对植被和土壤的含水量敏感,易于反映"湿度"特征,但其值并不完全代表含水量的多少;其他三个分量未发现与地表地物特征的对应关系,因此在应用中一般只取前三个分量,从而实现特征信息的增强和数据的压缩。

随着高分辨率遥感图像的出现,相应的 K-T 变换也得到了发展。Horne(2003) 通过分析近 200 幅 IKONOS 图像得出了 IKONOS 图像的变换矩阵为:

$$A_{IKONOS} = \begin{bmatrix} 0.326 & -0.311 & -0.612 & -0.650 \\ 0.509 & -0.356 & -0.312 & 0.719 \\ 0.560 & -0.325 & 0.722 & -0.243 \\ 0.567 & 0.819 & -0.081 & -0.031 \end{bmatrix} \tag{4-98}$$

经过 K-T 变换后的 IKONOS 图像有利于区分不同类型的植被,如树木、灌木、草地和农业植被,也有利于从人工地物(如道路和建筑物)中识别植被。

与 K-L 变换相比,K-T 变换的变换矩阵是相对固定的,仅随遥感器的不同而不同,而不随同一遥感器产生图像的不同而变化。K-T 变换产生的分量具有物理意义,不同图像产生的特征信息可以相互比较,而 K-L 变换的主成分信息则无法比较。

## 参 考 文 献

[1] Conners R. W. , Harlow C. A. A theoretical comparison of texture algorithms. *IEEE Transactions on Pattern Analyses and Machine Intellgence* ,1980,2(3):204-222.

[2] Horne T. H. A tasseled cap transformation for IKONOS images. *ASPRS 2003 Annual Conference Proceedings* ,May,2003.

[3] Jensen J. R. 著,陈晓玲等译. 遥感数字影像处理导论. 北京:机械工业出版社,2007.

[4] Kovesi P. Phase Congruency Detects Corners and Edges. *Proceedings of the Australian Pattern Recognition Society Conference* ,2003,309-318.

[5] Oppenheim A. V. , Lim J. S. The importance of phase in signals. *Proceeding of the IEEE* ,1981,69(5):529-541.

[6] Owens R. A. , Venkatesh S. , Ross J. Edge detection is a projection. *Pattern Recognition Letters* ,1989,9:223-244.

[7] Gonzalez R. C. Woods R. E. 著,阮秋琦,阮宇智等译. 数字图像处理. 北京:电子工业出版社,2003.

[8] 戴昌达,姜小光,唐伶俐著. 遥感图像应用处理与分析. 北京:清华大学出版社,2004.

[9] 梅安新,彭望琭,秦其明,刘慧平著. 遥感导论. 北京:高等教育出版社,2001.

[10] 钱乐祥编著. 遥感数字影像处理与地理特征提取. 北京:科学出版社,2004.

[11] 汤国安,张友顺,刘咏梅等编著. 遥感数字图像处理. 北京:科学出版社,2004.

[12] 王家文,曹宇. MATLAB6.5 图形图像处理. 北京:国防工业出版社,2004;325-333.

[13] 王培法. IKONOS 图像的城市道路频谱特征分析与提取方法研究. 南京大学博士学位论文,2008.

[14] 肖鹏峰. 高分辨率遥感图像频域特征提取与图像分割研究. 南京大学博士学位论文,2007.

[15] 张若岚,刘劲松. 图像信号的频域理解. 数字电视与数字视频,2002,(3):13-16.

[16] 赵英时等编著. 遥感应用分析原理与方法. 北京:科学出版社,2003.

# 第五章 遥感图像的融合处理

遥感图像的融合处理主要是根据遥感图像多波段、多时相的特点,通过不同空间分辨率、光谱分辨率或时间分辨率的融合,达到提高解像力的目的。

随着传感器、遥感平台、数据通信等相关技术领域的发展,由各种卫星传感器对地观测获取的同一地区的遥感图像数据越来越丰富,现代空间遥感已经进入了一个能够动态、快速、准确、多手段提供各种对地观测数据的新阶段。获取的同一地区多时相、多光谱、多传感器、多平台和多分辨率的多源遥感数据越来越多,使构造观测地球空间的图像金字塔变为可能。未来遥感技术应用的主要障碍,不再是图像源的不足,而是从这些图像源中提取更丰富、更有用和更可靠信息的能力大小。进入20世纪90年代,在图像处理过程中对于遥感图像融合的需求不断增加。遥感图像融合是富集多源海量遥感数据的最有价值的技术手段,它不仅是一种遥感图像数据处理技术,而且是一种遥感信息综合处理和分析技术,是目前遥感应用研究的重点之一。多源遥感图像融合是遥感与其他学科交叉发展的结果,涉及不同的学科领域,其应用范围不断扩展,已成为许多学科的综合和应用。

目前对于多源遥感图像融合的研究都是根据问题的本身来建立各自的融合原理,并形成各自的融合方案。1998年Pohl等人对遥感图像融合技术作了较全面的论述,但只是停留在功能性描述上。国内外研究者对于多源遥感图像融合技术还没有形成一套完整的理论与方法。本章在概括数据融合的基本含义并总结和分析现有研究成果的基础上,主要介绍了基于不同空间分辨率的遥感图像融合方法,特别是目前较为常用的基于三个层次的融合方法,即像元级融合、特征级融合以及决策级融合的方法,同时还分析了三个层次融合方法的基本含义、特点及应用,最后展示了具体的融合实例,界定了融合的研究范畴和适应条件,以及标准的融合评价体系与辅助融合结果的检验。

## §5.1 图像融合的原理

### 5.1.1 图像融合的含义

基于多传感器信息整合意义的数据融合一词最早出现在 20 世纪 70 年代末。自数据融合技术问题一开始提出,就引起西方各国国防部门的高度重视,并将其列为军事高技术研究和发展领域中的一个重要专题。在 20 世纪 80 年代中期,数据融合技术首先在军事领域研究中取得了相当的进展。迄今为止,数据融合技术已成功地应用于众多研究领域,包括机器人和智能系统、战场任务和无人驾驶机、目标检测与跟踪、图像分析与理解、自动目标识别、遥感图像分类等。

数据融合范围很广,很难给出数据融合的确切定义。由特定的获取工具或特定的应用等限制条件来简单地定义数据融合是不恰当的。融合处理涉及很多不同的数学工具,以至于用这些工具去定义融合也是不可能的。

1991 年美国国防部三军实验室(JDL)从军事应用的角度将数据融合定义为:把来自许多传感器和信息源的数据和信息加以联合、相关和组合,以获得精确的位置估计和身份估计,以及对战场情况和威胁及其重要程度进行适时的完整评价。1993 年 Klein 对以上定义进行了补充和修改,给出了如下定义:"数据融合是一种多层次的、多方面的处理过程,它处理多源数据的自动检测、关联、相关、估计和复合,以达到精确的状态估计和身份估计,以及完整、及时的态势评估和威胁估计。"

随着计算机和微处理器的发展,许多算法的复杂性不再成为障碍,人们对数据融合的理解也不断更新,给出了许多新的数据融合的定义。刘同明等人在 1998 年将信息融合概括为利用计算机技术对按时序获得的若干传感器的观测信息在一定准则下加以自动分析、综合,以完成所需的决策和估计任务而进行的信息处理过程。Wald 通过对大量的遥感图像数据进行融合实验分析后,在 1998 年给出了如下的定义:"数据融合在形式上是一个框架,该框架通过特定的逻辑推理工具对多源数据进行组织、关联和综合,从而利用这些多源数据的协同来获取更高质量的信息。质量高低的定义则由具体应用而定。"上面的定义虽然在形式上不尽相同,但是其实质却几乎完全一致,它们都以多源数据为对象,具有组织、关联和综合数据的数据融合引擎,其目的是获取更高质量的数据信息,并最终为决策提供依据。

在遥感中,数据融合属于一种属性融合,它是将同一地区的多源遥感图像数据加以智能化合成,产生比单一信息源更精确、更完全、更可靠的估计和判断。图像融合是数据融合中的一种形式。有关图像融合术语,有许多不同的描述,如图像融合(Van Genderen,1994)、图像复合(Carper et al.,1990)、图像集成(Welch & Ehlers,

1988)、多传感器图像融合(Franklin & Blodgett,1993)等。针对遥感对地观测这一具体领域,目前普遍采用"多源遥感图像融合"术语。

现已有一些文献给出了多源遥感图像融合的定义。如 Mangolini(1994)定义为:"利用各种不同类型的遥感数据源进行处理所采用的方法集、工具及措施,以便提高获取信息的质量。"Pohl & Van Genderen(1994)定义为:"图像融合是借助于某一算法将两个或两个以上不同的图像形成一幅新的合成图像。"Hall & Linas(1997)把多源遥感图像融合定义为:"将多种传感器的数据进行复合,以改善由单一传感器获得的精度和推理结果。"李军(1999)给出的定义:"多源遥感图像融合是采用一种复合模型结构,将不同传感器遥感图像数据源所提供的信息加以综合,以获得高质量的图像信息,同时消除多传感器信息之间的冗余和矛盾,加以互补,降低其不确定性,减少模糊度,以增强图像中信息清晰度,改善解译的精度、可靠性及使用率,以形成对目标相对完整一致的信息描述。"

以上提及的多源遥感图像融合的定义,从不同的侧面反映了人们对多源遥感图像融合的认识,总的趋势是对多源遥感图像融合的定义越来越清晰。后来有学者(赵书河,2008)对这些典型的具有代表性的定义进行分析、补充修改,更加强调了其专业性,定义如下:遥感图像融合是对来自不同遥感数据源的高空间分辨率图像数据与多光谱图像数据,按照一定的融合模型,进行数据合成,获得比单个遥感数据源更精确的数据,从而增强图像质量,保持多光谱图像数据的光谱特性,提高其空间分辨率,达到信息优势互补、有利于图像解译和分类应用的目的。图 5-1 给出了遥感图像融合处理的基本单元。

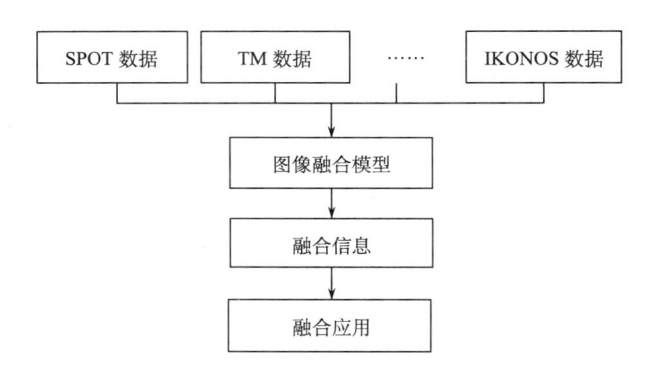

图 5-1 遥感图像融合的基本单元

该定义首先强调了遥感图像融合的模型基础,即不仅仅强调处理技术和方式,而且强调其融合原理。其次,它还强调了图像质量,也就是说,融合处理后在信息含量及其精度等方面比融合处理前能够得以提高。最后,强调了其应用价值,融合处理后能够真正应用到实际生产中。

按照这些定义,对同一传感器获取的图像进行处理(如多光谱图像分类、NDVI指数计算以及大气校正等)并不属于图像融合范畴。同时,基于单一传感器的多时域的图像处理(Weydahl,1993)、遥感图像与辅助数据的复合(Janssen et al.,1990)、以及基于多传感器的多时域图像融合(Phol & Van Genderen,1995)也都不属于多源遥感图像融合范畴。

相对于单源遥感图像数据,多源遥感图像数据所提供的信息具有冗余性、互补性、合作性等特点(贾永红,2000),具体如下:

(1) 冗余性:表示多源遥感图像数据对环境或目标的表示、描述或解译结果相同;
(2) 互补性:指信息来自不同的自由度且相互独立;
(3) 合作性:不同传感器在观测和处理信息时对其他信息有依赖关系;
(4) 信息分层的结构特性:数据融合所处理的多源遥感信息可以在不同的信息层次上出现,这些信息抽象层次包括像元层、特征层和决策层,分层结构和并行处理机制还可保证系统的实时性。

## 5.1.2 图像融合的内容

根据融合层次的不同通常将图像融合划分为像元级融合、特征级融合和决策级融合(Hall,1992;刘同明等,1998;Pohl et al.,1998)。

融合的层次决定了在信息处理的哪个层次上对多源遥感信息进行综合处理与分析(李圣怡等,1998)。多源遥感图像融合层次的问题不但涉及处理方法本身,而且影响信息处理系统的体系结构,是图像融合研究的重要问题之一。

图 5-2 给出了遥感图像融合的层次结构。

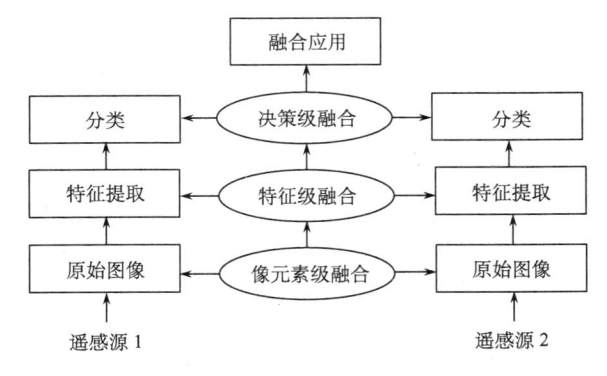

图 5-2 遥感图像融合的层次结构

像元级融合是对传感器的原始信息及预处理的各个阶段上产生的信息分别进行融合处理。其优点在于它尽可能多地保持了图像的原始信息，能够提供其他两种层次融合所不具有的微信息。这种融合是在信息的最低层进行的，传感器的原始信息的不确定性、不完全性和不稳定性要求在融合时有较高的纠错处理能力。要求各传感器信息之间具有精确到一个像元的校准精度，故要求各传感器信息来自同质传感器。

特征级融合是利用从各个传感器的原始信息中提取的特征信息进行综合分析和处理的中间层次过程。通常所提取的特征信息应是像元信息的充分表示量或统计量，据此对多源遥感图像进行分类、汇集和综合。

决策级融合是在信息表示的最高层次上进行融合处理。不同类型的传感器观测同一个目标，每个传感器在本地完成预处理、特征抽取、识别或判断，以建立对所观察目标的初步结论，然后通过相关处理、决策级融合判决，最终获得联合推断结果，从而直接为决策提供依据。目前国内外学者热衷于研究该层次融合。

多源遥感图像数据经过预处理后，既可以通过图像配准后进行像元级融合，也可以对这些图像数据进行特征提取，然后进行特征级融合。经像元级融合处理的图像可用于图像增强、图像压缩、图像分类等应用，而后这些应用的结果即成为图像产品。特征级和决策级融合都可用于图像分类、变化检测、目标识别等应用，而这些应用处理结果和决策级融合处理结果都被视为最终信息产品（瞿继双等，2002）。另外，各个融合过程还将进行融合性能评价，并且进行信息反馈以优化融合处理过程。

## §5.2  图像融合的方法

### 5.2.1  像元级图像融合方法

像元级图像融合，是直接在原始图像上进行融合，或者经过适当的变换在变换域进行融合，这是最低层次的融合。如成像传感器中通过对包含若干像元的模糊图像进行图像处理和模式识别来确认目标属性的过程就属于像元级融合。基本步骤可分为预处理、变换、综合和反变换4个步骤。其融合过程基本框图如图5-3所示。

像元级图像融合主要是针对初始图像数据进行的，强调不同图像信息在像元基础上的融合，强调必须进行基本的地理编码，即对栅格数据进行相互间的几何配准，在各个像元一一对应的前提下进行图像像元级的合并处理，以改善图像处理的效果。基于像元级的图像融合必须解决以几何纠正为基础的空间匹配问题，包括像元坐标变换、像元重采样、投影变换等。用同一映射方法对待不同类型图像，显然会有误差；

而按一定规则对图像像元重新赋值的重采样过程,也会造成采样点地物光谱特征的人为变化,导致后续图像应用分析的误差,甚至错误。此外几何校正需要已知传感器的观察参数,包括轨道参数、姿态参数等。若考虑高度变化,则还需用到数字高程模型,这对合成孔径成像雷达数据尤为重要。像元级融合的目的主要是图像增强、图像分割、图像分类、多源图像复合、图像分析和理解、同类(同质)雷达波形的直接合成,从而为人工判读图像或更进一步的特征级融合提供更佳的输入信息(Richards & Jia,1999)。像元级融合也是三级融合层次中研究最成熟的一级,已形成了丰富而有效的融合算法(Terrettaz,1998)。像元级融合方法主要有 IHS 变换方法、PCA 主成分分析方法、HDF 高通滤波方法、Brovey 变换方法、代数法、Kalman 滤波法等。

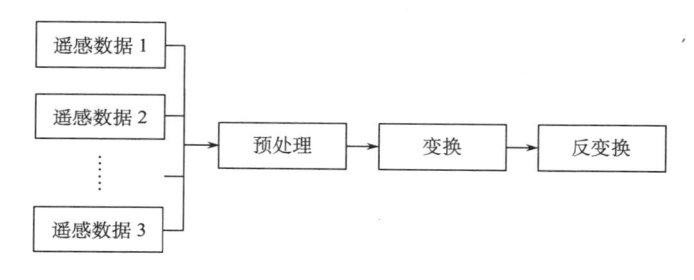

图 5-3　像元级图像融合过程基本框图

## 1. IHS 变换方法

IHS 变换是基于 IHS 色彩模型的融合变换方法。IHS 色彩变换先将多光谱图像进行彩色变换,分离出强度 I、色度 H 和饱和度 S 3 个量,然后将高分辨率全色图像与分离的强度分量进行直方图匹配,再将分离的色度和饱和度分量与匹配后的高分辨率图像按照 IHS 反变换,进行彩色合成。该变换方法是为相关数据提供色彩增强、地质特征增强、空间分辨率的改善以及不同性质数据源的融合。其融合过程框图如图 5-4 所示。

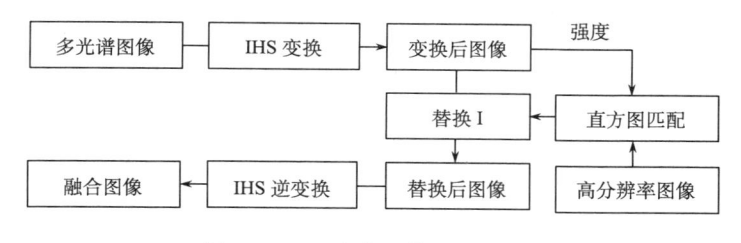

图 5-4　IHS 变换图像融合框图

IHS 属于色度空间变换,由于灵活实用的优点而被广泛应用,成为图像融合成熟的标准方法(孙丹峰,2002)。但由于它也有自身的限制,例如它只能选择多光谱图像的 3 个波段作为融合的数据,而不能选择全部波段作为融合的数据,这就大大降低了当前高光谱、超光谱图像数据的利用程度。

**2. PCA 变换方法**

主成分变换也是运用比较广泛的一种传统方法,它主要是针对超过 3 波段图像的融合。而其他方法在超过 3 个波段的图像融合时受限,只能抽取和选择多光谱图像中的 3 个波段参与变换,无疑会使其他波段的信息丢失,不利于图像信息的综合利用。其方法是用不同遥感数据源的高空间分辨率图像(如 SPOT 全色图像)替代第一主成分图像(PC1)。这种方法是通过引进高空间分辨率图像以提高多光谱图像的空间分辨率,并假设第一主成分图像拥有输入到 PCA 中所有波段的共同信息,而任一个波段中的独特信息则被映射到其他成分图像中。其融合过程框图如图 5-5 所示。

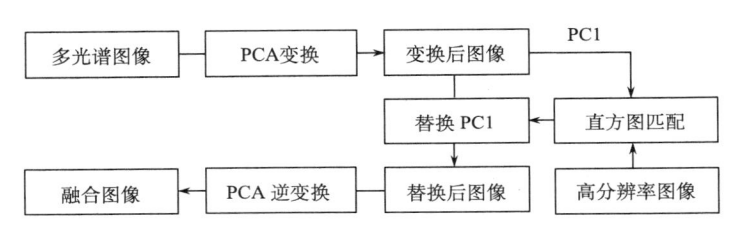

图 5-5 PCA 变换图像融合框图

**3. HPF 融合方法**

高通滤波融合法(HDF)是采用一个较小的空间高通滤波器对高空间分辨率图像滤波,直接将高通滤波得到的高频成分依像元叠加到各低分辨率多光谱图像上,获得空间分辨率增强的多光谱图像。其特点是高频信息丰富,但对光谱信息有损失。融合表达式如下:

$$F_k(i,j) = M_k(i,j) + HPH(i,j) \tag{5-1}$$

式中 $F_k(i,j)$ 表示第 $k$ 波段像元 $(i,j)$ 的融合值,$M_k(i,j)$ 表示低分辨率多光谱图像第 $k$ 波段像元 $(i,j)$ 的值,$HPH(i,j)$ 表示采用空间高通滤波器对高空间分辨率图像 $P(i,j)$ 滤波得到的高频图像像元 $(i,j)$ 的值。

HPF 融合方法的优点是很好地保留了原多光谱图像的光谱信息,并且具有去噪功能,对波段数没有限制。但其不足之处是,由于 HPF 法的滤波器尺寸大小是固定的,对于不同大小的各种地物类型很难或不可能找到一个理想的滤波器,若滤波器尺寸取得过小,则融合后的结果图像将包含过多的纹理特征,并难于将高分辨率图像中空间细节融入结果中;若滤波器尺寸取得过大,则难于将高分辨率图像中非常重要的纹理特征加入到低分辨率图像中去(王文杰等,2001)。实验结果表明,滤波器尺寸取为高低分辨率图像分辨率比值的两倍,其结果最好(Chavez et al.,1991)。

**4. Brovey 变换方法**

Brovey 变换是一种通过归一化后的 3 个波段多光谱图像与高分辨率图像乘积的融合方法,其公式:

$$DN_{fused} = \frac{DN_{Bi}}{DN_{B1} + DN_{B2} + DN_{B3}} \times DN_{Pan} \tag{5-2}$$

式中:$DN_{fused}$ 表示融合后的像元值;$DN_{Bi}(i=1,2,3)$ 为多光谱图像中第 $i$ 波段的像元值;$DN_{Pan}$ 为高分辨率图像的像元值。

该方法常常用于图像锐化、TM 多光谱与 SPOT 全色、SPOT 全色与 SPOT 多光谱的数据融合。Brovey 变换的优点在于锐化图像的同时能够保持原多光谱信息内容。

**5. 线性复合方法**

线性复合指对遥感图像进行加权运算,从振幅上对图像的结果进行突出处理,从而达到图像效果的增强。将高分辨率波段与多光谱两个灰度(亮度)矩阵进行矩阵乘积,结果矩阵与多光谱矩阵差别很大,直接反映在图像上为光谱变化大,纹理不如原分辨率波段清晰(翁永玲,2003)。此类融合方法对于表现细碎地貌类型是不合适的,但对于大的地貌类型,如高起伏地区、荒漠区域类型增强效果比较理想。利用该融合方法还可以解决非同一波谱区波段数据融合的问题。如在传统的用 IHS 变换对高空间分辨率全色遥感图像与多光谱图像的融合中,当有红外波段图像参与融合时,由于高分辨率全色图像不含红外波段信息,因而与强度分量的相关性弱,使融合得到的多光谱图像亮度值同原多光谱图像有较大的差异,即光谱特征被扭曲,从而造成解译困难。为了最大限度地保留多光谱图像的光谱特征,可将高空间分辨率全色图像与 I 分量按下式进行加权线性组合,以得到高分辨率图像,并以之代替强度分量进行融合:

$$I_p = (3-k)I_p/3 + (\sum_{j=1}^{k} I_{pi})/3 \tag{5-3}$$

其中 $k=1$ 或 $k=2$,$I_p$ 为高空间分辨率全色图像像元亮度值,$I_{pi}$ 为第 $i$ 红外波段的像元亮度值。

### 6. K-T 变换方法

Kauth-Thomas 变换,简称 K-T 变换,又形象地称为"缨帽变换"。它是线性变换的一种,它能使坐标空间发生旋转,但旋转后的坐标轴不是指向主成分的方向,而是指向另外的方向,这些方向与地面景物有密切的关系,特别是与植物生长过程和土壤有关。因此,这种变换着眼于农作物生长过程而区别于其他植被覆盖,力争抓住地面景物在多光谱空间的特征。通过这种变换,既可以实现信息压缩,又可以帮助解译分析农业特征,因此有很大的实际应用意义。

目前对这个变换在多源遥感数据融合方面的研究应用主要集中在 MSS 与 TM 两种遥感数据的应用分析方面。例如,1984 年 Crist 和 Cicones 对 TM 数据作 K-T 变换的公式,如式(5-4)所示:

$$U = R_2 \cdot X + r \tag{5-4}$$

式中 $R_2$ 是一个由矩阵确定的常数,$X=(x_1,x_2,x_3,x_4,x_5,x_6)^T$ 是 TM 的第 1,2,3,4,5,7 波段图像上的亮度值组成的光谱矢量,$U=(u_1,u_2,u_3,u_4,u_5,u_6)^T$ 是变换后的光谱矢量。借助这个公式,TM 的六个波段(热红外波段除外)被压缩成 3 个分量(或波段),即 $u_1$ 为亮度,$u_2$ 为绿度,$u_3$ 为湿度,它们都具有各自的物理意义。其中,用亮度和绿度 2 分量组成的二维平面可称作"植被视面",湿度和亮度 2 分量值组成的二维平面可定义为"土壤视面",湿度和绿度组成的第三个面成为"过渡区视面",这样三维空间就是 TM 数据进行 K-T 变换后的新空间,可以在这样一个空间,对植被、土壤等地面景物作更为细致、准确的分析。

### 7. 代数方法

代数方法包括加权融合、单变量图像差值法、图像比值法等:

*1) 加权融合*

两个不同特性图像融合时,像元对像元加权融合过程如下:

$$I'_{ij} = A(P_i I_i + P_j I_j) + B \tag{5-5}$$

权 $P_i,P_j$ 可根据经验对被融合图像 $i$ 和 $j$ 需强调的程度确定,也可运用相关系数确定融合图像的权重,以减少冗余度。相关系数计算公式为:

$$r_{ij} = \frac{\frac{1}{mn}\sum_{k=1}^{m}\sum_{l=1}^{n}(I_{jkI}-\overline{I_i})(I_{jkI}-\overline{I_j})}{\sqrt{\frac{1}{mn}\sum_{k=1}^{m}\sum_{l=1}^{n}(I_{jkI}-\overline{I_i})^2 \frac{1}{mn}\sum_{k=1}^{m}\sum_{l=1}^{n}(I_{jkI}-\overline{I_j})^2}} \tag{5-6}$$

则 $P_i = |r_{ij}| \times 0.5 + 0.5, P_j = 1 - P_i$ 或 $P_i$ 与 $P_j$ 互换，视具体处理方法而定。

#### 2) 单变量图像差值法

单变量图像差值法是广泛使用的变化检测方法。它是将两个时相的遥感图像按波段进行逐像元相减，从而生成一幅新的代表二时相间光谱变化的差值图像。假设辐射值的显著变化代表了土地覆盖变化，那么在差值图像中接近于零的像元就被看作是未变化的，而那些大于或小于零的像元表示其覆盖状况发生了某种变化。图像差值法被认为存在一些缺陷，这些问题主要与混合像元、校正误差的存在有关。此外，由于二组不同的绝对数值能产生相同的差值，这也使得差值法有时无法适当地处理在变化检测中涉及的所有因素。

#### 3) 图像比值法

比值运算是遥感图像处理中常用的方法，它是两个波段对应像元的亮度值之比或几个波段组合的对应像元亮度值之比。此种运算经常用来发现变化图斑，是辨别变化区域相对较快的手段，是动态监测的一个有力工具。与差值法不同，它是将多时相遥感图像按波段进行逐像元的相除。显然，经过辐射校正后，在图像中未发生变化的像元其比值应近似为1，而对于变化像元而言，比值将明显高于或低于1。利用比值运算可以扩大不同地物的光谱差异。对两个不同时相的遥感图像进行比值运算的融合处理，融合结果虽然使总体色调和纹理细节有所下降，但是在变化区域内的色调表示却异常突出和明显，使一些细微、独立的变化都能够在融合结果中表现出来，这是因为动态变化能够引起融合图像的光谱特征、纹理特征变异，从而在融合结果中突出显示出来。另外，比值运算可以消除共同噪音，消除或削弱地形阴影、云影的影响等。比值法的缺点在于它的数据不是正态分布的，这使得以均值的标准偏差来作为划分"变化/未变化"像元时，会在均值的两端分割出面积不相等的区域，因此造成两端不相等的错误概率。

### 5.2.2 特征级图像融合方法

特征级图像融合属于中间层次的融合，先对原始信息进行特征提取，然后对特征信息进行综合分析和处理。一般来说，提取的特征信息应是像元信息的充分表示量或充分统计量，比如特征信息可以是目标的边缘、方向、速度、区域和距离等，然后按特征信息对多传感器数据进行分类、汇集和综合。基于特征级的图像融合，强调"特征"(结构信息)之间的对应，并不突出像元的对应，在处理上避免了像元重采样的人为误差。由于它强调对"特征"进行关联处理，把"特征"分成有意义的组合，因而它对特征属性的判断具有更高的可信度和准确性。特征级融合的优点在于实现了可观的信息压缩，有利于实时处理，并且由于所提取的特征直接与决策分析有关，融合结果能最大限度地给出决策分析所需要的特征信息。特征级融合的关键是特征的选择。其融合过程基本框图如图 5-6 所示。

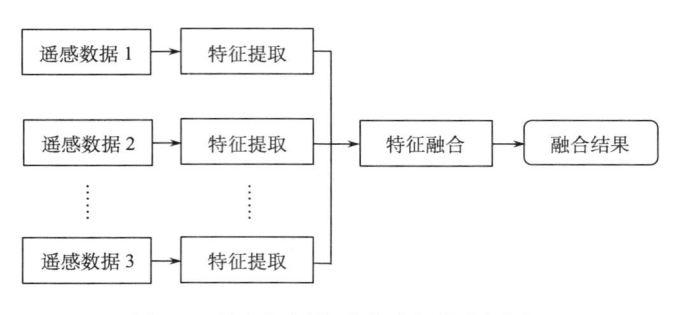

图 5-6　特征级图像融合过程基本框图

特征级融合可划分为两大类：目标状态数据融合和目标特性融合。

目标状态数据融合主要用于多传感器目标跟踪领域。融合系统首先对传感器数据进行预处理以完成数据配准，此后，融合处理主要实现参数相关和状态向量估计。特征级目标特性融合就是特征层联合识别，具体的融合方法仍是模式识别的相应技术，只是在融合前必须先对特征进行相关处理，把特征向量分成有意义的组合。

特征级图像融合方法主要有基于 Bayesian 理论方法、Dempster-Shafer 方法、相关聚类方法、神经网络方法、模糊逻辑方法、专家系统方法、小波变换多分辨率分析方法等。

**1. Bayesian 理论方法**

在矩法估计、总概率最大值法、极大似然法中，都是在未知参数 $\theta$ 作为非随机变量的情况下讨论参数估计问题，若事先可以提供未知参数 $\theta$ 的某些附加信息，这对参数 $\theta$ 的估计是有益的，这就是 Bayes 估计的基本思想。Bayes 估计在给定一先验似然估计和附加证据条件下，能更新一个假设的似然函数。

设总的分布函数 $F(x,\theta)$ 中参数 $\theta$ 为随机变量，对任一决策函数 $d(\xi_1,\xi_2,\cdots,\xi_n)$，若有一决策函数 $d^*(\xi_1,\xi_2,\cdots,\xi_n)$ 使得 $B(d^*)=\min\{B(d)\}$，则称 $d^*$ 为参数 $\theta$ 的 Bayes 估计量。其中 $B(d)$ 称为决策函数 $d(\xi_1,\xi_2,\cdots,\xi_n)$ 的 Bayes 风险。

将 Bayes 估计应用于多源遥感数据融合时，可设 $m$ 个传感器测量同一参数所得测量数据中，最佳融合数为 $1,(1\leqslant m)$，融合集为 $X=\{x_1,x_2,\cdots,x_n\}$，下面用 Bayes 估计方法求由融合集中的数据融合成一个最佳融合数据，并把它作为被测量参数的最后结果。

$$p(\mu \mid x_1,x_2,\cdots,x_l) = \frac{p(\mu,x_1,x_2,\cdots,x_l)}{p(x_1,x_2,\cdots,x_l)} \tag{5-7}$$

若参数 $\mu$ 服从 $N(\mu_0,\sigma_0^2)$，且 $X_k$ 服从 $N(\mu,\sigma_k^2)$，并令 $\alpha = \dfrac{1}{p(x_1,x_2,\cdots,x_l)}$，$\alpha$ 是与 $\mu$ 无关的参数，因此

$$p\{\mu \mid x_1,x_2,\cdots,x_l\} = \alpha \prod_{k=1}^{l} \frac{1}{\sqrt{2\pi}\sigma_k}\exp\left\{-\frac{1}{2}\left[\frac{x_k-\mu}{\sigma_k}\right]^2\right\} \cdot \frac{1}{\sqrt{2\pi}\sigma_0}\exp\left\{-\frac{1}{2}\left[\frac{\mu-\mu_0}{\sigma_0}\right]^2\right\}$$

$$= \alpha\exp\left\{-\frac{1}{2}\sum_{k=1}^{l}\left[\frac{x_k-\mu}{\sigma_k}\right]^2 - \frac{1}{2}\left[\frac{\mu-\mu_0}{\sigma_0}\right]^2\right\} \tag{5-8}$$

上式中的指数部分是关于 $\mu$ 的二次函数，因此 $p(\mu \mid x_1,x_2,\cdots,x_l)$ 仍为正态分布，假设服从 $N(\mu_n,\sigma_n^2)$，则

$$p(\mu \mid x_1,x_2,\cdots,x_l) = \frac{1}{\sqrt{2\pi}\sigma_n}\exp\left\{-\frac{1}{2}\left[\frac{\mu-\mu_n}{\sigma_n}\right]^2\right\} \tag{5-9}$$

比较式(5-8)、(5-9)的参数，得：

$$\mu_n = \left[\sum_{k=1}^{l}\frac{x_k}{\sigma_k^2} + \frac{\mu_0}{\sigma_0^2}\right] \Big/ \left[\sum_{k=1}^{l}\frac{1}{\sigma_k^2} + \frac{1}{\sigma_0^2}\right] \tag{5-10}$$

因此 $\mu$ 的 Bayes 估计为 $\hat{\mu}$：

$$\hat{\mu} = \int_\Omega \mu \frac{1}{\sqrt{2\pi}\sigma_n}\exp\left\{-\frac{1}{2}\left[\frac{\mu-\mu_n}{\sigma_n}\right]^2\right\}\mathrm{d}\mu = \mu_n \tag{5-11}$$

所以 $\hat{\mu}$ 是 $\mu$ 的最优融合数据。

**2. 多分辨率小波分析方法**

多分辨率小波分析是一种新的时域/频域信号分析工具，它可以把信号分解到更低分辨率水平上的信号表示，这一级的信号表示由低频的轮廓信息和原信号在水平、垂直和对角线方向高频部分的细节信息组成，且每一次分解均使得信号的分辨率变为原信号的 1/2，这样就能使人们很容易地找到变换后的小波系数和原始图像内容在空间和频率域两方面的对应关系。近年来，多分辨率小波分析方法已被广泛地用于多传感器图像数据的融合之中(Garguet-Duport et al.,1996；Yocky et al.,1996；Zhou,1998)，而且这种方法最大限度地保留了原多光谱图像的光谱

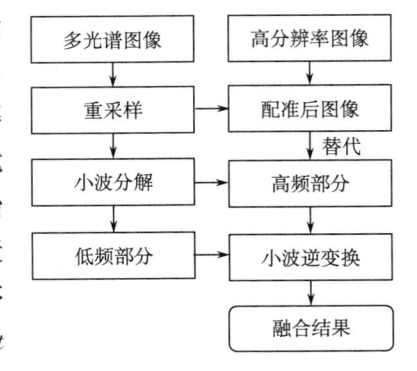

图 5-7 基于小波变换的多源遥感图像融合框图

信息。标准的基于小波变换的多源遥感图像融合过程如图 5-7 所示。其融合步骤主要包括(何国金等,1999):

(1) 对高分辨率图像和多光谱图像进行配准,配准精度要求在 1 个像元以内;

(2) 分别对高分辨率图像、多光谱图像进行 $n$ 次小波变换($n$ 通常取 2 或 3),以得到各自相应分辨率的低频轮廓图像和高频细节纹理图像;

(3) 用低分辨率多光谱图像的低频部分来代替高分辨率图像的低频部分;

(4) 对替换后图像进行小波逆变换,得到最终融合结果图像。

**3. 模糊逻辑方法**

针对数据融合中所检测的目标特征具有某种模糊性的现象,有人利用模糊逻辑方法来对检测目标进行识别和分类。

建立标准检测目标和待识别检测目标的模糊子集是此方法的研究基础。模糊子集是带有隶属度的元素集合。设 $U$ 是论域,$U$ 上的一个模糊集合 $A$ 由隶属函数 $\mu_A$ 表征,即 $\mu_A: U \rightarrow [0,1]$,则称 $\mu_A(x)$ 为 $x$ 关于模糊集 $A$ 的隶属度。但模糊子集的建立,需要有各种各样的标准检测目标,同时又必须建立合适的隶属函数。而确定隶属函数比较麻烦,目前还没有规范的方法可遵循。又由于标准检测目标子集的建立受到各种条件的限制,往往误差较大。

**4. 专家系统方法**

专家系统通过建立包含大量相应的领域知识库(事实、经验规则、启发性信息)和推理机来模拟专家解决问题的能力和推理能力。

专家系统的实质是一组计算机程序,它能从大量的事实、经验规则、启发性规则中推导出有用的结论,即一种基于知识的方法,其研究内容有:(1)表示知识的技术;(2)处理信息以便得出结论的推理方法。近年来,专家系统在多源遥感数据融合领域得到了长足的发展,例如,在地学方面,地学专家系统已应用于地学数据的融合处理中,Clement 等建立的基于多卫星数据融合的遥感图像解译系统包括 3 个专家系统:通用专家系统、语义专家系统、低层专家系统。其中低层专家系统是一组基于像元特征提取的图像处理模块,语义专家系统负责向低层专家系统提出信息要求,并向通用专家系统提出管理申请,通用专家系统只负责解译结果的管理,并解决对象冲突。该系统已成功地实现了 SAR 与 SPOT 的数据融合。

## 5.2.3 决策级图像融合方法

决策级融合可以理解为先对每个数据源进行各自的决策以后,将来自各个数据源的信息进行融合的过程,它是图像理解和图像识别基础上的融合,属于高层次的融合,往往直接面向应用,为决策支持服务。决策融合先经图像数据的特征提取以及一些辅助信息的参与,再对其有价值的复合数据运用判别准则、决策规则加以判断、识别、分类,然后在一个更为抽象的层次上,将这些有价值的信息进行融合,获得综合的决策结果,以提高识别和解译能力,更好地理解研究目标,更有效地反映地理过程。决策级融合的关键一步是要进行权值的选择,权值的大小应该能够反映各数据源对最后分类的影响,对最终结果贡献较大的数据源应具有较大的权值。其融合过程基本框图如图5-8所示。

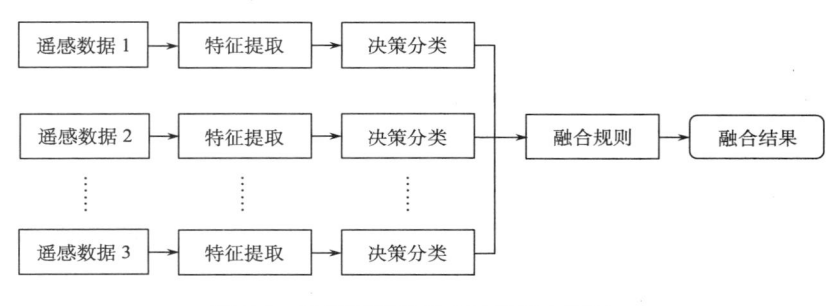

图 5-8 决策级图像融合过程基本框图

决策级图像融合最直接的体现就是经过决策层融合的结果可以直接作为决策要素来做出相应的行为,以及直接为决策者提供决策参考。

决策级融合方法主要有基于 ML(Maximum Likelihood)的方法、基于 BC(Bayesianian Criteria)的方法、基于 D-S(Dempster Shafer)的方法、基于专家知识的方法、基于神经网络的方法和基于模糊逻辑的方法等等。如方勇(2000)运用证据理论合并来自不同数据源的证据,将数据源中存在的不确定性引入数据分析过程,并通过利用 ERS SAR 数据和 TM 图像进行融合分析,证明该方法在遥感图像自动分类中有很好的应用前景。

神经网络方法是用于图像融合的常用方法之一,一般能取得较好的结果。证据理论是对贝叶斯理论的推广,在证据理论里引入了信任函数,信任函数满足比概率论弱的公理,能够区分"不知道"和"不确定"的差异。因此本小节重点介绍两种融合方法,一是基于自组织神经网络,二是基于 D-S 理论的融合方法。

**1. 基于自组织神经网络的融合方法**

基于自组织神经网络的遥感图像决策级融合的步骤是:首先对多源遥感图像进行预处理,第二步是采用基于自组织神经网络分别对多波段遥感图像和高分辨率全色波段图像进行分类;最后是对第二步得到的分类结果按照一定的规则进行融合,获得最后的融合结果。如图 5-9 所示。

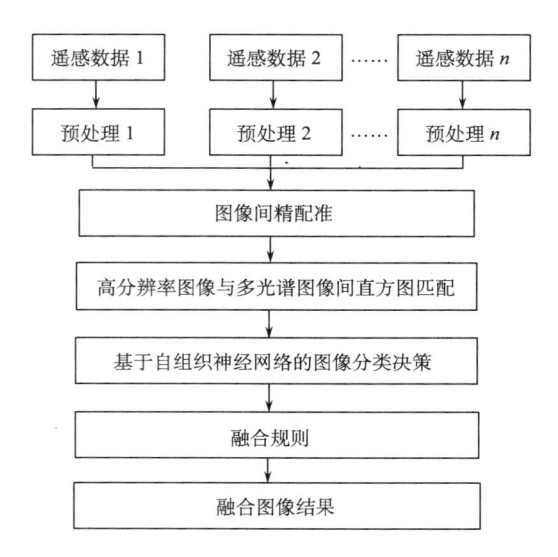

图 5-9 基于自组织神经网络的遥感图像决策级融合过程框图

采用融合规则对多分类器进行组合,一种常用方法就是投票表决规则,如多数票规则和完全一致规则等。但这些表决规则并没有考虑到各分类器本身的特性,实行的是"一人一票"的原则。实际上,由于各个分类器使用的特征不同,以及原理和方法不一样,或者训练过程使用的样本不尽相同,每个分类器的识别性能有所差别,有一定的互补性,即各个分类器对每个类别的识别能力有一定的差别。

**2. 基于 D-S 理论的融合方法**

D-S 理论也称为证据理论,它允许多个传感器提供各自所能提供的信息来进行目标检测、分类及识别。当识别框架里的命题信息不完整时,该理论通过把一部分概率分配值赋予整个识别框架来解决问题,整个识别框架能表示由于"不知道"引起的不确定。在证据理论中,引入了信任函数来度量命题成立的最小不确定性,使用似然函数来处理由于"不知道"引起的不确定性,并且不必事先给出知识的先验概率,与主观贝叶斯方法相比,具有较大的灵活性(王欣,2006)。因此,证据理论得到了广泛的应用。同时,证据理论给了确定性因子一个理论性的基础,确定性因子可以看作是证据理论的一个特例。利用证据理论的多传感器数据融合的基本步骤是:首先计算各个证据的基本概率赋值函数、信任度函数和似然函数;然后用 D-S 合成规则计算所有证据联合作用下的基本概率赋值函数、信任函数和似然函数;最后根据一定的决策规则,选择联合作用下支持度最大的假设。

## §5.3 融合示例

多源遥感图像融合正从研究阶段向实际应用方向发展,将在资源、环境、灾害调查与监测等领域有着广阔的应用前景。国外有关学者已作了许多的应用研究探讨,把多源遥感图像融合应用到地形测绘与地图更新(Pohl,1995,1996;Pohl & Genderen,1995)、土地利用分类(Hussin & Shaker,1996;Ranchin et al.,1996)、农作物分类(Brisco & Brown,1995)、森林分类(Wilkinson et al.,1995)、冰/雪/洪涝灾害监测(Ramseier et al.,1993;Armour et al.,1994;Haefner et al.,1993)、地质岩石识别(Yésou et al.,1993,1994;Ray et al.,1995)等方面,取得了较好的应用效果。研究表明,对多传感器光学数据使用融合技术,可以提高城市区域分类精度,这主要是使用高空间分辨率解释多光谱的结果(Griffiths,1988;Haack & Slonecker,1991;Ranchin et al.,1996)。融合过程的特征和优势已经被许多作者提出(Zhang,1999;Hill et al.,1999),其在遥感中的应用旨在提高图像解译(Pohl & Touron,2000)和建立更高精度的土地分类数据库(Moghaddam,2000)。总之,融合过程提供了一种从部分数据推断有用信息的方法。

选取一组实验数据,即多光谱数据 Landsat TM(30m)与高分辨率全色数据 SPOT Pan(10m),区域大小为 Landsat TM 512×512 个像元,对应 SPOT Pan 1 536×1 536个像元,采用3种常用的融合方法,即 PCA、Multiply 及 Brovey 变换融合方法,进行了融合实验及评价分析。

对上述数据进行预处理并进行了几何精纠正。几何精纠正采用二次多项式变换,利用1:5万地形图,共选取 10 个地面控制点,按双线性内插法进行了重采样,得到几何纠正后的图像。另外对不同图像进行了图像间相互配准,配准后的研究区图像如图 5-10 所示。

对相互配准后的多光谱图像 TM 数据与高分辨率全色图像 SPOT Pan 数据,分别按 Multiply、PCA 以及 Brovey 变换进行融合处理,融合后的图像如图 5-11 所示。

(1) 从空间分辨率、清晰度来看,三种变换图像融合都将 SPOT Pan 的空间信息和 TM 的光谱信息有机结合,融合后的图像都比原 TM 图像在分辨率、清晰度上有很大提高,水体和线形地物更加突出。如图 5-11(a)、(b)、(c)融合图像上能清晰分辨的道路、居民地轮廓和河流等线状地物,而在 TM 图像上就显示得较为模糊。

(a) 多光谱数据Landsat TM (30m)   (b) 高分辨率全色数据SPOT Pan (10m)

图 5-10　配准后的研究区数据

(a) Multiply 融合结果   (b) PCA 融合结果

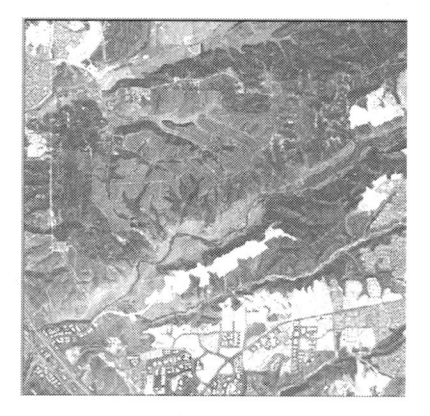

(c) Brovey 融合结果

图 5-11　TM 与 SPOT Pan 融合结果

（2）从光谱特征看，融合图像在色彩上同 TM 图像相比，3 种变换融合后的图像在色彩上整体同 TM 图像相似，同类地物有接近相同的色彩，但在局部与 TM 图像有明显的差异。造成光谱特征变化的原因主要是二类传感器波谱响应范围、波谱敏感性等因素不同的缘故。

（3）从 TM 与 SPOT Pan 的融合结果看，Brovey 变换融合效果最好，而 PCA 变换融合又优于 Multiply 变换融合结果。一般在 2 种不同数据源的融合中，Brovey 变换融合效果优于其他两种融合变换方法。

（4）在这 3 种常用的融合变换方法中，Brovey 变换方法更适合多光谱数据与高分辨率全色数据之间的融合处理。融合处理后的图像将有利于提高解译、分类和制作专题图等的精度。

## §5.4 方法的评价

图像融合质量的评价问题，特别是对其客观、定量的评价是一项重要而有意义的工作。相对于图像融合方法的多样性而言，目前国内外学者对图像融合方法性能以及图像融合效果进行评价的研究相对较少，然而采用科学合理的方法对融合图像进行评价，对于在实际应用中选择适当的融合算法、对现有融合算法的改进以及研究新的融合算法等都是非常重要的，因此，十分有必要对图像融合质量的评价方法和准则进行系统的研究。

遥感图像融合的主要目标是获得高精度的分类效果和高空间分辨率的专题图像。因此，衡量融合图像质量以及各种融合方法的优劣，从实际应用的角度出发，从检验所用方法的前提条件是否满足、融合图像空间分辨率是否提高与光谱特征是否充分保持、检验融合图像用于视觉分析或分类的测量性能 3 个方面加以分析（贾永红，2001）。融合图像质量评价离不开视觉评价，视觉评价通过直接比较图像差异来判断光谱是否扭曲和空间信息（如纹理、空间结构等）的传递性能，具有直观的优点。但是图像质量的判断取决于观测者，具有主观性、不全面性。与客观定量评价相结合进行综合评价，将是图像融合质量评价的有效途径。本节从主观定性评价和客观定量分析两个方面给出了遥感图像融合质量评价方法。

### 5.4.1 定性的评价

**1. 光谱分辨率评价**

从光谱分辨率的角度进行评价，也就是从通常所指的色彩上，判断融合图像整体色彩是否与天然色彩保持一致，如居民点图像是否明亮突出，水体图像是否呈现蓝色,植被图像是否呈现绿色。判断融合图像整体亮度、色彩反差是否合适,是否有蒙雾或斑块。

一般地,把融合图像与多光谱图像进行比较,可以看出,前者与后者色彩上相似,即基本上保持了光谱特性。但也有局部色彩差异较大,是因为不同传感器的成像机理不同引起的。

**2. 空间分辨率评价**

从空间分辨率的角度进行评价,是指图像在纹理结构清晰度、空间可分辨性方面的状况。主要判断融合图像纹理及彩色信息是否丰富,光谱与空间信息是否丢失。判断融合图像的清晰度是否降低,地物图像边缘是否清楚(刘晓龙,2001;陈德超等,2001)。

一般地,把融合图像与多光谱图像进行比较,可以看出,前者较后者图像清晰,可分辨性强。线状地物如道路、桥梁、水体、田块边界、居民地轮廓等可更加清晰分辨,同高空间分辨率的全色图像的可分辨性相近,即融合图像纹理结构变得清晰。

通过图像的色彩、纹理结构清晰度、空间可分辨性,对融合后的图像进行主观定性的目视评价,可判断融合图像质量以及融合方法的分类性能。

但是,可视化质量的主观比较评价是很难掌握的,人的视觉系统不可能对一幅图像中各种变化都一样敏捷地察觉到,因此需要研究客观定量的数学标准。

## 5.4.2 定量的评价

**1. 分类精度评价**

分类精度的估计通常利用分类混淆矩阵来计算(于秀兰,1999;Dwivedi et al.,1997),分类混淆矩阵是对各类的检验样本分类结果的统计,矩阵的第一列是分类的检验样本参考数据的样本个数,依次的每一列是该类别的检验样本参考数据分到每一列的样本个数。整体分类精度用分类混淆矩阵的对角元素的和占检验样本总数的百分比来衡量,而各类的分类精度用各类的对角元素个数占该类检验样本的总数来衡量。

可用 Kappa 系数衡量分类精度,其计算也是利用分类混淆矩阵。公式如下:

$$Kappa = \frac{\sum_{i=1}^{r} N_{ii} - \sum_{i=1}^{r}(N_{i+})(N_{+i})}{N^2 - \sum_{i=1}^{r}(N_{i+})(N_{+i})} \tag{5-12}$$

其中,$N$ 是检验样本总数,$r$ 是类别总数,$N_{ii}$ 为对角元素,$N_{i+}$,$N_{+i}$ 分别为 $i$ 行 $i$ 列元素最近邻的元素。

**2. 熵、联合熵及平均梯度**

对于不同融合方法的结果,可以用熵、联合熵及平均梯度来定量描述(贾永红等,2001)。根据香农信息论的原理,一幅 8bit 表示的图像的熵:

$$H(x) = -\sum_{i=0}^{255} P_i \log_2 P_i \tag{5-13}$$

式中 $P_i$ 为图像像元亮度值为 $i$ 的概率。

而一幅彩色图像的联合熵为:

$$H(x_1, x_2, x_3) = -\sum_{i_1, i_2, i_3 = 0}^{255} P_{i_1, i_2, i_3} \log_2 P_{i_1, i_2, i3} \tag{5-14}$$

其中:$P_{i_1, i_2, i_3}$ 表示图像 $x_1$ 中像元亮度为 $i_1$ 与图像 $x_2$ 中像元亮度为 $i_2$ 以及 $x_3$ 中像元亮度为 $i_3$ 的联合概率。一般说来,$H(x)$,$H(x_1, x_2, x_3)$ 越大,图像所包含的信息越丰富。

平均梯度是敏感地反映图像对微小细节反差表达的能力。其计算公式为:

$$g = \frac{1}{(M-1)(N-1)} \cdot \sum_{i=1}^{(M-1)(N-1)} \sqrt{\left(\left(\frac{\Delta x}{\Delta y}\right) + \left(\frac{\Delta x}{\Delta y}\right)^2\right)/2} \tag{5-15}$$

一般 $g$ 越大,图像层次越多,图像越清晰。

一般地,融合图像的熵、联合熵和平均梯度均比原始图像的相应值有显著的提高,这表明融合以后的信息量要比单源图像的信息量增加,清晰度改善。

**3. 标准差**

标准差反映了亮度相对于亮度均值的离散情况,定义如下:

$$Std = \sqrt{\frac{1}{M \times N} \sum_{m=1}^{M} \sum_{n=1}^{N} (F(m,n) - \overline{F})^2} \tag{5-16}$$

其中,$\overline{F} = \frac{1}{M \times N} \sum_{m=1}^{M} \sum_{n=1}^{N} F(m,n)$ 为融合图像中所有像元亮度值算术平均,$F$ 为融合图像,行数和列数为 $M \times N$。在某种程度上,标准差可以用来评价图像反差的大小,标准差越大,则图像亮度级分布越分散,图像的反差大,可以看出更多的信息;反之,标准差小,说明图像反差小,色调单一均匀。

**4. 空间频率**

空间频率反映了一幅图像空间域的总体活跃程度,空间频率越大,说明融合效果

越好,其定义如下:

$$RF = \frac{\sum_{m=1}^{M}\sum_{n=2}^{N}[F(m,n)-F(m,n-1)]^2}{M \times N} \quad (5\text{-}17)$$

$$CF = \frac{\sum_{n=1}^{N}\sum_{m=2}^{M}[F(m,n)-F(m,n-1)]^2}{M \times N} \quad (5\text{-}18)$$

$$SF = \sqrt{RF^2 + CF^2} \quad (5\text{-}19)$$

其中,$RF$ 为行频率,$CF$ 为列频率,$SF$ 为空间频率。

以上几种客观评价方法都是基于融合图像自身统计特性的评价指标,此类方法比较简单,没有和融合前图像进行比较。以下几种方法是基于融合图像与参考图像之间关系的评价方法。

### 5. 偏差指数

偏差指数(Costantini et al.,1997)指融合图像与低分辨率多光谱图像差值的绝对值与其低分辨率多光谱图像值之比,是一种衡量融合图像光谱信息保持的客观指标。其表达式如下:

$$D_{index} = \frac{1}{MN}\sum_{i=1}^{M}\sum_{j=1}^{N}\frac{|F(i,j)-L(i,j)|}{L(i,j)} \quad (5\text{-}20)$$

式中,$D_{index}$ 表示偏差指数,$F(i,j)$ 表示融合图像,$L(i,j)$ 表示低分辨率多光谱图像,$M,N$ 表示图像的行列数。

### 6. 相关系数

相关系数反映了两幅图像的相关程度,也反映了图像融合前后的改变程度,对于与多光谱图像的相关系数则表示融合图像的光谱保真程度,该值越大表示融合图像的光谱保真越好,而对于与全色波段图像的相关系数则表示融合图像的空间信息融入程度,该值越大表示融合图像的空间信息融入效果越好,定义如下:

$$C(f,g) = \frac{\sum_{i=0}^{M-1}\sum_{j=0}^{N-1}[(f(i,j)-e_f)(g(i,j)-e_g)]}{\sqrt{\sum_{i=0}^{M-1}\sum_{j=0}^{N-1}[(f(i,j)-e_f)^2] \times \sum_{i=0}^{M-1}\sum_{j=0}^{N-i}[(g(i,j)-e_g)^2]}} \quad (5\text{-}21)$$

其中 $e_f$ 和 $e_g$ 分别是两幅图像的均值,$M$ 和 $N$ 分别代表图像的高度和宽度。

### 7. 均方根误差

均方根误差也称标准偏差,其定义如下:

$$RMSE = \sqrt{\frac{\sum_{m=1}^{M}\sum_{n=1}^{N}[R(m,n)-F(m,n)]^2}{M \times N}} \tag{5-22}$$

其中 $R$ 为参考图像，$F$ 为融合后图像。均方根误差反映了融合图像与参考图像之间的差异程度，RMSE 值越小，说明融合图像和参考图像越接近，融合效果越好。

**8. 交叉熵**

交叉熵也称相对熵，其定义如下：

$$CE_{RF} = \sum_{i=0}^{L-1} p_R(i) \log_2 [1-(p_R(i)-p_F(i))^2] \tag{5-23}$$

交叉熵值越小，说明融合图像和参考图像越接近，融合效果越好。

**9. 互信息**

互信息也称为相关熵，参考图像与融合图像的互信息定义如下：

$$MI = \sum_{i=0}^{L-1}\sum_{j=0}^{L-1} p_{R,F}(i,j) \log_2 \frac{p_{R,F}(i,j)}{p_R(i)p_F(j)} \tag{5-24}$$

其中 $p_R$、$p_F$ 分别是参考图像 $R$ 和融合图像 $F$ 的归一化亮度直方图，$p_{R,F}$ 是图像 $R$ 和 $F$ 的归一化联合亮度直方图，$L$ 为图像的亮度级数。互信息越大，说明融合图像与参考图像越相似，融合效果也越好。

偏差系数、相关系数、均方根误差、交叉熵、互信息等评价方法通过比较融合图像和参考图像之间的关系，来评价融合图像质量以及融合算法性能的优劣，是一种比较客观而且准确的评价方式。

## 5.4.3 方法的比较

根据各融合层次的基本含义、特点及应用水平，对 3 个层次融合的方法从不同角度进行比较，其各自优缺点如下：

像元级融合的优点在于尽可能多地保持了图像的原始信息，能够提供其他两种层次融合所不具有的微信息，相当于获得了一种新传感器图像。缺点是效率低下，由于处理的传感器数据量大，所以处理时间较长，实时性差；分析数据受限制，为了便于像元比较，对传感器信息的配准精度要求很高，而且要求图像来源于一组同质传感器；分析能力差，不能实现对图像的有效理解和分析；纠错要求高，由于底层传感器信息存在的不确定性、不完全性或不稳定性，所以对融合过程中的纠错能力有较高要求；抗干扰性差。

特征级融合的优点是实现了可观的信息压缩，有利于实时处理，并且提供的特征信息直接与决策分析相关,因此融合的结果最大限度地给出了决策分析所需要的特征信息。目前大多数融合系统的研究都是在该层次上开展的,其缺点是比像元级融合精度差。

决策级融合的优点是具有很强的容错性,即使在一种或几种传感器失效时也能工作;具有很好的开放性,处理时间短。其缺点是需要一整套成熟的信息优化理论、特征提取方法以及丰富的专家知识,显而易见,这种方法的代价高,实现难度大。

对3个层次的融合方法进行综合比较,得到融合层次性能比较表,见表5-1所示。

表5-1 融合层次性能比较

| 层次特性 | 像元级融合 | 特征级融合 | 决策级融合 |
| --- | --- | --- | --- |
| 信息量 | 大 | 中 | 小 |
| 信息量损失 | 小 | 中 | 大 |
| 容错性 | 差 | 中 | 好 |
| 抗干扰性 | 差 | 中 | 好 |
| 对传感器依赖性 | 大 | 中 | 小 |
| 预处理 | 小 | 中 | 大 |
| 系统开放性 | 差 | 中 | 好 |
| 分类性能 | 差 | 中 | 好 |
| 融合方法难度 | 难 | 中 | 易 |

## 参 考 文 献

[1] Armour, B., Ehrismann, J., Chen F., and Bowman, G. An integrated package for the processing and analysis of SAR imagery, and the fusion of radar and passive microwave data. *In Proceedings ISPRS Symposium*, 6-10 June 1994, Ottawa, Canada, pp, 1994, 299-306.

[2] Brisco, B., and Brown, R. J. Multidate SAR/TM synergism for crop classification in Western Canada. *Photogrammetric Engineering and Remote Sensing*, 1995, 61, 1009-1014.

[3] Carper, W. L., Lillesand, T. M. and Kiefer, R. W. The Use of Intensity Hue Saturation Transformation for Merging SPOT Panchromatic and Multi-spectral Images. *Photogrammetric Engineering and Remote Sensing*, 1990, 56(4): 459-467.

[4] Chavez, P. S., Sides, S. C., and Anderson, J. A. Comparison of three different methods to merge multiresolution and multispectral data: Landsat TM and SPOT panchromatic. *Photogrammetric Engineering and Remote Sensing*, 1991, 57: 295-303.

[5] Costantini, M., Farina, A., Zirilli, F. The fusion of different resolution SAR images. *Proceedings of the IEEE*, 1997, 85(1): 139-146.

[6] Dwivedi, R. S., Kumar, A. B., Tewari, K. N. The utility of multi-sensor data for mapping eroded lands. *International Journal of Remote Sensing*, 1997, 18(11): 2303-2318.

[7] Franklin, S. E. and Blodgett, C. F. An example of satellite multisensor data fusion. *Computers and Geoscience*, 1993, 19(4):577-583.

[8] Garguet-Duport, B. , Girel, J. , Chassery, J. , and Pautou, G. The use of multiresolution analysis and wavelets transform for merging SPOT panchromatic and multispectral image data. *Photogrammetric Engineering and Remote Sensing*, 1996, 62:1057-1066.

[9] Genderen, J. L. Van, and Pohl, C. Image fusion: Issue, techniques and applications, Proceedings EARSeL Workshop on Intelligent Image Fusion. *Van Genderen J. L. And Cappellini V. (Eds.)*, Holiday Inn, Strasbourg, France, 11 September 1994.

[10] Griffiths, G. H. Monitoring urban change from Landsat TM and SPOT satellite imagery by image differencing. Proceedings IEEE *International Geoscience and Remote Sensing Symposium (IGARSS'88)*, Edinburgh, Scotland, 13-16 Sept. 1988, pp. 493-497.

[11] Haack, B. , and Slonecker, T. Sensor fusion for locating villages in Sudan, GIS/LIS ACSM-ASPRS Fall Convention. *Technical Papers*, Atlanta, USA, 28 Oct. 1991, pp. B97-B107.

[12] Haefner, H. , Holecz, F. , Meier, E. et al. Capablities and limitationa of ERS-1 SAR data for snowcover determination in mountainous regions, Space at the Service of Our Environment. *Proceedings of the Second ERS-1 Symposium*, Hamburg, Germany, 11-14 Oct. 1993, SP-361, pp. 971-976.

[13] Hall, D. L. , and Llinas, J. An introduction to multisensor data fusion formalization. *Robotics and Autonomous Systems*, 1997, 13:69-85.

[14] Hall, D. L. , *Mathematical techniques in multisensor data fusion*. Boston: Artech House, 1992.

[15] Hill, J. , Diemer, C. , Stöver, O. , and Udelhoven, T. A local correlation approach for the fusion of remote sensing data with different resolutions in forestry applications. ISPRS/EARSEL Workshop on Fusion of Sensor Data, Knowledge Sources and Algorithms for Extraction and Classification of Topographic Objects, 3-4 June 1999, *International Society for Photogrammetry and Remote Sensing*, Valladolid, Spain(ISPRS/EARSeL), pp. 191-198.

[16] Hussin, Y. A. , and Shaker, S. R. Optical and radar satellite image fusion techniques and their applicationa in monitoring natural resources and land use change, Synthetic Aperture Radar, *Proceedings European Conference(EUSAR'96)*, Königswinter, Germany, 26-28 March 1996(Berlin: VDE):451-456.

[17] John, A. Richards, Xiuping Jia. Remote sensing digital image analysis: An introduction (Third Edition). Berlin: Springer, 1999.

[18] Klein, L. A. Sensor and Data Fusion Concepts and Applications. *SPIE Optical Engineering Press*, *Tutorial Texts*, 1993, Vol. 14, 132 pages.

[19] Mangolini, M. Apport de la fusion d'images satellitaires multicapteurs au niveau pixel en teledetection et photo-interpretation. These de Doctorat, Universite Nice-Sophia Antipolis, France, 1994, 174 pages.

[20] Moghaddam, M. Fusion of AIRSAR and TM data for variable classification and estimation in dense and hilly forests, 3rd International Conference of Fusion of Earth Data, 26-28 Jan. , Sophia Antipolis, France(Nice: SEE GréCA), 2000:161-166.

[21] Pohl, C and Genderen, J. L. Van. Image fusion of microwave and optical remote sensing data for map updating in the tropics, Image and Signal Processing for Remote Sensing, *Proceedings EUROPTO'95*, Paris, France, 25-29 Sept. 1995, SPIE Vol. 2579, pp. 2-10.

[22] Pohl, C. and Touron, H. Issues and challenges of operational applications using multisensor image fusion. 3rd International Conference of Fusion of Earth Data, 26-28 Jan., *Sophia Antipolis, France(Nice: SEE GréCA)*, 2000, pp. 25-32.

[23] Pohl, C. Geometric aspects of multisensor image fusion for topographic map updating in the humid Tropics. ITC publication No. 39(Enschede: ITC), 1996, ISBN 90 6164 1217.

[24] Pohl, C. SPOT/ERS image maps: topographic map updating in Indonesia. SPOT MAGAZINE, Dec. 1995: 17-19.

[25] Pohl, C., Genderen J. L. Van. Multisensor image fusion in remote sensing: Concepts, methods and applications, *International Journal of Remote Sensing*, 1998, 19(5): 823-854.

[26] Ramseier, R. O., Emmons, A., Armour, B., and Garrity, C. Fusion of ERS-1 SAR and SSM/I ice data, Space at the Service of our Environment. *Proceedings of the Second ERS-1 Symposium*, 11-14 Oct. 1993, Hamburg, Germany, ESA SP-361, 1993: 361-368.

[27] Ranchin, T., Wald, L., and Mangolini, M. The ARSIS method: a general solution for improving spatial resolution of images by the means of sensor fusion. Fusion of Earth Data. *Proceedings EARSeL Conference*, Cannes, France, 6-8 Feb. 1996.

[28] Ray, P. K. C., Roy, A. K., and Prabhakaran, B. Evaluation and integration of ERS-1 SAR and optical sensor data(TM and IRS)for geological investigations. Photonirvachak. *Journal of the Indian Society of Remote Sensing*, 1995, 23: 77-86.

[29] Terrettaz, P. Comparison of different methods to merge SPOT Pan and XS data: Evaluation in an urban area. In: *Future Trends in Remote Sensing*, Gudmansen(ed.), Balkema, Rotterdam, 1998: 435-443.

[30] Wald, L. An overview of concepts in fusion of Earth data. In: *Future Trends in Remote Sensing*, Gudmansen(ed.), Balltema, Rotterdam, 1998: 385-390.

[31] Welch, R., Ehlers, M. Cartographic feature extraction from integrated SIR-B and Landsat TM images. *International Journal of Remote Sensing*, 1988, 9(5): 873-889.

[32] Wilkinson, G. G., Folving, S., Kanellopoulos, I. et al. Forest mapping from multi-source satellite data using neural network classifiers-An experiment in Portugal. *Remote Sening Reviews*, 1995, 12: 83-106.

[33] Yésou, H., Besnus, Y., and Rolet J. Extraction of spectral information from Landsat TM data and merger with SPOT panchromatic imagery—a contribution to the study of geological structures. *ISPRS Journal of Photogrammetry and Remote Sensing*, 1993, 48: 23-36.

[34] Yésou, H., Besnus, Y., and Rolet J. Perception of a geological body using multiple source remotely-sensed data-relative influence of the spectral content and the spatial resolution. *International Journal of Remote Sensing*, 1994, 15: 2495-2510.

[35] Yocky, D. A. Multiresolution wavelet decomposition image merger of Landsat TM and SPOT panchromatic data. *Photogrammetric Engineering and Remote Sensing*, 1996, 62: 1067-1074.

[36] Zhang, Y. Optimisation of building detection in satellite images by combining multispectral classification and texture filtering. *ISPRS Journal of Photogrammetry and Remote Sensing*, 1999, 54: 50-60.

[37] Zhou, J., Civco, D. L., Silander J. A. A wavelet transform method to merge Landsat TM and SPOT panchromatic data. *International Journal of Remote Sensing*, 1998, 19(4): 743-757.

[38] 何国金,李克鲁,胡德永. 多卫星遥感数据的信息融合:理论、方法与实践. 中国图象图形学报,1999,4(9):

744-749.

[39] 贾永红,李德仁,孙家炳. 多源遥感影像数据融合. 遥感技术与应用,2000,15(1):41-44.
[40] 瞿继双,王超,王正志. 基于数据融合的遥感图像处理技术. 中国图象图形学报,2002,7(10):985-993.
[41] 李军. 多源遥感影像融合的理论、算法与实践. 武汉测绘科技大学博士学位论,1999.
[42] 李圣怡,吴学忠,范大鹏. 多传感器融合理论及在智能制造系统中的应用. 长沙:国防科技大学出版社,1998.
[43] 刘同明,夏祖勋,解洪成. 数据融合技术及其应用. 北京:国防工业出版社,1998.
[44] 孙丹峰. IKONOS全色与多光谱数据融合方法的比较研究. 遥感技术与应用,2002,17(1):41-45.
[45] 王文杰,唐婷,朱重光. 一种基于小波变换的图像融合算法. 中国图象图形学报,2001,6(11):1130-1135.
[46] 王欣. 多传感器数据融合问题的研究. 吉林大学博士学位论文,2006.
[47] 翁永玲,田庆久. 遥感数据融合方法分析与评价综述. 遥感信息,2003,(3):49:54.
[48] 赵书河. 多源遥感影像融合技术与应用. 南京:南京大学出版社,2008

# 第六章 遥感图像的分类处理

遥感图像的分类处理主要是利用遥感图像像元间的相关性或在特征空间的不同聚集位置，找一种对图像像元的归并或在特征空间的划分方法，实现对图像像元的类别划分，达到对图像像元分类的目的。

目前常用的遥感图像的计算机分类技术，属于对遥感图像上的地物进行属性的识别和分类的技术，是模式识别技术在遥感数字图像处理中的具体运用。分类的目的就是从遥感图像中识别实际的地物类型，进而提取地物信息。与遥感图像的目视识别技术相比较，它们的目的是一致的，但手段不同，目视判读直接利用人类的自然识别智能，而计算机分类则是利用计算机技术来模拟人类的识别功能。

遥感图像分类的主要依据是地物的反射光谱特征在遥感图像上的具体表征，即地物电磁波辐射的多波段测量值，这些测量值可以用作遥感图像分类的原始特征变量。然而就某些特定地物的分类而言，多波段图像的原始亮度值并不能很好地表达类别特征，因此需要对数字图像进行运算处理（如比值处理、差值处理、主成分变换以及 K-T 变换等），以寻找能有效描述地物类别特征的模式变量，然后利用这些特征变量对数字图像进行分类。分类是对图像上每个像元按照亮度值接近程度给出对应类别，以达到大致区分遥感图像中多种地物的目的。

## §6.1 图像分类的原理

### 6.1.1 分类问题的提出

分类问题是一个古老的话题，"物以类聚，人以群分"，早而有之。若早期的分类是为了便于管理的话，现代的分类则更注重分析与应用。对遥感图像而言，图像的分类主要是依据图像像元之间的某些相似性，按照一定的规则或算法，对它们进行类别的划分或像元的归并，其目的是能够得到多波段图像的分类图，便于地学的解译与应用。

就分类方法本身而言，其分类过程可简要地归述为以下两个方面：一是分类指标

的确定与特征空间 $X=(x_1, x_2, \cdots, x_n)$ 的构成;二是在特征空间中寻找像元类别归并或划分的方法。在特征空间中,若取 $x_1$、$x_2$ 两个波段,并按其像元的亮度值制作形如图 6-1 所示的散布图就可以看出,不同的地物,其亮度值在特征空间上就有不同的聚集位置。在散布图中,若能找到各集群的类中心 $M_j(j=1, 2, \cdots, C)$,其像元类别的归并或划分就可通过衡量像元到各类中心的距离来实现。同理,如果在散布图中能找到对各集群划分的方法,也就是说,若能把特征空间 $X$ 划分为 $C$ 个子空间 $X^{(C)}=(x^{(1)}, x^{(2)}, \cdots, x^{(C)})$,则像元类别的归并或划分就可归结为像元落入某一子空间的识别或判别问题。

根据划分过程的差异,遥感图像分类又可分为非监督分类与监督分类两类方法。非监督分类无需人的参与,分类过程是按一定的规则,自动地根据像元间的相似性将它们划分成不同的类别。监督分类则要通过样本的选择,并从中获取相关的参数,通过建立判别函数与判别准则,对像元进行判别分类。

对于含有 $n$ 个波段的多光谱图像,可用矢量 $X=(x_1, x_2, \cdots, x_n)$ 表示任一位置 $(i, j)$ 的像元在每个波段上的亮度值,$X$ 称作该像元的特征值,即包含 $X$ 的 $n$ 维空间,也就是特征空间。这样,$n$ 个波段的多光谱图像便可以用 $n$ 维特征空间中的一系列点来表示。

从理论来说,每种地物具有特定的反射光谱特征,在特征空间中应对应于某一点。但是,由于各种干扰因素的影响,如环境条件的差别、地形变化、扫描仪视角的不同,导致传感器获得的每类地物的光谱响应特征(亮度值)并不完全相同,同一类地物样本在光谱空间中表现为围绕某一点呈概率分布或聚集于某一点周围,如图 6-1 所示。图中 $M_1$、$M_2$ 和 $M_3$ 分别为水体、植被和土壤的类中心。

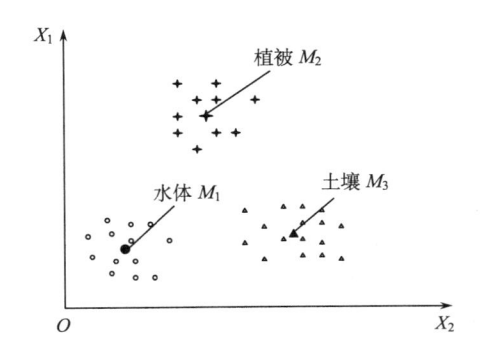

图 6-1 地物亮度值在特征空间中的分布

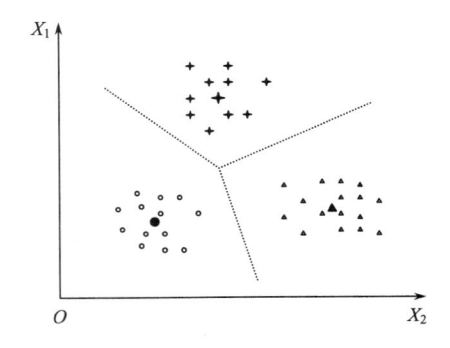

图 6-2 地物亮度值在特征空间中的划分

从图 6-1 可以看出，水体、植被和土壤这 3 类地物在光谱空间中分别聚集于各自的类中心周围，3 者之间有明显的界线。因此，可以根据边界将各个类别划分开来，如图 6-2 所示，这个边界称之为判别边界或判别函数。对于二维空间，其判别边界是一条直线或曲线；对于三维空间则是一个平面或曲面；对于三维以上的空间，则是一个超平面或超曲面。

在图 6-2 中，地物亮度值在特征空间呈点群分布，每个点群代表一类。分类的目的就是划分出各类之间的边界，从而对某一未知像元可以判断它属于哪一类的边界之内。遥感图像的分类就是通过对各类地物光谱特征的分析选择特征参数，将特征空间划分为互不重叠的子空间，进而将图像上的像元划分到各个子空间中，实现地物分类的目的。

### 6.1.2 分类的内容

遥感分类的主要内容包括以下两个方面：一是确定各个类别的类中心，即图 6-1 中 $M_1$，$M_2$，$M_3$ 的确定；二是寻找各类别的划分边界，也就是建立各类别的判别函数，即图 6-2 中 3 个类别之间的边界线。这两个方面的内容随着具体的分类方法的不同而略有差异。大致可分为监督分类和非监督分类两类。其中，监督分类需要事先从待分类图像中选取各类别具有代表性的训练区作为样本，通过对样本的训练建立判别函数，根据此判别函数将像元划分到各个类别中，也就是在已知各个类别的类中心的前提下进行分类。常用的监督分类方法主要有最大似然比法、最小距离法、线性判别法等。非监督分类是在没有先验类别条件下，即不知道各个类别类中心 $M_j$ 的条件下，仅仅根据像元间的相似度的大小进行归类合并的方法，常用的主要有数据自组织法（ISODATA 法）、聚类分析法（Cluster 法）。

## §6.2 非监督分类

非监督分类（Unsupervised Classification），也称聚类分析或点群分析，即在多光谱图像中搜寻、定义其自然相似光谱集群组的过程。它的理论依据是：遥感图像上的同类地物在相同的表面结构特征、植被覆盖、光照等条件下，应当具有相同或相近的光谱特征，具有某种内在的相似性，理论上应归属于同一个光谱空间区域；不同的地物，其光谱信息特征不同，应归属于不同的光谱空间区域。其基本原理是：在事先不知道类别特征，也就是在没有先验类别作为样本的条件下，主要根据图像数据本身的统计特征及点群的分布情况，即像元间相似度，从纯统计学的角度对图像数据进行归类合并的方法。因此，非监督分类不需要人工选择训练样本，仅需极少的人工初始输入,计算机按照一定规则自动地根据像元或空间等特征组成集群组,然后将每个集群组和参考数据比较,将其划分到某一类别中。与监督分类的最大区别在于,监督分类首先要给定类别,而非监督分类由图像数据的统计特征来决定,不需要事先给定类别。

非监督分类的目的使得属于同一类别的像元之间的距离尽可能地小而不同类别像元间的距离尽可能地大。具体分析时,首先要假定基准类别的参数,通过预分类处理形成集群。再由集群的统计参数来调整预设的参数,然后再聚类,再调整。不断迭代,直到有关参数达到许可的范围。其基本过程如图 6-3 所示。

(1)确定初始类别数:根据专题要求与所掌握的工作区实际地物类型数等资料,设定分类的类别数;

(2)计算像元间的距离:计算两两像元间的距离;

(3)找出距离最小的类别组:根据距离最小的原则,对个体进行归并处理;

(4)计算归并后新的像元间的距离:即将(3)的结果当作个体并计算它们之间的距离;

(5)判别:计算归并后的类别数,若满足给定的类别数,则分类结束;若不满足,则重复上述(3)—(5)直到满足给定的类别数为止。

图 6-3 非监督分类过程

非监督分类方法可分为:简单集群分类方法、K-Means 分类算方法、Cluster 分类方法和 ISODATA 分类方法。

## 6.2.1 ISODATA 分类方法

ISODATA(Iterative Self-Organizing Data Analysis Techniques Algorithm)即迭代自组织数据分析技术。该方法需要事先给定类别和距离控制参数,当某两类别中心间距小于距离控制参数时,将它们合并成一类;反之,则将其分为两个类别。其实质是以初始类别为"种子"进行自动迭代的过程,它可以自动地进行类别的"合并"和"分裂",各个参数在迭代过程中不断地调整确定,并最终构建所需要的判别函数。基准类别参数的确定过程,也就是利用光谱特征本身的统计性质对判别函数的不断调整和"训练"过程。

**1. 初始类中心的确定**

初始分类中心 $M_j$ 的确定可以通过两种方法:一是给定初始的 $\hat{M}_j$,通过类别划

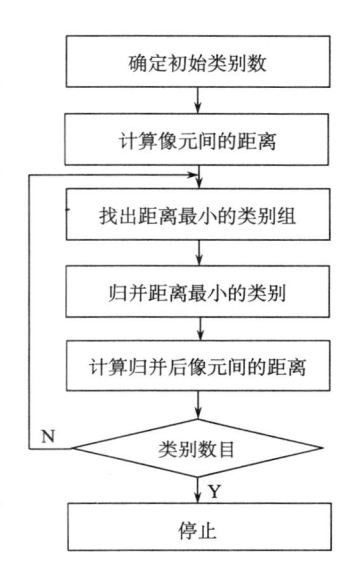

分,逐步逼近 $M_j$,具体步骤如图 6-4 所示;二是自组织产生 $M_j$,如图 6-5 所示。

通过初始 $\hat{M}_j$ 确定类中心 $M_j$:

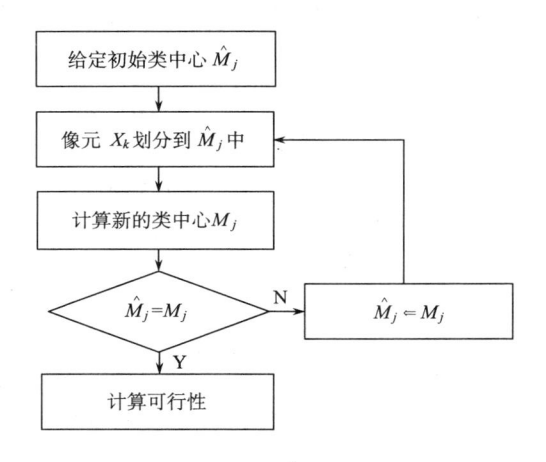

图 6-4　通过初始 $\hat{M}_j$ 确定类中心

1) 给定初始类中心

初始类中心可以随机给定,也可以根据像元在特征空间的分布特征选择近似的类中心,以缩短迭代时间。

2) 将像元 $X_k$ 划分到类别 $\hat{M}_j$ 中

划分采用择近的原则,即当 $M_j$ 确定以后,像元 $X_k$ 的类别由下式确定:
当 $\|X_k - M_j\| < \|X_k - M_i\|$ 时,则 $X_k \in W_j$ 类,$k=1,2,\cdots,q$(像元数)。

3) 计算新的类中心 $M_j$

完成初次分类以后,分别计算各个类别新的类中心,新类中心大小由类内样本的均值决定,即:

$$M_j = \frac{1}{N_j} \sum_{X \in S_j} X \quad j=1,2,\cdots,N_c \tag{6-1}$$

其中,$N_j$ 为类内样本数;$N_c$ 为类别数;$S_j$ 为第 $j$ 类样本的集合。

4) 判别

新的类中心与上一次计算的类中心是否相等或近似相等,若相等,则迭代过程结束,类中心确定;若不相等,则将新的类中心作为初始类中心,返回第 2)步,继续寻找各个类别类中心。

5) 计算可行性

根据各个类别的类中心,计算类内差 $S_j$ 和类间差 $S_{ij}$,判断类中心是否可行。其中,类内差 $S_j$ 和类间差 $S_{ij}$ 的计算如下式所示。判断依据:类内差越小越好,类间差越大越好。

$$S_j = \sqrt{\frac{1}{q}\sum_{i=1}^{q}(x_{ij} - \overline{x}_j)^2} \qquad (6\text{-}2)$$

$$S_{ij} = \sum_{k=1}^{q}(x_{qi} - \overline{x}_i)(x_{qj} - \overline{x}_j) \qquad (6\text{-}3)$$

自组织产生类中心 $M_j$:

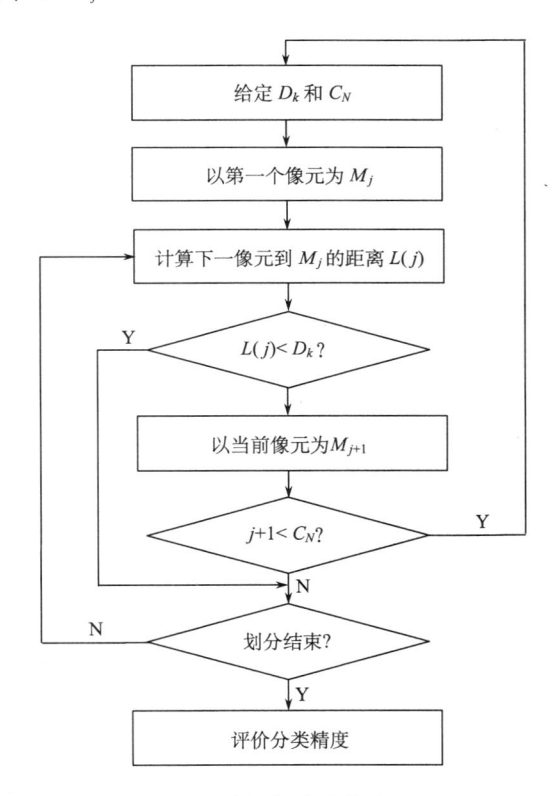

图 6-5 自组织产生类中心

(1) 给定 $D_k$ 和 $C_N$,$D_k$ 为距离控制参数,当像元与类中心 $M_j$ 的距离小于 $D_k$ 时,则将该像元划分到第 $j$ 类中;$C_N$ 为将要划分的类别数;

(2) 确定距离控制参数和类别控制参数后,将第一个像元作为初始类中心;

(3) 计算距离 $L(j)$：根据相似性度量准则，计算像元与初始类中心 $M_j$ 的距离 $L(j)$；

(4) 距离判别：比较 $L(j)$ 与距离控制参数 $D_k$ 的大小，若 $L(j)$ 大于 $D_k$，则将当前像元作为新的类中心 $M_{j+1}$，同时将类别数 $j$ 加 1；

(5) 类别数判别：比较新的类别数与类别控制参数的大小，确定是否达到类别数的要求。若大于类别控制参数，则返回第(1)步，重新开始；

(6) 结束判别：若类别数等于类别控制参数，则划分结束；否则，返回第(3)步。

**2. 相似性距离量度**

非监督分类最常用的统计分析方法是聚类分析，聚类分析是按照像元之间的相似程度进行归类的一种多元统计分析方法。聚类分析前首先要确定样本间相似性程度的统计量，即相似度。样本间的相似度有多种不同的定义，通常用距离来度量。包括绝对距离、欧氏距离、马氏距离以及混合距离等，距离越小则相似度越大。

1) 绝对距离

$$d_{ij} = \sum_{k=1}^{n} |x_{ik} - x_{jk}| \tag{6-4}$$

式中：$i,j$ 为特征空间中的两点。

2) 欧氏距离

$$d_k^2 = (x - u_k)^T \cdot (x - u_k) \tag{6-5}$$

3) 马氏距离

$$d_{ij}^2 = (x_i - x_j)^T \cdot \sum_{ij}^{-1} (x_i - x_j) \tag{6-6}$$

式中：$\sum_{ij}$ 为协方差矩阵，当 $\sum_{ij}=1$ 时，马氏距离即为欧氏距离。

4) 混合距离

$$d_{ig} = \sum_{k=1}^{p} |x_{ki} - M_{kg}| \tag{6-7}$$

式中：$d_{ig}$ 表示像元 $i$ 到第 $g$ 类类均值的混合距离；$M_{kg}$ 为 $g$ 类 $k$ 变量的均值，$M_{kg} = \frac{1}{m_g} \sum_{l \in g} x_{kl}$；$m_g$ 为 $g$ 类的像元数。

5) 明氏(Minkowski)距离

$n$ 维模式向量 $x_i$ 与 $x_j$ 之间的明氏距离为：

$$d(x_i, x_j) = \left[\sum_{k=1}^{n} |x_{ik} - x_{jk}|^m\right]^{1/m} \tag{6-8}$$

当 $m=1$ 时，有：

$$d(x_i, x_j) = \sum_{k=1}^{n} |x_{ik} - x_{jk}| \tag{6-9}$$

称为"城市街坊"距离(city block distance)。

当 $m=2$ 时，即为欧氏距离。

当 $m\to\infty$ 时，称为切比雪夫距离。

**3. 像元的类别划分**

像元的划分采取择近原则，即当 $M_j$ 确定后，像元 $X_k$ 的类别由下式确定：当 $\|X_k - M_j\| < \|X_k - M_i\|$ 时，则 $X_k \in W_j$ 类，$k=1, 2, \cdots, q$（像元数）。

## 6.2.2 Cluster 分类方法

Cluster 分类是在预先不知道划分类别的情况下（即没有预定类别数），以类内方差作为分类精度的控制参数，根据信息相似度原则进行信息集聚的一种方法。该方法是"分裂—评价—合并"的优化过程，通过最大化类内相似性、最小化类间相似性这一原则，实现对像元类别的划分。

**1. 类中心的确定**

不同地物的辐射特性不同，同类地物在同样条件下应具有相同的光谱特征，因此，同类地物聚集分布在一定的空间位置上，不同地物则聚集分布在不同的空间位置上。反映在直方图上会出现很多峰值及其对应的一些众数值，不同地物的像元分别聚集于不同众数附近形成点群。

根据图像亮度响应的概率分布密度函数，假设两类像元（$W_1$，$W_2$）的总均值 $M$ 处于 $W_1$，$W_2$ 中心位置连线的中点，且 $W_1$，$W_2$ 各自的类中心 $M_1$，$M_2$ 到 $M$ 的距离相等，正好等于总方差 $S$，如图 6-6 所示。

因此，初始类中心可由样本的统计参数来确定。具体确定方法参见本节 Cluster 划分流程（图 6-8）。

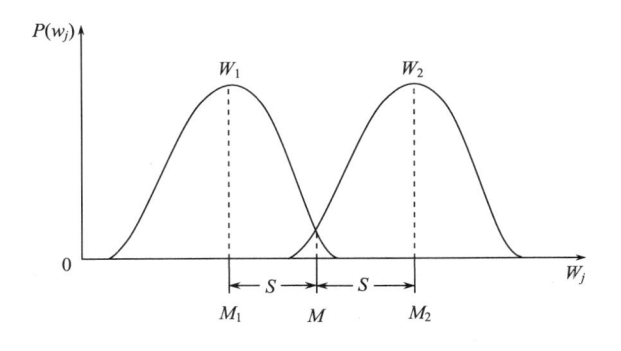

图 6-6 类中心的确定

**2. 相似性距离量度**

变量间相似性量度除了 6.2.1 节中介绍的距离表示以外,相似系数也是一种常用的表达方式。用 $C_{ij}$ 表示变量 $X_i$ 和变量 $X_j$ 的相似系数,一般要求:

(1) $C_{ij} = \pm 1$,当 $X_i = aX_j$,$a$ 为不为 0 的常数;
(2) $|C_{ij}| \leq 1$,一切 $i,j$;
(3) $C_{ij} = C_{ji}$,一切 $i,j$。

$|C_{ij}|$ 越近于 1,变量 $X_i$ 和 $X_j$ 越相似,$C_{ij}$ 越接近于 0,两变量的关系越疏远。常用的相似系数有:

1) 夹角余弦

夹角余弦着重从形状方面反映变量之间的关系,其定义如下:

$$C_{ij} = \frac{\sum_{k=1}^{n} x_{ik} x_{jk}}{\sqrt{\left(\sum_{k=1}^{n} x_{ik}^2\right)\left(\sum_{k=1}^{n} x_{jk}^2\right)}} \tag{6-10}$$

它是变量 $X_i$ 和 $X_j$ 之间夹角的余弦。夹角越小,相似度越大。这个相似度表达方式适用于模式类呈狭长区域分布的情形。如图 6-7 所示,在二维空间中有 2 个向量 $Y$、$Z$,于是:

$$C_{yz} = \frac{y_1 z_1 + y_2 z_2}{\sqrt{y_1^2 + y_2^2}\sqrt{z_1^2 + z_2^2}} = \cos\alpha \cdot \cos\beta + \sin\alpha \sin\beta = \cos(\alpha - \beta) = \cos\theta$$

$$\tag{6-11}$$

可见 $C_{yz}$ 是 $Y$ 与 $Z$ 夹角 $\theta$ 的余弦,$C_{yz}$ 越大,表明 $\theta$ 越小,$Y$ 与 $Z$ 越接近。

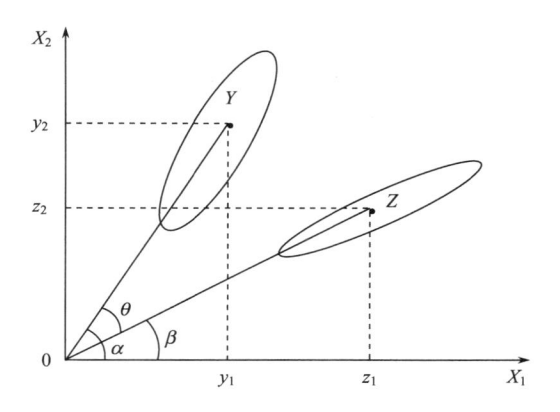

图 6-7 夹角余弦示意图

2) 相关系数

两个变量之间的相关系数 $r_{ij}$ 可以定义为：

$$r_{ij} = \frac{\sum_{k=1}^{n}(x_{ki} - \bar{x_i})(x_{kj} - \bar{x_j})}{\sqrt{\sum_{k=1}^{n}(x_{ki} - \bar{x_i})^2}\sqrt{\sum_{k=1}^{n}(x_{kj} - \bar{x_j})^2}} \tag{6-12}$$

采用相关系数衡量相似度时，相关系数越大，相似度越大；相关系数越小，相似度越小。

**3. 类别划分流程**

Cluster 分类的具体步骤如图 6-8 所示。

1) 求类均值 $M$ 和方差 $S$

$$M = \frac{1}{N_j}\sum_{X \in S_j} X, \; j = 1, 2, \cdots, N_c \tag{6-13}$$

$$S = \sqrt{\frac{1}{q}\sum_{i=1}^{q}(x_{ij} - M)^2} \tag{6-14}$$

其中，$N_j$ 为类内样本数；$N_c$ 为类别数；$S_j$ 为第 $j$ 类样本的集合。

2) 求 $w_1, w_2$ 的类中心 $M_1, M_2$

其中，$M_1 = M - S, M_2 = M + S$

```
                    ┌─────────────────────┐
                    │  求均值 M 和方差 S   │
                    └──────────┬──────────┘
                               ↓
                    ┌─────────────────────┐
                    │ 求 w1,w2 的类中心 M1,M2 │←──────────┐
                    └──────────┬──────────┘              │
                               ↓                          │
                    ┌─────────────────────┐              │
                    │  计算 L(j),并划分类别 │              │
                    └──────────┬──────────┘              │
                               ↓                          │
                    ┌─────────────────────┐              │
                    │  求 M̂1, M̂2, Sw1, Sw2  │              │
                    └──────────┬──────────┘              │
                               ↓                     ┌─────────────────┐
                    ╱Sw1,Sw2 是否均小于 ε?╲─── N ───→│ Mj = M̂j, S = Swj │
                    ╲                     ╱          └─────────────────┘
                               │Y
                               ↓
                    ┌─────────────────────┐
                    │   分析类间可分性     │
                    └─────────────────────┘
```

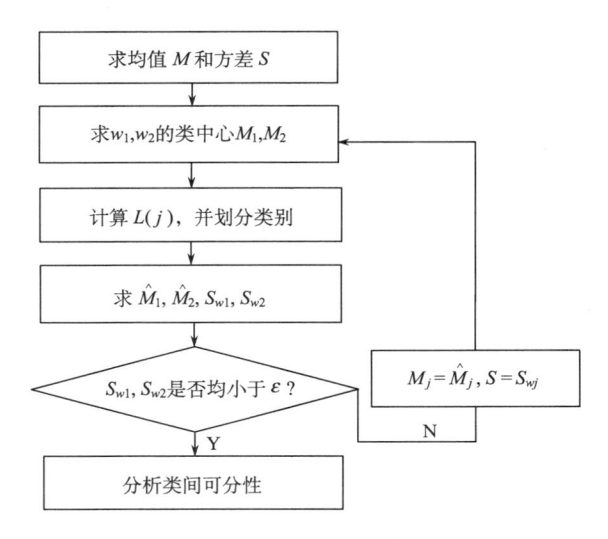

图 6-8  Cluster 分类流程

3) 求像元 $X_k$ 到 $M_1$,$M_2$ 的距离 $L(j)$,并划分类别

$$L(j) = d(X_k, M_j), \quad X_k \in \min\{L(j)\} \tag{6-15}$$

式中,$j=1,2$;$k=1,2,\cdots,q$,$q$ 表示像元数目。类别划分的依据:择近原则。即将像元划分至与类中心距离小的那一类别中。

4) 求归并后的新类中心 $\hat{M}_1$,$\hat{M}_2$,以及类内差 $S_{w1}$,$S_{w2}$

5) 判别分类是否满足条件

新分类的类内差 $S_{w1}$,$S_{w2}$ 是否均小于给定的类内差 $\varepsilon$?若均小于 $\varepsilon$,则划分结束,转到第 6)步;若不满足前述条件,则将新的类中心和类内差分别赋给 $M$ 和 $S$,转至第 2)步,继续划分,直到条件满足。

6) 分析类间可分性

计算类间距离 $d(M_k, M_j)$,并与要求的类间距离比较,判断类间可分性。

$$d(M_k, M_j) = \sqrt{\sum_{i=1}^{c} \left| \frac{M_k^i - M_j^i}{S_{wk}^i - S_{wj}^i} \right|} \tag{6-16}$$

## 6.2.3 数据挖掘技术的应用

**1. 数据挖掘概述**

目前,我们在很多情况下都会面临这样一个问题:一方面是对知识的饥渴,另一方面却是大量的数据的闲置未被利用。尽管人们对信息的需求很大,但绝大部分数据却从未被使用过。为了解决这个问题,数据仓库和数据挖掘应运而生,其中数据挖掘对信息的提取显得更为重要。空间数据库中的数据具有丰富的隐含信息,例如数字高程模型(DEM)除了载荷高度信息外,还隐含了地质岩性与构造方面的信息;植物的种类是显式信息,但植物的类型还隐含了气候的水平地带性和垂直地带性的信息。这些隐含的信息只有通过数据挖掘才能发现。

数据挖掘起源于从数据库中发现知识(Knowledge Discovery in Database,简称KDD)。KDD 一词于1989年8月首次出现在美国底特律市举行的第11届国际联合人工智能学术会议上。KDD 被定义为"从数据中发现隐含的、先前不知道的、潜在有用的信息的非平凡过程"。数据挖掘(Data Mining)是从大量的、不完全的、有噪声的、模糊的、随机的实际数据中,提取出隐含在其中的、人们不知道的、但又是潜在有用的信息和知识的过程。随着这项研究升温和扩展,人们更多的称之为数据挖掘。在我国,数据挖掘相对起步较晚,但在近年来取得了许多成绩。

还有很多和数据挖掘这一术语含义相同或相近的术语,如数据分析(Data Exploring)、数据融合(Data Fusion)、数据抽取(Data Extraction)、知识提取(Knowledge Extraction)、数据考古(Data Archaeology)、数据挖掘和知识发现(Data Mining and Knowledge Discovery,简称 DMKD)等,尽管其本质是一样的,即从数据库中提取隐含的、感兴趣的、有用的知识和模式,但具体提法不尽相同。因此,为了统一认识,在1996年出版的总结该领域进展的权威论文集《知识发现与数据挖掘研究进展》中,Fayyad 等人重新给出了 KDD 和数据挖掘的定义,将二者加以区分:KDD 是从数据中辨别有效的、新颖的、潜在有用的、最终可理解的模式的过程;数据挖掘是 KDD 中通过特定的算法在可接受的计算效率限制内生成特定模式的一个步骤。换句话说,KDD 是一个包括数据选择、数据预处理、数据变换、数据挖掘、模式评价等步骤,最终得到知识的全过程,而数据挖掘只是其中的一个关键步骤。

简而言之,许多人把数据挖掘视为 KDD 的同义词,而另一些人则把数据挖掘视为数据库中发现知识过程中的一个基本步骤。笔者认为数据挖掘是知识发现过程中的一个步骤,而且是最重要的一步。然而,在产业界、媒体和数据库研究界,"数据挖掘"比"从数据库中发现知识"更流行,这可能与词汇描述有关,数据挖掘似乎更容易被人理解。

数据挖掘研究内容都与知识有关,对于知识而言,有如下的分类:

(1) 广义知识(Generalization)。广义知识指类别特征的概括性描述知识。根据数据的微观特性发现其表征的、带有普遍性的、较高层次概念的、中观和宏观的知识,反映同类事物共同性质,是对数据的概括、精炼和抽象。

(2) 关联知识(Association)。关联知识反映一个事件和其他事件之间依赖或关联的知识。如果两项或多项属性之间存在关联,那么其中一项的属性值就可以依据其他属性值进行预测。最为著名的关联规则发现方法是 Agrawal 提出的 Apriori 算法。

(3) 分类知识(Classification&Clustering)。分类知识反映同类事物共同性质的特征型知识和不同事物之间的差异型特征知识。最为典型的分类方法是基于决策树的分类方法。

(4) 预测型知识(Prediction)。预测型知识根据时间序列型数据,由历史的和当前的数据去推测未来的数据,也可以认为是以时间为关键属性的关联知识。

(5) 偏差型知识(Deviation)。偏差型知识是对差异和极端特例的描述,揭示事物偏离常规的异常现象,如标准类外的特例,数据聚类外的离群值等。可以说成发现其他类型知识的知识。

目前,数据挖掘有几个热点包括:网站的数据挖掘(Web site data mining)、生物信息或基因(Bioinformatics/genomics)的数据挖掘及其文本的数据挖掘(Textual mining)。未来的研究方向有以下几种:

(1) 发现语言的形式化描述,即研究专门用于知识发现的数据挖掘语言,或许像 SQL 语言一样走向形式化和标准化;

(2) 寻求数据挖掘过程中的可视化方法,使知识发现的过程能够被用户理解,也便于在知识发现的过程中进行人机交互;

(3) 研究在网络环境下的数据挖掘技术,特别是在因特网上建立 DMKD 服务器,并且与数据库服务器配合,实现网络环境下的数据挖掘;

(4) 加强对各种非结构化数据的开采(Data Mining for Audio&Video),如对文本数据、图形数据、视频图像数据、声音数据乃至综合多媒体数据的挖掘。

**2. 遥感数据的挖掘**

随着世界范围内卫星及其携带的传感器不断地发射成功,人们可以获得的图像或数据的种类和数量越来越多。但是,能够及时处理并提出有效信息的资料并不多,就世界范围而言,处理过的图像还不到其总量的 1%。当然,其中有很多原因,但是我们缺乏实时有效的信息提取技术手段是学术界的共识。近年来，我国不断加大对地观测研究的财政投入，具有自主知识产权的资源越来越多，同时对信息的提取和处理不能满足需求的矛盾也日益突出。

针对陆地资源卫星源源不断地把遥感数据传输至地面的现状，宫辉力等（2005）提出多源遥感数据挖掘系统技术框架中遥感数据挖掘系统原型，具体见下图：

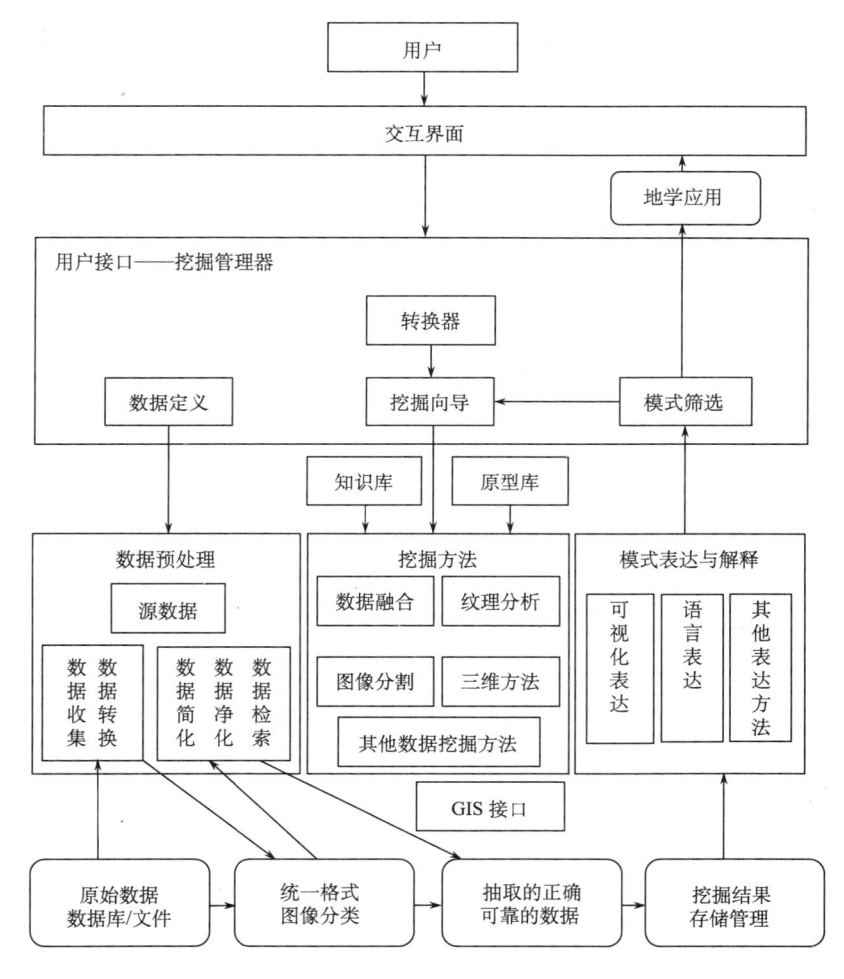

图 6-9 遥感数据挖掘系统原型（据宫辉力等，2005）

在遥感分类方法中，有监督分类和非监督分类。对于非监督分类，从数据挖掘任务上来看属于数据聚类，它按照特征矢量在特征空间中类别集群的特点进行分类，分类结果只是对不同类别达到了区分，而类别属性则只有事后对各类光谱响应曲线进行分析，或通过实地调查后才能确定。监督分类从数据挖掘任务来看属于分类知识发现,监督是在有先验知识的条件下进行的。先选择训练样本,根据已知像元数据求出参数,确定各类判别函数的形式,然后利用判别函数对未知像元进行分类。由于非监督分类的类别属性需事后确定,如果采用光谱曲线分析,因为遥感图像上光谱已受到多种因素的影响,因此分析难免出现差错;如果通过实地调查来确定则需花费大量时间和人力。

遥感图像数据挖掘是一个崭新的技术领域,要使在遥感图像数据中挖掘知识的技术手段走向实用化,仍存在很多理论和技术问题需要进一步的探讨和研究,这也是遥感图像数据挖掘系统研究的主要目标。主要包括以下几个方面:

1) 遥感图像数据挖掘流程和体系

现有的遥感图像数据挖掘系统大多是专为特定目的开发的,只限于图像分类,一般只提供数据挖掘算法,需要大量的预处理和后续处理工作,尚未出现成熟的基于空间数据仓库挖掘的实用流程和基于空间数据仓库的遥感图像数据挖掘集成框架完整模型。下一步研究,需要在遥感图像元数据有关研究的基础上,提出遥感图像数据挖掘的元数据体系,并提出元数据驱动的、基于网络和空间数据仓库的遥感图像数据挖掘系统结构模型。为了提高系统的集成度,要提出完整的、实用的遥感图像数据挖掘结构化语言。Internet/Intranet 上遥感图像数据挖掘技术还有待研究,这涉及 Internet/Intranet 上的异源、异构数据的数据清洗和集成。

2) 遥感图像数据面向数据挖掘的结构化建模

由于遥感图像包含了不同层次的、丰富的空间信息,需要建立面向数据挖掘的遥感图像多层信息抽象模型,以指导遥感图像数据挖掘的重点和内容方向。基于该模型建立图像特征数据库模式,为非结构化的遥感图像数据的"格式化"提供基础。

3) 数据仓库与 OLAP(On Line Analytical Processing)技术

由于遥感图像包含了丰富的空间信息,而关系型数据仓库数据模型——关系型多维数据模型及其 OLAP 技术处理空间数据存在不足,有必要对关系型多维数据模型进行扩充,以建立空间多维数据模型,从而为建立遥感图像数据仓库奠定基础。此外,还需要探讨遥感图像数据与矢量空间数据的集成多维建模及其 OLAP 操作以及遥感图像多维数据模型、基于空间多维模型和空间立方体的数据挖掘与知识发现等问题。

4) 遥感图像数据挖掘算法设计

一方面,在遥感图像数据挖掘算法设计方面,还需要研究挖掘算法实现的基础,也就是遥感图像数据挖掘模型结构,以及基于该模型设计与实现能够实现模型创建、训练和预测等功能的模型的算法;另一方面,数据挖掘算法大多为特定的目的,甚至是针对特定的案例集而设计,模型算法难以重用和与第三方共享,有必要基于一些现有的数据挖掘规范(如 MS OLE DB for Data Mining),设计元数据指导的、开放式数据挖掘算法。已有的遥感图像专家系统在知识获取与表达方面存在"瓶颈",需要探讨其与数据挖掘算法的集成。在实践中逐步对比不同遥感图像数据挖掘算法的有效性,以根据不同数据挖掘任务、不同情况训练案例集产生待选的数据挖掘算法。研究空间数据挖掘中运用统计、模糊逻辑、粗糙集方法产生的不确定信息的处理及对挖掘出的模式的相似性度量技术。

### 3. 在非监督分类中的应用

为了了解土地覆盖和土地利用状况,通常采用遥感图像的计算机分类技术,得到特定时间特定地区的土地利用图。现以钱塘江下游萧绍围垦区为例,介绍非监督分类在土地覆盖和土地利用分类中的应用。

首先,使用 ISODATA 非监督分类的方法将遥感图像分为 60 类;然后,根据光谱特性和地面的空间分布特征,以目视判读的方式将遥感图像进行命名归类。图像的分类不但要重视其光谱上的一致性,而且还要考虑到空间结构上的完整性,避免过度破碎;同时还要注意面积总量的控制,因为遥感图像在典型的色调之间还存在着许多中间的过渡色调和类别。

非监督分类结果的命名归类实质上是一个通过视觉不断对遥感图像进行学习的过程,我们通过遥感图像可以不断了解一些关于地面状况的知识,成为我们进行遥感图像命名归类的依据和进行区域研究的基础。目视命名归类是一个循环验证、连续进行的过程,只有当我们对地面情况的知识积累达到一定的程度,才能得到较为满意的分类结果。

在反复进行命名归类之后,遥感图像的土地覆盖类别主要被分为 6 大类,得出的结果如表 6-1。由于两景图像的传感器不相同,而且曝光的季节和时间也有所差异,因此所得到的类别只能大体上保持一定的对应关系,并不能做到完全的一致。

表 6-1　TM/ETM+图像分类结果的类别说明

| 类别码 | 颜色表示 | TM 1984 的相关类别 | ETM+ 2000 的相关类别 |
| --- | --- | --- | --- |
| 1 | 蓝 | 内陆水、江水、阴影 | 内陆水、阴影 |
| 2 | 浅蓝 | 小塘、阴影、湿土 | 河道、塘堤、小塘、阴影 |
| 3 | 浅绿 | 大田旱作 | 旱作、亮色植被 |
| 4 | 深绿 | 林木、暗色植被 | 林木、果木、深色作物 |
| 5 | 黄 | 农村居民地、深色荒地 | 农村居民地、深色荒地 |
| 6 | 褐红 | 城镇、高反射地面、浅滩水面 | 机场、城镇、道路、矿场、高反射地面 |

根据目视命名的经验,图像上的像元大致可以分为 3 个重要的系列。第一是深色像元系列,包括上面的第 1,2 两类,主要的地面类型是含水像元和各种阴影像元,阴影像元广泛分布于各种林地和居民地的内部。第二是植被像元系列,包括上面的 3,4 两类,主要的地面类型是林地、果树和各种农作物,同时在道路和河道两侧也多有分布。第三是岩土建筑像元系列,包括上面的 5,6 两类,主要的城镇类型是城镇居民地、农村居民地、道路、机场、矿场、荒地和高反射地面。第二系列和第三系列的主要差别是它们所含的植被的量不同,当两类的光谱值因为曝光条件的原因降至很低的时候,它们都会与第一系列的像元相混合。

图 6-10 为 ETM+ 2000 利用上述方法的局部土地覆盖分类结果。此地区位于围垦区中部。图的东部包括面积很大的水塘养殖区,图的西部则有部分的萧山机场。图上有 5 个明显的城镇居民地,还可以看到沿路网和河网分布的农村居民地。

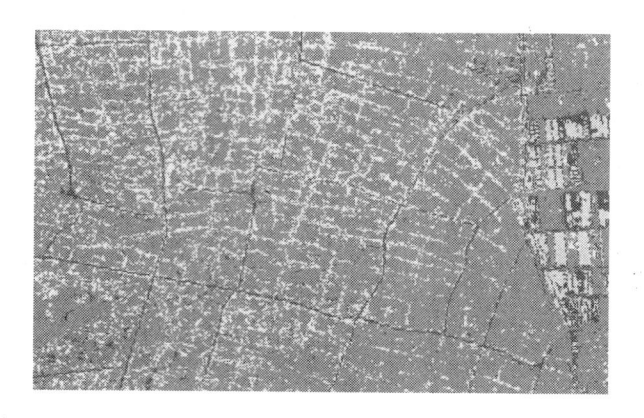

图 6-10　ETM+2000 土地覆盖的分类结果

图像分类是利用遥感图像进行景观研究的基础。遥感图像具有很强的写实性,能够反映瞬时的地面状况。但是由于受到诸多因素的影响,图像分类的结果只能从统计上大致满足对景观进行分析的要求。这些因素包括:遥感自身的分辨能力(即同谱异物和同物异谱现象);地面状况的实时变化(受天气状况、季节自然变化、农作时令的影响);地面曝光瞬间的光影场(取决于地物的地面高度和太阳高度角)。

自动分类的结果一般都比较破碎,各类别在局部区域呈斑点状交错分布。为了满足制图的需求,需要对制图的结果进行制图综合后处理。图像制图综合的方法(图6-11):将面积小于一定数量的斑块归并入相邻的面积较大的斑块。

进行图像制图综合有三个重要的功能:

Clump 用于生成斑块;

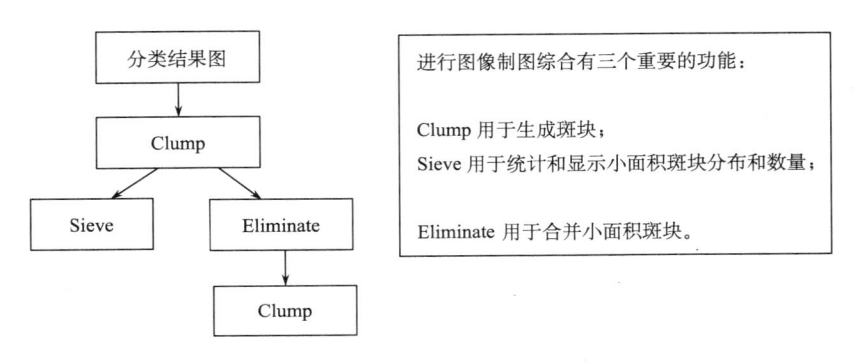

Sieve 用于统计和显示小面积斑块分布和数量;

Eliminate 用于合并小面积斑块。

图 6-11　图像制图综合的方法

合并小斑块的结果:

当合并斑块阈值为 10 pixel 时:图像斑块数由 39 451 减少为 9 397。变化的像元数为 50 575,占全部像元数的 7.85%。

当合并斑块阈值为 20 pixel 时:图像斑块数由 39 451 减少为 4 460。变化的像元数为 83 406,占全部像元数的 13%。

图 6-12　经过制图综合后的分类结果(Min Clump=10)

## §6.3 监督分类

### 6.3.1 监督分类原理

监督分类(Supervised Classification)，又称训练分类法，即用被确认类别的样本像元去识别其他未知类别像元的过程。其分类步骤为：首先在遥感图像上对每一种类别选取一定数量的训练区，以得到训练样本；然后对训练样本进行训练，得到样本均值和方差等相关参数；最后利用相关参数构建判别函数，并对像元进行判别分类。这一过程可简单描述为：

(1) 假设所有样本的集合为 $X$，则有：

$$X=\{x_1,x_2,\cdots,x_n\}$$

(2) 通过一定的规则或算法，将 $X$ 集合划分为满足以下两个条件的 $K$ 个子集 $X_k$：

$$X_k \cap X_j = \varnothing, \quad k \neq j;$$

$$\bigcup_{k=1}^{K} X_k = X。$$

这时，$X_k$ 即为各个类别像元的集合。

**1. 多波段特征向量构成**

通常，遥感图像的分类是以每个像元的光谱矢量数据为基础进行的。遥感图像上地物的光谱特征通常是以地物在多光谱图像上的亮度体现出来，不同的地物在同一波段图像上表现的亮度一般互不相同，同时不同地物在各个波段图像上亮度呈现的规律也不同，这就构成了区分不同图像地物的依据。假设遥感图像有 $N$ 个波段，则 $(i,j)$ 位置上的像元在每个波段上的亮度值可以构成表示为 $X=(x_1, x_2, \cdots, x_n)^T$，$X$ 称作该像元的特征值，包含 $X$ 的 $N$ 维空间称为特征向量空间。这样 $N$ 个波段的多光谱图像便可以用 $N$ 维特征空间中的一系列点来表示。在遥感图像分类问题中，常常把图像中的某一类地物称为模式，而把属于该类中的像元称为样本，$X=(x_1, x_2, \cdots, x_n)^T$ 可以称为样本的观测值。

**2. 像元亮度特征的散布图聚集**

由于多光谱图像上的每个像元可用上述特征空间中的一个点表示，这样，每一个图像地物点依据其在各波段所具有的亮度观测值可以在该空间找到一个相应的光谱特征点。由于随机所致，同类地物的各取样点在光谱特征空间中的特征点将不可能只表现为同一点,而是形成一个相对聚集的点簇,多类地物在特征空间中则形成多个点簇(图 6-13)。

### 3. 按照边界划分特征空间

显然,对于遥感图像进行分类,其核心就是确定不同特征点分布集群之间的分类界线(面),即确定各特征点分布与隶属的判别函数和相应的判别标准,其关键问题就是对各集群的分布规律进行统计描述。通常利用特征点分布的概率密度函数来表示。一旦各类集群分布的概率密度函数可确定,就可以计算任一随机变量属于某类集群的条件概率,进而依据某种概率的判决规则,即分类判决函数,实施分类处理。

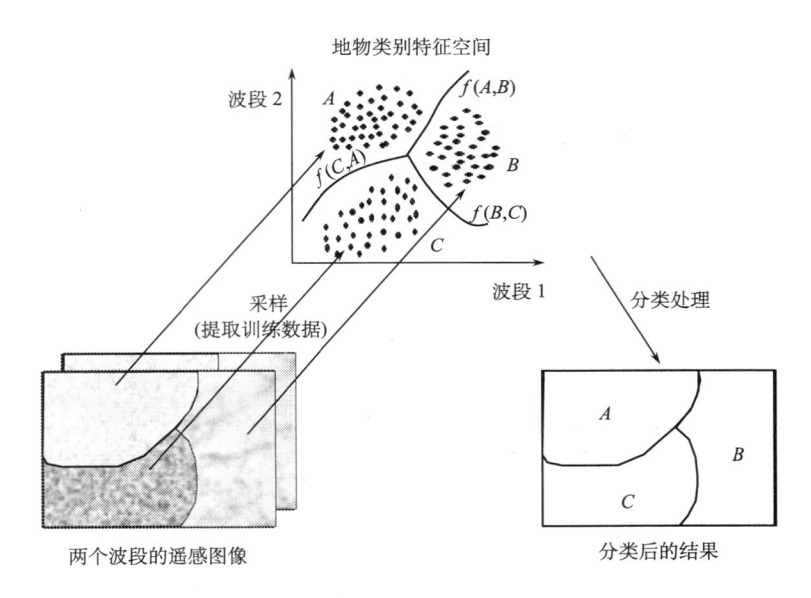

图 6-13 遥感图像分类原理

如图 6-13 所示,设图像上包含 $A,B,C$ 3 类地物,则在特征空间中形成 $A,B,C$ 3 个相互分开的点集,这样将图像中 3 类地物区分开来等价于特征空间中找到若干条曲线(若波段数大于 2,需找到若干个曲面)将 $A,B,C$ 3 个点集区分开来。设图 6-13 中 3 条曲线的表达式分别为 $f(A,B),f(B,C)$ 和 $f(C,A)$,则方程 $f(A,B)=0,f(B,C)=0$ 和 $f(C,A)=0$ 分别为地类 $A$ 和 $B$、$B$ 和 $C$ 以及 $C$ 和 $A$ 之间的判别界线。因此,根据这些判别界线可以方便地判定特征空间中的任意一点属于哪一类,以 $f(A,B)$ 为例,如果当 $f(A,B)>0$ 时,则像元点属于地类 $A$,否则属于地类 $B$。

以上提到的是最基本的遥感图像监督分类原理,只利用多波段的光谱亮度值进行自动分类。除了考虑像元的光谱亮度值,我们还可以利用像元和其周围像元之间的空间关系,如图像纹理、地形、特征大小和形状等其他信息,将多波段的信息进行扩展。因此,它比单纯的单像元光谱分类复杂,且计算量也大。另外,在分类中也经常会利用一些来自地理信息系统或其他来源的辅助层。比如在对城市土地利用分类中,往往会参考城市规划图、城市人口密度图等等,以便更精确地区分居住区和商业区。

## 6.3.2 分类过程

监督分类的基本过程是:从所研究的图像区域中,选择一些有代表性的训练样区,这些训练样区的地面状况、地物光谱特性已通过实地调查获得资料。然后,让计算机在训练区图像上"训练",取得统计特征参数,如各类别的均值、方差、协方差、离散度等,并以这些统计特征参数作为识别分类的统计度量。接着,计算机利用这些来自于训练区的统计标准,建立判别函数,将图像像元数据一组一组地加以识别分类,将每一像元都纳入一定的地类中,从而完成监督分类(图6-14)。

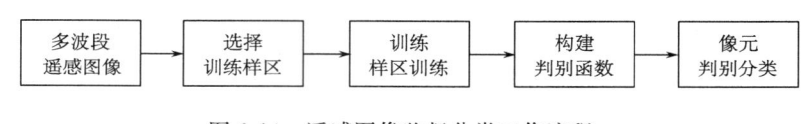

多波段遥感图像 → 选择训练样区 → 训练样区训练 → 构建判别函数 → 像元判别分类

图 6-14 遥感图像监督分类工作流程

**1. 训练区的选择**

从待处理数据中抽取具有普遍性、代表性的数据作为训练样本。训练区选择得准确与否,训练样本数是否足够,关系到分类精度的高低。在监督分类中,训练区选择的最好办法是选择一到两个典型区域,各类地物都有,进行实地调查,调查时对照实地被分类的遥感图像一一识别,在图上标好,再到计算机上将这些数据提出。如果受客观条件的限制,可以借助于地图、航片或其他专题资料进行选择。

在选择训练区样本时,必须考虑每一类别训练区样本的总数量。作为一个普遍的规则,如果图像有 $N$ 个波段,则每一类别应该至少有 $10N$ 个训练样本,才能满足一些分类算法中计算方差及协方差矩阵的要求。当然总的样本数量应根据区域的异质程度而有所不同。比如,若整个区域的土壤类型和湿度因地而异,则选择针叶林训练区样本时必须考虑到不同土壤类型和湿度的针叶林。

训练区样本选择后可做直方图,观察所选样本的分布规律,一般要求是单峰,近似于正态分布的曲线。如果是双峰,即类似两个正态分布曲线重叠,则可能是混合类别,需要重做。

训练区选定后,便可以利用训练区中的样本,按照下式(6-17)计算得到相应地物的光谱特征参数(包括均值、方差和协方差等)。然后根据方差值,判断是否满足要求,若满足则可以根据需要建立判别函数。

$$\begin{cases} M_{ij} = \dfrac{1}{n_i} \sum_{k=1}^{n_i} x_{ijk} \\ \sigma_{ij}^2 = \dfrac{n_i \sum_{k=1}^{n_i} x_{ijk}^2 - \left(\sum_{k=1}^{n_i} x_{ijk}\right)^2}{n_i(n_i-1)} \\ \sigma_{ij}^2(j,l) = \dfrac{n_i \sum_{i=1}^{n_i}(x_{ijk} x_{ilk}) - \left(\sum_{k=1}^{n_i} x_{ijk}\right)\left(\sum_{k=1}^{n_i} x_{ilk}\right)}{n_i(n_i-1)} \end{cases} \quad (6\text{-}17)$$

**2. 判别函数的建立**

通过训练区中的样本数据获得各类的统计特征参数后,需要建立一定的判别规则对整幅图像进行分类处理。而判别规则就是由某种判别函数配合以一定的比较运算关系所组成。当特征空间已经存在的情况下,每个像元的分类的问题就是判定它距离哪个集群中心较近,或落入哪个集群范围的可能性较大的问题。这就是要建立划分特征空间的判别边界,也就是建立"判别函数"的问题。下面简单介绍两种常用的判别函数。

1) 距离判别函数

建立距离判别函数是以地物光谱特征在特征空间中是按集群的方式分布为前提。假定不知道特征矢量的概率分布,但认为同一类别的特征矢量在特征空间内完全聚集成团状(集群),每个团(集群)都有一个中心。团内点的数目越多,即密度越大或点与中心的距离越近,就越可以肯定团内点是属于一个类别,所以点间的距离就成为重要的判断参量。因此,在集群(团)中心已知的情况下,以每个点与集群中心的距离作为类别判定的准则,来完成分类的工作。

运用距离判别函数时,要求各个类别集群的中心位置 $M_i$(均值)是已知点,对于光谱空间中的任一点 $k$,计算它到各类中心点的距离:

$$d_i(x_k) \quad (i=1,2,\cdots,m) \quad (6\text{-}18)$$

若 $d_i(x_k) < d_j(x_k)$,$i \neq j$,则 $k$ 像元属于 $i$ 类,否则 $k$ 属于 $j$ 类。这里,距离 $d(x)$ 就成为距离判别函数,式(6-18)则视为相应的判别准则。

常用的距离判别函数有:绝对值距离、欧几里得距离和马哈拉诺比斯距离。

2) 最大似然法判别函数

最大似然法是通过求出每个像元对于各类别的归属概率,把该像元分到归属概率最大的类别中去。这种方法利用了遥感数据的统计特征,假定各类的分布函数为正态,按正态分布规律用最大似然判别准则进行判决,得到分类结果。它是以归属某类的概率最大或错分损失最小为原则进行的判别。

从概率统计上来看,首先要找到第 $k$ 个像元属于每一类的可能性,然后比较这些可能性的大小,哪一种类别的概率大,就把 $k$ 像元归为哪一类。$k$ 像元属于每一类的概率:

$$P(w_i \mid x_k) \ (i=1, 2, \cdots, m) \tag{6-19}$$

若 $P(w_i|x_k) < P(w_j|x_k), i \neq j$,则 $k$ 像元属于 $j$ 类,否则 $k$ 属于 $i$ 类。这里,概率 $P(w|x)$ 就是判别函数。

### 3. 像元的判别分类

判别函数建立之后,我们就可以进行像元的判别分类,以完成对整个遥感图像的分类处理。在遥感图像监督分类中,可以通过线性判别分类、逐步判别分析分类、平行多面体分类以及贝叶斯(Bayes)判别准则等来确定地物所属类别,而通常我们一般使用贝叶斯分类准则来对像元进行判别分类,因为贝叶斯分类准则具有坚实的理论基础,在各类光谱数据满足统计正态性假设的条件下,贝叶斯分类准则理论上能够获得最小的分类误差,即总的错分概率或风险最小。

贝叶斯判别分类主要是通过计算各个像元属于各类的概率,将该像元归属于概率最大的类。假设待分类遥感图像 $X$ 由 $n$ 个波段组成,则像元 $x$ 的值可由 $n$ 维向量表示:

$$X = [x_1, x_2, \cdots, x_n]^T \tag{6-20}$$

若遥感图像可分为 $G$ 类,则任意像元必来自其中的某一类。当各类总体为多元正态总体 $N(u_g, \Sigma_g)$ 时,像元特征向量 $X$ 在 $g$ 类的概率密度为:

$$f_g(X) = \frac{1}{(2\pi)^{n/2} \mid \Sigma_g \mid^{1/2}} \exp\left[-\frac{1}{2}(X-u_g)^T \Sigma_g^{-1}(X-u_g)\right] \tag{6-21}$$

式中,$u_g$ 与 $\Sigma_g$ 为第 $g$ 类总体的均值向量和协方差矩阵($g=1, 2, \cdots, G$),根据贝叶斯公式,在 $X$ 出现的条件下,其归属第 $g$ 类的归属概率为:

$$P(g \mid X) = [P_g f_g(X)] / \sum_{i=1}^{G} [P_i f_i(X)] \tag{6-22}$$

式中,$P_i (i=1, 2, \cdots, G)$ 为第 $i$ 类出现的先验概率。对于已知试验区而言,先验概率

$P_i$ 可以根据各类估计面积 $A_i$ 作近似计算 ($P_i = A_i / \sum_{k=1}^{G} A_k$)。

显然,$P(g|X)$ 越大,像元来自 $g$ 类的概率就越大。所以 $P(g|X)$ 表示归属于 $g$ 类的概率,并称为像元 $X$ 的归属概率。

### 6.3.3 最大似然比方法

最大似然比分类(Maximum Likelihood Classification),是指在两类或多类判决中,假定各类分布函数为正态分布,并选择训练区,用统计方法根据最大似然比贝叶斯判决准则建立非线性判别函数集,计算各待定分类样区的归属概率,而进行图像分类的一种方法。最大似然比分类是基于贝叶斯准则的分类错误概率最小的一种非线性分类方法,该方法具有严密的理论基础,是应用比较广泛、比较成熟的一种监督分类方法。

**1. 分类器的构建**

假设研究区有 $C$ 个类别 $w_1, \cdots, w_i, \cdots, w_C$,且每个类别的分布函数都服从正态分布,$g_i(X)$ 为判别函数,像元 $x$ 出现在 $w_i$ 类的最大概率 $P(w_i|X)$ 表示为:

$$g_i(X) = P(w_i \mid X) \tag{6-23}$$

根据概率论中的贝叶斯公式,有:

$$P(w_i \mid X) = \frac{P(w_i) P(X \mid w_i)}{P(X)} \quad (i = 1, 2, 3, \cdots, C) \tag{6-24}$$

式中:$P(w_i)$ 为先验概率,表示在被分类图像中类别 $w_i$ 出现的概率;$P(w_i|X)$ 为后验概率,表示像元 $X$ 属于 $w_i$ 类的概率;$P(X)$ 表示与类别无关情况下的出现概率;$P(X|w_i)$ 为 $w_i$ 类的似然概率,也称为条件概率密度函数,表示在 $w_i$ 类中出现像元 $X$ 的概率。

从式(6-8)可以看出 $P(X)$ 与类别 $w_i$ 无关,对各类来说是一个公共项,在比较大小时不起作用,因此作判别时可将 $P(X)$ 去掉。应用最大可能性判别规则,再加上贝叶斯的最小风险原则,都表明

$$g_i(X) = P(X \mid w_i) P(w_i) \quad (i = 1, 2, 3, \cdots, C) \tag{6-25}$$

是一组理想的判别函数。

因此,最大似然比分类方法的判别规则为:如果

$$P(w_i) P(X \mid w_i) \geqslant P(w_j) P(X \mid w_j) \tag{6-26}$$

则 $X \in w_i$。

由此定义似然比:

$$\lambda = \frac{P(X \mid w_i)}{P(X \mid w_j)} \tag{6-27}$$

**2. 像元的判别分类**

根据以上构建的分类器，当 $P(w_i)$ 和 $P(X|w_i)$ 已知时，可以计算出特征向量 $X$ 状态出现时归属类别 $w_i$ 的概率。按照这种解释，当 $\lambda$ 最大时，即把 $X$ 归属于 $w_i$ 类。

另外，对似然比公式两边取对数，并化简得：

$$\lambda = \frac{1}{2}[(X-M_i)^T \sum\nolimits_i^{-1}(X-M_i) - (X-M_j)^T \sum\nolimits_j^{-1}(X-M_j)] \tag{6-28}$$

此时，当 $\lambda > \log \dfrac{P(X|w_i)}{P(X|w_j)}$ 时，$X \in w_i$。

基于以上决策得 $X \in w_i$ 的可能性最大或者错误率最小，但却难免不犯错误，而不同类别的决策错误所造成的风险是不同的，由此发展了使其达到最小风险的 Bayes 决策方法。

在决策论中称采取的决定为决策或行动，所有可能采取的各种决策组成的集合称决策空间或行动空间。而每个决策都将带来一定的风险，它通常是决策或自然状态的函数，设风险函数为 $\lambda(\alpha_i, w_i)$，表示分析结果的模式类别为 $w_i$，而采取的决策为 $\alpha_i$ 时所带来的风险损失。因此，在考虑错分所造成的损失时，就不能仅仅根据后验概率的大小来做决策，而必须考虑所采取的决策是否损失最小。这样，在采取决策情况下的条件风险为：

$$R(\alpha_i \mid X) = E[\lambda(\alpha_i, w_j)] = \sum_{j=1}^{C} \lambda(\alpha_i, w_j) P(w_j \mid X) \tag{6-29}$$

在考虑错分带来的损失时，自然希望风险最小。如果在采取每一个决策时，都使其条件风险最小，则做出决策时，其期望风险也必然最小。这样的决策就是最小风险的 Bayes 决策。其规则为：如果 $R(\alpha_k|x) = \min[R(\alpha_i|X)]$，则决策为 $\alpha_k$。

**3. 分类器的进一步简化**

1) 线性判别函数

根据式(6-29)，假定 $\sum_i = \sum_j = \sum$。

此时，几何上对应于同样大小，同样形状的一些椭球簇，且每个椭球簇都以自己的均值为中心。因此式(6-29)简化为：

$$\lambda = (M_i - M_j) \sum\nolimits^{-1} X + \frac{1}{2}(M_i^T \sum\nolimits^{-1} M_i - M_j^T \sum\nolimits^{-1} M_j) \tag{6-30}$$

令 $(M_i - M_j)\sum^{-1} = a$, $\frac{1}{2}(M_i^T \sum^{-1} M_i - M_j^T \sum^{-1} M_j) = b$，有

$$\lambda = aX + b \tag{6-31}$$

因此，原判别函数简化为形如(6-31)的线性判别函数。

当 $\lambda > \log \frac{P(X|w_i)}{P(X|w_j)}$ 时，$X \in w_i$，否则 $X \in w_j$。

2) 最小距离法

同样根据式(6-29)，假定 $\sum_i = \sum_j = I$（$I$ 为单位矩阵）。

此时，几何上对应于同样大小的一些椭球簇，且特征空间的 $n$ 个分量相互独立，并有相同的方差。因此式(6-29)简化为：

$$\lambda = (M_i - M_j)^T X + \frac{1}{2}(M_i^T M_i - M_j^T M_j) \tag{6-32}$$

因此，原判别函数简化为对特征空间的划分是基于 $x_k$ 到两个中心的最小距离。

当 $\lambda > \log \frac{P(X|w_i)}{P(X|w_j)}$ 时，$X \in w_i$，否则 $X \in w_j$。

3) 欧氏距离法

当 $n=2$（即只考虑两个波段时）且 $P(w_i) = P(w_j) = \frac{1}{C}$ 时，原判别函数简化为欧氏距离。几何上对应于两类别的垂直平分线。

此时，$\lambda = |X - M_i|^2 - |X - M_j|^2$。

当 $\lambda > \log \frac{P(X|w_i)}{P(X|w_j)}$ 时，$X \in w_i$，否则 $X \in w_j$。

从以上三步简化可以看出，随着判别函数的简化，判别精度随之降低，但运行速度则得到了相应的提高。

## 6.3.4 神经网络的分类方法

神经网络分类方法是最近发展起来的一种具有人工智能的分类方法，它是用于模拟人脑神经元活动的过程，包括对信息的加工、处理、存储和搜索等过程，具有分布式存储信息，对信息的处理及推理过程具有并行的特点，同时对信息的处理具有自组织、自学习等特点。与传统的统计方法相比，在数据有不同的统计分布时可能会获得理想的分类结果。

近年来神经网络方法在遥感图像信息处理和分类中得到了广泛的应用，出现了

各种各样的神经网络模型,如 BP 神经网络、Kohonen 神经网络、径向基神经网络、模糊神经网络、小波神经网络等。各个模型之间的区别主要包括以下 3 个方面。

**1. 神经元模型**

(1) 阈值单元模型:这是美国心理学家 McCulloch 和数学家 Pitts 于 1943 年提出的,又称 MP 模型。该模型处理 0、1 二值离散信息,不考虑神经元的活性度,也不考虑输入与输出之间的延时,是最基本的神经元模型。

(2) 准线性单元模型:采用连续的信息作为线性输入,然后通过神经元的线性组合或非线性激活函数两种类型来实现输出。前一种输出主要用一些逻辑操作。神经元计算主要为后一种情况,即通过激活函数(一般用 Sigmoid 函数)来获得输出。

(3) 概率神经元模型:输入输出信号采用 0 与 1 的二值离散信息,神经元的动作以概率状态变化的规则模型化。

**2. 网络结构**

按照网络的连接结构划分,包括:

(1) 前向网络:前向网络通常包含若干层。在这种网络中,只有前后相邻两层之间的神经元相互联结,各神经元之间没有反馈,每个神经元从前一层接收多个输入,并只有一个输出送给下一层的各个神经元。

(2) 反馈网络:反馈网络输出层与输入层之间有反馈,每个结点同时接收外来的和来自其他结点的反馈输入,也包括神经元输出信号返回输入。

(3) 相互结合型网络:如果某一时刻从神经网络外部施加一个输入,各个神经元相互作用进行信息处理,直到网络所有神经元的活性度或输出值收敛于某个平均值。

**3. 学习规则**

神经网络的学习规则主要有 4 种:

(1) 联想学习规则:模拟人脑的联想功能,将时空上接近的事物或性质上相似的事物通过形象思维联结起来。典型联想学习规则又称 Hebb 学习规则,它是心理学家 Hebb 于 1949 年提出的学习行为的突触联系和神经群理论。

(2) 竞争学习规则:属于非监督学习方式。在神经网络中的兴奋性或抑制性联结机制中引入竞争机制的学习方式,这种学习方式利用了不同层间的神经元发生的兴奋性联结,以及同一层内距离接近的神经元发生的兴奋性联结,距离较远的神经元之间则产生抑制性联结。

(3) 误差传播学习规则:以 1986 年 Runlelhzrt 和 Hinton 等提出的具有普通意

义的 BP 算法为典型。在前向网络的监督学习中,常采用误差传播学习规则。BP 学习算法虽然在图像处理和分析中得到了广泛的应用,但是其存在着学习速度缓慢,容易陷入局部极小、网络结构难以确定等缺点。结合误差传播学习和竞争学习的 RBF 学习算法可以在一定程度上克服 BP 学习算法上的上述缺点。

(4) 概率式学习规则:从统计力学、分子热力学和概率论关于系统稳态能量的标准出发,进行神经网络学习。

神经网络分类方法的分类流程如图 6-15 所示:

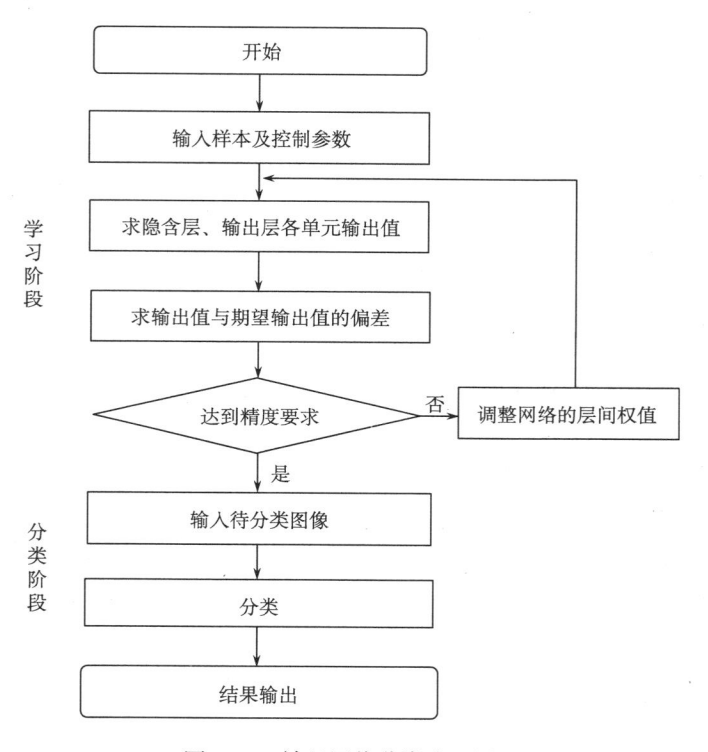

图 6-15　神经网络分类流程图

采用神经网络的方法进行遥感图像分类,可以在一定程度上消除传统的遥感图像分类所带来的模糊性和不确定性。同时从分类所需的时间上来讲,已经过训练的神经网络所具有的速度不会低于传统的遥感图像分类方法,如果隐节点的数目选择合适,神经网络模型的建立合理,其分类速度还会超过传统的遥感图像分类方法。

然而,采用神经网络模型仍存在许多有待解决的问题。如在训练完毕进行分类的过程中,对于每个像元,是根据网络计算出每一类中的概率,并取其中概率最大值所属的类别来作为该像元的类别的,而这种方式的准确性不一定高,因此在像元类别判断时,可以引入相邻像元的性质,也可叠加同一地区的矢量图形,通过矢量图形提供的信息进行进一步的判断。另外,对于神经网络进行遥感图像分类时,训练样本的采集目前采用手工采集方式,能否借助于矢量图形信息或遥感图像的自身特征信息,让图像能自动判断采集样本数据,这些都是有待进一步研究的问题。

## 6.3.5 专家分类器的应用

专家分类器是在遥感分类中使用较广泛的一种基于规则的分类方法,它是模式识别与人工智能技术相结合的产物。利用专家分类器,可以实现遥感图像的智能化解译和信息获取,逐步实现遥感图像的理解。实质上,一个专家分类器就是针对一个或多个假设,建立一个层次性的规则集或决策树,而每一条规则就是一个或一组条件语句,用于说明变量的数值或属性。所以,决策树、假设、规则(或知识)、变量以及由此组成的知识库,便成了专家分类器中最基本的概念和组成要素。专家分类器是模拟人类组合各种带有因果关系知识进行推理并得出结论的一种思维过程,因此它比传统的分类器更接近人的综合思维,具有较为突出的实用性和先进性。

**1. 知识的获取**

对基于知识的遥感图像分类过程来说,首先是对遥感与非遥感数据的低级处理,提取出这些数据所反映的地学特征,然后由人或机器通过学习和认知获取这些特征信息所蕴涵的分类知识(图 6-16)。而传统的分类方法一般只是对数据进行处理,没有上升到知识驱动的方式。遥感图像分类中所运用的知识主要是地学知识,地学知识是地学领域中反映地学属性、地学现象、地学过程形式化的描述性信息。主要包括地物的光谱响应知识、地物纹理知识、空间几何特征知识、空间分布知识、空间关系知识和时相知识等。

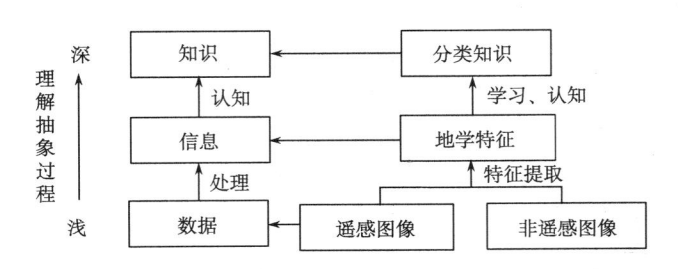

图 6-16 基于知识的遥感图像分类中数据、信息及知识间的关系

知识的质量和数量是决定基于知识的遥感图像分类性能的一个关键因素。知识获取就是把用于求解专门领域问题的知识从拥有这些知识的信息源中抽取出来的过程。知识获取是人工智能研究中的一个重要领域,获取的手段包括两种:一是人工机械地获取知识;二是通过系统自学习自动地获取知识。然而,如何自动地获取高质量的知识至今仍然是一件相当困难的工作,被公认为专家系统得以广泛应用的"瓶颈"问题。目前,在基于知识的遥感图像分类研究中,知识的获取方式通常还是采用人工手段,由知识工程师和解译专家协同完成。首先由解译专家通过对地面特征在图像上的表现的分析,以及对大量具有代表性的样本的分析,总结出反映地面特征的光谱属性、空间分布及时相变化等内在规律;然后由知识工程师通过与解译专家的交谈抽取这些知识,并用适当的知识表示方法转换为计算机可存储的内部形式存入知识库。这种间接的、机械式的知识获取手段不仅需要消耗大量的时间和精力,而且不同的专家间也会存在着知识的冲突,很大程度上影响遥感图像分类的智能化水平和客观性。因此,在基于知识的遥感图像分类方法中实现知识的自动提取是一个必然发展的趋势。

为了解决知识自动获取问题,在人工智能、知识工程和机器学习领域中,很多学者坚持不懈地展开了研究。众多的研究结果表明:基于决策树的归纳学习方法能够较好地解决"同谱异物,同物异谱"等问题,显著提高分类精度,并且能够根据发现的知识进一步细分类,扩展图像分类的能力。有学者采用决策树方法对 GIS 空间数据库中的数据进行学习,提取产生式规则辅助贝叶斯法的遥感图像分类,分类精度达到了 89.33%。有学者利用混合决策树算法对生长期的水稻品种进行分类,总分类精度达到了 94.9%。因此,采用决策树的方法获取分类规则,是促进基于知识的遥感图像分类的一种有效手段。

**2. 决策树的构建**

决策树方法是一种通过构造决策树来发现分类训练集中知识的数据挖掘方法,其核心是如何构造精度高、规模小的决策树。所谓决策树,顾名思义就是一个类似流程图的树型结构(图 6-17),树的最高层结点为根结点,是所有数据的集合;树的每个内部结点代表对某一个属性的最佳测试,其分支代表测试的结果;树的每个叶结点代表分类类别。这样一个等级分类结构与解译专家解译过程所采用的分层提取技术十分相似。

决策树的构建算法有很多,较为成熟的算法有著名的 Quinlan 提出的 ID3、C4.5、C5.0 系列,以及 Breiman 和 Friedman 提出的分类回归树方法(CART)、SLID 和 CHAID 等。尽管这些决策树构建算法各种各样,但都是分以下两步进行构建的:

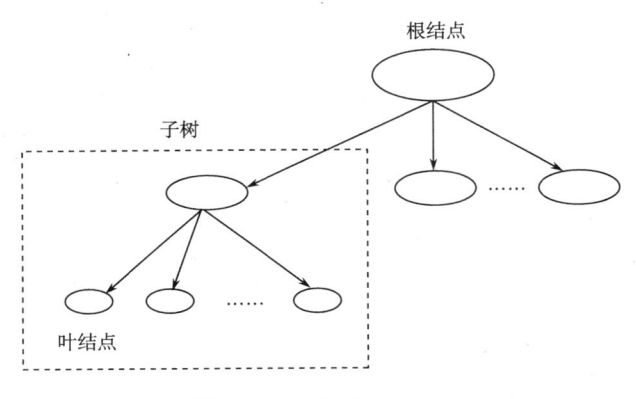

图 6-17 决策树的结构

1) 决策树的生长

决策树的生长采用自上而下的方式,首先从根结点开始,依据一定的准则测试这个结点指定的属性,若该结点的样本均为同一类,则该结点就称为叶结点并标记为该类别;否则按照给定实例的该属性值对应的树枝向下移动,在以新结点为根的子树上重复这个过程。

决策树生长过程的关键是确定决策树分枝的准则,涉及两方面的问题,一是如何从众多的测试属性中选择一个最佳测试属性;二是如何确定该属性最佳分割阈值的问题。著名的 ID3、C4.5、C5.0 系列采用的是信息熵的方法,选择信息增益或增益比率最大的属性和分割阈值作为最佳测试属性和最佳分割阈值。

2) 决策树的修剪

完整的决策树生成以后,一般不能立即用于对新数据的分类。因为,完整的决策树对训练样本特征的描述"过于精确",很大程度上失去了一般性,包含了噪声信息,用于对新数据进行测试时往往精度较低。因此,需要对完整的决策树结构采用必要的修剪技术进行优化。常用的修剪技术有预修剪和后修剪两种。预修剪技术主要是限制决策树的充分生长。采用的方法有事先指定决策树生长的最大深度的方法,事先指定叶结点最小样本数或不纯度的方法,以及利用统计检验对分枝差异显著性检验的方法等。后修剪技术则是待决策树充分生长完毕后再进行剪枝,是一个边修边检验的方法。在决策树不断剪枝的过程中,利用训练样本集或检验样本集数据,检验决策树子树对目标变量的预测精度,并计算相应的错误率,当计算出的错误率高于允许值或错误率明显增大时,则停止修剪。利用训练样本集进行后修剪时会出现错误率越低,决策树的复杂程度越高的现象,因此在决策树的选择中应兼顾错误率和复杂度两个方面。比较合理的方法是利用检验样本对树的剪枝效果进行验证。这里将介绍使用后修剪技术的 CART 算法对决策树进行构建。

CART 算法是 Breiman 于 1984 年提出的一种决策树构建算法,并不断得到了改进。其基本原理是通过对由测试变量和目标变量构成的训练数据集的循环二分形成二叉树形式的决策树结构。CART 算法决策树生长的基本过程概括如下:

(1) 计算根结点的基尼系数 $G_{root}$;

(2) 任意指定某一测试变量 $X$;

(3) 指定 $X$ 的分割阈值 $x$(对于连续变量来说是其二分点)将样本数据分成两组,分别计算各组的基尼系数 $G_1$、$G_2$,并以每组样本数占根结点样本总数的比例为权重,计算各基尼系数的加权平均值 $G$;

(4) 计算该层的加权平均值 $G$ 与根结点基尼系数 $G_{root}$ 的差值 $\Delta G$;

(5) 重复(3)(4)直到分割阈值穷尽所有可能值为止;

(6) 选用差值 $\Delta G$ 最大的阈值为最佳分割值 $X_T$,并保留相应的差值 $G_T$;

(7) 返回(2),直到所有的测试变量都测试过为止;

(8) 选取具有最大差值的测试变量为最佳测试变量 $X_g$;

(9) 利用所选取的最佳测试变量和分割阈值生成根结点的下一层结点,若该结点符合一定的纯度要求则生成叶结点,否则为内部结点,再在该结点上重复(1)~(9),直到所有的结点都达到叶结点。

### 3. 专家分类器的分类

遥感图像分类知识大多具有因果性的特点。因此,采用产生式规则方式表示分类知识进行推理,可以较好地与图像环境相适应,具有表达方式简单直观、知识结构易于修改的优点,是目前基于知识的遥感图像分类中应用比较成熟的一种表示方法。推理是根据一定的原则,从已知的事实和判断得出另一个新的判断的思维过程。从推理方式上可以分为演绎推理和归纳推理;从确定性上可以分为确定性推理和不确定性推理。遥感图像分类的知识一般是不确定的、不完全的或者是模糊的与空间相关的推理。典型的不确定性推理类型有主观 Bayes 概率推理、证据推理(Dempter-Shafer)、模糊逻辑推理等。

专家分类建立知识库后,根据分类目标提出假设,并依据所拥有的数据资料定义支持假设的规则、条件和变量,然后应用知识库进行自动分类。

随着遥感图像的空间分辨率越来越高,利用专家分类器的分类方法也加入一些适合高分辨率遥感图像的元素。与此同时,学者也提出了一些效率更好的分类技术和方法(例如人工神经网络、小波分析、分形技术、模糊分类方法)。但在中分辨率遥感图像(例如 TM 图像)的分类中,专家分类器的应用则是比较成熟的,特别是在商业化软件 ERDAS IMGINE 中有工具专门实现了专家分类器的分类方法,使得广大接触遥感的工程技术人员对此分类方法有较为深刻的理解,从而确立专家分类器这种分类方法的使用地位和应用价值。

## 参 考 文 献

[1] J.G.莫伊克著,徐建平,张青山,王瑛译. 遥感图象的数字处理. 北京:气象出版社,1987.
[2] R.A.肖温格著,李得熊译. 遥感中的图像处理和分类技术. 北京:科学出版社,1991.
[3] 安琼,杨邦杰. 作物遥感识别中的数据挖掘技术. 农业工程学报,2007,(8):181-185.
[4] 边肇祺,张学工等. 模式识别. 北京:清华大学出版社,2000.
[5] 陈君颖,田庆久. 高分辨率遥感植被分类研究. 遥感学报. 2007,11(2):222-227.
[6] 陈秋晓,骆剑承,周成虎,郑江,鲁学军,沈占锋. 基于多特征的遥感影像分类方法. 遥感学报,2004,8(3):239-245.
[7] 陈述彭,鲁学军,周成虎. 地理信息系统导论. 北京:科学出版社. 1999.
[8] 陈述彭,赵英时. 遥感地学分析. 北京:测绘出版社,1990.
[9] 冯学智,王结臣,周卫等. "3S"技术与集成. 北京:商务印书馆,2007.
[10] 宫辉力,赵文吉. 多源遥感数据挖掘系统技术框架. 中国图象图形学报,2005,(5):602-623.
[11] 郭德方. 遥感图象的计算机处理和模式识别. 北京:电子工业出版社,1987.
[12] 梅安新,彭望琭,秦其明等. 遥感导论. 北京:高等教育出版社,2001.
[13] 阮仁宗. 洪泽湖试验区湿地变化遥感研究. 南京大学博士学位论文,2005.
[14] 汤国安,张友顺,刘永梅等. 遥感数字图像处理. 北京:科学出版社,2004.
[15] 韦玉春,汤国安,杨昕等. 遥感数字图像处理教程. 北京:科学出版社,2007.
[16] 邬伦,刘瑜,张晶,马修军,韦中亚,田原. 地理信息系统原理、方法和应用. 北京:科学出版社,2001.
[17] 徐铭杰. 遥感图像数据挖掘体系与实现技术研究. 解放军信息工程大学博士学位论文,2003.
[18] 杨光正,吴岷,张晓莉. 模式识别. 合肥:中国科学技术大学出版社,2001.
[19] 叶静,蔡之华. 遥感图像中的数据挖掘应用概述. 计算机与现代化. 2003,(10):36-38.
[20] 赵萍. 基于知识的江南典型区土地利用/覆被分类研究. 南京大学博士学位论文,2003.
[21] 赵英时等. 遥感应用分析原理与方法. 北京:科学出版社,2003.
[22] 周海燕. 空间数据挖掘的研究. 解放军信息工程大学博士学位论文,2003.

# 第七章 遥感图像的分割技术

遥感图像的分割是一种面向对象的图像特征识别与信息提取技术,也涵盖对某些特征信息的检测等内容。它与遥感图像分类技术的最大区别是:分类技术得到的是输入图像的分类结果,而分割技术得到的则是输入图像的描述与解释。目前,随着遥感图像空间分辨率的提高,同一地物内部的光谱差异逐渐增大,基于像元光谱特征的分类技术已不能完全满足高分辨率遥感信息的识别与提取的需求。而面向对象分析方法为高分辨率遥感图像信息提取提供了新的思路,其核心就在于实现地物对象的准确分割。遥感图像分割是遥感图像理解、地物识别的关键问题,成为当前遥感图像处理领域的研究热点。本章以基于边界的分割方法、基于区域的分割方法、边界与区域结合的分割方法三种思路为主线,对遥感图像分割处理中涉及的边缘检测、边缘连接、阈值分割、区域生长、分裂—合并、分水岭变换等主要技术进行了阐述,最后讨论了图像分割评价的标准和方法。

## §7.1 图像分割的原理

### 7.1.1 图像分割的含义

当前遥感图像的空间分辨率已达到米级甚至亚米级,随着空间分辨率的提高,同类地物内部光谱差异逐渐增大,基于像元(Pixel-Based)光谱统计的自动分类技术已经不能满足当前遥感信息提取的要求,成为制约高分辨率遥感图像广泛应用的主要"瓶颈"。面向对象(Object-Oriented)的图像分析方法为高分辨率遥感图像信息提取提供了新的思路,其核心问题就在于实现遥感图像的分割。高分辨率遥感图像中地物对象的分割是遥感图像理解、地物识别的关键问题,也是有效利用地物空间信息的基础。开展遥感图像分割的研究对日益增长的遥感数据处理有着十分重要的意义,它使得后续的分析与应用能直接针对同质的对象区域进行,与基于像元的分类技术相比,能有效提高识别的精度和效率。

简单的说,图像分割就是基于同质性或异质性准则将一幅图像划分为若干有意义的子区域的过程。对于图像分割的定义,几十年来学者们对它提出了许多不同的解释和表述。本书使用 Gonzalez & Woods(2002)给出的基于集合论的比较通用的定义。

令集合 $R$ 代表整个图像区域,对 $R$ 的图像分割可以看作将 $R$ 划分为满足以下 5 个条件的 $n$ 个非空子集(子区域)$R_1, R_2, \cdots, R_n$ 的过程:

(1) $\bigcup_{i=1}^{n} R_i = R$

(2) $\forall i = 1, 2, \cdots, n$, $R_i$ 是一个连通的区域

(3) $R_i \cap R_j = \varnothing, i \neq j$

(4) $\forall i = 1, 2, \cdots, n$, $P(R_i) = \text{TRUE}$

(5) $P(R_i \cup R_j) = \text{FALSE}, i \neq j$

其中,$P(R_i)$ 是定义在集合 $R_i$ 的点上的逻辑谓词,$\varnothing$ 表示空集。

条件(1)说明分割必须是完全的,即每一个像元必须属于一个区域;条件(2)要求分割结果中同一区域内的像元应当是连通的;条件(3)说明不同区域必须是不相交的;条件(4)说明属于同一区域的像元应当具有某些相同的特性;条件(5)说明属于不同区域的像元应当具有一些不同的特性。

## 7.1.2 图像分割的内容

图像分割过程把输入图像转化为分割区域,对进一步提取目标特征、进行目标测量和分类以及其他高层处理都是非常重要的。因此,图像分割是中层视觉中的最基本问题,也是国际学术界公认的将会长期存在的最困难问题之一。它不仅仅是一个图像特征提取的问题,还涉及各种图像特征的知觉组织。

从 20 世纪 60 年代开始人们就对图像分割进行了大量的研究,至今已提出了上千种针对各种应用的图像分割算法,它们一般是基于图像亮度值的两个基本特性之一:不连续性或相似性,因此图像分割方法可以相应地分为两大类:基于边界(Boundary)的方法和基于区域(Region)的方法。前者如边缘检测、边缘连接,后者如阈值分割、区域生长、区域分裂与合并等。此外,根据分割处理的策略,也可以把图像分割算法分为串行算法和并行算法两大类。但是,图像分割问题至今尚未建立一个普遍适用的理论和方法体系,所以一直是计算机视觉领域的研究热点。

由于遥感图像的多光谱和多尺度特性,图像分割技术进入遥感图像分析领域的时间比较晚,其受关注程度也不如计算机视觉领域(Schiewe, 2002)。早期的研究大多是现成图像分割方法的应用,如 Zlotnick & Carnine(1993)应用区域生长方法从航空图像提取道路信息,刘少创和林宗坚应用 Snake 方法(1995)对航空图像进行分

割,Ryherd & Woodcock(1996)组合光谱和纹理特征进行遥感图像分割。

1999年,遥感图像的分割软件 eCognition 在德国研制成功。该软件采用分形网络演化方法(FNEA),被认为是一种有效利用光谱信息和空间信息的分析方法(Hay et al.,2003),近年有大量的相关研究工作报道,或者直接利用 eCognition 软件进行目标识别(Baatz & Schape,1999),或者在 eCognition 软件辅助下进行基于对象分类方法的探讨(Geneletti & Gorte,2003;黄慧萍等,2004)。该方法的主要缺点是多尺度的对象表达不能确定哪一个尺度分割是合理的,因此其关键问题在于获得符合地物内在尺度的分割(黄慧萍和吴炳方,2006)。

近年来,国内外在遥感图像分割领域的工作主要集中在分割新方法探索、不确定性分析、基于分割的特征提取及面向对象分类应用等方面。存在的主要问题是,分割方法对不同尺度、内部变化不同的地物分割精度显著不同,而且缺乏统一可靠的图像分割精度评价标准(宫鹏等,2006)。模糊理论(Pal et al.,2000;林剑,2003)、数学形态学(Pesaresi & Benediktsson,2001;赵国际等,2002;朱长青等,2004;纪松等,2007)、小波特征(Acharyya et al.,2003)、马尔科夫模型(刘伟强等,1999;明冬萍等,2004;Li & Gong,2005;曹建农等,2005;彭玲等,2006;郭小卫等,2006)、支持向量机(徐芳,2004)、分水岭变换(王子煜,2005;陈秋晓等,2006;陈忠和赵忠明,2006;陈波等,2007;肖鹏峰等,2007)、边缘生长(刘永学等,2006)、区域合并(谭衢霖等,2007)等方法先后在遥感图像分割中得到了应用。针对遥感图像的多光谱分割问题,一般是先检测各波段的特征然后进行合并和分割(Kartikeyan et al.,1998;Evans et al.,2002;Li and Xiao,2007),或者直接利用随机场模型进行分割(Sarkar et al.,2002;龚衍和舒宁,2007a;龚衍和舒宁,2007b)。

## §7.2 基于边界的分割

### 7.2.1 边缘检测

数字图像的边缘集中了图像的大部分信息,边缘检测是图像分割、目标识别、区域形状提取等图像分析过程的重要基础,图像理解和分析的第一步往往就是边缘检测。边缘检测一直以来都是机器视觉研究领域最活跃的课题之一,在数字图像处理中占有十分重要的地位。

**1. 边缘的定义**

边缘(Edge)的概念首先应与边界(Boundary)相区别。直观上,边缘是一组相连的像元集合，这些像元位于两个区域的边界上。可见，边缘是一个局部的概念，而区域的边界是一个更具有整体性的概念。

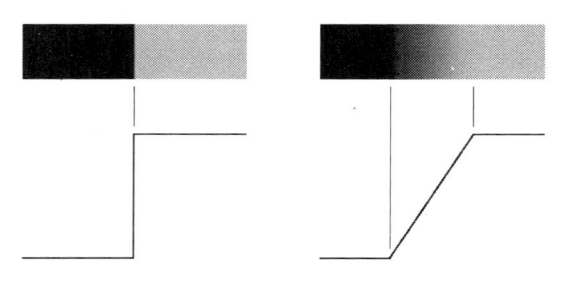

图 7-1　理想边缘模型(左)与斜坡边缘模型(右)

理想的边缘模型如图 7-1(左)所示，根据这个模型生成的边缘是一组相连的像元集合，每个像元都处在亮度级跃变的垂直台阶上，因此理想边缘模型又被称之为阶跃边缘。但是实际上，光学系统、采样和其他图像采集的不完善因素使得到的边缘是模糊的，结果边缘模型具有斜坡的特点(图 7-1 右)，称之为斜坡边缘。这种情况下，边缘不再是单像元宽的细线，而是斜坡中的任意点。边缘的宽度取决于从初始亮度级跃变到最终亮度级的斜坡的长度，这个长度取决于斜率，而斜率又取决于模糊程度。

既然边缘的宽度和斜坡的斜率有关，则可以运用导数运算来研究边缘的特性，这正是边缘检测的经典方法。图 7-2 显示了斜坡边缘模型的一阶导数和二阶导数。当沿着剖面线从左到右经过时，在斜坡部分一阶导数为正，在亮度级不变的区域一阶导数为零；在斜坡与暗区域相接的跃变点二阶导数为正，与亮区域相接的跃变点二阶导数为负，在斜坡和亮度级不变的区域二阶导数为零。

基于导数运算的上述特点，可以得到如下结论：(1)一阶导数可以用来检测图像中的一个点是否是边缘点，也就是判断一个点是否在斜坡上；(2)二阶导数的符号可以用来判断一个点是在边缘亮的一边还是暗的一边；(3)对图像中的每条边缘，二阶导数生成两个值，这种双边缘效应是一个不希望看到的特点；(4)如果用一条直线连接二阶导数的正极值和负极值，则这条直线将在边缘中点附近穿过零点，这种零交叉(Zero-crossing)特性可以用来确定边缘的中心位置。

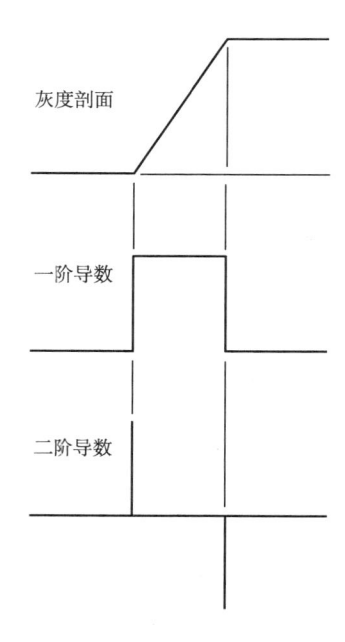

图 7-2　斜坡边缘的一阶导数和二阶导数

因此，根据一阶导数进行定义，如果图像上某点的一阶导数比指定的阈值大，我们就定义该点是一个边缘点；或者根据二阶导数进行定义，将图像中的边缘点定义为它的二阶导数的零交叉点。一阶导数用梯度算子计算，而二阶导数用拉普拉斯算子计算。一组依据给定的连接准则相连的边缘点就定义为一条边缘，将所有的边缘连接起来就得到图像分割的结果。

此外，需要特别说明的是噪声对导数运算的显著影响。图 7-3 显示了在斜坡边缘图像上分别加入零均值且标准差 $\sigma$ 为 0.1、1、10 的高斯噪声后的一阶导数和二阶导数运算结果，表明导数运算对于噪声的敏感性。当 $\sigma = 0.1$ 时，一阶导数在斜坡部分仍能保持正值，二阶导数也可以找到正确的正极值和负极值；当 $\sigma = 1$ 时，一阶导数出现了较大的震荡，二阶导数已经不能确定正极值和负极值；当 $\sigma = 10$ 时，一阶导数和二阶导数都不能准确地检测边缘了，而此时噪声对原图像的影响是极其细微的，只是呈现轻微的颗粒状。可见，导数运算对噪声非常敏感，而且二阶导数更是具有几乎不可接受的敏感性。因此，我们在进行边缘检测之前，一般需要先用平滑滤波作预处理，去除噪声的影响。

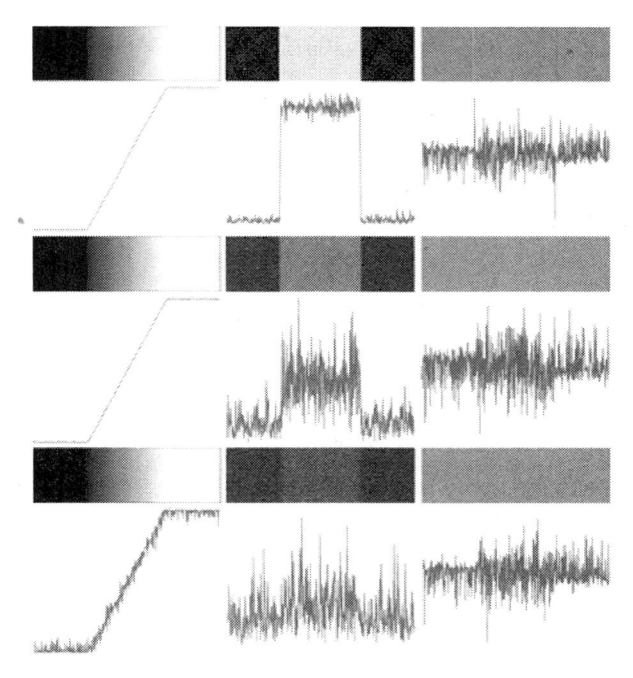

图 7-3　加入 $\sigma = 0.1, 1, 10$ 高斯噪声的斜坡边缘（左）及其一阶导数（中）和二阶导数（右）（据 Gonzalez & Woods, 2002）

## 2. 梯度算子

梯度算子对应图像的一阶导数。图像 $f(x,y)$ 在位置 $(x,y)$ 的梯度定义为下列向量：

$$\nabla f = \begin{bmatrix} G_x & G_y \end{bmatrix}^T = \begin{bmatrix} \frac{\partial f}{\partial x} & \frac{\partial f}{\partial y} \end{bmatrix}^T \tag{7-1}$$

由向量分析可知，梯度向量指向 $f$ 的最大变化率方向。梯度向量的方向在边缘连接时有重要的作用，它与边缘的方向垂直，可定义为：

$$\alpha(x,y) = \arctan\left(\frac{G_y}{G_x}\right) \tag{7-2}$$

在边缘检测中，另一个重要的量是梯度向量的幅度或大小，可定义为：

$$\nabla f = mag(\nabla f) = \sqrt{G_x^2 + G_y^2} \tag{7-3}$$

因为计算平方和平方根需要比较大的计算量，一般使用绝对值对其进行近似：

$$\nabla f \approx |G_x| + |G_y| \tag{7-4}$$

由于梯度向量的幅度在边缘检测频繁使用，因此习惯上将梯度向量的幅度直接简称为梯度，只有在可能混淆的情况下才将梯度向量和它的幅度区分开来。

可见，梯度与边缘在概念上有着明显的区别。梯度定义为一阶导数的近似值，梯度图像上点的值域范围可以是 $(-\infty, \infty)$。而边缘定义为对梯度取阈值的结果，图像上的某点或者是边缘点，或者不是边缘点，因此边缘图像是一个包含 0 和 1 的二值图像，其值域范围是集合 $\{0, 1\}$。

| $z_1$ | $z_2$ | $z_3$ |
|---|---|---|
| $z_4$ | $z_5$ | $z_6$ |
| $z_7$ | $z_8$ | $z_9$ |

图 7-4 一幅图像的 $3\times 3$ 大小的邻域

计算图像的梯度要以 $x$ 和 $y$ 方向的偏导数为基础。对于数字图像，这里的偏导数可分别用 $x$ 和 $y$ 方向的差分进行近似。假设有如图 7-4 所示的 $3\times 3$ 大小的邻域，其中 $z$ 为亮度值。得到 $z_5$ 点处的一阶偏导数的最简单方法是使用下列 Roberts 交叉梯度算子：

$$G_x = z_9 - z_5 \tag{7-5}$$

$$G_y = z_8 - z_6 \tag{7-6}$$

使用图 7-5 所示的模板对图像进行空间滤波，即可得到整幅图像的 Roberts 梯度。

$2\times 2$ 大小的模板由于没有明确的中心点，所以很难使用。使用 $3\times 3$ 大小的模板的方法由 Prewitt 算子给出：

$$G_x = (z_7 + z_8 + z_9) - (z_1 + z_2 + z_3) \tag{7-7}$$

$$G_y = (z_3 + z_6 + z_9) - (z_1 + z_4 + z_7) \tag{7-8}$$

在这组公式中，3×3 大小的图像区域的第 1 行和第 3 行的差近似于 $x$ 方向的导数，第 1 列和第 3 列的差近似于 $y$ 方向上的导数。相应的滤波模板如图 7-6 所示，可用来计算这两个公式。

图 7-5　Roberts 算子的模板

图 7-6　Prewitt 算子的模板

对 Prewitt 算子的一个小的改进，是在中心系数上乘以权值 2，被称为 Sobel 算子：

$$G_x = (z_7 + 2z_8 + z_9) - (z_1 + 2z_2 + z_3) \tag{7-9}$$

$$G_y = (z_3 + 2z_6 + z_9) - (z_1 + 2z_4 + z_7) \tag{7-10}$$

权值 2 通过增加中心点的重要性而实现一定程度的平滑效果，相应的模板如图 7-7 所示，可用来计算这两个公式。

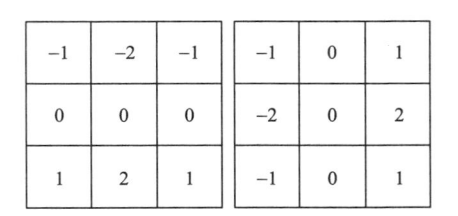

图 7-7　Sobel 算子的模板

Prewitt 算子和 Sobel 算子是计算数字图像的梯度时最常用的算子。虽然 Prewitt 模板实现起来比 Sobel 模板更为简单，但 Sobel 模板在噪声抑制方面更具有优势，这对于一阶导数的计算来说非常重要。而且，这 3 种模板的系数总和都为 0，表示在亮度级不变区域的模板响应为 0。需要指出的是，每一个梯度算子的模板都是各向异性的，但经过如式(7-4)所示的 $x$ 和 $y$ 方向的梯度和运算以后，则变为各向同性。

**3. 拉普拉斯算子**

拉普拉斯(Laplacian)算子是一种二阶导数算子。函数 $f(x, y)$ 的拉普拉斯算子定义如下：
$$\nabla^2 f = \frac{\partial^2 f}{\partial x^2} + \frac{\partial^2 f}{\partial y^2} \tag{7-11}$$

对拉普拉斯算子进行数字近似，常用的形式有以下两种：
$$\nabla^2 f = 4z_5 - (z_2 + z_4 + z_6 + z_8) \tag{7-12}$$
$$\nabla^2 f = 8z_5 - (z_1 + z_2 + z_3 + z_4 + z_6 + z_7 + z_8 + z_9) \tag{7-13}$$

计算这两个公式的模板如图 7-8 所示，模板的特点是模板中心的系数是正的，邻近中心的系数是负的，且所有系数和为零。如图所示，拉普拉斯算子对于以 45°和 90°为增量的旋转变换都是各向同性的，它是一种无方向性的算子。而且它比前述的多个方向导数算子的计算量要小，因为只需用一个模板，不必综合各模板的值。

| 0 | -1 | 0 | | -1 | -1 | -1 |
|---|---|---|---|---|---|---|
| -1 | 4 | -1 | | -1 | 8 | -1 |
| 0 | -1 | 0 | | -1 | -1 | -1 |

图 7-8 拉普拉斯算子的模板

作为二阶导数，拉普拉斯算子对噪声具有无法接受的敏感性，而且对边缘产生双响应，因此一般不直接用来进行边缘检测，而主要是利用它的零交叉性质进行边缘定位。因为一阶导数会在较宽的范围生成梯度值，所以不适于精确定位，而利用二阶导数的过零点可以精确定位边缘。

为了减少噪声对拉普拉斯算子的影响，可先对图像进行平滑，然后再应用拉普拉斯算子。由于在成像时，某一像元对应景物点的周围点对该点的光强贡献呈正态分布，所以平滑函数应对距该像元远近不同的周围点处以不同的平滑，具有正态分布的平滑函数可采用高斯形式的函数：

$$h(x, y) = -e^{-\frac{x^2 + y^2}{2\sigma^2}} \tag{7-14}$$

这里 $\sigma$ 为高斯分布的标准差。高斯函数与图像进行卷积，即可平滑噪声，平滑的程度由 $\sigma$ 决定。$h$ 的拉普拉斯算子为：

$$\nabla^2 h(x, y) = -\left[\frac{x^2 + y^2 - \sigma^2}{\sigma^4}\right] e^{-\frac{x^2 + y^2}{2\sigma^2}} \tag{7-15}$$

这个公式被称为拉普拉斯高斯算子（Laplacian of Gaussian，LoG）。图 7-9 显示了 LoG 函数的三维形状，由于 LoG 函数的形状像一顶草帽，因此高斯拉普拉斯算子又被称为墨西哥草帽函数。图 7-9 还显示了一个对 LoG 函数进行数字近似的 $5 \times 5$ 模板,这种数字近似并不是唯一的,其目的是为了得到 LoG 的形状,即一个正的中心周围被相邻的负值区域围绕,再被零值的外部区域所包围。可以看出,这样的复合模板通常尺寸比较大,因为它要表达如此复杂的形状。系数的总和也必须为零,以便在亮度不变的区域中模板的响应为零。

因为二阶导数是线性运算,所以直接用 LoG 函数卷积一幅图像,与首先使用式 (7-14)的高斯型平滑函数卷积该图像,然后进行拉普拉斯运算的结果是相同的。值得注意的是,Marr 在 20 世纪 80 年代进行的神经心理学实验证明人类视觉的特性可用 LoG 函数进行模型化,因此 LoG 算子又被称为 Marr 算子。LoG 算子中使用高斯型函数的目的就是对图像进行平滑处理,使用拉普拉斯算子的目的是得到一幅用零交叉确定边缘位置的图像。因为 LoG 的性质能减少噪声的影响,所以当边缘模糊或噪声较大时,利用 LoG 检测零交叉点能提供较可靠的边缘位置。在该算子中 $\sigma$ 的选择很重要,$\sigma$ 小时位置精度高,但边缘细节变化多。

| 0 | 0  | −1 | 0  | 0 |
|---|----|----|----|---|
| 0 | −1 | −2 | −1 | 0 |
| −1| −2 | 16 | −2 | −1|
| 0 | −1 | −2 | −1 | 0 |
| 0 | 0  | −1 | 0  | 0 |

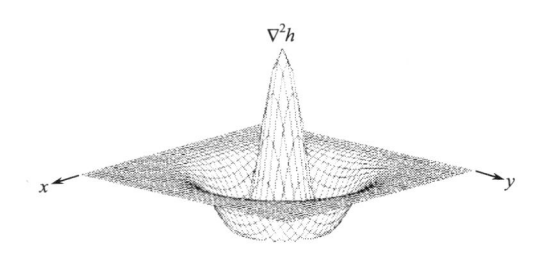

图 7-9 拉普拉斯高斯算子的三维形状及其数字近似的 5×5 模板

## 7.2.2 边缘连接

前面一节讨论的方法仅得到图像的边缘点。实际上,由于噪声、不均匀光照而产生的间断使得到的边缘点很少能完整地描绘一条边缘,而且往往还存在真正的边界像元未能检测出来的情况。因此,典型的处理是在使用边缘检测算法后紧跟着使用边缘连接过程,将边缘点连接成有意义的边缘,最后形成区域的封闭边界。边缘连接的主要方法有邻域处理、局部非最大值抑制、基于图论的技术等。

**1. 邻域处理**

边缘连接的基础是它们的梯度之间有一定的相似性。因此,连接边缘点最简单的方法是分析图像中每个边缘点 $(x, y)$ 的一个小邻域(如 3×3 或 5×5)内的边缘点的特点,将所有根据事先确定的准则而认为是相似的点连接起来,形成由共同满足这些准则的像元组成的一条边缘。

在该过程中确定边缘像元相似性的两个主要性质,就是用于生成边缘点的梯度向量的幅度和梯度向量的方向。梯度向量的幅度由式(7-3)给出,如果满足:

$$|\nabla f(x,y) - \nabla f(x_0,y_0)| \leqslant E \quad (7-16)$$

则处在$(x, y)$的邻域内坐标为$(x_0, y_0)$的边缘点,在幅度上与位于$(x, y)$的边缘点相似,这里$E$是一个非负阈值。

梯度向量的方向由式(7-2)给出,如果满足:

$$|\alpha(x,y) - \alpha(x_0,y_0)| \leqslant A \quad (7-17)$$

则处在$(x, y)$的邻域内坐标为$(x_0, y_0)$的边缘点,在方向上与位于$(x, y)$的边缘点相似,这里$A$是一个非负角度阈值。需要注意的是,$(x, y)$处边缘的方向垂直于此点处梯度向量的方向。

如果幅度和方向准则都得到满足,则$(x, y)$邻域中的边缘点就与位于$(x, y)$的边缘点连接起来。在图像中的每个位置重复这一操作,当邻域中心从一个像元转移到另一个像元时,将连接点记录下来,最终可以实现基本的边缘连接。将这个方法推广,也可用于连接相距较近的边缘线段和消除独立的短边缘线段。

**2. 全局处理**

在本节讨论一种全局性的边缘检测和连接方法,它用图的方式表达边缘线段之间的关系,通过搜索与主要边缘相对应的低开销路径完成边缘连接。与邻域处理相比,这种基于图论的全局处理的计算量较大,但是在有噪声的情况下具有很好的抗干扰性能。

基于图论的处理必须从图的一些基本定义展开。图$G = (N, U)$包含一个有限非空的节点集合$N$与一个无序点对集合$U$,$U$中的每一对$(n_i, n_j)$称为一条弧。如果一条弧从节点$n_i$指向$n_j$,则称$n_i$为父节点,$n_j$为后继结点。在图中对节点定义不同的级别,如第0级称为根节点,最后一级称为目的节点。节点序列$n_1, n_2, \cdots, n_k$称为从$n_1$到$n_k$的路径,其中$n_i$是$n_{i-1}$的后继结点。

边缘元素定义为四邻接像元$p$和$q$之间的边界,由$p$和$q$的$XY$坐标来识别,用点对$(x_p, y_p)(x_q, y_q)$表示。而我们要寻找的边缘,就定义为相连的边缘元素序列。每条由像元$p$和$q$定义的边缘元素都有一个相应的开销,定义为:

$$c(p,q) = H - [f(p) - f(q)] \quad (7-18)$$

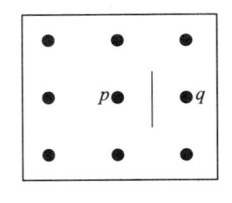

图 7-10 像元 p 和 q 之间的边缘元素

其中$H$是图像中最高的亮度值,$f(p)$和$f(q)$分别是$p$

和 $q$ 的亮度值,并规定点 $p$ 位于沿边缘元素追踪方向的右手边。则从 $n_1$ 到 $n_k$ 的整条路径的开销为：

$$c = \sum_{i=2}^{k} c(n_{i-1}, n_i) \tag{7-19}$$

最后可通过寻找最小开销的路径确定边缘。

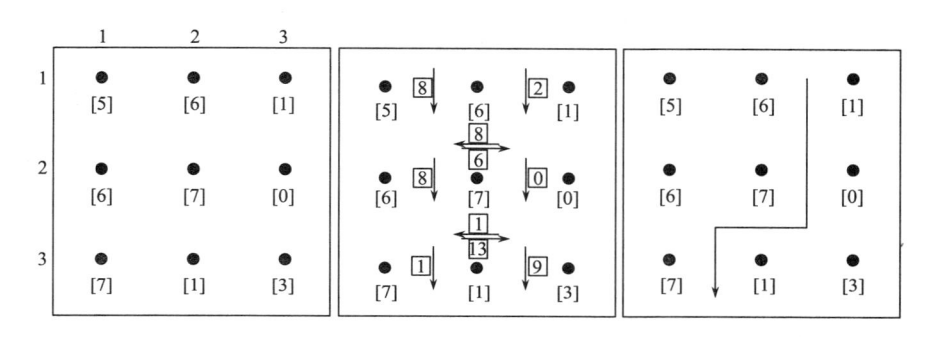

图 7-11　一个 $3\times3$ 的图像区域(左)边缘线段和相应的开销(中)
对应最小开销路径的边缘(右)(据 Gonzalez & Woods,2002)

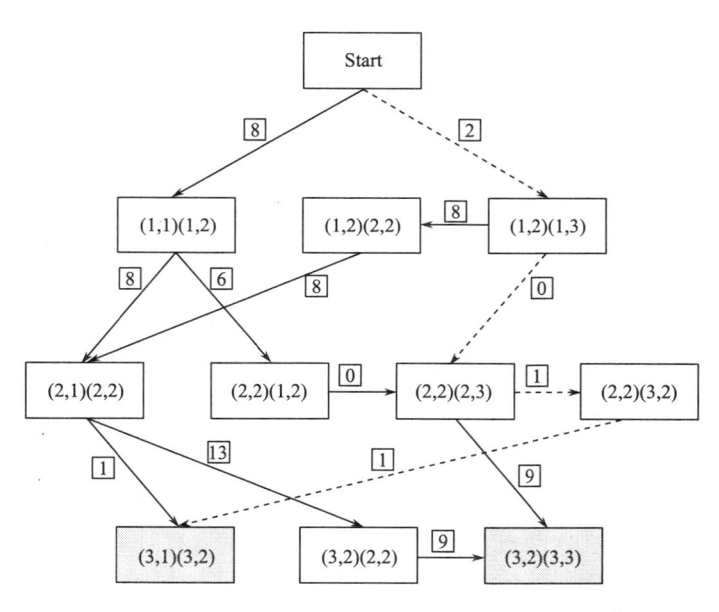

图 7-12　对应的有向图,虚线表示最小开销路径(据 Gonzalez & Woods,2002)

例如,边缘元素 $(2,1)(2,2)$ 在图 7-11 中点 $(2,1)$ 和 $(2,2)$ 之间,如果追踪方向是向右的,则点 $p$ 坐标为 $(2,2)$,而点 $q$ 坐标为 $(2,1)$,所以 $c(p,q)=7-[7-6]=6$,

这个开销显示在边缘元素下方的方框中。如果我们在这两个点之间向左追踪,则点 $p$ 坐标为$(2,1)$,而点 $q$ 坐标为$(2,2)$,在这种情况下,开销为 8,如边缘元素上方的方框所示。为简化讨论,假设边缘从最顶部的一行开始并结束于最后一行。

图 7-12 显示了反映这个问题的图,图中的每个矩形节点对应于图 7-11 中的一个边缘元素。如果前后紧随的两条相应边缘元素是同一条边缘的一部分,则两个节点之间存在一条弧。每条边缘元素的开销示于指向对应节点的弧旁边的方框中。目的节点以暗色表示,最小开销路径用虚线表示,显示了对应于这条路径的边缘。

**3. 哈夫变换**

哈夫/霍夫变换(Hough Transform)方法是利用图像的全局特性直接检测目标轮廓的一种常用方法。在预先知道目标形状(如直线、圆等)的情况下,利用哈夫变换可以方便地得到边界曲线并将不连续的边缘点连接起来。哈夫变换的主要优点是受噪声和曲线间断的影响较小。利用哈夫变换还可以直接分割某些已知形状的目标,并有可能确定边界到亚像元精度。

边缘点的连接问题可以简化为:给定图像中的 $n$ 个点,从中确定哪些点连在同一条直线上。针对此问题的最直接解法是:(1)确定所有由任意 2 点决定的直线,这样 $n$ 个点共 $n(n-1)/2$ 条直线,约 $n^2$ 次运算;(2)找出接近每条直线的所有点,点最多的直线就是所求的解,这样共比较 $n$ 个点与 $n(n-1)/2$ 条直线,约 $n^3$ 次运算。如此大的计算量在实际中是不容易满足的,因此这种解法基本没有应用价值。

Hough 在 20 世纪 60 年代提出一种用较少的计算量求共线点的方法,称为哈夫变换,其基本思想是利用点—线的对偶性。考虑在 $xy$ 空间的一条直线,可以用斜截式方程表示为:

$$y = ax + b \tag{7-20}$$

其中参数 $a$、$b$ 分别为斜率和截距。然而,若将参数 $a$、$b$ 作为变量,则该直线可以在 $ab$ 空间表示为:

$$b = -xa + y \tag{7-21}$$

如图 7-13 所示,若 $xy$ 空间的两点$(x_i, y_i)$与$(x_j, y_j)$共线,则它们都满足式(7-20),那么这两点在参数 $ab$ 空间的直线将有一个交点$(a', b')$。这样,在参数 $ab$ 空间相交直线最多的点,对应的 $xy$ 空间上的直线就是我们的解。这种从线到点的变换就是 Hough 变换。

使用式(7-20)表示一条直线带来的一个问题是,当直线接近垂直时,直线的斜率接近无限大。为了解决该问题,使用直线的极坐标表示:

$$\rho = x\cos\theta + y\sin\theta \tag{7-22}$$

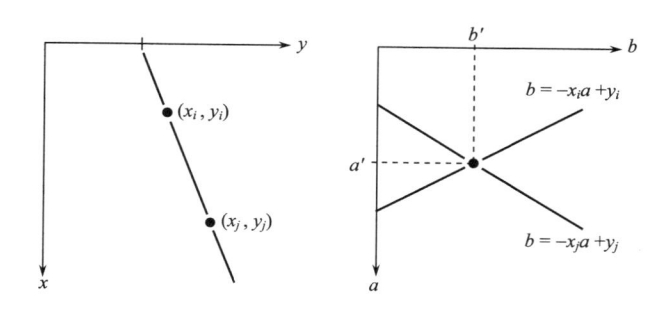

图 7-13  $xy$ 空间（左）和参数空间（右）（据 Gonzalez&Woods，2002）

这样，参数空间变为 $\rho\theta$，在参数空间对应的也不再是直线，而是正弦曲线。同样找出相交曲线最多的参数空间的点，再根据该点求出对应的 $xy$ 空间的直线，就是所要求的解。如图 7-14 所示，$xy$ 空间的一条直线，对应 $\rho\theta$ 空间的一个点；$xy$ 空间经过同一点的一簇直线，对应 $\rho\theta$ 空间的一条曲线；而 $\rho\theta$ 空间的几条曲线的交点，则对应 $xy$ 空间经过这几个点的一条直线。

(a) $xy$ 空间的直线对应 $\rho\theta$ 空间的点

(b) $xy$ 空间的一簇直线对应 $\rho\theta$ 空间的曲线

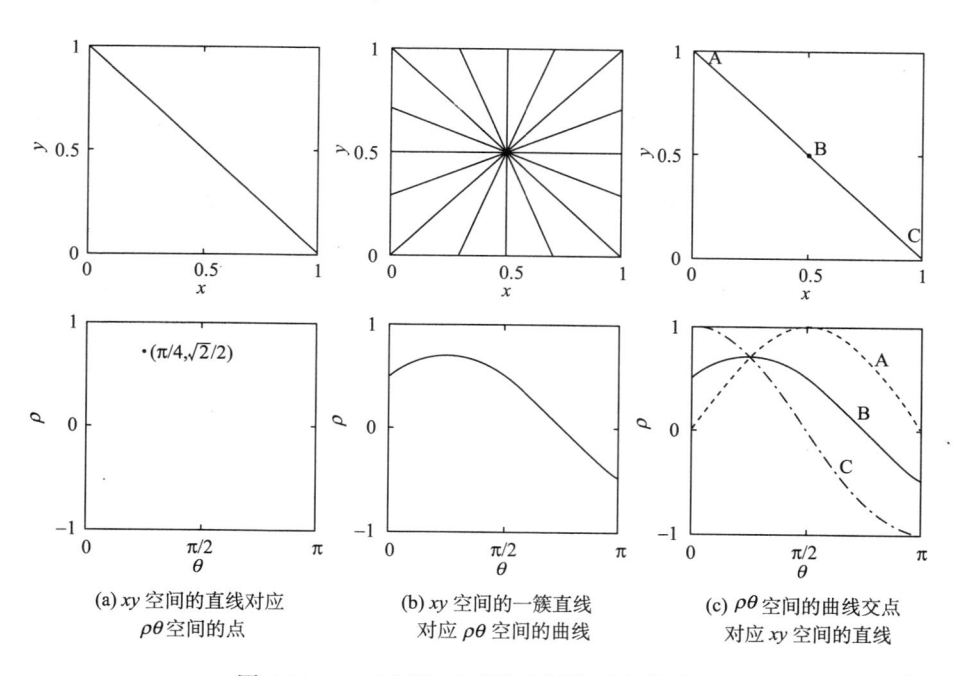

(c) $\rho\theta$ 空间的曲线交点对应 $xy$ 空间的直线

图 7-14  $xy$ 空间和 $\rho\theta$ 参数空间的对应关系

为了提高计算效率，将参数空间进一步分割为计数器单元。即将 $\rho\theta$ 空间分割成许多小格，根据图像内的每个 $(x,y)$ 点代入 $\theta$ 的量化值，算出各个 $\rho$ 所得值经量化落

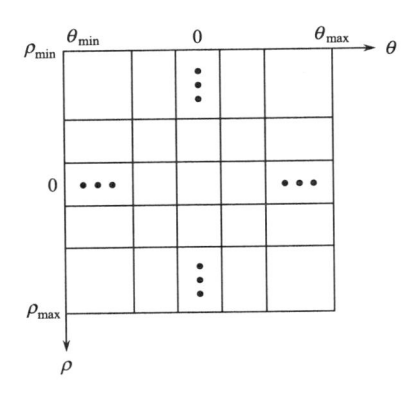

图 7-15 参数空间细分为计数器单元(据 Gonzalez & Woods, 2002)

在某个小格内,便将该小格的计数器加 1。当全部$(x, y)$点变换后,对小格进行检验,有大的计数值的小格对应共线点,其$(\rho, \theta)$值作为直线的拟合参数。可以看出,对$\rho\theta$空间细分的数目和量化的精度决定了这些点共线的精确度。对$\rho$、$\theta$的细分和量化过粗则直线参数不精确,过细则计算量增加,因此,对$\rho$、$\theta$的细分量化要兼顾精度和计算量。

以 $K$ 为增量对 $\theta$ 轴进行细分,对 $xy$ 空间的每一个点,有 $K$ 个 $\theta$ 值对应 $K$ 个可能的 $\rho$ 值,$n$ 个点共需 $nK$ 次计算,计算量较直接解法的计算量$(n^2+n^3)$大大减少。通过改变函数和参数形式,利用哈夫变换还可直接检测某些已知形状的目标,比如圆、椭圆等。可见,在预先知道区域形状的条件下,利用哈夫变换可以方便地得到边界曲线而将不连续的边缘点连接起来。在遥感图像中的最常用的应用就是寻找道路等线状特征,如图 7-16 所示。

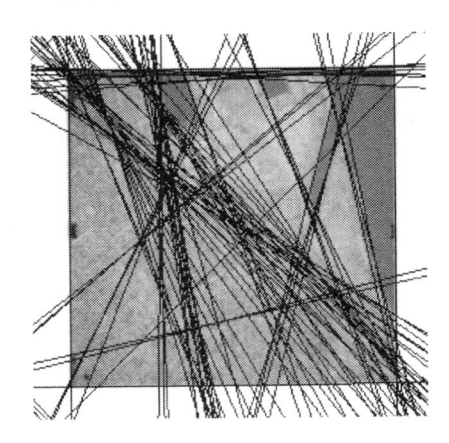

图 7-16 利用哈夫变换进行遥感图像线状特征检测

## §7.3 基于区域的分割

### 7.3.1 阈值分割

阈值处理(Thresholding)是一种基于区域的图像分割技术,其基本原理是通过设定不同的特征阈值,把图像像元点分为若干类。常用的特征包括:图像的亮度或彩色特征；由亮度或彩色值变换得到的特征。因此，阈值分割特别适用于目标和背景占据不同亮度级范围的图像。因为阈值分割实现简单、计算量小、性能较稳定，成为图像分割中最基本和应用最广泛的分割技术，已被应用于很多的领域，如合成孔径雷达图像中目标的分割等。

阈值分割以图像的灰度直方图为基础。假设图 7-17（左）所示的直方图对应于一幅图像 $f(x,y)$，它由亮的目标和暗的背景两种不同的主要模式组成，从背景中提取目标的一种直观方法，是选择一个阈值 $T$ 将这两个模式分开。所有 $f(x,y)>T$ 的点 $(x,y)$ 为目标点，反之为背景点。这就是阈值分割的基本思想。

图 7-17（右）显示了阈值分割的更一般情况。直方图的形状描述了图像的 3 个主要模式，即暗的背景上的两种亮的目标。因此用 2 个阈值对像元点 $(x,y)$ 进行分类，当 $T_1<f(x,y)\leq T_2$ 时将点归为某一目标，当 $f(x,y)>T_2$ 时归为另一个目标，而当 $f(x,y)\leq T_1$ 时则归为背景。

图 7-17  可以用单一阈值（左）和多阈值（右）进行分割的
灰度直方图（据 Gonzalez&Woods，2002）

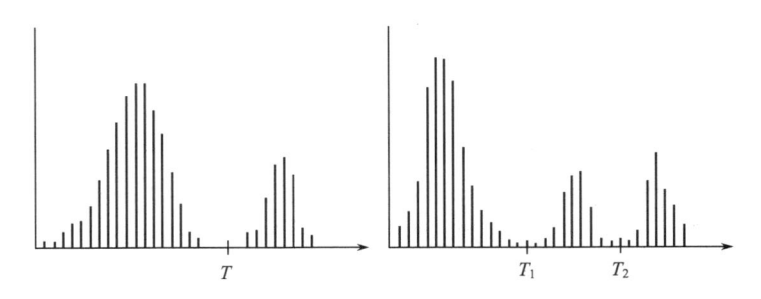

因此，阈值分割可以看作有关函数 $T$ 的一种操作：

$$T = T[x,y,f(x,y),p(x,y)] \tag{7-23}$$

其中，$f(x,y)$ 是点 $(x,y)$ 的亮度级，$p(x,y)$ 表示点 $(x,y)$ 的局部性质，例如以 $(x,y)$ 为中心的邻域的平均亮度级。经阈值分割后的图像 $g(x,y)$ 定义为：

$$g(x,y)=\begin{cases} 1 & f(x,y)>T \\ 0 & f(x,y)\leq T \end{cases} \tag{7-24}$$

标记为 1 的像元对应于目标，标记为 0 的像元对应于背景。若 $T$ 仅取决于图像亮度值 $f(x,y)$ 的分布，称为全局阈值分割；若 $T$ 取决于像元的空间坐标 $(x,y)$，称为自适应阈值分割；若 $T$ 取决于亮度值 $f(x,y)$ 和局部性质 $p(x,y)$，称为局部阈值分割。

**1. 全局阈值分割**

阈值分割中最简单的方法是使用单一的全局阈值分割图像的直方图,通过对图像进行逐像元扫描并将像元标记为目标或背景就可实现对图像的分割。可见,全局阈值分割能否成功,完全取决于图像的直方图能否被很好的分割。直方图形状对光照的变化非常敏感,因此全局阈值分割一般在工业检测这样高度可控的环境中比较容易得到成功的应用。

阈值的确定是图像阈值分割方法中的关键技术。全局阈值 $T$ 除了可以根据直方图的形状进行确定外,也可以应用下面的迭代算法进行确定:

(1) 给定 $T$ 的一个初始估计值;

(2) 用 $T$ 分割图像,生成两组像元 $G_1$ 和 $G_2$,$G_1$ 由所有亮度值大于 $T$ 的像元组成,而 $G_2$ 由所有亮度值小于或等于 $T$ 的像元组成;

(3) 对区域 $G_1$ 和 $G_2$ 中所有像元计算平均亮度值 $\mu_1$ 和 $\mu_2$;

(4) 计算新的阈值:$T = (\mu_1 + \mu_2) / 2$;

(5) 重复步骤(2)到(4),直到迭代所得的 $T$ 值之差小于事先定义的参数 $T_0$。

当背景和目标在图像中占据的面积相近时,好的 $T$ 初始值就是图像的平均亮度值。如果目标所占的面积小于背景,或者背景的面积小于目标,则一个像元组会在直方图中占主要地位,平均亮度值就不是好的初始选择,此时 $T$ 更合适的初始值是两个波峰的中间值。

全局阈值的选取,除了上述迭代算法以外,还有最大类间方差法等。经试验比较,对于直方图双峰明显,谷底较深的图像,迭代方法可以较快地获得满意结果。但是对于直方图双峰不明显,或图像目标和背景比例差异悬殊,迭代法所选取的阈值不如最大类间方差法。

**2. 自适应阈值分割**

当图像中有如下一些情况:有阴影、照度不均匀、各处的对比度不同、突发噪声、背景亮度变化等,如果只用一个固定的全局阈值对整幅图像进行分割,则由于不能兼顾图像各处的情况而使分割效果受到影响。一种解决办法就是将图像进一步细分为子图像,并对不同的子图像使用不同的阈值进行分割。这种方法的关键是如何将图像进行细分,以及如何为子图像估计阈值。由于用于每个像元的阈值取决于像元在图像中的位置,因此这类阈值处理是自适应的,被称为自适应阈值分割,也叫动态阈值分割。这类算法的时间复杂性和空间复杂性比较大,但是抗噪能力强,对一些用全局阈值不易分割的图像有较好的效果。

### 3. 最佳阈值分割

本节讨论一种产生最小平均分割误差的阈值估计方法。假设一幅图像仅包含背景和目标两个主要的亮度级区域,令 $z$ 表示亮度级值,将 $z$ 看作随机变量,则直方图可以看作是亮度级的概率密度函数 $p(z)$。

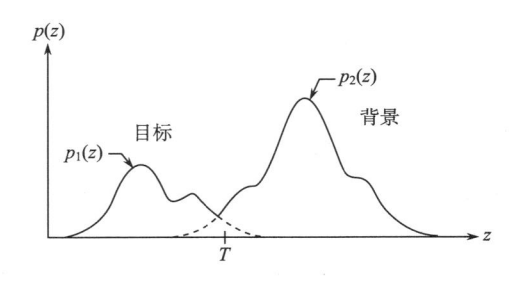

图 7-18　一幅图像中两个区域的亮度级概率密度函数(据 Gonzalez & Woods,2002)

如图 7-18 所示,假设两个概率密度函数(PDF)中较大的一个对应背景的亮度级,而较小的一个描述目标的亮度级。总的密度函数是两个密度函数的混合,并与两个区域的面积成比例,而区域的面积可用像元的概率表示,即:

$$p(z) = P_1 p_1(z) + P_2 p_2(z) \tag{7-25}$$

式中 $P_1$ 和 $P_2$ 是背景和目标两类像元出现的概率。我们假设任何给定的像元不是属于目标就是属于背景,即:

$$P_1 + P_2 = 1 \tag{7-26}$$

因此,分割的主要目的是选择一个合适阈值 $T$,使在判断一个给定的像元是属于目标还是背景时的平均出错率降至最小。如果密度的表达式已知或进行了假设(如高斯函数),则能够确定一个具有最小误差的阈值,将图像分割为两个区域。

在区间 $[a,b]$ 内取值的随机变量的概率是它的概率密度函数从 $a$ 到 $b$ 的积分,即在这两个上下限之间概率密度函数包围的面积。因此,将一个背景点当做目标点进行分类时,错误发生的概率为:

$$E_1(T) = \int_{-\infty}^{T} p_2(z) \mathrm{d}z \tag{7-27}$$

这是在曲线 $p_2(z)$ 下方位于阈值 $T$ 左边区域的面积。同样,将一个目标点当做背景点进行分类时,错误发生的概率为:

$$E_2(T) = \int_{T}^{\infty} p_1(z) \mathrm{d}z \tag{7-28}$$

这是在曲线 $p_1(z)$ 下方位于阈值 $T$ 右边区域的面积。出错率的总体概率为:

$$E(T) = P_2 E_1(T) + P_1 E_2(T) \tag{7-29}$$

根据莱布尼兹法则,要找到出错最小的阈值需要将 $E(T)$ 对 $T$ 求微分,并令微分式等于 0,结果是:

$$P_1 p_1(T) = P_2 p_2(T) \tag{7-30}$$

这个等式解出的 $T$,即为最佳阈值。

**4. 局部阈值分割**

根据前面的讨论可知,如果直方图的峰值很高、很窄、具有对称性且被很深的波谷割开,则找到最佳阈值的机会将大大提高。因此,一种改进直方图形状的方法是只考虑那些位于目标和背景之间边缘上的或在边缘附近的像元。例如,一幅由很小的目标和很大的背景区域组成的图像,其直方图的主要部分是背景的峰值。但如果只使用位于目标和背景之间边缘上的或在边缘附近的像元,则得到的直方图具有两个相近高度的峰值。同时,像元位于目标内的概率会与像元位于背景内的概率大体相等,由此改进了直方图峰值的对称性。

当然,这种方法隐含了目标和背景之间的边缘为已知的假设。实际上,一个像元是否处在边缘上,可以通过计算它的梯度得到。而且,使用拉普拉斯算子还可以知道该像元是在边缘亮的一边还是暗的一边。所以,根据梯度或拉普拉斯算子选择的像元构成的直方图,可以产生稀疏分布的特征和深谷的形状,从而提高分割的精度。

## 7.3.2 区域生长

图像分割依据图像的亮度、颜色(光谱)或几何性质将图像中具有特殊意义的不同区域区分开来,这些区域是互不相交的,每一个区域都满足特定区域的一致性,其实质就是将具有相似特性的像元合并成区域。

区域生长(Region Growing)的基本思想是将具有相似性质的像元集合起来构成区域,它适用于具有多峰分布的直方图的图像。具体实现是对每个分割的区域找一个种子点作为生长起点,根据某种事先定义的生长或相似准则,在种子点周围邻域中寻找与种子点有相同或相似性质的像元,并将这些像元合并到种子点所在的区域中。将这些新像元作为新的种子点继续上述的过程,直到再没有满足条件的像元可被包括进来,这样一个区域就生长结束了。

图 7-19 给出了一个简单的区域生长的例子。这个例子是以亮度最大值作为种子点,其相似性准则是邻近像元的亮度级与目标平均亮度级的差小于 2。图 7-19(a)为输入图像,种子点为 10,下面标有短横线;图 7-19(b)给出第一步接受的邻点,此时目标内平均亮度级为 $(9+9+9+10)/4 = 9.25$;图 7-19(c)给出第二步接受的邻

点,此时目标内的平均亮度级为 $(8+9+9+9+10)/5 = 9$。可见,这种区域生长方法是一个自底向上的运算过程。

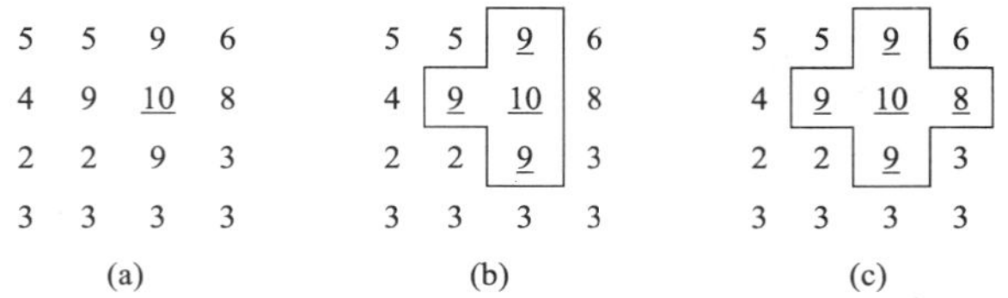

```
5 5 9 6        5 5 9 6        5 5 9 6
4 9 10 8       4 9 10 8       4 9 10 8
2 2 9 3        2 2 9 3        2 2 9 3
3 3 3 3        3 3 3 3        3 3 3 3
   (a)            (b)            (c)
```

图 7-19  区域生长过程示例

从区域生长的基本思想和实现过程来看,其关键步骤是:
(1) 选定种子点:根据亮度或颜色等某种准则自动确定种子点,或使用交互方式人为选定一个或多个种子点;
(2) 确定生长准则:根据亮度、颜色、纹理、矩等特征,确定相似性准则;
(3) 生长:利用与种子点的连通性和相邻性,根据相似性准则进行生长;
(4) 终止:根据某种特征确定终止条件,满足该条件时结束区域生长过程。

种子点的选取,可以是人工加入的交互信息,也就是告诉计算机初始点的位置。这种半自动的确定种子点的方法简单而实用,适用于大部分目标和图像类型。而全自动地确定种子点的方法常可借助具体问题的特点进行,如在军事红外图像中检测目标时,由于一般情况下目标的红外辐射较大,所以可选用图像中最亮的像元作为种子点。如果图像呈现聚类的情况,则接近聚类中心的像元可取为种子点。

具体问题的特性、图像数据种类和属性决定了生长准则,而像元间的连通性、邻近性、生长点邻近区域的均匀性都决定着最终的分割效果。例如,如果使用单波段图像的生长准则对多光谱遥感图像进行分割的话,分割结果明显会受到缺少多光谱信息的影响。

区域生长在确定生长点和生长准则后,生长过程搜寻所有满足生长准则的像元,直到再没有满足生长准则的像元为止。大多建立在图像局部性质基础上的准则没有考虑生长的"历史",因此为了增加区域生长的能力常需要考虑图像和目标的全局信息,如目标的大小、形状等,需要对分割结果建立一定的模型或辅以一定的先验知识。

### 7.3.3 分裂-合并

分裂-合并(Split-Merge)分割方法基本上是区域生长的逆过程,它从整个图像出发,不断分裂得到各个子区域,然后再把相似区域合并,实现图像分割和目标提取。在众多的分割算法中,分裂-合并思想以其能充分地组合利用全局与局部信息、层次式的合理结构以及较快的计算速度等优点而备受人们的青睐。

典型的分裂-合并技术是以四叉树为基本数据结构的。令 $R$ 代表整个正方形的图像区域，一个四叉树从最高层开始，把 $R$ 连续分成越来越小的 1/4 的正方形子区域 $R_i$，并且最终使子区域 $R_i$ 处于不可分状态。如果仅仅使用分裂，可能出现相邻的两个区域具有相同属性但并未合并的情况。为了解决该问题，在每次分裂后允许继续分裂或合并，合并那些处于不可分状态的相邻区域，最终获得目标区域。

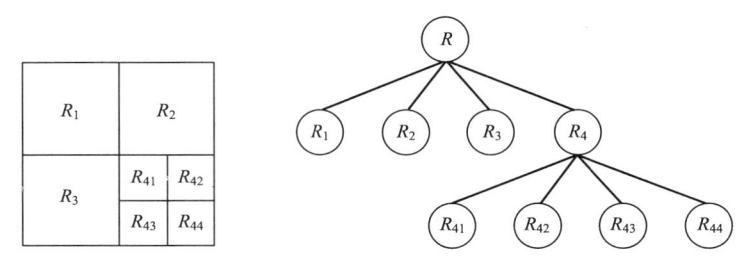

图 7-20　被分割的图像和对应的四叉树（据 Gonzalez & Woods，2002）

分裂-合并方法的具体实现步骤为：

(1) 定义一个合理的区域均一性准则，即逻辑谓词 $P$；

(2) 对于任何区域 $R_i$，如果 $P(R_i) =$ FALSE，就将区域分裂为 4 个相连的象限区域；

(3) 将 $P(R_j \cup R_k) =$ TRUE 的任意两个相邻区域进行合并；

(4) 重复以上(2)和(3)的过程，当无法再进行合并或分裂时，操作停止。

区域内和区域间均一性准则的选择是应用分裂-合并方法时的最关键步骤，它可以选择为：(1)区域中亮度最大值与最小值之差或方差小于某选定阈值；(2)两个区域平均亮度之差及方差小于某选定阈值；(3)两个区域的纹理特征相同；(4)两个区域参数统计检验结果相同；(5)两个区域的亮度分布函数之差小于某选定阈值。

分裂-合并方法可以实现自动细化分割运算，通过合并属于同一目标的邻近区域来消除错误边界和虚假区域，同时通过分裂属于不同目标的区域来补偿丢失的边界。分裂-合并方法的计算开销优于自上而下的分裂和自下而上的合并两类方法。它的算法是基于区域的，允许采用类似纹理、空间和几何结构等特征量，同时采用了四叉树或金字塔形数据结构，方便循环与模块化工作，也方便提供区域边界。

## §7.4　边界与区域结合的分割

分水岭变换（Watershed Transform）的基本思想是：把图像看作地理表面，亮度值对应表面的高低,因而地理表面存在许多峰、谷、盆地、高地等。假设从盆地底部有泉水涌出,首先涌到较低的盆地,而后涌到较高盆地,称为淹没过程。当两个盆地中的水即将汇合时,建立一道水坝隔开,称为分水线。对整个地理表面实施淹没就会将图像分割为互相邻接的区域。可以看出,分水岭变换是结合边界和区域两种特性的混合方法。

分水岭变换方法以图像梯度值作为输入,以封闭的区域轮廓线作为输出,它相对于其他分割方法有着突出的优点:(1)它能直接形成闭合且连通的区域,而基于边缘的分割技术往往得到不连通的边界,需要经过后处理生成闭合区域;(2)它生成的区域边界与图像中目标的轮廓线基本是一致的,而分裂合并算法往往产生不稳定的结果;(3)它生成的各区域的总和形成整幅图像。

但是,分水岭变换的缺点也很明显,许多无关的局部最小区域造成了过分割现象。为了克服分水岭变换的过分割,需要对图像进行预处理或后处理,常用的预处理是基于区域标记的方法,常用的后处理则是区域合并的方法。

## 7.4.1 分水岭变换

分水岭变换是以图像三维地形可视化为基础的,即将亮度值当作地面的高程值来显示。在这种情况下,重点考虑3种类型的点:(1)局部的最小值点;(2)当一滴水放在某点的位置上时,水只会下落到特定的某个最小值点;(3)当水处在某点的位置上时,水会等概率地流向不止一个这样的最小值点。对于一个特定的区域最小值,满足条件(2)的点的集合称为这个最小值的"汇水盆地"或"流域",满足条件(3)的点的集合组成地形表面的峰线,称为"分水线"或"分割线"。

显然,基于这些概念的分割算法的主要目标是找出分水线。分水岭变换的标准步骤为:

(1) 将图像看作三维地形;
(2) 在每一个最小值点处打一个孔;
(3) 以一致的速率从小孔向外涌水,并始终保持地形中所有的水位一致;
(4) 不同盆地的水相遇时则筑坝,并且随着水位的不断升高,坝也升高;
(5) 当水位达到地形的最高点时算法终止。

这些大坝的边界对应汇水盆地的分割线,它们就是由分水岭算法提取出来的连续的边界线。该过程可以用图 7-21 做更为直观的说明。

对于分水岭分割的计算,Vincent & Soille(1991)给出了基于 FIFO 队列的快速计算方法——溢流法。该算法模拟"泉涌浸没"的过程,采用多级队列的数据结构存储待处理像元,每一个像元按照亮度值的高低送入相应级别的队列中。因为淹没过程从最低的盆地开始,所以亮度值越小优先级越高。需处理的像元首先从优先级高的队列中取出,当高级别队列为空时,再处理下一级队列中的像元,因而能快速模拟淹没的过程。

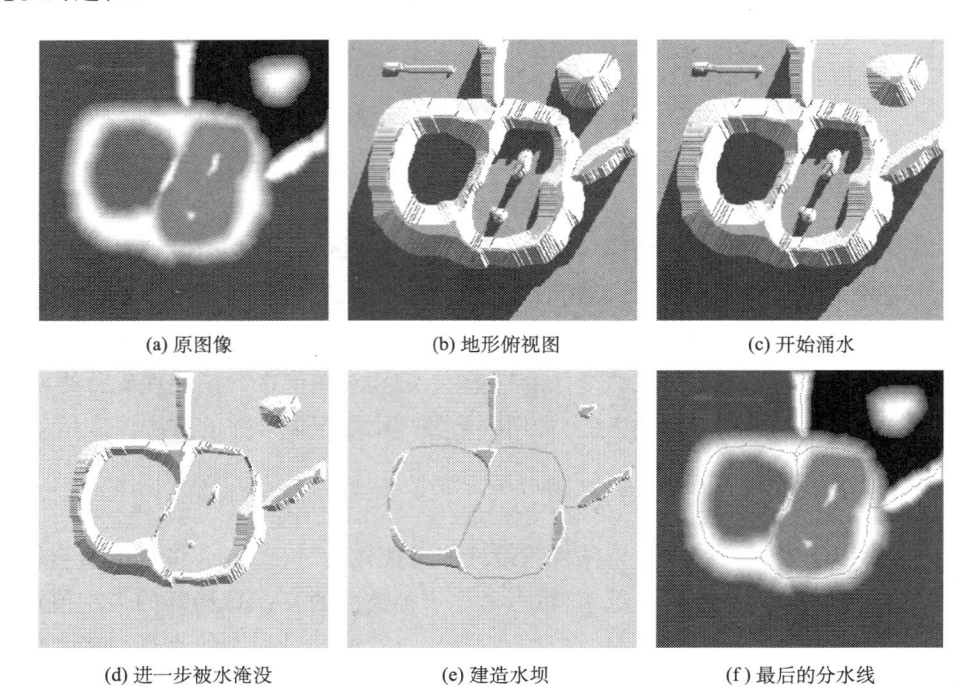

(a) 原图像　　　　　(b) 地形俯视图　　　　(c) 开始涌水

(d) 进一步被水淹没　　(e) 建造水坝　　　　(f) 最后的分水线

图 7-21　分水岭分割过程的三维模拟

令 $M_1$, $M_2$, $\cdots$, $M_R$ 表示梯度图像 $g(x, y)$ 的局部最小值点的坐标的集合, $C(M_i)$ 表示与局部最小值点 $M_i$ 相联系的汇水盆地内的点的坐标的集合,符号 min 和 max 分别代表 $g(x, y)$ 的最小值和最大值。令 $T[n]$ 表示坐标 $(s, t)$ 的集合,其中 $g(s, t) < n$,即:

$$T[n] = \{ (s, t) \mid g(s, t) < n \} \tag{7-31}$$

在几何上,$T[n]$ 是 $g(x, y)$ 中点的坐标集合,这些点均位于平面 $g(x, y) = n$ 的下方。

随着水位以整数从 $n = \min+1$ 到 $\max+1$ 不断增加,图像中的地形会被水漫过。在每一阶段都需要知道处在水位之下的点的数目。令 $C_n(M_i)$ 表示第 $n$ 阶段汇水盆地 $M_i$ 中所有点的坐标的集合:

$$C_n(M_i) = C(M_i) \cap T[n] \tag{7-32}$$

然后令 $C[n]$ 表示在第 $n$ 阶段汇水盆地被水淹没的部分的合集:

$$C[n] = \bigcup_{i=1}^{R} C_n(M_i) \tag{7-33}$$

并令 $C[\max+1]$ 为所有汇水盆地的合集：

$$C[\max+1] = \bigcup_{i=1}^{R} C(M_i) \tag{7-34}$$

可以看出，处于 $C_n(M_i)$ 和 $T[n]$ 中的元素的数目与 $n$ 保持同步增长，因此 $C[n-1]$ 是 $C[n]$ 的子集，根据式(7-32)和式(7-33)，$C[n]$ 是 $T[n]$ 的子集，所以 $C[n-1]$ 是 $T[n]$ 的子集。至此可以得出一个重要结论：$C[n-1]$ 中的每一个连通分量都恰好是 $T[n]$ 的一个连通分量。

寻找分水线的算法开始时，设定 $C[\min+1] = T[\min+1]$，然后进入递归调用。假设在第 $n$ 步时，已经构造了 $C[n-1]$，根据 $C[n-1]$ 求得 $C[n]$ 的过程如下：令 $Q$ 代表 $T[n]$ 中连通分量的集合，对于每个连通分量 $q \in Q[n]$，有下列三种可能性：

(1) $q \cap C[n-1]$ 为空；

(2) $q \cap C[n-1]$ 包含 $C[n-1]$ 中的一个连通分量；

(3) $q \cap C[n-1]$ 包含 $C[n-1]$ 中多于一个的连通分量。

根据 $C[n-1]$ 构造 $C[n]$ 取决于这三个条件。当遇到一个新的最小值时符合条件(1)，则将 $q$ 并入 $C[n-1]$ 构成 $C[n]$；当 $q$ 位于某些局部最小值构成的汇水盆地中时，符合条件(2)，此时将 $q$ 合并，并入 $C[n-1]$ 构成 $C[n]$；当遇到山脊线的时候，符合条件(3)，进一步的注水会导致不同盆地的水聚合在一起，因此必须在 $q$ 内建造一座水坝以阻止盆地的水溢出。构造水坝的最简单方法是使用形态学膨胀操作，详细的叙述可参见文献(Gonzalez & Woods, 2002)。

至 $n = \max+1$ 时，溢流结束，同时分水线也将图像划分成了若干连通区域。这就是分水岭分割的整个过程。

但是，直接对梯度图像进行分水岭变换通常会由于噪声和梯度的局部不规则性影响造成过分割。如图 7-22 所示，图 7-22(a) 为 $256 \times 256$ 像元大小的农田图像，图 7-22(b) 是它的梯度特征，图 7-22(c) 为直接对梯度图像进行分水岭变换得到的分割结果，过分割现象非常明显。这是因为梯度图像存在许多亮度值较低的小区域，这些局部最小区域对应着地理表面的汇水盆地底部，而涌水的过程首先是从盆地的底部开始，所以梯度图像的局部最小区域的数目与分割之后的区域数目相同。如图 7-22(d) 所示的梯度图像的局部最小区域，大量细碎的无关局部最小区域是造成过分割的根本原因。解决这个问题的方法之一，就是标记那些有意义的局部最小区域，使得后续的分水岭分割只针对这些标记了的汇水盆地进行。

(a) 农田图像  (b) 梯度特征

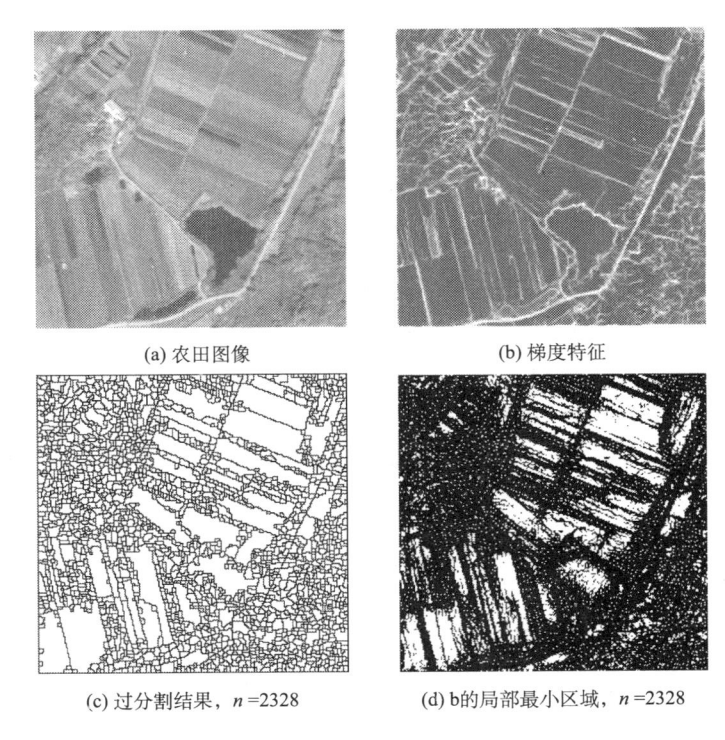

(c) 过分割结果，$n=2328$  (d) b的局部最小区域，$n=2328$

图 7-22 直接对梯度进行分水岭变换的过分割结果

## 7.4.2 区域标记

在抑制分水岭算法的过分割方面，基于标记的方法简单实用：首先对梯度图像进行标记，然后利用标记图像对梯度图像进行梯度重建，最后进行分水岭变换。

标记的过程是一个逻辑运算，因此要求用来标记的图像必须是二值图像，而且它能准确地指示那些有意义的涌水区域。这里采用 Soille(2003) 提出的扩展最小变换 (Extended Minima Transform)。它实际上是一个形态学阈值算子，能将大多数的无关小区域标记为 0。梯度图像 $G$ 经过高度阈值为 $h$ 的扩展最小变换运算如下：

$$E = \text{EM}(G, h) \tag{7-35}$$

式中 $E$ 为输出的二值图像，即在 8 连通的条件下将小于高度阈值 $h$ 的像元标记为局部最小区域的集合，而将其他像元标记为 0。高度阈值 $h$ 的设定必须非常谨慎，因为它直接影响到分割结果区域的数目，$h$ 越高，则结果区域的数目越少。图 7-23(a) 为由图 7-22(b) 的梯度图像经过高度阈值 $h$ 等于 0.1 的扩展最小变换后得到的局部最小区域标记图像，与图 7-22(d) 的局部最小区域相比，改善非常明显，许多独立的图像对象都被标记出来，比如中间的大面积田地连成了整片，有效地消除了无关的小区域。

利用标记图像，就可以使用它们来修改边缘梯度图像，即梯度重建。使用的方法是所谓强制最小过程(Minima Imposition)。基于形态学的强制最小过程用腐蚀运算修改亮度级图像，以便局部最小区域仅出现在标记的位置；其他像元值将按需要"上推"，以便删除其他的局部最小区域。图 7-23(b)为使用标记图像(图 7-23(a))对原来的梯度图像(图 7-22(b))进行梯度重建的结果，低值区域内部的细小的梯度基本被剔除了。

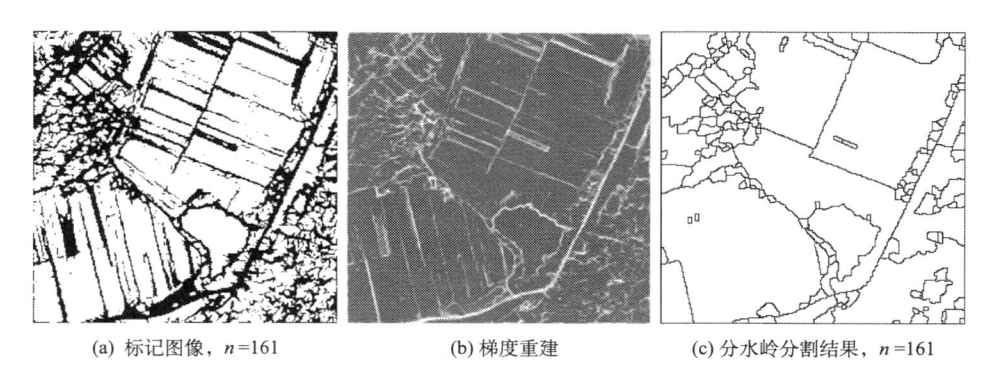

(a) 标记图像，$n=161$　　　　(b) 梯度重建　　　　(c) 分水岭分割结果，$n=161$

图 7-23　基于标记的农田图像分水岭变换分割结果

最后，对重建后的梯度图像进行分水岭变换。图 7-23(c)为分水岭变换后的结果，与原图像(图 7-22(a))对照可以看出，四块大的农田被完整地分割出来，分割区域的边界与农田边界的对应比较清晰，分割出来的道路、田埂、池塘边界也比较整齐。

## §7.5　图像分割评价

一方面，尽管人们在图像分割方面做了许多研究工作，但由于尚无通用的分割理论，现已提出的分割算法大都是针对具体问题的，并没有一种适合于所有图像的通用的分割算法。另一方面，给定一个实际图像分割问题如何选择合适的分割算法也还没有标准的方法。为解决这些问题需要研究对图像分割的评价问题。分割评价是改进和提高现有算法性能、改善分割质量和指导新算法研究的重要手段。

人们先后已经提出了几十个分割评价准则，这些准则中有定性的，也有定量的；有分析算法的，也有检测实验结果的。尽管对大多数图像处理问题而言，最后的信宿是人的视觉，需要定性的评价；但如果要对不同分割方法的处理结果作比较，则定量的评价是必需的。定量的分割评价是一个非常重要的问题，但也是公认的比较困难的问题。

常用的定量评价准则包括区域间对比度、区域内一致性、形状测度、算法收敛鲁棒性、目标计数一致性、像元距离误差、像元数量误差、最终测量精度等。章毓晋(1996)对图像分割评价的系统研究表明,不同评价准则的性能很不一样。其中,最终测量精度准则具有最大的动态范围,在评判接近最优的分割结果时也具有最好的分辨能力,接下来是像元数量误差准则,而像元距离误差准则又次之,最后是区域内一致性准则和区域间对比度准则,它们在使用中虽然不需要预先得到参考图,但评价能力很差。

本章简要介绍使用像元数量误差准则(Carleer,2005)进行分割精度评价的方法。这种方法的关键是标准的参考图像的获取,具体的评价过程为:首先对原图像进行判释,获得"正确分割"的参考图,然后将该参考图进行矢栅转换,最后将参考图与分割结果逐区域进行比较,得到正确分割的像元和错误分割的像元数。

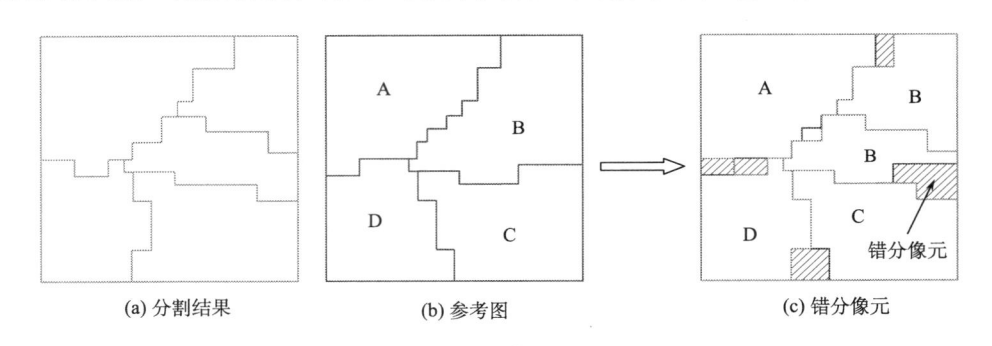

图 7-24　基于像元数量误差准则的分割评价示意图

如图 7-24 所示,将分割结果叠加在参考图上,考察分割结果的每一个区域与参考图区域的映射情况,重叠面积最大的参考区域认为是正确的分割,其余的像元则属于错误的分割。得到错分像元以后,就可以计算分割结果的错分率($MR$):

$$错分率 = 错分像元数 / 总像元数 \times 100\% \tag{7-36}$$

错分率反映了图像分割的整体精度,错分率越低,分割精度越高。但是,由像元数量误差准则的定义过程也可以看出,减小分割区域的面积(即增加分割区域的数量),会使错分率降低。极端的情况,当分割区域的面积减小到像元大小时(此时分割区域数与总像元数相等),错分率为 0,而这样的分割显然是没有意义的。所以,仅使用错分率还不能完全评价分割结果的优劣。一个较好的分割结果,其区域数应该和参考图的区域数相等或相近。因此考虑增加一个与区域数相关的评价指标——区域数比($RR$):

$$区域数比 = 分割结果的区域数 / 参考图的区域数 \tag{7-37}$$

显然，在错分率不变的情况下，区域数比 $RR$ 越接近 1，则分割结果越佳。当 $RR > 1$ 时，说明分割过于破碎；当 $RR < 1$ 时，则说明欠分割。结合 $MR$ 和 $RR$ 两个指标，基本可以评价分割结果的优劣。即在区域数比接近 1 的条件下，寻找最小的错分率。

最后，评价的目的是为了能指导、改进和提高分割，如何把评价和分割应用联系起来尚有许多工作要做。一个可能的方法是结合人工智能技术，建立分割专家系统，以有效的利用评价结果进行归纳推理，从而把对图像的分割由目前比较盲目的试验阶段推进到系统地实现的阶段。

## 参 考 文 献

[1] Acharyya M., De R. K., Kundu M. K. Segmentation of remotely sensed images using wavelet features and their evaluation in soft computing framework. *IEEE Transactions on Geoscience and Remote Sensing*, 2003, 41(12): 2900-2905.

[2] Baatz M., Schape A. Object-oriented and multi-scale image analysis in semantic networks. In: *Proceedings of the 2nd International Symposium on Operationalization of Remote Sensing*, ITC, Netherlands, 1999.

[3] Carleer A. P., Debeir O., Wolff E. Assessment of very high spatial resolution satellite image segmentations. *Photogrammetric Engineering and Remote Sensing*, 2005, 71(11): 1285-1294.

[4] Castleman K. R. *Digital Image Processing*. Beijing: Tsinghua University Press, 2003.

[5] Geneletti D., Gorte B. A method for object-oriented land cover classification combining Landsat TM data and aerial photographs. *International Journal of Remote Sensing*, 2003, 24(6): 1273-1286.

[6] Gonzalez R. C., Woods R. E. *Digital Image Processing*, Second Edition. Prentice Hall, 2002.

[7] Hay G. J., Blaschke T., Marceau D. J., Bouchard A. A comparison of three image-object methods for the multiscale analysis of landscape structure. *ISPRS Journal of Photogrammetry & Remote Sensing*, 2003, 57: 327-345.

[8] Jensen J. R. *Introductory Digital Image Processing: A Remote Sensing Perspective*, Third Edition. Prentice Hall, 2005.

[9] Li Y., Gong P. An efficient texture image segmentation algorithm based on the GMRF model for classification of remotely sensed imagery. *International Journal of Remote Sensing*, 2005, 26(22): 5149-5159.

[10] Pal S. K., Ghosh A., Shankar BU. Segmentation of remotely sensed images with fuzzy thresholding, and quantitative evaluation. *International Journal of Remote Sensing*, 2000, 21(11): 2269-2300.

[11] Pesaresi M., Benediktsson J. A. A new approach for the morphological segmentation of high-resolution satellite imagery. *IEEE Transactions on Geoscience and Remote Sensing*, 2001, 39(2): 309-320.

[12] Russ J. C. *The Image Processing Handbook*, Fifth Edition. Baker & Taylor Books, 2006.

[13] Ryherd S., Woodcock C. Combining spectral and texture data in the segmentation of remotely sensed images. *Photogrammetric Engineering & Remote Sensing*, 1996, 62(2): 181-194.

[14] Schiewe J. Segmentation of high-resolution remotely sensed data-concepts, applications and problems. *International Archives of Photogrammetry, Remote Sensing and Spatial Information Sciences*, 2000, 34,

380-385.

[15] Soille P. *Morphological Image Analysis: Principles and Applications*, Second Edition. Springer-Verlag, 2003.

[16] Vincent L., Soille P. Watershed in digital spaces: An efficient algorithm based on immersion simulations. *IEEE Transactions on Pattern Analysis and Machine Intelligence*, 1991, 13(6): 583-598.

[17] Zhang Y. J. A survey on evaluation methods for image segmentation. *Pattern Recognition*, 1996, 29(8): 1335-1346.

[18] Zhang Y. J. Evaluation and comparison of different segmentation algorithms. *Pattern Recognition Letters*, 1997, 18: 963-974.

[19] Zlotnick A., Carnine P. D. Finding road seeds in aerial images. *Image Understanding*, 1993, 57: 307-330.

[20] 曹建农, 关泽群, 李德仁. 基于DMN的高光谱图像分割方法研究. 遥感学报, 2005, 9(5): 596-603.

[21] 曹建农. 图像分割方法研究. 西安: 西安地图出版社, 2006.

[22] 陈波, 张友静, 陈亮. 标记分水岭算法及区域合并的遥感图像分割. 国土资源遥感, 2007, (2): 35-38.

[23] 陈秋晓, 陈述彭, 周成虎. 基于局域同质性梯度的遥感图像分割方法及其评价. 遥感学报, 2006. 10(3): 357-365.

[24] 陈忠, 赵忠明. 基于分水岭变换的多尺度遥感图像分割算法. 计算机工程, 2006, 32(23): 186-207.

[25] 宫鹏, 黎夏, 徐冰. 高分辨率影像解译理论与应用方法中的一些研究问题. 遥感学报, 2006, 10(1): 1-5.

[26] 龚衍, 舒宁. 非参数吉布斯模型和多波段遥感影像纹理分割方法研究. 武汉大学学报·信息科学版, 2007b, 32(7): 581-584.

[27] 龚衍, 舒宁. 基于马尔可夫随机场的多波段遥感影像纹理分割研究. 武汉大学学报·信息科学版, 2007a, 32(3): 212-215.

[28] 郭小卫, 官小平. 一种多尺度无监督遥感图像分割方法. 遥感信息, 2006, (6): 20-22, 54.

[29] 黄慧萍, 吴炳方, 李苗苗, 周为峰, 王忠武. 高分辨率影像城市绿地快速提取技术与应用. 遥感学报, 2004, 8(1): 68-74.

[30] 黄慧萍, 吴炳方. 地物大小、对象尺度、影像分辨率的关系分析. 遥感技术与应用, 2006, 21(3): 243-248.

[31] 纪松, 张一鸣, 龚辉. 一种基于数学形态学的遥感影像分割方法. 测绘工程, 2007, 16(4): 33-36, 40.

[32] 李弼程, 彭天强, 彭波. 智能图像处理技术. 北京: 电子工业出版社, 2004.

[33] 林剑. 基于模糊理论的遥感图像分割方法研究. 中南大学博士学位论文, 2003.

[34] 刘少创, 林宗坚. 航空影像分割的Snake方法. 武汉测绘科技大学学报, 1995, 20(1): 7-11.

[35] 刘伟强, 陈鸿, 夏德深. 基于马尔可夫随机场的遥感图像分割和描述. 东南大学学报, 1999, 29: 11-15.

[36] 刘永学, 李满春, 毛亮. 基于边缘的多光谱遥感图像分割方法. 遥感学报, 2006, 10(3): 350-356.

[37] 明冬萍, 骆剑承, 周成虎, 王晶. 基于简化随机场模型的高分辨率遥感影像分割方法. 计算机工程与应用, 2004, (26): 28-30.

[38] 彭玲, 赵忠明, 杨健, 马江林. 基于小波域隐马尔可夫树模型的多光谱遥感影像纹理分割技术研究. 武汉理工大学学报(交通科学与工程版), 2006, 30(4): 561-564.

[39] 阮秋琦. 数字图像处理学. 北京: 电子工业出版社, 2001.

[40] 孙即祥. 模式识别中的特征提取与计算机视觉不变量. 北京: 国防工业出版社, 2001.

[41] 谭衢霖, 刘正军, 沈伟. 一种面向对象的遥感影像多尺度分割方法. 北京交通大学学报, 2007, 31(4)

112-114，119.

[42] 王子煜. 基于数学形态学的高分辨率遥感影像分割方法研究. 北京大学博士学位论文，2005.

[43] 肖鹏峰，冯学智，赵书河，邓敏，佘江峰. 基于相位一致的高分辨率遥感图像分割方法. 测绘学报，2007，36(2)：146-151，186.

[44] 徐芳. 航空影像分割的支持向量机方法，武汉大学博士学位论文，2004.

[45] 章毓晋. 图象分割. 北京：科学出版社，2001.

[46] 章毓晋. 图象工程(第二版). 北京：清华大学出版社，2007.

[47] 章毓晋. 图像分割评价技术分类和比较. 中国图像图形学报，1996，2(2)：151-158.

[48] 赵国际，贾小志，赵宗涛. 一种高分辨率遥感图像分割算法. 计算机工程与应用，2002，14：36-37.

[49] 朱长青，王耀革，马秋禾. 基于形态分割的高分辨率遥感影像道路提取. 测绘学报，2004，33(4)：347-351.

# 第八章 遥感图像的匹配技术

遥感图像的匹配是一种面向应用的遥感数字图像处理技术,是遥感图像处理和应用的基本环节,在计算机视觉、模式识别、医学图像处理及飞行器导航等领域中有着广泛应用。本章主要从图像匹配原理、基于亮度和基于特征的图像匹配方法以及技术应用四个方面描述遥感图像的匹配问题。首先从图像匹配的定义、数学描述以及核心内容3个主要方面论述图像匹配的基本原理,然后论述基于像元亮度的互相关、傅立叶、互信息匹配方法以及常用的优化搜索策略及基于特征的匹配方法,包括特征提取,利用特征的空间关系以及对特征进行不变描述的匹配方法,在特征匹配中常用的松弛思想和小波金字塔匹配搜索策略,最后给出了基于特征的图像匹配实例以及主要应用范围。

## §8.1 图像匹配的原理

### 8.1.1 匹配的定义

图像匹配在很多领域有着广泛的应用。通常在以下情况下需要进行图像匹配:(1)来自不同传感器的数据融合;(2)利用不同条件不同时间拍摄图像进行变化探测;(3)从立体像对获取三维信息;(4)基于模型的对象识别。图像匹配就是确定一个新的图像(称之为实时图像)和一个基准图像之间的变换关系。也就是将两个图像叠加,将其中之一进行变换,使它们在空间上匹配得最好。对图像匹配方法的研究主要集中在以下3大领域:

(1) 计算机视觉和模式识别:为了完成各种不同的任务而需要进行图像匹配。如图像分割、目标识别、形态重建、运动追踪、立体制图以及字符识别等;

(2) 医学图像分析:诊断医学图像,如瘤的探测和病变部位定位以及生物医学研究,包括血细胞显微图像分类等;

(3) 遥感数据处理:民用以及军事应用目的而进行遥感图像的匹配,如在农业、地质、海洋、石油、矿产探测、污染、人口、城市、森林以及目标定位和识别等方面。

其他研究应用领域还包括语言理解、机器人技术和自动检测、计算机辅助设计和制造以及天文学等。

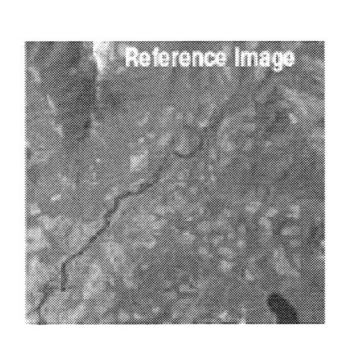

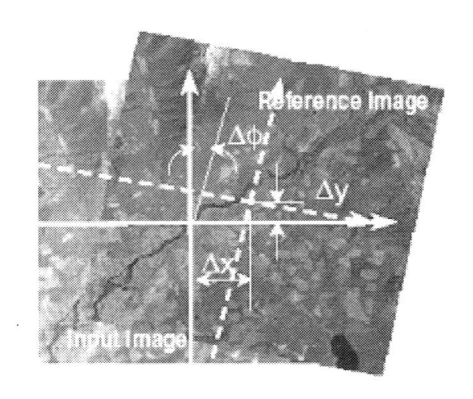

图 8-1　图像匹配和几何变形
（实时图像与基准图像间旋转角度 $\Delta\phi$ 以及沿 X 方向与 Y 方向的平移）

通常待匹配的图像间存在辐射畸变、几何畸变和随机噪声。

辐射畸变主要来源于传感器、拍摄方式、拍摄时间等。以下因素可引起图像亮度畸变：传感器噪声；传感器视点或平台抖动引起的透视变化；运动、变形或生长引起的物体本身的变化；光照或大气状况的改变，包括阴影和云覆盖；不同的传感器。不同传感器之间的亮度差异使图像间的配准变得困难。吕铁英等(1998)对多传感器图像间的亮度差的建模与校正进行了研究。经矫正后的多传感器图像具有较接近的灰度直方图分布，可克服亮度失真对多传感器图像匹配的影响。

对于几何畸变主要采用两种方式进行校正：一种是对误差源的本质进行模拟，建立纠正公式来纠正误差；另一种是研究利用各种算法与策略来克服几何变形如傅立叶变换、不变矩、控制点纠正、几何不变点特征描述、带参数搜索以及预处理等，在匹配过程中完成纠正参数的确定和完成匹配纠正工作。

通常几何变形可分为刚性(相似)变形、仿射变形和任意变形(图 8-2)。

刚性变形主要有平移、旋转和缩放(图 8-3)，通常由传感器不同的定位引起。传感器畸变和视角变化可引起仿射和任意变换。

实时图像和基准图像之间存在的刚性变形，其坐标之间的关系可表示为：

$$\begin{bmatrix} x_2 \\ y_2 \end{bmatrix} = \begin{bmatrix} t_x \\ t_y \end{bmatrix} + s \begin{bmatrix} \cos\theta & -\sin\theta \\ \sin\theta & \cos\theta \end{bmatrix} \begin{bmatrix} x_1 \\ y_1 \end{bmatrix} \tag{8-1}$$

实时图像和基准图像之间的 2D 仿射变换可表达为(图 8-2、图 8-4)：

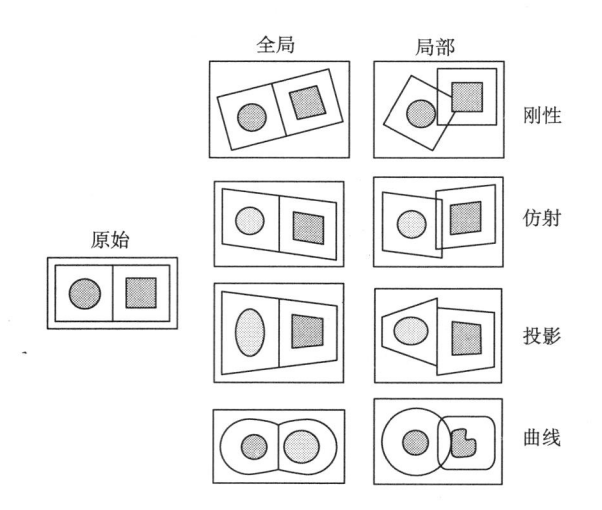

图 8-2　图像二维变换的例子

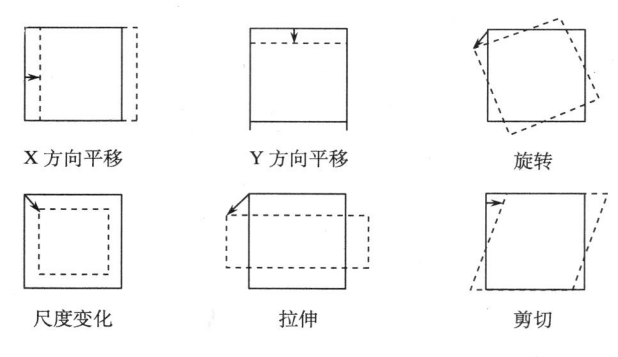

图 8-3　图像变形方式

$$\begin{bmatrix} x_2 \\ y_2 \end{bmatrix} = \begin{bmatrix} t_x \\ t_y \end{bmatrix} + \begin{bmatrix} a_{11} & a_{12} \\ a_{21} & a_{22} \end{bmatrix} \begin{bmatrix} x_1 \\ y_1 \end{bmatrix} \tag{8-2}$$

矩阵 $\begin{bmatrix} a_{11} & a_{12} \\ a_{21} & a_{22} \end{bmatrix}$ 可以是旋转、缩放或扭曲。旋转矩阵与公式(8-1)的相同。

沿 X 轴和 Y 轴的缩放表示为：

$$s = \begin{bmatrix} s_x & 0 \\ 0 & s_y \end{bmatrix} \tag{8-3}$$

扭曲可表示为：

$$s_x = \begin{bmatrix} 1 & a \\ 0 & 1 \end{bmatrix}, s_y = \begin{bmatrix} 1 & 0 \\ b & 1 \end{bmatrix} \tag{8-4}$$

对于局部任意变形可用多项式或建立局部三角网进行纠正。

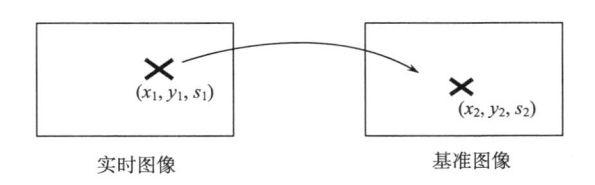

图 8-4 图像间的坐标变换

## 8.1.2 匹配的描述

假设 $I_1(x,y)$ 为图像区域 $A$ 的成像,$I_2(x',y')$ 中不仅包含图像区域 $A$,还包含与区域 $A$ 相连的其他图像区域,则图像匹配是两幅图像间的空间位置和亮度的映射,记为:

$$I_2(x',y') = g(I_1(f(x,y))) \tag{8-5}$$

式中,$f$ 表示二维空域坐标变换,它把空域坐标 $x,y$ 变换成空域坐标 $x',y'$,即 $(x', y') = f(x, y)$;$g$ 表示一维强度变换。匹配问题就是要找到最优的空域变换 $f$ 和强度变换 $g$,且重点是得到最优的空域变换 $f$,以进一步达到配准、定位、识别、差异分析等目的。图像匹配问题实际上是上述参数的最优估计问题。

## 8.1.3 匹配的内容

按照 Brown 的理论,各种匹配算法都是 4 个元素的不同选择的组合:特征空间、相似性度量、搜索空间、搜索策略。

**1. 特征空间**

图像匹配的主要过程为:首先从实时和基准图像中提取一个或多个特征,然后进行搜索匹配,通过使用某种相似性度量准则来比较实时图像和基准图像的特征,最后得到一系列纠正变形的参数,将实时图像纠正并与基准图像匹配。整个匹配过程的三个基本要素为图像特征(构成特征空间)、匹配搜索空间及策略以及相似性度量准则。众所周知,到目前为止还没有唯一最佳的匹配技术可用于所有的数据类型,对一定的输入数据,每种方法都有其优点和缺点。

图像匹配的第一步就是确定用什么进行匹配,即确定用于匹配的特征。用于匹配的特征可以直接使用像元亮度,如亮度互相关算法。用于匹配的特征还可以是边缘、轮廓、表面、角点、线的交叉点、具有较高曲率的点等突出特征,也可以是统计特征,如不变矩特征或重心、一些高级特征和综合描述,如图像直方图不变特征、频域相关、图像模糊信息、图像的投影特征、局部分形特征、奇异值分解以及基于主成分分析、局部熵差等。通常选择能减低传感器或其他畸变的特征。所选择的用于匹配的特征还要能减少搜索空间,便于减低计算成本。

在提取特征前,通常要进行图像增强。点和边缘通常代表了图像信息最丰富的结构,常被用于图像匹配的特征。也常将不变矩特征用于具有相似变形的图像匹配。但提取不变矩特征比较耗时,通常在用粗、精匹配的搜索策略时,低阶不变矩用于粗匹配阶段,用来指导精匹配。Brown(1992)对用于匹配的图像特征进行了总结,如表8-1。

表 8-1　用于匹配的图像特征及其特性

| 图像特征 | 特　性 |
| --- | --- |
| 原始的亮度及派生特征 | 像元亮度值、直方图不变特征、模糊信息、投影特征、局部分形特征、奇异值分解、主成分分析、局部熵差等<br>(最常用的信息) |
| 边缘 | 边缘、表面、轮廓<br>(反映图像的内部结构,对噪声不敏感) |
| 突出特征 | 角点、线交叉点、封闭区域中心、边缘局部弯曲最大的点、傅立叶描述子等<br>(反映图像的内部结构,能够精确定位) |
| 统计特征 | 矩不变量等<br>(用到所有的信息,利于进行具有相似变形的图像匹配) |
| 高级特征 | 结构特征、合成特征、语义网络<br>(使用相互关系及其他高级特征信息,适合于非精确和局部匹配) |
| 相对于模型的匹配 | 地理图、对象模型<br>(精确的内部结构,仅有一个图像存在噪声) |

## 2. 相似性度量

相似性度量用于衡量匹配图像特征之间的相似性。对于亮度相关算法,一般采用相关作为相似性度量,如互相关、相关系数、相位相关等;而对于特征匹配算法,一般采用各种距离函数作为特征的相似性度量,如欧氏距离、街区距离、Hausdorff 距离等。相似性度量同特征空间一样,决定了图像的什么因素参与匹配,什么因素不参与匹配,从而可以减弱未校正畸变对匹配性能的影响。常见的相似性度量准则及优点见表 8-2。

表 8-2  常见相似性度量准则及特点

| 相似性度量准则 | 特点 |
| --- | --- |
| 归一化互相关函数 | 抗白噪声,但不能克服局部畸变,很难确定尖锐相关峰的位置 |
| 相关系数 | 同上,但具有绝对度量的特点 |
| 相位相关 | 能克服与频率有关的噪声 |
| 亮度的绝对差和 | 匹配运算速度快,没有局部畸变的情况下能快速发现匹配的位置 |
| 边缘的绝对差之和 | 用"Chamer"方法,能快速完成匹配,抗图像局部畸变 |
| 逐点亮度差变化计数 | 适合不相似图像匹配 |
| 高级准则 | 结构匹配;树或图的距离匹配;基于感兴趣的特征或关系的匹配等 |

### 3. 搜索空间与策略

图像匹配问题是一个参数的最优估计问题,待估计参数组成的空间即搜索空间。也就是说,搜索空间是指所有可能的变换组成的空间。因此,成像畸变的类型和强度决定了搜索空间的组成和范围。

搜索算法在搜索空间中找到一个最优的变换,使得相似性度量达到最大值。搜索算法对于减少计算量有重要意义。搜索空间越复杂,选择合理的搜索算法越重要,这个要求就越高。

常用的快速匹配方法主要有两种:其一是减少在非匹配点上的相关计算总量,如序贯相似性度量(SSDA)方法;其二是改进搜索策略以避免不必要的计算,如金字塔分级搜索方法。研究表明,图像匹配的速度主要依赖于匹配的搜索策略。由于现有匹配方法的基本搜索策略均是遍历的,为了找到一对最佳匹配点,现有方法均不得不在搜索区域内的每一个点上进行区域相关计算,而除了要找的一个最佳匹配点外,绝大部分时间都是在非匹配点上作"无为"的计算。毫无疑问,若能找到更有效的搜索策略以尽可能多的避免这种无为的计算,则匹配速度将大大加快。

常用的搜索策略主要有:图像多分辨率(金字塔)表达粗、精匹配方法;遗传算法;模拟退火;迭代与点匹配;树与图匹配;顺序决策;松弛;综合 Hough 变换;线性决策;最小二乘;能量最小化;动态规划等。其中,图像多分辨率(金字塔)表达粗、精匹配方法和遗传算法是较新颖的、目前使用和研究较多的两种方法。

上述 4 个因素是相互联系、相互影响的,设计匹配算法时,首先根据实际的应用背景,确定图像的景象类型和成像畸变范围,同时确定性能指标,以此确定应该采用的特征空间和搜索空间,然后通过搜索算法找到使相似性度量值最大的最优变换参数。

## §8.2 基于像元亮度的匹配

### 8.2.1 互相关方法

亮度相关是用于匹配的基本统计方法。基于亮度的匹配就是逐像元地把一个以一定大小的实时图像窗口的亮度矩阵与基准图像的所有可能的窗口亮度阵列按某种相似性度量方法进行搜索比较。通常用于模板匹配或模式识别。它是一种相似性度量准则,即它给出了两幅图像之间或图像与模板之间的相似程度的测度。假设基准图像为 $I_1$,实时图像为 $I_2$,常用的亮度相关匹配度量准则主要有以下几种:

(1) 归一化积相关算法 NPROD:

$$NPROD(p,q) = \frac{\sum_{i=1}^{W_1}\sum_{k=1}^{L_1} s_{j+p,k+q} f_{j,k}}{\left[\sum_{j=1}^{W_1}\sum_{k=1}^{L_1} s_{j+p,k+q}^2\right]^{\frac{1}{2}} \left[\sum_{j=1}^{W_1}\sum_{k=1}^{L_1} f_{j,k}^2\right]^{\frac{1}{2}}} \tag{8-6}$$

(2) 平均平方差算法 MSD:

$$MSD(p,q) = \frac{1}{W_1}\frac{1}{L_1}\sum_{j=1}^{W_1}\sum_{k=1}^{L_1}(s_{j+p,k+q} - f_{j,k})^2 \tag{8-7}$$

(3) 平均绝对差算法 MAD:

$$MAD(p,q) = \frac{1}{W_1}\frac{1}{L_1}\sum_{j=1}^{W_1}\sum_{k=1}^{L_1}|s_{j+p,k+q} - f_{j,k}| \tag{8-8}$$

式中,$(p,q)$——位置偏移量;NPROD——最大值算法;MSD、MAD——最小值算法。

这类算法的性能主要取决于相似性度量及搜索策略的选择。在相似性度量方面,除了上述常见方法外,人们还提出了直方图不变特征、模糊信息理论、图像投影特征、局部分形特征、奇异值分解以及基于主成分分析等的匹配度量方法。

运用该类度量准则进行匹配,具有计算简单、对景象模式适应能力强、易于并行计算等优点,但计算耗时较大。为了提高计算速度,Barnea 等(1972)提出了一种针对平均绝对差相似度量准则的序贯检测算法(SSDAs)。在最简单的仅有平移变化的匹配情况下,SSDAs 算法就是一种序贯阈值方法,即对每一个可能匹配的窗口,累加平均绝对差(MAD)值,当超过某一设定的阈值时即停止计算。对每一匹配窗口内超过阈值前的匹配像元进行计数。某一匹配窗口参加匹配的像元数最多即是最佳匹配。序贯检测算法在不影响匹配正确性的前提下,显著减少了计算复杂度。

除了 SSDAs 算法外,为了提高匹配速度,还有两级模板匹配算法、分层序贯匹配算法、多子区域相关匹配算法等各种快速匹配算法。

为了提高图像匹配定位精度,提出了最小二乘、贝叶斯等匹配方法,还提出了基于图像高分辨率重采样、基于曲面拟合的方法,使图像匹配的位置精度提高到子像元水平。

虽然基于亮度相关的匹配参与运算的是图像的全部像元,因此具有使用简便的特点,同时对景象模式的适应能力也较强,但也因此造成它对成像畸变的适应能力较弱的缺点。当匹配图像间存在光照或大气状况的差异、需要较快的匹配运算速度而且存在低频噪声时,利用傅立叶变换的不变特性以及快速傅立叶变换算法可以取得较好的匹配效果。

## 8.2.2 傅立叶变换方法

傅立叶变换的许多特性可以用于图像匹配。平移、旋转、亮度分布及尺度等在傅立叶域均有体现。再者,通过使用频率域,匹配将不受自相关和与频率有关的噪声的影响,具有稳健性。匹配可采用硬件实现或采用快速傅立叶变换。

具有位移的两幅图像匹配的一种较优的方法是相位相关。相位相关依赖于傅立叶变换的平移特性,有时称之为位移法则。给定两幅图像 $I_1$ 和 $I_2$,他们的不同之处是存在位移偏量$(d_x, d_y)$,即:

$$I_2(x,y) = I_1(x-d_x, y-d_y) \tag{8-9}$$

它们的傅立叶变换 $F_1$ 和 $F_2$ 由下式表示:

$$F_2(\omega_x,\omega_y) = e^{-j(\omega_x d_x + \omega_y d_y)} F_1(\omega_x,\omega_y) \tag{8-10}$$

换言之,两幅图像具有相同的傅立叶幅度,但相差直接与位移有关。如果用指数形式 $F_i(\vec{\omega}) = |F_i| e^{j\Phi_i(\vec{\omega})}$ 表示,$i=1,2$,那么,相差由 $e^{j(\Phi_1-\Phi_2)}$ 给定。由平移法则,这一相差等同于交叉功率谱的相位:

$$\frac{F_1(\omega_x,\omega_y) F_2^{*}{}_1(\omega_x,\omega_y)}{|F_1(\omega_x,\omega_y) F_2^{*}{}_1(\omega_x,\omega_y)|} = e^{(\omega_x d_x + \omega_y d_y)} \tag{8-11}$$

这里 * 表示复数变换形式。相差的反傅立叶变换是以位移为中心的$\partial$函数,在此即为匹配点。实际运算中,连续变换被离散变换所替代,$\partial$函数成为单位脉冲。

因此该方法必须确定交叉功率谱相位傅立叶反变换峰的位置。由于每一相差对每一频率的贡献是相同的,这一技术尤其适合图像中存在窄带噪声的情况。因此对不同光照条件下获得的图像间的匹配,它是有效的技术。同样,该技术相对于景象是不依赖的,对从不同传感器获得的图像的匹配也是有效的,因为它对光谱能量的变化不敏感。

在使用傅立叶变换时还存在一些假设。由于图像是有边界而且是离散的,频率信息也应是有边界而又离散的。由采样理论可知,离散采样的间距必须足够小,使得信号的带宽能被复制,否则会发生图像失真。另外,由于图像是有边界的,由窗口频率成分引起的畸变将被引入到频率域。因此,图像通常要预处理,例如用高斯滤波来限制带宽。

相位相关的另一扩展是其可以用来进行图像间存在平移与旋转的匹配。旋转运动,像平移一样,可用相似的相位相关进行推理,在极坐标下将旋转表达为平移量。但是同时存在旋转和平移代表了一种复杂的变换。有学者提出两步处理这种状况的方法,即首先确定旋转角度然后再确定平移量。

但是,由于傅立叶方法依赖于它的不变特性,它仅适用于仅有旋转和平移等简单变形的情况,对于更复杂的情形,还需要研究其他的匹配方法。

### 8.2.3 互信息方法

互信息是信息论中的一个基本概念,用来度量两个随机变量的统计依赖性或者一个变量包含另一个变量的信息量,当两幅图像达到最佳匹配时,它们对应像元的亮度互信息应达到最大,因而互信息可作为图像配准中的相似性测度。由于该测度不需要对不同成像模式下图像亮度间的关系作任何假设,也不需要对图像进行分割或任何预处理,所以被广泛用于多模态医学图像匹配,近来又被应用于遥感图像的匹配。

**1. 互信息的基本概念**

互信息可以由图像的信息熵来表示:

$$\begin{aligned} I(U,V) &= H(U) - H(U|V) \\ &= H(V) - H(V|U) \\ &= H(U) + H(V) - H(U,V) \end{aligned} \quad (8\text{-}12)$$

其中:$U$ 和 $V$ 表示两幅图像,$H(U)$ 和 $H(V)$ 是图像 U 和 V 的边缘熵,描述了随机变量的不确定性,$H(U,V)$ 为两者的联合熵,$H(U|V)$ 为条件熵,描述了已知 $V$ 时 $U$ 的不确定性总量。图 8-5 表示了互信息与 $H(U)$,$H(V)$,$H(U,V)$ 及 $H(U|V)$ 之间的关系:

图 8-5 中圆代表了图像的边缘熵,两圆合并区域为联合熵,两圆重叠部分即为互信息(黄晓玲,2003)。图中明确给出了三者之间的关系,可见互信息综合了图像的边

缘熵、联合熵,其形式为两者的差。

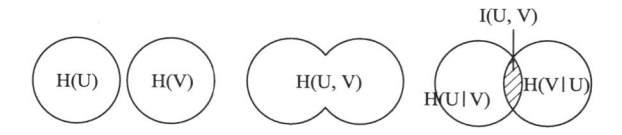

图 8-5 互信息与 $H(U), H(V), H(U,V)$ 及 $H(U|V)$ 之间的关系

所谓熵通常由变量的概率密度来表示,其具体形式如下:

$$H(U) = -\sum_{u} p_U(u) \log p_U(u) \tag{8-13}$$

$$H(U,V) = -\sum_{u,v} p_{UV}(u,v) \log p_{UV}(u,v) \tag{8-14}$$

$$H(U|V) = -\sum_{u,v} p_{UV}(u,v) \log p_{U|V}(u|v) \tag{8-15}$$

其中:$p(u)$ 和 $p(v)$ 为随机变量 $u$ 和 $v$ 的边缘分布密度,$p(u,v)$ 为联合分布密度。针对亮度图像,可以分别用两幅图像的灰度直方图和联合直方图进行估计。

熵表达的是一个系统的复杂性或不确定性,若 $H(Y) > H(X)$,则说明信源 $Y$ 比信源 $X$ 的平均不确定性要大。例如:$X$ 中有两个变量 $x_1$ 和 $x_2$,两者发生的概率分别为 $p(x_1) = 0.8, p(x_2) = 0.2$,可以知道事件 $x_1$ 发生的概率要比事件 $x_2$ 大;$Y$ 中也有两个变量 $y_1$ 和 $y_2$,$p(y_1) = 0.5, p(y_2) = 0.5$,即 $y_1$、$y_2$ 为等概率事件,两者出现的可能性相同,因此在事件发生之前,对于信源 $Y$ 而言,难以猜测哪一个事件会发生,随机性较大;而信源 $X$,虽然也存在不确定性,但大致可以知道 $x_1$ 出现的可能性要大,这时 $X$ 的随机性就小,因此信息熵 $H(X)$ 表征了变量 $X$ 的随机性。正如两场球赛,其中一场双方势均力敌,而另一场双方实力悬殊很大,当然人们希望看第一场,因为胜负难卜,一旦赛完,人们获得的信息量就比较大。正因为这种不确定性的存在,才驱使人们对随机变量进行观察、记录,并从中获取更多的信息。显然,随机变量的不确定程度越高,从试验中可能获取的信息也就越多。

对于亮度图像来说,亮度级越多,像元亮度值越分散,熵值就越大;同时,熵也是灰度直方图形状的一个测度,当图像直方图具有一个或多个尖峰时,熵值一般较小;反之,若直方图比较平坦,熵值较大。

当两幅图像在空间位置匹配时,其重叠部分所对应像元对的亮度互信息达到最大值,以此时对应的变换参数作为空间变换参数,通过空间变换达到图像配准的目的。

### 2. 归一化互信息

实验表明,基于互信息的图像匹配方法能够精确地实现图像配准,然而当原始图像的分辨率较差,或者插值方法比较粗糙时,会使最大互信息量对应的空间变换偏离最优变换,产生较大误差。并且两幅图像重叠部分的大小对互信息度量有很大的影响,重叠部分减小,参与统计互信息的像元个数减小,导致互信息值减小,互信息与两个图像重叠部分的多少成正比,Studholme 等人还指出误配数量增加可能导致互信息值增大。因此互信息值达到最大并不能保证得到正确的配准结果。为了解决这个问题,使目标函数能更加准确地反映互信息量和配准参数之间的关系,Studholme 等提出了一个基于重叠不变的相似性测度:归一化互信息测度,它能使配准函数更平滑,减少对图像重叠部分的敏感性,配准精度也更高,其表达式如下:

$$NMI(A,B) = \frac{H(A) + H(B)}{H(A,B)} \tag{8-16}$$

Maes 等利用熵相关系数(ECC)作为另一种归一化相关系数。NMI 和 ECC 的关系表示式:

$$ECC = 2 - 2/NMI$$

近年来归一化互信息被许多学者广泛应用,实践证明,在刚性匹配中,归一化互信息比传统互信息具有更强的鲁棒性。

互信息可通过直方图和 Parzen 窗方法进行估算。

### 3. 互信息匹配中的插值问题

互信息量的计算是利用互信息进行匹配技术中最为关键的问题,计算的结果对匹配精度有很大的影响,互信息量测度下的图像匹配可以表示为:

$$T_{\beta^*} = \underset{\beta}{\mathrm{argmax}}\ I(U, T_\beta(V)) \tag{8-17}$$

即寻找互信息量最大时所对应的转换矩阵 $T$ 的解,$\beta$ 为矩阵 $T$ 中对应的转换参数向量,因此对于 $T$ 的最优值 $\beta^*$ 可以通过不同的搜索方法获得。

在一般情况下,图像经过几何变换后,像元的坐标不会和原来的采样网格完全重合,像元的亮度值也需要重新计算,这就需要对变换后的图像进行重采样和插值处理。常用的插值算法有最近邻域法、线性插值法和三线性部分体积分布插值算法,简称 PV 插值方法。最近邻域法具有计算量小、速度快的优点,但插值质量不高;线性插值效果较好,运算量也不很大,故经常采用。三线性 PV 插值算法按照周围 8 个像元和所求像元点的空间距离来分配权重,避免了一次插值运算,使互信息的计算更为精确,但计算量也较大。后来又有研究者提出了先验联合概率法和随机重采样法这两种改进的插值算法,先验联合概率法既保证了最大互信息量方法的有效性,又引入了与变换无关的先验分布,增加了联合分布的稳定性,使得互信息量随匹配参数变化更加平滑;随机重采样法在每个网格点施加一个轻微的扰动,避免大量网格重合,这两种方法在一定程度上抑制了局部极值的产生。

### 8.2.4 优化方法

匹配的目的就是要消除图像畸变的影响,找出匹配变换模型参数,当相似性度量取极大值时,两幅图像即可达到最佳匹配,所以匹配问题实际上就转化为求解最优参数的问题。穷举搜索法通过对全幅图像的亮度值进行遍历搜索可以获得全局极值,但计算量相当大,耗时长,只适用于某些对实时性要求不高的工作中。当两幅图像的转换模型未知,使用的相似性度量较复杂,且对匹配速度有要求时就需要用到最优化算法来很快地寻找到最优解。

由于相似性测度的最优化涉及多个参数,寻找最优参数的时候,优化方法的选择非常重要。但是匹配函数经常不是光滑的,存在许多局部极大值,给求解带来很大难度。产生局部极大值主要有两个原因:一是两幅图像本身存在较好的局部匹配;二是在运算过程中由于插值运算、图像重叠部分的改变等产生的局部极值。避免局部极值的常用方法有:采用 PV 插值方法,图像先滤波减少噪声以及增大灰度直方图窗口尺寸等方法。由于局部极大值的存在,优化算法的选取对匹配结果有较大的影响,尤其对初始变换的鲁棒性有很大影响。

优化算法一般可分为确定性优化和随机优化两大类。确定性优化方法仅适合于确切知道目标函数及其梯度的问题,典型的有最速下降法、Powell 法、共轭梯度法、高斯-牛顿法、最小二乘法等。随机优化方法则允许在目标函数及其梯度或者梯度的近似计算中引入随机成分,根据是否需要梯度的直接计算值具体又可分为梯度型和无梯度型两类。前者的典型方法有 Robbins-Monro 算法,后者典型的有 Kiefer-Wolfowitz 算法、模拟退火算法和遗传算法等,另外多分辨率方法在图像匹配中也较多地被采用,可以大大提高搜索效率。

现有文献中大多采用 Powell 法、随机梯度法、共轭梯度法、Levenberg-Marquardt 法、高斯-牛顿法等优化策略来进行匹配过程中的多参数优化搜索。Wolberg 和 Zokai 利用这两种方法的结合对投影变换图像进行了匹配。但这些方法较易受到局部极值的影响,其优化效果好坏的关键在于初始点的选择,在没有先验知识的情况下,不能保证收敛到最值。

遗传算法和模拟退火属于全局搜索算法,可以避免寻优过程中陷入局部极值。遗传算法仿效生物从低级到高级的进化过程,将进化操作应用于一群对搜索空间编码的基因串中,每一代遗传算法同时搜索参数空间的不同区域,然后把注意力集中在解空间中期望值最高的部分,通过一群基因串一代又一代繁殖交换。遗传算法能搜索到多个局部极值,从而增加找到全局最优解的可能性,但这种算法很容易跳出搜索区间。模拟退火法主要得益于材料的统计力学研究成果,粒子的不同结构对应于粒子的不同能量水平,在高温条件下,粒子的能量较高,可以自由运动和重新排序。在低温条件下,粒子能量较低。如果从高温开始,非常缓慢地降温,粒子就可以在每个温度下达到热平衡,当系统完全冷却时,最终形成处于低能状态的晶体,从而收敛到最优解,模拟退火法具有突跳性,不易陷入局部极小点,但其多个参数的初始值较难选择,且这些全局搜索算法比较复杂,计算时间和空间的要求非常大。

另一个常用的方法是单纯形算法,该方法也不要求计算梯度,与 Powell 法只考虑单一变量相反,它同时考虑所有变量,但是该方法收敛速度不确定。Plattard 等将 Powell 法和单纯形法相结合,Kagadis 等将 Powell 法和遗传算法相结合提出了混合算法,弥补了各算法的不足。

多分辨率方法是一种克服局部极值的有效方法。该方法首先利用通过采样得到的低分辨率图像进行预匹配,再将结果作为初始参数代入下一级优化。由于低分辨率图像匹配的计算代价小,结果代入后能减少原始图像的匹配迭代次数,从而提高运行速度,且具有较强的鲁棒性。Jenkinson 和 Smith 用多分辨率技术扩展了 Powell 算法。

## §8.3 基于图像特征的匹配

基于特征的匹配通常包含以下 4 个步骤:

(1) 特征探测:对图像中的突出目标(如具有封闭边界的区域、边缘、轮廓、线交叉点、角点等)用人工或自动的方法进行探测。在处理过程中,这些特征可以进一步用对它们具有代表性的点来表示(如重心、线端点、角点等),这些具有代表性的点在文献中称为控制点(CPs);

(2) 特征匹配:在这一步,主要是建立实时图像和基准图像上已探测特征之间的对应关系。各种特征描述子和相似性度量以及特征之间的空间关系被用于寻找同名特征;

(3) 变换模型估计:通过已建立的同名特征估计实时图像和基准图像之间的映射函数和参数;

(4) 图像重采样和转换:用映射函数将实时图像进行变换,从而与基准图像匹配。在非整数坐标上的图像亮度值由合适的内插计算得到。

上述每一步骤都有其特殊问题。首先，必须确定用什么特征进行匹配。对于指定的任务，这些特征应该是一些突出的目标，通常满布在图像上，并易于探测，而且易于目视识别。待匹配图像上应有较多的共同探测到的特征，便于以后确定同名特征。这就要求特征探测算法对图像的几何畸变、亮度畸变、噪声不敏感，在匹配图像存在较大畸变的情况下，也能探测到同名特征，即探测特征的重复率要高，并要有较高的匹配定位精度。在特征匹配阶段，匹配的相似性度量，匹配算法克服图像畸变的程度，错误同名特征剔除的约束策略等是关键问题，而且也是较为困难的问题。变换模型及图像重采样取决于匹配图像变形的状况和对匹配精度与时间的要求。

### 8.3.1 特征探测

遥感图像中有意义的突出结构主要区域有（如森林、湖泊、农田等），线（如区域边界、海岸线、道路、河流等）和点（如区域角点、线交叉点、曲线上曲率较大的点等）。这些特征代表了图像更高级的信息。特征匹配适合于当光照状况发生变化或多传感器的情况。

区域特征：通常用它们的重心表示，它们对旋转、尺度、扭曲等不敏感，而且能克服随机噪声、亮度变化。区域特征探测主要采用分割方法。分割精度对后续匹配质量影响显著。

线特征：线特征可以是通常意义上的线段，目标轮廓、海岸线、道路或医学图像上狭长的解剖学结构等。线相关一般表示为线端点和中点的匹配。线特征探测的主要方法有 Canny 算子、Sobel 算子、Laplacian 算子等。

点特征：图像的点特征主要指图像中的明显点，如角点、圆点、地物交叉点以及边缘弯曲凸出的点等。点特征探测是图像处理和计算机视觉的重要步骤，它为图像匹配、图像融合、时间序列分析、模式识别以及飞行制导等提供进一步处理的信息。

近年来已提出了一系列算法各异、各具特色的角点探测算子，主要分为两大类：一是基于模板的方法；二是基于几何特征的探测方法。基于几何特征直接提取角点的方法依赖于角点不同几何特征的探测，计算简便、速度快，因而在实时图像匹配中得到使用。其中较著名的有 Moravec(1977) 提出的利用亮度方差提取点特征的方法。Harris 和 Stephens(1988) 采用了相同的思想并进行了改进，提出了著名的 Plessey 角点探测算子。其后，又有很多学者对该算法进行改进以适应不同的应用目的。

Smith 和 Brady(1997) 提出了一种完全不同的角点探测算法，称之为"SUSAN"探测算子(Smallest Univalue Segment Assimilating Nucleus)。SUSAN 的基本原理是与每一图像点相关的局部区域具有相同的亮度。如果某一窗口区域内的每一像元亮度值与该窗口中心的像元亮度值相同或相似,这一窗口区域将被称之为"USAN"。计算图像每一像元的"USAN",为我们提供了是否有边缘的方法。位于边缘上的像元的"USAN"较小,位于角点上的像元的"USAN"更小。因此,我们仅需寻找最小的"USAN",就可确定角点。该方法由于不需要计算图像亮度差,因此,具有很强的抗噪声的能力。Shen 和 Wang(2002)设计了一种实时亮度角点探测算子。

## 8.3.2 利用空间关系的匹配

当探测出的匹配点集之间存在多点、少点,存在局部畸变,寻找同名特征困难时,可利用特征的空间关系进行匹配,如特征的分布及特征之间的距离等。利用空间关系进行匹配的方法主要有以下几种:(1)基于图的匹配算法:估计经过变换后的实时图上的点落在基准图上相应点邻域范围内的个数,具有最高得分的一组变换参数,即认为是最终的有效估计。(2)聚类技术:对已提取的点或线,将它们映射到变换参数空间中。在某一组变换参数空间处聚集了较多的点或线从而形成聚类,而误匹配点或线则随机地散落在参数空间中。已探测到的聚类的质心被认为代表了最可能的匹配参数矢量。(3)斜切面方法:对已探测的线特征,通过它们之间的广义最小距离进行匹配。(4)点集的 Hausdorff 距离匹配方法:该方法是基于角点位置和相互关系的最小距离方法,属于不完全点集的匹配,是一种模糊点集的匹配方法。由于各种误差的存在,用于匹配的实时图像和基准图像的对应点集内的点数目不等,且不能全部一一对应。因此,可选择无须点点对应的匹配度量方法,并且此法不会引起高计算复杂度。Hausdorff 距离及各种由此改进的匹配度量准则被广泛使用。以下进行较详细介绍。

**1. Hausdorff 距离定义及改进**

经典的 Hausdorff 距离定义如下:

给定两个点集 $A=\{a_1, a_2, \cdots, a_p\}$ 和 $B=\{b_1, b_2, \cdots, b_q\}$,那么点集 $A$ 和 $B$ 之间的 Hausdorff 距离定义为:

$$H(A,B) = \max(h(A,B), h(B,A)) \tag{8-18}$$

其中,$h(A,B)$ 和 $h(B,A)$ 称为集合 $A$ 与 $B$ 之间的有向距离,他们定义为:

$$h(A,B) = \max_{a \in A}\{\min_{b \in B} \|a-b\|\}$$
$$h(B,A) = \max_{b \in B}\{\min_{a \in A} \|a-b\|\} \tag{8-19}$$

定义 $d_B(x) = \min_{b \in B} \|x-b\|$ 及 $d_A(x) = \min_{a \in A} \|x-a\|$,则有:

$$H(A,B) = \max(\max_{a \in A} d_B(a), \max_{b \in B} d_A(b)) \tag{8-20}$$

Hausdorff 距离测量了两点集相似性的程度，在模式识别领域也得到广泛应用，如人脸识别、指纹识别等。由于仅用到点或边缘特征，因此，对光照变化不敏感。由于 Hausdorff 距离是一种不需要点对点精确相关的匹配方法，因此，它对局部非相似变形不敏感。

几种 Hausdorff 距离的改进形式：

由于 Hausdorff 距离是最大最小距离，它对噪声非常敏感。一些出格的噪声点的存在，就会导致距离计算的严重错误，即使两幅图像非常相似。

对于点集 $A$ 到点集 $B$ 的有向距离 $h(A,B)$ 的求解，由于要克服噪声、出格点以及两点集的多点少点的影响，很多研究者都对其理论形式进行了改进，Dubuisson 等(1994)、Paglieroni(1992)提出了部分、平均、加权、去出格点、缺失点补偿 Hausdorff 距离等的改进形式。Huttenlocher 等(1993)提出了"部分"HD 的形式，其有向距离定义为：

$$h_k(A,B) = K^{th}_{a \in A} d_B(a) \tag{8-21}$$

其中，$K^{th}_{a \in A}$ 代表将 $d_B(a)$ 从小到大排序后取第 $K$ 个值。有向距离的大小取决于参数 $f$，$f = K/\#(A)$。这里，$\#(A)$ 代表集合 $A$ 所含点的总数，$f$ 的值可以在 0 到 1 之间变化。

Dubuisson 和 Jain(1994)提出了 MHD，其有向距离用求平均值的方式定义为：

$$h_{MHD}(A,B) = \frac{1}{\#(A)} \sum_{a \in A} d_B(a) \tag{8-22}$$

MHD 的计算比较简单，用平均值计算有向距离，噪声点也参加了运算，因此该距离用于匹配的有效性较差。

Azencott 等(1996)提出了 CHD，其有向距离定义为：

$$h_{CHD}(A,B) = K^{th}_{a \in A} \{ D^{th}_{b \in B} \| a-b \| \} \tag{8-23}$$

从上式可知，CHD 要计算两次"部分"距离，计算复杂度较高。

Sim 等(1999)提出了两种不同的 HD 修改形式。

第一种称为 M-HD，其定义为：

$$h_{M-HD}(A,B) = \frac{1}{\#(A)} \sum \Phi(d_B(a)) \tag{8-24}$$

式中函数 $\Phi(\cdot)$ 定义为：

$$\Phi(x) = \begin{cases} |x|, & |x| \leqslant T \\ T, & |x| > T \end{cases} \tag{8-25}$$

$T$ 为阈值，其可消除出格点的影响。

第二种称为 LST-HD，其定义为：

$$h_{LTS}(A,B) = \frac{1}{H}\sum_{i=1}^{H} d_B(a)(i) \qquad (8\text{-}26)$$

其中，$H = h \times \#(A)$，$0 < h < 1$，类似于"部分"HD 的定义，$d_B(a)(i)$ 代表 $d_B(a)$ 从小到大排序中的第 $i$ 个值，即 $d_B(a)(1) \leq d_B(a)(2) \leq \cdots \leq d_B(a)(\#(A))$。

**2. 基于 Hausdorff 距离的图像匹配**

图像匹配方法与过程如下：

1) 图像预处理

可对实时图像和基准图像取不同的 $\sigma$ 值进行高斯卷积滤波处理，并对实时图像进行镜头畸变校正。

2) 角点探测

在校正后的图像上进行角点探测。主要方法有 Harris、SUSAN、Föstner 等。

3) 距离变换

对已探测的实时图像和基准图像的角点二值图像进行距离变换，得到距离图像。在距离图像中，每个像元的值就是该点到最近角点的近似距离。实时图像上探测出的点集与基准图像相应窗口点集叠合，实时图像上的角点落在基准图像的像元上，这些基准图像像元的距离值即为实时图像的角点到基准图像角点点集的最短距离。同样，可求得基准图像对应窗口点集到实时图像点集的最短距离。

4) 图像匹配

对于基准图像每一个候选匹配位置，将实时图像所探测出角点二值图像作为集合 A，对应基准图像块作为集合 B，分别统计 A 和 B 像元值为 0 的个数，得到实时图像与相应基准图像块所探测出的点的数目。从距离图像上得到集合 A 所有点到集合 B 所有点的最短距离，与阈值 $T$ 进行比较，得到剔除出格点的点数及相应距离，计算相似性度量值，最后以距离值最小为最佳匹配。

在匹配过程中可以采用各种搜索策略以加快匹配速度。

## 8.3.3 利用不变描述子的匹配

利用不变描述子进行图像匹配是相对于利用角点空间关系进行匹配的另一种方法。该方法就是对已探测的角点特征进行描述，实现点对点的匹配，进而根据已获得的同名点对进行最终的图像匹配。

角点的不变描述子用于匹配和识别被证明是非常有效的方法。这些描述非常突出,能克服遮掩,不需要分割。最近的研究主要集中在使这些描述子不变于图像变换。Mikolajczyk 等(2002)提出了一种仿射不变角点探测方法和与之相关的仿射不变区域。Tuytelaars 等(2000)提出一种局部仿射不变区域用于宽基线图像的匹配。Lowe(1999)提出了一种尺度不变区域,用高斯差滤波形成基于尺度空间的局部极值。

根据 Mikolajczyk 等(2003),这些描述子主要有以下几种类型:

(1) 基于分布的描述子:如一个角点邻域的像元亮度直方图。

(2) 非参数转换:如一个角点邻域可由像元亮度的顺序二进制关系描述。

(3) 空间—频率技术:很多技术可用来描述图像的频率内容。如傅立叶、Gabor、小波变换等。

(4) 差分描述子:在一个角点邻域内,计算给定阶数的一系列图像差分。局部差分(局部阶)的性质由 Koenderink(1987)进行了详尽讨论。Florack 等导出了差分不变量,其由局部阶的组分构成旋转不变量。Freeman 等(1991)设计了一种方向可变滤波算子,其可沿某一给定方向进行差分。沿梯度方向的变向差分使得它们对旋转不敏感。差分的稳定性估算可由与高斯差分的卷积获得。

(5) 综合滤波算子:Baumberg(2000)使用了综合滤波算子形成仿射不变描述子,综合滤波算子由函数 $K(x, y, \theta) = f(x, y) exp(i\theta)$ 派生,这里 $\theta$ 是方向,$f(x, y)$ 为高斯差分函数。也有作者将 $f(x, y)$ 取多项式函数。

(6) SIFT(Scale Invariant Feature Transform):Lowe(1999, 2004)提出的一种描述子。点邻域用多图像表示。这些图像是若干梯度方向的定向平面。每一图像仅包含相应于一个方向的梯度。每个定向平面被平滑并允许小的梯度位置移动。这一描述提供了克服定位错误和小的几何畸变的鲁棒性。

(7) 一般矩不变量:由 Gool 等(1996)提出,描述了数据的多光谱本质。不变量结合了中心矩 $M_{pq}^a = \iint_\Omega x^p y^q [I(x, y)]^a dx dy$,$(p+q)$ 为阶,$a$ 为度。这些矩是独立的,对任何的阶和度都易于计算。矩刻画了有限区域 $\Omega$ 的形态和亮度分布。

对这些描述方法的评价表明,SIFT 性能最佳。

根据匹配图像的特点和描述子计算的复杂性,通常采用的角点特征描述方法为能克服旋转的点邻域图像亮度的归一化互相关方法。另外,高斯亮度差分不变量对于克服旋转具有较好的效果。

(1) 克服旋转的归一化互相关

该方法用角点周围一定区域范围内的各像元亮度分布来描述角点。首先取一角点邻域(大小为 13×13 像元的矩形),对其作标准化处理:

$$I'(x) = (I(x) - mean(I))/stdev(I) \tag{8-27}$$

取该角点较小的邻域计算平均梯度方向(大小为 3×3 或 5×5 像元的矩形)。用式(8-28)计算每一像元的梯度方向:

$$\theta(x,y) = \arctan(I'(x,y+1) - I'(x,y-1))/(I'(x+1,y) - I'(x-1,y)) \tag{8-28}$$

然后取梯度方向的平均值将 13×13 像元的矩形图像旋转。或取梯度方向直方图的峰值作为图像旋转的角度。

然后在旋转后的矩形图像上,取一围绕角点的圆形区域作为标准区域用于匹配。取直径为 11 个像元。两个基本参数影响互相关的性能,一是用来进行互相关运算的点的邻域(窗口)尺寸;二是阈值,用来决定点对是否可以被接受。经实验表明,窗口尺寸取 11×11,相关系数阈值取 0.8。

(2) 高斯亮度差分不变量

角点描述子可通过计算其邻域图像差分获得。通过与高斯差分的卷积而稳定地计算。这些差分被称之为"局部阶",由 Koenderink 等(1987)定义如下:

设 $I$ 为一图像,$\sigma$ 为给定的尺度,在点 $X=(x,y)$ 的 $N$ 阶局部阶为:

$$J^N I(X,\sigma) = \{L_{i_1\cdots i_n}(X,\sigma) \mid (X,\sigma) \in I \times R^+; n = 0,\cdots,N\} \tag{8-29}$$

其中 $L_{i_1\cdots i_n}(X,\sigma)$ 是图像 $I$ 与高斯差分 $G_{i_1\cdots i_n}(X,\sigma)$ 的卷积,$i_k \in \{x,y\}$。

高斯函数的 $\sigma$ 值决定了图像平滑的质量。$\sigma$ 也与尺度空间的定义一致,这对多尺度方法很重要。

由局部阶可计算差分不变量。应用 3 阶差分不变量,可形成 9 个矢量。如下式表示:

$$V = \begin{bmatrix} L \\ L_x L_x + L_y L_y \\ L_{xx} L_x L_x + 2L_{xy} L_x L_y + L_{yy} L_y L_y \\ L_{xx} + L_{yy} \\ L_{xx} L_{xx} + 2L_{xy} L_{xy} + L_{yy} L_{yy} \\ L_{xxx} L_y L_y L_y + 3L_{xxy} L_x L_x L_y - 3L_{xyy} L_x L_y L_y - L_{yyy} L_x L_x L_x \\ L_{xxx} L_x L_y L_y + L_{xxy}(-2L_x L_x L_y + L_y L_y L_y) + L_{xyy}(-2L_x L_y L_y + L_x L_x L_x) + L_{yyy} L_x L_x L_y \\ L_{xxy}(-L_x L_x L_x + 2L_x L_y L_y) + L_{xyy}(-2L_x L_x L_y + L_y L_y L_y) - L_{yyy} L_x L_x L_y + L_{xxx} L_x L_x L_y \\ L_{xxx} L_x L_x L_x + 3L_{xxy} L_x L_x L_y + 3L_{xyy} L_x L_y L_y + L_{yyy} L_y L_y L_y \end{bmatrix}$$

$$\tag{8-30}$$

为了使不变量矢量对尺度变化不敏感,必须分别在若干个尺度上进行计算。

对于函数 $I$,一个尺度的改变 $s$ 可由简单的变量的变化来表示,$I(x)=g(u)$,$g(u)=g(u(x))=g(sx)$。对 $I$ 的 $n$ 阶差分,得到:

$$I^{(n)}(x) = s^n g^{(n)}(u) \tag{8-31}$$

上式说明了不同尺度同阶差分之间的关系。用差分不变量进行匹配时,要用它的对于尺度的标准化形式。在尺度 $s$ 上,函数 $I$ 沿 $x$ 方向的标准化差分为 $sI_x$,$s^2I_{xx}$,$s^3I_{xxx}$,…。

## 8.3.4 利用松弛算法的匹配

很多图像匹配方法基于松弛技术。通常的图像点特征匹配往往是孤立的单点匹配。它以相似性测度评价标准,取该测度为其唯一的结果,它不考虑周围点的匹配结果的一致性。由于图像变形的复杂性,相似性测度最优者有时不是对应的同名点。根据相关分析,互相关是一多峰值函数,其最大值不一定对应着同名点,而非峰值也有可能是同名点,因此同名点的判定必须借助其临近的点,且它们的影响是相互的。利用整体松弛匹配法能较好地解决这个问题。

松弛算法是一种并行和迭代的算法,在每一次迭代过程中在每一点上的处理是并行的,但是在下一次迭代过程,它将根据上次迭代过程中周围点上的处理结果来调整其结果。以下为利用松弛算法进行图像匹配的过程。

图像匹配是确定实时图像 $A$ 的一个点 $i$ 在基准图像 $B$ 上的共轭点 $j$ 的问题,若将实时上的点 $i$ 视为类别,共轭备选点 $j$ 视为目标,则图像匹配问题就成为一个分类问题,设类别集合为:

$$A = \{A_1, A_2, \cdots, A_m\} \tag{8-32}$$

目标集合可以用求相关系数的方法,对每一个实时图像点 $i$,均可在基准图像上确定 $n$ 共轭备选点,则目标集合为

$$B = \{B_{11}, B_{12}, \cdots, B_{1n}, B_{21}, B_{22}, \cdots, B_{2n}, B_{m1}, B_{m2}, \cdots, B_{mn}\} \tag{8-33}$$

若目标 $B_{i1}, B_{i2}, \cdots, B_{in}$ 与实时图像的 $A_i$ 点的相关系数为:

$$\rho_{i1}, \rho_{i2}, \cdots, \rho_{in} \tag{8-34}$$

其中,相关系数的定义为:

假设 $g_{ij}$,$g'_{ij}$ 分别表示实时图像和基准图像的亮度分布,则

(1) 均值:

$$\begin{cases} \overline{g} = \dfrac{1}{mn} \sum_{i=1}^{m} \sum_{j=1}^{n} g_{ij} \\ \overline{g'} = \dfrac{1}{mn} \sum_{i=1}^{m} \sum_{j=1}^{n} g'_{ij} \end{cases} \tag{8-35}$$

(2) 方差：

$$\begin{cases} C_{gg} = \dfrac{1}{mn} \sum_{i=1}^{m} \sum_{j=1}^{n} (g_{ij} - \overline{g})^2 \\ C_{g'g'} = \dfrac{1}{mn} \sum_{i=1}^{m} \sum_{j=1}^{n} (g'_{ij} - \overline{g'})^2 \end{cases} \tag{8-36}$$

(3) 协方差：

$$C_{gg'} = \dfrac{1}{mn} \sum_{i=1}^{m} \sum_{j=1}^{n} (g_{ij} - \overline{g})(g'_{ij} - \overline{g'}) \tag{8-37}$$

(4) 相关系数：

$$\rho_{i,j}(A,B) = \dfrac{C_{gg'}}{\sqrt{C_{gg}C_{g'g'}}} = \dfrac{P(A,B) - P(A)P(B)}{\sqrt{C_{gg}C_{g'g'}}} \tag{8-38}$$

上式中：$P(A,B)$是事件 $A$ 和 $B$ 联合概率密度，$P(A)$是事件 $A$ 的概率密度，$P(B)$是事件 $B$ 的概率密度。由于：

$$-1 \leqslant \rho_{i,j}(A,B) \leqslant 1 \tag{8-39}$$

这样，相关系数就具备相容性系数的条件，并用两个对象匹配的相关系数来取代条件概率 $P_{i,j}(\lambda|\lambda')$，则有：

$$q_i^k(\lambda) = \sum_j D_{i,j} \left[ \sum_{\lambda'} \rho_{i,j}(\lambda, \lambda') P_j^k(\lambda') \right] \tag{8-40}$$

$q_i(\lambda)$是 $P_i(\lambda)$ 的匹配增量，$P_i(\lambda)$ 是目标图像取值为 $\lambda$ 的概率，$k$ 为迭代次数，$D_{i,j}$ 是权系数，可以由目标点对上一次位置的偏移量确定；$P_j(\lambda')$ 是目标图像取值为 $\lambda'$ 的概率，也就是 $B_{ij} \in A_i$ 的概率：

$$P_j^k(\lambda') = \dfrac{\rho_{ij}}{\sum_{j=1}^{n} \rho_{ij}} \tag{8-41}$$

目标图像点 $j$ 一般位于目标图像点 $i$ 某个邻域内，则完整的迭代式可以写成：

$$P_i^{k+1}(\lambda) = P_i^k(\lambda) + q_i^k(\lambda) \tag{8-42}$$

利用上述各式，在匹配过程中，不断逼近，最终可以得到最优解。

在实际应用中，具体的匹配流程一般分为 3 步：

(1) 通过兴趣算子提取两幅图像的特征点（如角点）；

(2) 使用某种相似性度量（如相关系数），通过一个代价函数找到第一幅图像中的角点在第二幅图像中可能有的对应的角点，这样第一幅图像中的任意一个角点，在第二幅图像中可能有很多个对应的角点，同样，第二幅图像中的任意一个角点在第一幅图像中也可能有很多个角点与之对应，两幅图像角点之间形成了一个多对多的对应关系；

(3) 用松弛算法从候选的对应角点中找出最好的一一对应的角点的集合,通过变换模型实现图像匹配。

## 8.3.5 金字塔与小波方法的应用

由于很多匹配任务要求实时完成,匹配算法的运算速度是必须考虑的重要问题。匹配的搜索空间和搜索策略的选择是提高图像匹配速度的关键。

为了提高图像匹配的精度和效率,金字塔图像结构是广泛采用的一种技术。首先进行多分辨率图像金字塔的生成,然后在金字塔的最高层即最低分辨率图像层进行粗匹配,将其结果作为预测值,在逐渐变小的搜索区域内进行下一级图像的匹配,最终利用原始图像得到精确的匹配结果。迄今为止,人们已提出生成金字塔的多种方法,主要有:

Gaussian 金字塔,就是用一簇局部化的对称加权函数对原始图像进行滤波,得到一系列分辨率由精到粗的子图像。通常的加权平均在 5×5 窗口内进行。

Facet 图像金字塔,Facet 模型由 Haralick 提出。他认为一幅图像可以被划分为许多相互不重叠的区域,一个区域为一个 Facet。可以用离散正交多项式对原始影的每个 Facet 作曲面最佳拟合,然后用互不重叠的 Facet 上的拟合曲面来近似原始图像。

Wavelet 金字塔,小波变换提供了一种新的信号分析手段。从其变换过程来看,它对图像的分解自然形成了所期望的金字塔图像。小波就是由一个称为母小波的函数 $\Psi$ 经过膨胀平移生成的一簇函数:

$$\Psi_{a,b}(t) = |a|^{-\frac{1}{2}}\Psi\left(\frac{t-b}{a}\right) \tag{8-43}$$

其中 $a \neq 0$ 为尺度参数,$b$ 为平移参数,函数 $\Psi$ 满足容许性条件。小波变换(或分解)的基本思想就是将任一能量有限信号表示成小波系数的叠加。连续小波变换定义为:

$$W(a,b) = \{f(t), \Psi_{a,b}(t)\} = \int_{-\infty}^{\infty} f(t)\overline{\Psi}(t)dt \tag{8-44}$$

这里 $f(t)$ 为输入信号,$a,b$ 为实数。在数字图像处理中经常使用离散小波变换。在这种情况下仅考虑离散正交小波基。在多分辨率的框架下由一高通和一低通滤波器进行滤波。一个正交小波基可以由一个尺度函数和相应的变化的滤波器定义。

1989 年 Mallat 在多分辨率分析框架下提出了快速离散正交小波分解算法。如图 8-6 所示,在小波分解的每一层,从原图像生成 4 幅新图像,这些图像的大小为原图像的 1/4。这些新图像由作用于原图像的水平或垂直方向的高通和低通滤波命名。例如,LH 图像为水平方向进行低通滤波和垂直方向进行高通滤波的结果。因此,每个分解层产生的图像分别为 LL,LH,HL 和 HH。LL 图像是原图像保留低频信息的版本。HH 仅包含高频信息和典型的噪声。HL 和 LH 分别包含垂直边缘特征和水平边缘特征。在小波分解中,仅 LL 图像被用来产生下一级分解。

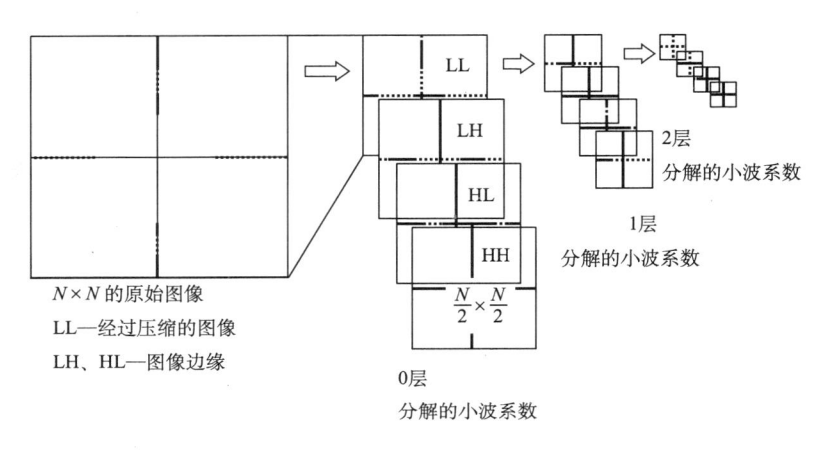

图 8-6 图像的 3 级小波分解

基于小波变换的金字塔图像具有以下优点:
(1) 整个金字塔图像的大小等于原始图像的大小,不增加任何存储空间;
(2) 下一级图像可以由上一级图像实时重建;
(3) 与原始图像相比,没有信息损失,同时保存了低频和高频信息;
(4) 低频子图像信息比平均法好;
(5) 金字塔图像中的高频子图像按特征的方向存储,有利于对高频信息的处理;
(6) 在利用低频信息的同时,可以兼顾对高频信息的利用。

## §8.4 匹配示例与应用

本节主要以角点特征为实例,描述图像匹配的整个过程,并主要在 6 个领域讨论图像匹配的技术应用。

### 8.4.1 匹配示例

**1. 控制点探测**

很多计算机视觉问题都依赖于图像低级特征(角点、边缘以及多边形等)的提取。角点特征是其中应用最广泛的一种图像特征。在已发表的文献中,提取角点的方法大致可分为 3 类:基于边缘、基于亮度和基于参数模型的方法。基于边缘的方法,由于要先提取边缘,然后再进行角点探测,计算复杂,运算时间较长,因此在实时匹配中较少使用。直接基于亮度的算法,应用广泛,其中较著名的有 Förstner 算法,该算法在我国摄影测量领域应用较多。另外还有 Plessey 算法。基于几何分析,Smith 和 Brady(1997)提出了一种完全不同的角点探测算法——SUSAN 探测算子。由于 SUSAN 算子不需要计算待探测像元的亮度矩阵,因而计算速度大大提高。其后,有很多研究者基于 SUSAN 思想,提出改进算法。这类快速角点探测算法能够用于实时图像匹配。以 SUSAN 算法为例,具体过程如下,结果如图 8-7 所示。

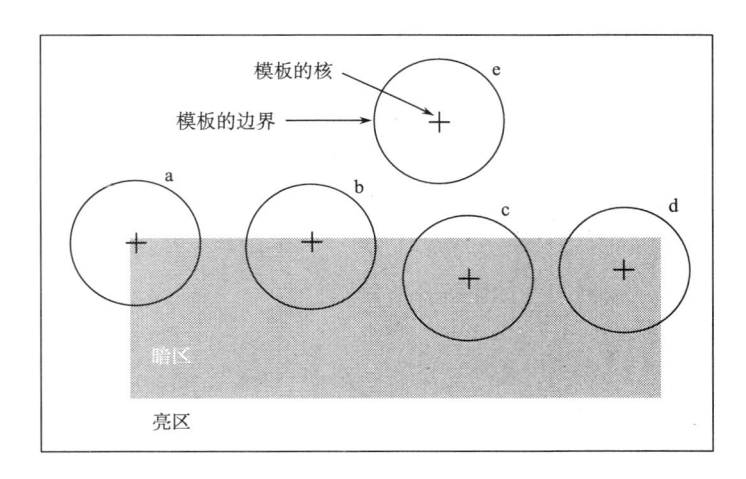

图 8-7 位于简单图像上的 5 个不同位置处的模板

如图 8-7 所示,在白色背景上有一黑色矩形的简单图像,5 个圆形模板位于图像不同的部位,模板中心处的像元称之为"核"。如果一个模板中每个像元的亮度与核的亮度相同或相似,则称这个模板区域为 USAN(Univalue Segment Assimilating Nucleus)。每一像元点与一局部相似亮度区域相关这一概念是 SUSAN 原理的基础。局部区域(USAN)包含了图像结构的许多信息。从 USAN 的大小、中心以及二阶矩可以探测角点和边缘特征。这一探测特征的方法与其他著名方法的不同之处在于无须计算图像差分,因此不需要刻意去噪声且计算速度快。

如图 8-7 所示,当模板位于平滑图像区域,USAN 最大;当模板的核位于边缘附近,USAN 是此最大值的一半;当模板的核位于角点附近,则 USAN 更小。利用 USAN 的这些性质,即可进行角点和边缘的探测。具体方法如下:

(1) 将一圆形模板的中心依次放在待探测像元上。

(2) 将模板内的所有像元亮度值与待探测像元亮度值用公式(8-45)或公式(8-46)进行比较(其中 $t$ 为阈值,可设为 15 或 20),累加 $c=1$ 的像元数,得 $n(\vec{r_0})$,见公式(8-47)。

$$c(\vec{r},\vec{r_0}) = \begin{cases} 1 & if \mid I(\vec{r}) - I(\vec{r_0}) \mid \leqslant t \\ 0 & f \mid I(\vec{r}) - I(\vec{r_0}) \mid > t \end{cases} \quad (8\text{-}45)$$

$$c(\vec{r},\vec{r_0}) = e^{-(\frac{I(\vec{r})-I(\vec{r_0})}{t})^6} \quad (8\text{-}46)$$

$$n(\vec{r_0}) = \sum_{\vec{r}} c(\vec{r},\vec{r_0}) \quad (8\text{-}47)$$

(3) 由公式(8-48)得到角点强度值。其中对于边缘,$g$ 取所用模板像元数的四分之三倍。所用模板,如为 3×3,则像元数为 9;5×5 为 21;7×7 为 37。对于角点,$g = 1/2 \times$ 模板像元数。

$$R(\vec{r_0}) = \begin{cases} g - n(\vec{r_0}) & if n(\vec{r_0}) < g \\ 0 & otherwise \end{cases} \quad (8\text{-}48)$$

(4) 通过计算 USAN 的重心和检查均一性,排除错误的角点。

(5) 抑制局部非最大值。

SUSAN 算法除具有速度快、抗噪声等特点外,还具有参数易于自动确定等优点。角点探测结果如图 8-8 所示。

**2. 控制点初始匹配**

对已探测的角点特征,必须进行描述,才能找到同名匹配点对。角点局部描述用于匹配和识别被证明是非常有效的方法。取围绕角点的小邻域,用归一化互相关方法进行角点特征的初始匹配。

$$C = \frac{\sum ij}{\sqrt{\sum i^2 \sum j^2}} \quad (8\text{-}49)$$

相关系数最大,且大于给定的阈值,即为要找的匹配点对。

**3. 错误控制点剔除方法**

在初始匹配点集中,有相当比例的误匹配,如何剔除这些错误匹配点对?在航空立体像对的匹配中,通过核线几何关系、概率松弛方法来加以剔除。有些研究中的待匹配图像,不存在核线几何关系,没有传感器的先验知识可以利用,可采用渐进的局部几何约束原则进行错误点对的剔除。

图 8-8　SUSAN算子角点探测结果

在初始匹配点集中,如果某匹配点对是正确的,其周围邻近的匹配点对中必然有正确的匹配点对,那么,这部分正确匹配点对与待确认点对之间形成的对应向量长度比应基本一致且相应向量夹角应基本相等。

通过搜索邻近正确匹配点对的数目来判断该匹配点对是否正确。方法如下:

(1) 向量长度约束

分别从待确认的匹配点对向每一对应邻近匹配点作向量,如图 8-9 中的 $\overrightarrow{O1}$ 和 $\overrightarrow{O'1'}$ 等,如果周围 $m$(如 $m$ 取 20)对邻近匹配点向量中,有 $m_0$ 对(如 $m_0$ 取 1)向量长度差值在阈值范围内,则认为该匹配点对是正确的。通过这样的约束,通常可以剔除 2/3 到 3/4 的错误匹配点对,同时很少正确点对被剔除。

(2) 向量夹角约束

在经过上述向量长度筛选后,被选中的匹配点对中依然有近 1/3 左右的错误匹配。这些错误匹配点对通过向量夹角的比较加以剔除。如果在 $n$ 对(如 $n$ 取 10)邻近匹配点向量所组成的 $n\times(n-l)$ 对夹角中,有 2 对、6 对或 12 对……(分别对应有 2 对、3 对和 4 对正确匹配点对……)对应向量夹角的角度误差在限差范围内(如±3°),则认为该匹配点对是正确的。如图 8-9 所示的 $\angle 1O2$ 和 $\angle 1'O'2'$ 为某一对正确的向量夹角。

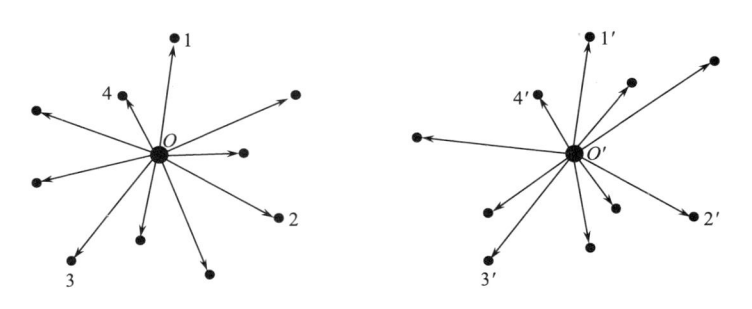

图 8-9　待定匹配点及其与邻域匹配点的关系

(3) 点位中心矩约束

经过上述两步筛选后,最后找到的匹配点数通常为 3 对、4 对、5 对……不等。其中还会有一两对错误匹配点对。对于这些错误匹配点对,采用计算点位中心矩的方法,加以剔除。首先剔除离点群重心最远的点。然后再计算点群重心,再判断所有点离重心的距离,剔除最远点。迭代进行。

**4. 图像匹配**

根据已获得的正确匹配点对的个数,选用一次(至少 3 个点对)、二次(至少 6 个点对)和三次(至少 10 个点对)多项式,利用最小二乘法求解待定的多项式系数 $a_i$、$b_i$,$i=1,2,\cdots$,然后根据公式(8-50),将实时图像进行相对纠正,使之与基准图像匹配,从而得到其在基准图像中的位置:

$$\begin{cases} x' = a_0 + a_1x + a_2y + a_3x^2 + a_4xy + a_5y^2 + a_6x^3 + a_7x^2y + a_8xy^2 + a_9y^3 \\ y' = b_0 + b_1x + b_2y + b_3x^2 + b_4xy + b_5y^2 + b_6x^3 + b_7x^2y + b_8xy^2 + b_9y^3 \end{cases}$$

(8-50)

其中 $(x',y')$ 为基准图像坐标,$(x,y)$ 为实时图像坐标,$a_i$、$b_i$ 为待定的多项式系数。匹配结果见图 8-10 至图 8-16。

图 8-10 用于匹配的实验图像

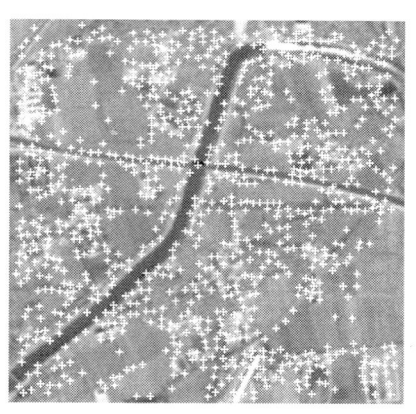

图 8-11 角点探测结果

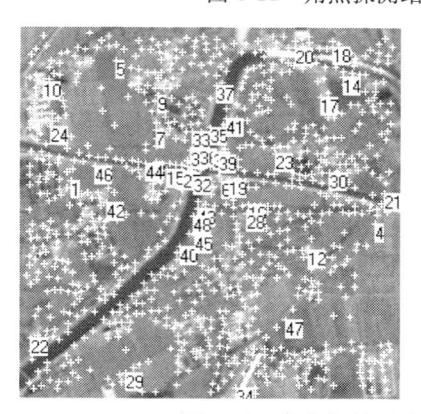

图 8-12 角点初始匹配结果

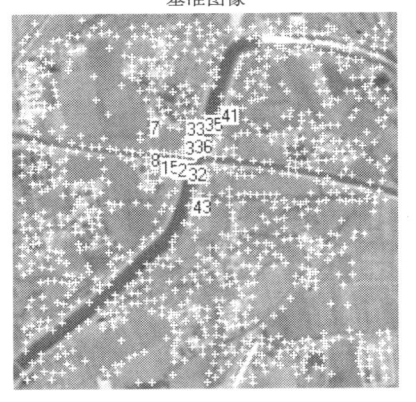

图 8-13  矢量模约束结果

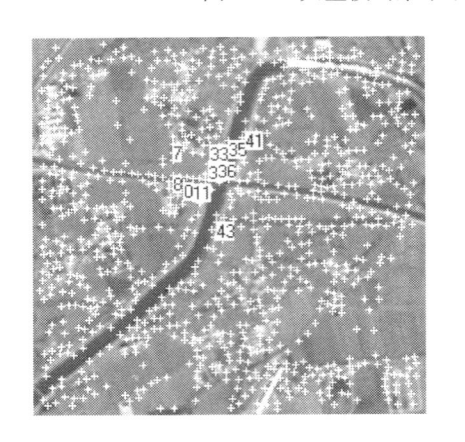

图 8-14  矢量夹角约束结果

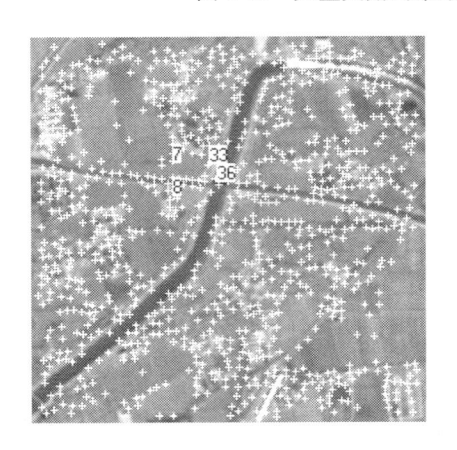

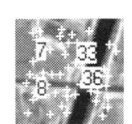

图 8-15  中心矩约束结果

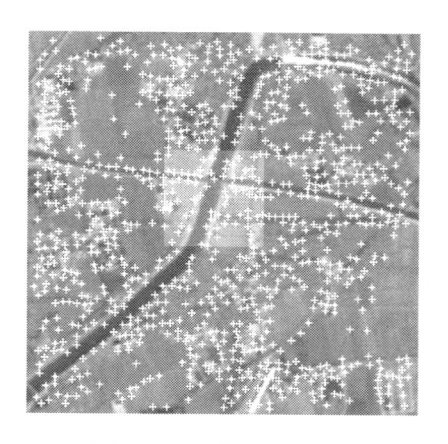

图 8-16　图像匹配结果

## 8.4.2　技术应用

**1. 飞行器导航**

图像匹配常常是飞行器末制导的主要方法。图像匹配是图像处理的一项关键技术,可广泛用于目标识别与跟踪、立体视觉、变化检测、机器人导航、测绘等领域,已成为一门新兴的分支学科。随着计算机技术的不断发展,特别是速度更快、价格更低处理芯片的问世,图像匹配速度大大提高,从而使其在飞行器导航与控制等实时性要求很高的领域也得到了广泛应用。与传统的惯性导航、无线电导航等方式比较,图像匹配制导具有自主性强、制导精度高等优点,因此受到人们的高度重视。

随着现代高技术战争的发展,单一的惯性制导的飞行器已不能满足精度的要求,常常采用惯性、全球卫星定位系统(GPS)、地形匹配、光学图像匹配等导航方式相融合的组合导航方式。其中,图像匹配制导技术以其精度在理论上与射程无关、自主性强等特点,成为飞行器组合导航中的关键技术。

飞行器导航实时图像匹配系统的功能就是利用地物景象为惯导系统提供精确定位信息,修正其经过长时间飞行所积累的误差,引导飞行器到达预定目标。该系统的工作原理是:事先利用侦察手段获取飞行器下方的地物景象(基准图像)并存于飞行器载计算机中。然后,当携带相应传感器的飞行器飞过预定的位置范围时,便即时测量出当地的地物景象(实时图像)。将实时图像和基准图像在飞行器载计算机中进行相关匹配比较,即可以确定出当前飞行器的准确位置,完成定位功能。其原理框图如图 8-17、图 8-18、图 8-19 所示。

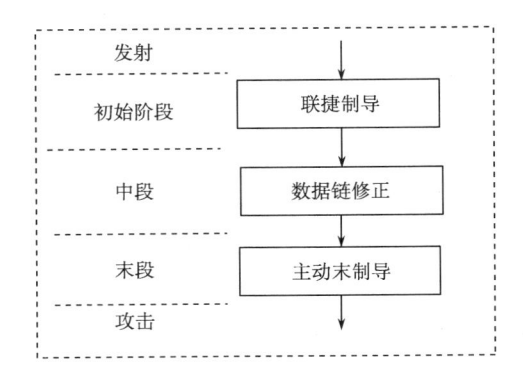

图 8-17　飞航导弹的制导

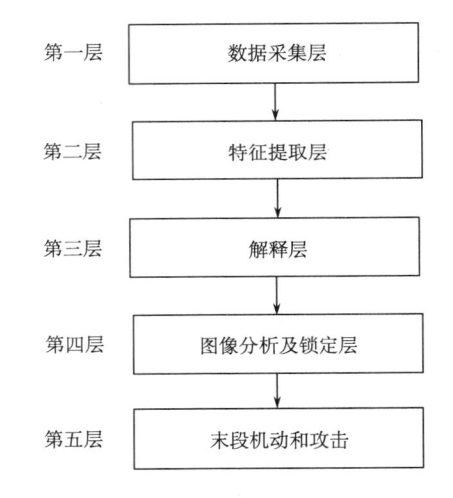

图 8-18　末制导系统层次结构

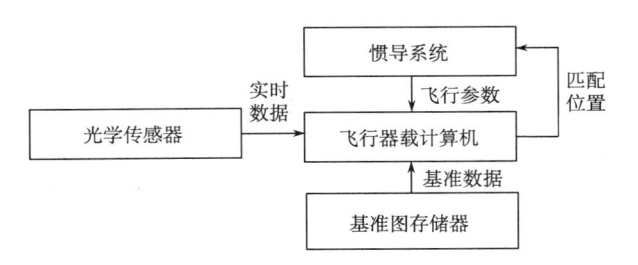

图 8-19　图像匹配定位系统原理框图

## 2. 变化检测

变化检测是指通过代数运算等操作将两幅匹配图像的像元加以比较，从而检测出其中物体差别的技术。变化检测技术已经广泛地应用在各个领域，如环境监测、土地利用、农作物生长状况监测、森林采伐监测、灾情估计等方面。目前的研究大多集中在利用遥感卫星、雷达等图像进行自然环境的变化检测方面，利用多时相获取的同一地表区域的遥感图像来确定和分析地表变化，提供地物的空间展布及其变化的定性与定量信息。

通常用于变化检测的方法分为两类：对不同时间的数据在像元级进行分析；对不同时间的数据进行相互独立的分类，然后对分类结果进行比较性研究。前一种方法是将两个时间段获取的两幅图像进行匹配，然后逐像元相减，从而得到一幅结果图像，以表示在这两个时间当中所发生的变化，此方法要求精确的时域标准化和图像匹配技术。后一种变化检测方法直接给出了有关地物性质的信息，因而受匹配及时域标准化结果的影响小。

变化检测的基本流程如下：

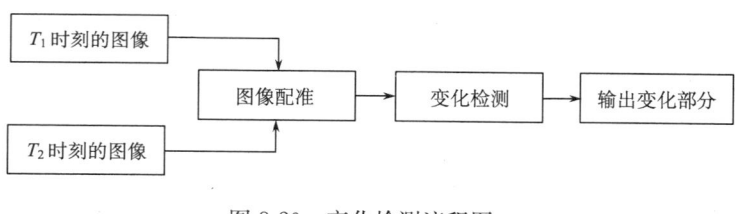

图 8-20 变化检测流程图

适用的变化检测方法有图像差值法、图像比值法、相关系数法、图像回归法。所有这些方法中都要求对多时相图像进行精确地匹配。因此，图像匹配是变化检测的核心技术。

图像匹配一般包括两个步骤：确定两幅图像中相应的控制点对；将待匹配的两幅图像中的一幅图像作为基准图像，另一幅作为待匹配图像，通过选择的控制点确定参考图像和匹配图像之间的对应关系。对于图像间的对应关系，目前研究较多的是图像之间只存在相对偏移的情况，重点研究如何利用图像间的相关性提高匹配的速度和精度。对于图像之间存在旋转和比例缩放的情况研究较少。经匹配后的图像就可以直接进行变化检测。

传统的变化检测方法是先进行图像匹配后再进行变化检测，通常图像匹配可依据少量的控制点和简单的变换公式得以进行，这种方法简单易行，但是没有利用所有未变化目标作为匹配的依据,理论上不够严密,而且图像匹配的误差会直接导致变化检测出错。如能将变化检测与图像匹配同步进行,就可以充分利用所有未变化的地物目标作为图像匹配的依据,而且可以更加精确更加自动化。

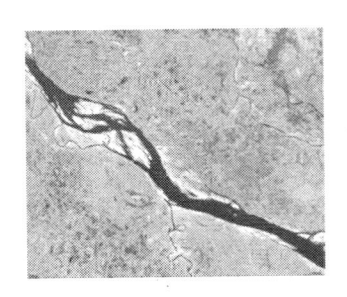

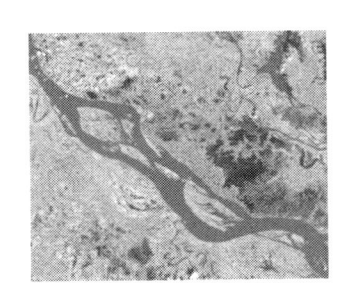

图 8-21  用于变化检测的同一地区不同时段的两幅遥感图像

### 3. 立体视觉

立体视觉是计算机被动测距方法中最重要的距离感知技术,它直接模拟了人类视觉处理景物的方式,可以在多种条件下灵活地测量景物的立体信息。近年来,立体视觉在机器人视觉、航空测绘、军事应用、医学诊断及工业检测中的应用越来越广,研究方法从早期的统计相关理论为基础的相关匹配,发展到具有很强生理学背景的特征匹配,其性能不断提高,理论也处在不断发展与完善之中(游素亚等,1997)。

立体视觉的基本原理是从两个或多个视点观察同一景物,以获取在不同视角下的感知图像,通过三角测量原理计算图像像元间的位置偏差来获取景物的三维信息。一个完整的立体视觉系统通常可分为图像获取、摄像机定标、特征提取、立体匹配、深度确定及内插 6 大部分。其中立体匹配是立体视觉中最重要也是最困难的问题,与普通的图像匹配不同,立体像对之间的差异是由摄像时观察点的不同引起的,而不是由其他如景物本身的变化、运动所引起的。

立体匹配是三维景物分析中的一项重要技术,它的任务是从左、右两幅图像中找出对应于同一三维空间物理点的图像对应点。对于任何一种立体匹配方法,其有效性依赖于 3 个问题的解决,即:选择正确的匹配特征,寻找特征间的本质属性及建立能正确匹配所选特征的稳定算法。立体匹配的研究都是围绕着这 3 方面在工作,并已提出了大量各具特色的匹配方法。亮度相关是一种常用的匹配方法,自 40 年代相关技术被应用于航空立体测量以来,相关匹配方法一直在立体视觉的研究和应用中起着非常重要的作用。其基本思想是以统计的观点将图像看成是二维信号,进而采用统计相关的方法寻找信号间的相关匹配。根据匹配基元的不同,立体视觉匹配算法分为3大类：区域匹配、特征匹配和相位匹配。

区域匹配利用了局部窗口之间亮度信息的相关程度，它在变化平缓且细节丰富的地方可以达到较高的精度。但该算法的匹配窗大小难以选择，通常借助于窗口形状技术来改善视差不连续处的匹配，其次是计算量大、速度慢，采取由粗至精分级匹配策略能大大减少搜索空间的大小，与匹配窗大小无关的互相关运算能显著提高运算速度。

特征匹配不直接依赖于亮度，具有较强的抗干扰性，而且计算量小，速度快，但也同样存在一些不足：特征在图像中的稀疏性决定特征匹配只能得到稀疏的视差场；特征的提取和定位过程直接影响匹配结果的精确度。改善办法是将特征匹配的鲁棒性和区域匹配的致密性充分结合，利用对高频噪声不敏感的模型来提取和定位特征。

相位匹配是近20年才发展起来的一类匹配算法。相位作为匹配基元，本身反映的就是信号的结构信息，对图像的高频噪声有很好的抑制作用，适于并行处理，对几何畸变和辐射畸变有很好的抵抗能力，能获得亚像元级精度的致密视差。但存在相位奇点和相位卷绕的问题，需加入自适应滤波器。

立体匹配作为立体视觉的核心，在理论上和技术上都存在着很多问题，例如如何选择合理的匹配特征，以克服匹配正确性与恢复视差全面性间的矛盾；如何选择有效的匹配准则和算法结构，以解决存在严重亮度失真、几何畸变、噪声干扰、特殊结构及遮挡景物的匹配问题，如何建立更有效的图像表达形式和立视模型，以便更充分地反应景物的本质属性，为匹配提供更多的约束信息，降低立体匹配的难度。

**4. 模式识别**

模式识别是人类的一种基本认知能力或智能，是人类智能的重要组成部分，在各种人类活动中都有着重要作用。只要认识某类事物或现象中的几个，人们就可以识别该类中的许多事物或现象。为了强调能从具体的事物或现象中推断出总体，通常把通过对具体的个别事物进行观测所得到的具有时间和空间分布的信息称为模式，而把模式所属的类别或同一类模式的总体称为模式类。在此意义上，人们可以认为把具体的样本归类到某一个模式，就叫做模式识别。

模式识别的研究主要集中在两方面：一是研究生物体是如何感知对象的；二是在给定的任务下，如何用计算机实现模式识别的理论和方法。模式识别过程可以看作从样本空间到类别空间的一个映射过程，如果把一个以$n$个特征作为参量的$n$维特征空间划分为不同的区域，那么每个区域与一类模式类相对应。在模式识别系统中，模式是采用一种称为特征向量的形式来表达的，它能较好地描述视觉物体的可识别特性，因而能有效地进行识别活动。

图像匹配技术在对图像的识别中起着重要的作用。通常图像匹配可以在不同层次上进行,而对每个具体的匹配,都可以认为是对两个表达找出其对应性,然后让这两个对应性与某个阈值作比较,进而判断图像是否匹配。如能抽取代表该类型的图像特有的属性,如物体的颜色、状态、纹理或傅立叶描绘子、基本几何描绘子、矩描绘子和拓扑描绘子等,同一类型的图像其各个特征应基本相同,然后以特征作为识别不同类型物体的唯一依据,如果所选取的特征能够比较全面地反映类的本质特征,那么分类器就比较容易设计。因此特征选择和提取是模式识别研究的一项重要内容。

模式识别的主要方法有 5 种:模板匹配、统计模式识别、句法模式识别、模糊模式识别和人工神经元网络模式识别等。模板匹配是最早出现,也是最简单的模式识别方法之一。匹配是模式识别的一种分类操作,主要是判断同一类的两个实体之间的相似性。要进行模板匹配,首先需要存储一些已知模板,然后考虑所有可能的变化,将待识别模板与已知模板相比较,从而得出二者之间的相似性度量。已知模板一般是通过训练得到的。模板匹配方法在字符识别、人脸识别等领域有广泛的应用,但是该方法计算量非常大,而且该方法的识别率严重依赖于已知模板。

随着计算机软硬件技术的快速发展,模式识别得到越来越多的关注,模式识别技术也越来越完善,并在越来越多的领域得到了成功应用,如数据挖掘、文献分类、财政预测、多媒体数据库的组织和检索、生物、医学、地质、能源、气象、化工、冶金、航空、工业产品检测等领域,而图像匹配技术作为其支撑技术发挥着不可忽视的作用。

**5. 运动分析**

近年来运动目标的视觉分析已成为计算机视觉领域中一个重要的研究方向。它主要研究从包含运动目标的序列图像中检测、识别和跟踪运动目标,并对其行为进行描述与理解。运动目标的视觉分析在智能监控、高级人机接口、人体运动分析、虚拟现实及基于内容的图像检索与储存等方面有着广泛的应用前景和潜在的经济价值。

运动目标的跟踪方法可以分为两种:基于运动分析的方法和基于图像匹配的方法。

1) 基于运动分析的方法

基于运动分析的方法主要有帧间差分法和光流分割法。帧间差分方法是对相邻帧图像作相减运算之后,对结果图像取阈值并分割,提取运动目标。常用的帧差法只能根据帧间像元的强度变化来检测场景中目标是否运动,运动目标信号的帧间相关性和噪声的帧间相关性都很弱,难以区分。帧间差分法最简单,速度快,易于硬件实现。然而,简单的帧间差分法只能适用于静止背景,为了适应动态背景,必须对摄像机运动补偿后再进行差分。光流分割法是通过目标和背景之间的不同速度来检测运动目标。基于光流估计的方法都是基于以下假设:图像亮度分布的变化完全是由于目标或背景的运动引起的,即目标和背景的亮度不随时间变化。光流分割法具有较强的抗干扰性,但不能有效区分目标运动造成的背景遮挡、显现以及孔径等问题,计算量大,需要特殊的硬件支持。如果光照强度或光源方位发生了变化,则会产生错误结果。

2) 基于图像匹配的方法

基于图像匹配的方法可以识别待定目标及确定运动目标的相对位置,正确截获概率和定位精度是图像匹配的主要性能指标。其中,模板匹配的跟踪方法由于适用性广,在复杂背景下效果也较好等一些优点而得到广泛应用。

模板匹配是数字图像处理的重要组成部分之一。把不同传感器或同一传感器在不同时间、不同成像条件下对同一景物获取的两幅或多幅图像在空间上对准,或根据已知模式到另一幅中寻找相应模式的处理方法就叫做模板匹配,即以目标形态特征为判据实现目标检索和跟踪。即便在复杂背景状态下,跟踪灵敏度和稳定度都很高,非常适用于复杂背景下的目标跟踪。模板匹配算法计算模板和匹配区域的相似程度,以最相似位置为匹配点。由于模板需要在匹配区域上逐次匹配,这样能够找出被跟踪的目标并进行跟踪。然而在复杂背景图像条件下,尤其是在连续帧动态图像跟踪过程中,图像的匹配跟踪变得相对困难,由于感兴趣的跟踪目标不是一成不变的,它可能有尺度的伸缩、位置的平移、角度的旋转等变化,因此连续帧图像动态跟踪过程中,有必要对模板进行实时更新,以提高目标跟踪的稳定性。

在序列图像跟踪过程中,若单纯利用当前图像的最佳匹配位置处的图像作为模板进行下一帧图像的匹配,则跟踪结果很容易受某一帧发生突变的图像的影响而偏离正确位置。李齐等(2004)对于目标图像边界明显和不明显的情况分别采用目标的形状和目标周围的运动场来调整模板,进行跟踪。史泽林等(2005)基于矩阵的奇异值分解理论,即图像的奇异值特征具有良好的稳定性,可以当作一种有效的代数特征来描述并表征图像,提出了一种基于奇异值分解的目标匹配和跟踪算法。该算法直接在图像矩阵上提取图像的代数特征并利用所定义的近似奇异值特征向量进行匹配,并将所提出的基于奇异值分解的模板更新算法用于序列图像的目标跟踪。

**6. 气象云图分析**

在气象云图分析中,云迹风的提取是静止气象卫星观测的重要任务之一,提取的方法就是对一幅卫星云图上的云进行连续几幅图像的跟踪,然后计算在这几幅图像的观测时间内,云移动的距离和方向,从而推导出风的大小和方向,以便能更准确地分析和预报天气。

在文献(白洁等,1997)中,云迹风的计算采用红外亮温交叉相关法。在设定的搜索区内通过计算相邻两个时次云图目标区与搜索区的红外亮温交叉相关系数,可以得到一个交叉相关系数匹配面,对该匹配面的主极大峰值和次极大峰值应用匹配面检测和连续性检测选出合适的峰值,进而得到云迹风矢量来分析和预测天气。

云的各种运动参数在天气分析预报、航空气象等方面是重要的信息,因此有必要对云图视场的云覆盖进行预测。这种预测一旦清晰、准确地实现,可以大大提高天气预报的可信度和直观度。传统的利用云迹风预测云覆盖的方法虽能将云图视场用二值灰度粗略地表现出来,但无论从视觉角度,还是从分析的便利性和准确性而言,都不能令人满意。为了实现对云图视场的准确预测,龚克等(2000)借鉴 MPEG-2 中运动矢量的概念寻找到了一种新的方法,并取得了较为满意的结果。具体方法为取相隔一个小时的两幅云图,第一幅为参考图,第二幅为当前图,若要预测距当前图一个小时后的未来云图,可将参考图分解为若干个相同大小的小块,再按照一定标准在当前图中搜索出与每个小块相应的匹配块,然后记录下当前图中块的位置与参考图位置间的偏差,这个就是运动矢量。在计算了所有块的运动矢量后,就可用它来进行下一步的预测。如将当前图中的每一个小块再向它的运动矢量所指的方向推移相同的偏距,则此图像将是一幅经过线性推移预测后的云图。通过缩小匹配区域后采用 SSDA 对云图进行预测取得了良好的效果。

刘正光等(2003)提出了一种利用云导风矢量图进行台风中心自动定位的方法。云导风矢量通过对具有一定时间间隔的两幅相关卫星云图进行模板匹配而得出。根据气象知识,台风云系运动的特点是中心平移量大而自旋很弱,且台风中心与台风云系整体的移动方向一致。因此,求出云导风矢量图中与台风整体移动矢量大小和方向一致的矢量集合的最密集区,经过数学形态学处理后便得到台风中心。并且对云图的模板匹配采用了 3 种方法:绝对值法、序列相似性检测算法(SSDA 算法)和红外亮温交叉相关系数法。比较 3 者的结果为:红外亮温交叉相关匹配法算出的云导风连续性效果在 3 种方法中最好,运算速度比 SSDA 法稍慢,但此速度对于云图的实时分析已足够。

## 参 考 文 献

[1] A. A. Cole-Rhodes K. L. Johnson, J. Lemoigne, I. Zavorin. Multiresolution registration of remote sensing imagery by optimization of mutual information using a stochastic gradient. *IEEE Transactions on Image Processing*,2003,12(2):1495-1511.

[2] A. Rangarajan, H. Chui, J. S. Duncan. Rigid point feature registration using mutual information. *Medical Image Analysis*, 1999, 4: 1-17.

[3] A. Baumberg. Reliable feature matching across widely separated views. *In Conference on 2 Computer Vision and Pattern Recognition*, 2000: 774-781.

[4] R. Azencott, F. Durbin, Paumard, J. Multiscale identification of building in compressed aerial scenes. *In: Proceedings of 13th International Conference on Pattern Recognition*, Vienna, Austria, 1996: 974-979.

[5] B. Likar, F. Pernus. Automatic extraction of corresponding points for the registration of medical images. *Medical Physics*, 1999, 26: 1678-1686.

[6] B. Zitova, J. Flusser. Image registration methods: a survey. *Image and Vision Computing*, 2003, 21: 977-1000.

[7] C. Harris, M. Stephens. A combined corner and edge detector. *Fourth Alvey Vision Conference*, 1988, 147-151.

[8] C. Studholme, R. T. Constable. Accurate alignment of functional EPI data to anatomical MRI using physics-based distortion model. *IEEE Transactions on Medical Imaging*, 2000, 19 (11): 1115-1127.

[9] C. Schmid, R. Mohr. Local grayvalue invariants for image retrieval. *IEEE Transactions on Pattern Analysis and Machine Intellgence*, 1997, 19(5): 530-535.

[10] D. W. Paglieroni. Distance transformations: properties and machine vision applications. *Computer Vision Graphics Image Processing: Graphical Models Image Processing*, 1992, 54(1):56-74.

[11] D. G. Sim, O. K. Kwon, R. H. Park. Object matching algorithm using robust Hausdorff distance measures. *IEEE Transactions on Image Processing*, 1999, 8(3): 425-429.

[12] D. I. Barnea, H. F. Silverman. A class of algorithms for fast digital registration. *IEEE Transtions on Computers*, 1972, C-21:179-186.

[13] D. P. Huttenlocher, G. A. Klanderman, W. J. Rucklidge. Comparing images using the Hausdorff distance. *IEEE Transactions on Pattern Analysis and Machine Intellgence* 1993, 15 (9): 850-863.

[14] D. Lowe. Distinctive image features from scale-invariant keypoints. *International Journal of Computer Vision*, 2004.

[15] F. Maes, A. Collignon, D. Vandermeulen, G. Marchal, P. Suetens. Multimodality image registration by maximization of mutual information. *IEEE Transactions on Medical Imaging*, 1997,16:187-198.

[16] F. Shen, H. Wang. Real time gray level corner detector. *Pattern Recognition Letters*, 2002, 23(8).

[17] F. Maes, A. Collignon, D. Vandermeulen, G. Marchal, P. Suetens. Multimodality Image Registration by Maximization of Mutual Information. *IEEE Transactions on Medical Imaging*, 1997, 16(2): 187-198.

[18] D. G. Lowe. Object recognition from local scale-invariant features. In *International Conference on Computer Vision*, 1999: 1150-1157.

[19] G. Wolberg, S. Zokai. Robust image registration using log-polar transform. *Proceedings of the IEEE International Conference on Image Processing*, Canada, September 2000.

[20] H. P. Moravec. Towards automatic visual obstacle avoidance. In *Proceeding of International Joint Conference on Artificial Intelligence*. Cambridge, 1977.

[21] J. B. Maintz, M. A. Viergever. A survey of medical image registration. *Medical Image Analysis*, 1998, 2(1): 1-36.

[22] J. J. Koenderink, A. J. van Doorn. Representation of local geometry in the visual system. *Biological Cybernetics*, 1987, 55: 367-375.

[23] K. Mikolajczik, C. Schmidt. A performance evaluation of local descriptors. In *Conference on Computer Vision and Pattern Recognition*, June 2003: 257-263.

[24] K. Mikolajczyk, C. Schmid. An affine invariant interest point detector. In *ECCV*, 2002: 128-142.

[25] K. Mikolajczyk, C. Schmid. Indexing based on scale invariant interest points. In *Proceedings of the 8th International Conference on Computer Vision*, Vancouver, Canada, 2001: 525-531.

[26] L. Van Gool, T. Moons, D. Ungureanu. Affine / photometric invariants for planar intensity patterns. In *ECCV*, 1996: 642-651.

[27] L. G. Brown. A survey of image registration techniques. *ACM Computing Surveys*, 1992, 24(4): 325-376.

[28] L. Zhang, W. Xu, C. Chang. Genetic algorithm for affine point pattern matching. *Pattern Recognition Letters*, 2003, 24: 9-19.

[29] L. Brown. A survey of image registration techniques. *ACM Computing Surveys*. 1992, 24(4): 325-76.

[30] M. Jenkinson, S. Smith. A global optimisation method for robust affine registration of brain images. *Medical Image Analysis*, 2001, 5: 143-156.

[31] M. P. Dubuisson, A. K. Jain. A modified Hausdorff distance for object matching. In: *Proceedings of 12th International Conference Pattern Recognition*, Jerusalem, Israel, October 1994, 566-568.

[32] N. Ritter, R. Owens, J. Cooper, R. H. Eikelboom, P. P. van Saarloos. Registration of stereo and temporal images of the retina. *IEEE Transactions on Medical Imaging*, 1999, 18: 404-418.

[33] P. Thevenaz, M. Unser. A pyramid approach to sub-pixel image fusion based on mutual information. *Proceedings of the IEEE Interantional Conference on Image Processing ICIP '96*, Lausanne, Switzerland, 1996, 265-268.

[34] P. Viola, W. M. Wells. Alignment by maximization of mutual information. *International Journal of Computer Vision*, 1997, 24: 137-154.

[35] P. W. Pluim, J. B. Maintz, M. A. Viergever. Mutual information based registration of medical images: a survey. *IEEE Transactions on Medical Imaging*, 2003, 1-21.

[36] P. Chalermwat. High performance automatic image registration for remote sensing. *Virginia. George Mason University PhD Thesis*, 1999.

[37] S. M. Smith, M. Brady. SUSAN—a new approach to low level image processing. *International Journal of Computer Vision*, 1997, 23(1): 45-78.

[38] T. Tuytelaars, L. Van Gool. Wide baseline stereo matching based on local affinely invariant regions. BMVC2000.

[39] V. A. Sujan, M. P. Mulqueen. Fingerprint identifcation using space invariant transforms. *Pattern Recognition Letters*, 2002, 23: 609-619.

[40] W. T. Freeman, E. H. Adelson. The design and use of steerable filters. *IEEE Transactions on Pattern Analysis and Machine Intelligence*, 1991, 13(9): 891-906.

[41] 白洁, 王洪庆, 陶祖钰. GMS卫星红外云图云迹风的反演. 北京大学学报(自然科学版), 1997, 33(1): 85-92.

[42] 曹治国，汪勇. 基于互信息和模拟退火——单纯形法的多谱段图像配准. 计算机工程与应用，2005，17：65-69.

[43] 柴登峰，舒宁，张剑清. 利用匹配直线解求变换参数的方法. 武汉大学学报·信息科学版，2002，27(2)：199-202.

[44] 陈海峰，纪圣谋. 利用改进遗传算法实现图像特征点的匹配. 南京大学学报，2000，36(2)：171-75.

[45] 陈武凡. 小波分析及其在图像处理中的应用. 北京：科学出版社，2002.

[46] 陈鹰，简剑峰，林怡. 基于小波变换的实时图像匹配. 中国图象图形学报，1998，3(12)：1011-1014.

[47] 陈鹰，叶勤，钟志勇. 基于小波变换的雷达与光学图像匹配算法研究. 测绘学报，2000，29(3)：245-249.

[48] 陈鹰. 遥感影像的数字摄影测量. 上海：同济大学出版社，2003.

[49] 陈志刚，宋胜锋，李陆冀，包磊. 基于相似原理的点特征松弛匹配算法. 火力与指挥控制，2006，32(1)：49-51.

[50] 冯林，管慧娟. 基于互信息的医学图像配准技术研究进展. 生物医学工程学杂志，2005，22(5)：1078-1081.

[51] 龚克，叶大鲁，葛成辉. 卫星云图预测的运动矢量方法. 中国图象图形学报，2000，5(4)：349-352.

[52] 菅云峰，胡勇，李介谷. 基于Fourier-Mellin变换的对称相匹配滤波算法. 红外与毫米波学报，1999，18(6)：465-471.

[53] 黄晓玲. 以最大交互讯息进行医学影像对位. 私立中原大学电机工程学系硕士学位论文，2003，6.

[54] 姜涛，马国锐，秦前清. 基于遥感影像的变化检测技术. 计算机应用研究，2004，5(2)：255-257.

[55] 金善良. 下视景象匹配技术研究. 红外与激光技术，1994，(5)：31-35.

[56] 李德仁. 利用遥感影像进行变化检测. 武汉大学学报·信息科学版，2003，28：7-11.

[57] 李俊山，沈绪榜. 图像匹配技术研究. 微电子学与计算机，2000，(2)：10-14.

[58] 李齐，刘志文. 基于自适应模板的图像跟踪算法. 微计算机信息，2004，24(9)：21-22.

[59] 刘海鹰，黄胜华，彭思龙，洪继光. 基于小波多尺度分析的图象快速匹配模型. 中国图象图形学报，1998，3(11)：907-911.

[60] 吕铁英，彭嘉雄. 多传感器图像的灰度差建模与校正. 红外与激光工程，1998，27(3)：32-37.

[61] 罗欣，郭雷，杨诸胜. 基于互信息和随机优化的超光谱遥感图像配准. 遥感技术与应用，2006，21(1)：61-5.

[62] 潘锋，王宣银，向桂山，梁冬泰. 一种新的运动目标检测与跟踪算法. 光电工程，2005，32(1)：43-46，70.

[63] 钱宗才，吴锋，石明国，杭洽时. 医学图像配准方法分类. 医学信息，2000，13(11)：598-599.

[64] 邵巨良. 小波理论—图像分析与目标识别. 武汉：武汉测绘科技大学出版社，1993.

[65] 邵文坤，黄爱民，韦庆. 目标跟踪方法综述. 影像技术，2006(1)：17-20.

[66] 史泽林，张志佳，黄莎白. 基于奇异值分解的图像匹配和目标跟踪研究. 小型微型计算机系统，2005，26(9)：1643-1646.

[67] 苏康，关世义，柳健. 一种实用的归一化互相关景象匹配算法. 宇航学报，997，18(3)：1-7.

[68] 苏康，金善良. 智能地物景像匹配定位技术研究. 红外与激光工程，2000，29(1)：1-4.

[69] 孙家抦. 遥感原理与应用. 武汉：武汉大学出版社，2003.

[70] 田娅，饶妮妮，蒲立新. 国内医学图像处理技术的最新动态. 电子科技大学学报，2002，31(5)：485-489.

[71] 田原，梁德群，吴更石. 基于点集不变性匹配的目标检测与识别方法. 计算机学报，1999，22(2)：

188-192.

[72] 王岩松,阮秋琦. 基于最小二乘图像匹配的畸变图像矫正算法研究. 北方交通大学学报,2002,26(1):15-18.

[73] 熊惠霖,张天序,桑农. 基于小波多尺度表示的图像匹配研究. 红外与激光工程,1999,28(3):1-4.

[74] 熊兴华,钱曾波,王任享. 遗传算法与最小二乘法相结合的遥感图像子像素匹配. 测绘学报,2001,30(1):54-59.

[75] 徐奕. 立体视觉匹配技术. 计算机工程与应用,2003,15:1-5.

[76] 严红平. 模式识别简述. 自动化博览,2006,2:22-24.

[77] 游素亚,徐光祐. 立体视觉研究的现状与进展. 中国图象图形学报,1997,2(1):17-22.

[78] 张迁,刘政凯,庞彦伟,李威. 基于SUSAN算法的航空影像的自动配准. 测绘学报,2003,32(3):245-250.

# 第九章 遥感图像的应用技术

本章就遥感图像的应用技术进行介绍,重点阐述遥感图像在资源调查、环境评价、灾害监测与城市研究中的应用技术。在资源调查中,侧重介绍遥感图像在土地资源、水资源、草地资源与渔业资源调查中应用的关键技术。在环境评价中,主要介绍遥感图像在水环境、生态环境和大气环境等方面的应用技术。在灾害监测中,重点阐述遥感图像在水灾、旱灾、雪灾、沙漠化及地震中的应用技术。在城市研究中,主要介绍如何运用遥感图像提取城市空间信息、分析城市热岛效应、进行城市人口研究与城市规划等方面的研究。

## §9.1 遥感在资源调查中的应用

### 9.1.1 土地资源调查

土地资源是人类赖以生存和进行生产生活的基础。近几十年来土地资源退化严重。如何使有限的土地资源得到持续利用,是区域发展所面临的紧迫而艰巨的任务。遥感是宏观监测土地利用的有效手段,在地理信息系统空间数据管理和分析能力支持下,利用遥感信息源可以获取准确的土地资源数据资料,包括不同类型土地资源的数量、质量、分布和利用状况等,进而建立土地利用现状数据库,分析土地利用的空间分布规律,探讨土地资源的可持续利用问题。

**1. 土地利用/覆盖的遥感分类与监测**

土地利用/土地覆盖变化(LUCC)研究在"国际地圈与生物圈计划(IGBP)"和"全球环境变化人文计划(HDP)"的推动下正在全面而深入地开展。随着全球变化研究的深入,土地利用/覆盖研究受到越来越高的重视。它作为全球环境的下垫面影响因子,其变化对全球环境演变带来最直接的影响,并且是产生生态灾害(如水灾、森林火灾、土地退化等)最主要的原因。LUCC监测涉及的区域范围、时间跨度较大,单依靠人力无法完成如此庞大的工程任务。传统的野外调查和定位观测已跟不上日新月异的国土资源环境变化速度,需要引入新的观念和技术。随着计算机技术的发展,3S技术在土地管理中的应用越来越广泛,大大提高了国土管理的效率。与传统技术相比,遥感和GIS相结合可以快速、准确、及时地获得大面积的土地利用/覆盖变化乃至生态环境状况等方面的实时信息,及时反映土地利用的最新变化。

一般而言,用于全球变化研究的土地利用与土地覆盖的遥感,大区域范围研究一般采用低分辨率小比例尺的AVHRR图像,而局部区域及资源调查一般采用空间分辨率较高的TM图像、SPOT图像等。SAR图像因不受大气限制而具有广阔的应用前景,尤其对于我国这样一个幅员辽阔的国家,有部分地区是常年为云雾所遮盖的,利用SAR系统可以对这些地区进行大面积快速成像以了解土地资源现状。

土地利用既指人类活动对地面的正常利用,也指未经人类利用改造的地区的自然状态。其分类的主要依据是土地用途、土地经营方式、土地利用方式和土地覆盖特征等。主要表示与土地相结合的人类活动产生的不同利用方式。土地覆盖是指覆盖着地球表面的植被及其他特质,主要表示地球表面存在的不同类型的覆盖特征。遥感图像最能够直接反映的是土地覆盖。全国农业区划委员会结合我国国情,依据土地的用途、经营特点、利用方式和覆盖特征等因素,对全国土地利用现状采用二级分类,包括8个一级类,46个二级类。其中,一级类型包括:耕地、园地、林地、牧草地、居民点及工矿用地、交通用地、水域和未利用土地;二级类型则根据土地的覆盖类型、覆盖度及人为利用方式上的差异作进一步的划分,例如:耕地进一步划分为灌溉水田、望天田、水浇地、旱地和菜地,林地划分为有林地、灌木林、疏林地、未成林造林地、迹地和苗圃。

最常用的土地利用遥感监测方法可分为两种:逐个像元对比法和分类后对比法。逐个像元对比法是首先对同一区域不同年份同一时相遥感图像的光谱特征差异进行比较,确定土地利用发生变化的位置,在此基础上,再采用分类的方法来确定土地利用变化信息。这种方法一般能较为灵敏地探测出已经发生变化的像元,但它不能同时获得具体的土地利用的变化类型信息。分类后对比法是首先对整个监督区域的不同时相的图像进行各自分类,然后再比较各图像同一位置分类结果,进而确定土地利用类型变化的位置和所属类型。这种方法能获得详细的土地利用转变矩阵,但这一方法明显受到单独分类所带来的误差影响,会不可避免地夸大变化的程度。鉴于以上两种方法均存在不尽如人意的地方,一些研究者又提出了多时相遥感图像叠合后的主成分分析法。这种方法是将叠合后的图像进行分类,而不是对各时相的图像进行单独分类,从而大大减少变化程度的夸大。目前采用的技术方法是选取两个时相的卫星图像为主要数据源,对其进行几何纠正、几何配准和数据融合,通过计算机自动提取和人机交互解译的方式直接发现变化特征信息,完成动态变化制图。

**2. 土地资源退化的遥感调查与监测**

自然灾害和人类活动往往使土地资源退化,包括土地沙漠化、土壤盐渍化和土壤侵蚀等。

沙漠化不仅分布于地球表面现有沙漠在风力作用下的沙丘前移地段,还包括非沙漠地区及由于生态平衡被破坏产生的环境退化和生物生产量下降的地区。这种地区多是干旱多风和具有疏松沙质的地表,由于土地过度使用,破坏了原已趋脆弱的生态平衡,人为地变为沙漠景观的地区。在干旱、半干旱地区,尤其在半干旱农牧交错带,沙漠化的蔓延最为迅速。卫星遥感监测土地沙漠化,主要是从卫星图像的颜色、纹理、结构判读出沙漠土地。利用不同时相的卫星对比分析,就能了解沙漠化过程与现状,还能推算它的发展强度,并预测演变趋势,完成沙漠化监测。

土壤盐渍化主要发生在地下水位高的干旱地区,严重影响作物的生长和产量。遥感图像对土壤盐渍度的反映较灵敏。盐碱度高的土壤反射率较高,色调浅或呈灰白色。试验研究表明,卫星遥感信息可以作为盐渍化调查的一种重要资料。利用目视解译卫星图像的方法,调查盐渍土效果较好。

土壤侵蚀是通过风力、水力或重力作用,使表层土壤或土体被冲刷、剥蚀、迁移和堆积的过程。土壤侵蚀不仅使土壤结构破坏、土层变薄、土壤退化、沙化、肥力降低,还能使土地破碎,土地质量下降。土壤侵蚀解译是先对地表组成物质的解译,其次进行地形地貌、植被覆盖率的解译分析。然后从颜色、形状、阴影、纹理和结构几个方面建立解译标志,并根据纹理的密集程度和粗糙程度确定土壤侵蚀强度。

## 9.1.2 水资源调查

伴随着生态的不断恶化及水资源的不合理利用,水资源的匮乏已对人类生存发展产生了极大威胁,因此各个国家都极其重视水资源的保护和有效利用,对水资源情况进行全面、及时、准确的了解。在区域范围内进行水文循环和水资源状况的有效监测,将遥感技术与传统的水文测量方法相结合能充分发挥优势作用。现在随着多传感器、多光谱遥感的发展和应用,结合地面实测数据,遥感在河流湖泊动态监测、冰雪覆盖、地下水监测、水质监测、土壤水分等水资源监测方面作用巨大,是研究水文循环、进行水资源有效监测和管理的重要手段。通过研究特定波段电磁波与水体的相互作用的机理和特性,就能够利用遥感数据进行水资源空间分布,包括水中物质成分、水深等水文参数的准确测量。同时,可以运用遥感数据分析下垫面特性及其与蒸发、下渗的关系,其中着重考虑降水、径流与蒸发损失的关系。按此思路可估算地表径流和枯水径流。此外,利用多光谱和雷达可对冰川、雪盖进行动态监测。

**1. 地表水资源的遥感调查**

地表水体在卫星遥感近红外波段具有强烈吸收太阳辐射的特性,图像上呈暗灰或黑色,在合成的假彩色卫星图像上,水体可以呈绿色或蓝色,地表的河流、湖泊、水库、渠道甚至大的坑塘、鱼池等都可以直观地识别。利用卫星遥感提供的地质、地貌、植被、土壤等信息编制的水文下垫面图,结合利用多年统计降水量资料编制的降水量等值线图,进行水资源总量估算,在许多地方取得成功。如京津唐地区水资源总量,就是利用国土资源普查卫星资料和美国陆地卫星 TM 数据提供的信息,编制该地区水文下垫面图,结合降水量等值线图,应用经验公式进行估算,估算的水资源总量与常规方法计算的水资源总量很接近。

**2. 地下水资源的遥感调查**

在松散堆积层中寻找地下水,进行地下水资源评价,实质就是通过各种遥感图像解译,查明水文地质条件。这类地区的水文地质条件都与地貌、第四纪地质和新构造有极密切的关系。遥感图像反映这些要素,有其他手段不可比的长处。通过图像解译,结合水文、地质、物探等资料,往往可以得到良好的效果。对于岩溶水和裂隙水,重要的是根据岩溶地貌解译和构造解译,研究岩溶发育规律或寻找富水构造,这也是遥感技术见长之处。将解译资料与水文、水文地质、物探等资料结合,亦能取得较好的效果。

应用遥感方法寻找地下水大致有 4 种途径:

1) 水文地质遥感信息分析法

从遥感图像中提取地层岩性、构造、水文等地质信息,运用水文地质理论进行分析,确定有利的蓄水构造,进而推断地下水富集区。地下水存储量很大程度上被岩石层的有孔性所制约。因此,水文地质单元的描绘和制图是判断地下水的关键。地下水的水质也取决于含水层的性质、含水层的矿物成分、岩石成分等。遥感图像能够反映这些水文地质地貌特性,为地下水遥感监测提供可供分析的信息。水文地质遥感信息分析法用于埋层较深的裂隙水和岩溶水,可评价大面积地下水存储量的宏观调查和评价。

2) 环境遥感信息分析法

从遥感图像上提取与地下水有关的植被、湖泊、水系等环境因子信息,根据这些环境因子对地下水的依存、制约关系,推断地下水的存在与富集状况。各种环境因子与地下水的相关性受气候、人类活动控制。在湿润地带,环境因子受大气降水、人工灌溉等因素影响较大,与地下水相关性较小,因此,在遥感图像上,环境信息在大多数情况下被视为水文地质信息的"噪声"信息;而在干旱地带,由于大气降水极少,人工灌溉很少,对环境因子干扰不大,故环境因子与地下水密切相关,可以根据环境遥感信息分析地下水的储存状况。在干旱区,植被是地下水的直接指示因素,它的生长状态受气候、岩性、地貌、水文地质条件等因素控制,尤其是与区域浅层地下水——潜水关系密切。在气候、土壤湿度变化不大的情况下,地下水的埋深、矿化度、水化学类型对植被生长产生较大的影响。通过植被种群、植被覆盖度的差异,可以分析地下水的排泄点及地下水的埋深、矿化度和水化学类型等有关信息。由于干旱区不同植被类型对地下水埋深有不同的要求(如芦苇生长在地下水位 3—7m 的区域,红柳生长在地下水位 6—11m 的区域),通过识别植被类型能够判断地下水埋深的范围。环境遥感信息分析法用于浅层空隙水的监测和地下水溢出带的判断,直观简单,但无法实现地下水及其动态变化的定量化。

3) 热红外遥感地表热异常监测法

热红外遥感监测法是利用热红外波段图像资料,通过测定地面温度来判断地下水的存在。干旱、半干旱地区由于地下水通过毛细管作用和热传导作用,导致地表湿度和温度的变化,从而在热红外遥感图像上表现出温度异常,这使热红外遥感寻找地下水成为可能。在白天,一方面地物吸收太阳辐射,温度有增高的趋势,即太阳辐射的增温效应。一般而言,湿度大的地物,因热容量大,增温慢,在图像上显示冷异常,而热容量小的地物增温快,在图像上显示热异常;另一方面,由于地物中所含水分的蒸发,带走热能,温度又呈下降的趋势,即水分蒸发的冷却效应。某一时刻,地物温度是上述两种效应综合作用的结果。水分蒸发冷却效应的强度主要取决于土壤水分的含量,含量偏高,冷却效应强,在白天的热红外图像上呈冷异常;反之,则呈热异常。地下水径流温度的变化是热红外遥感探测地下水的物理基础。

4) 遥感信息定量反演模型

遥感信息定量反演模型是指通过实验的、数学的或物理的模型将遥感信息与观测地表目标参量联系起来,将遥感信息定量地反演或推算为某些地学、生物学及大气等观测目标参量。通过建立从遥感图像能测定的和地下水有密切关系的水文因素与地下水位之间的定量评价模型,对地下水资源进行估测。

### 9.1.3 草地资源调查

我国草地资源十分丰富。在北方拥有大面积的天然放牧场和良好的割草场，在南方也有许多零星分布的草山草坡，它们是我国发展草地畜牧业重要的物质基础。彻底查清草地的数量、质量和分布规律，并进行长期的资源动态监测是充分合理地利用与开发草地、科学地管理与建设草地的首要前提。遥感技术的应用为草地资源调查和动态监测提供了新的手段和方法，缩短了调查周期，提高了总体调查的准确性，特别是新一代陆地资源卫星遥感资料的应用，增强了草地类型的可判性，提高了判读精度，增加了各类面积数据的可靠性，更新了草地资源图件的编绘程序，促进了我国草地科学研究的发展，在草地资源调查和遥感技术应用研究方面开拓了新的领域。

**1. 草地生物量估算**

草地生物量的遥感估算中，首先可以利用降雨和蒸发两个因子建立估算草地产出率的模型。接着利用遥感图像中提取的植被指数和实况数据进行不同地区草地资源遥感估算的模型校正。这样求出的模型可以应用到不同的地区。植被指数可以是归一化差值植被指数或者比值植被指数。在遥感估算中，还必须考虑植物生长期的气温，取得与实测数据相吻合的结果。利用遥感方法来估算牧场的产草率依赖于植被吸收和反射率，两者均随牧场的状况而变化，不一定能在遥感图像上反映出来，故遥感在估算产出率中有局限性。

**2. 草地动态监测**

动态监测是指对同一研究区进行的反复观测，以便发现它的时空变化。草地状况会随自然及人为因素而变化，监测这样的变化并及时调整草地管理策略对草地资源的保护及合理利用意义深远。遥感可运用于草地的实际监测，也是研究小范围内草地发展变化的有效方式，而卫星图像则更适合大范围内的草地变化监测。草地动态监测需要对比分析多时相图像。如果将春、仲夏和末夏 TM 图像结合起来分析，则区分不同管理方法的草地精度还会得到提高。草地监测可通过自动分类来完成，将地物划分为几大类，其中之一为草地。此法只适用于监测草地范围，不宜详细地识别它的状态。对于所测得的变化要作认真分析。这些变化中，有的反映了真实的草地变化，而有的反映的可能是土壤或土壤水分的变化，必须加以区分。

### 9.1.4 渔业资源调查

长期以来，海洋渔业资源研究较多地依赖于常规海上现场观测调查，成本高、速度慢，而且难以实现大范围水域的同步采样测量，获取的数据不能满足对渔业资源进行实时管理的需要。同时，随着全球环境变化以及渔业资源的过度捕捞，渔业环境和渔业资源的破坏日益严重，渔业资源的变化直接或间接地影响到人类的生存和生活质量，仅仅依靠传统的海洋渔业资源研究方法已经不能满足要求。现代空间信息技术特别是遥感和地理信息系统技术的发展为海洋渔业资源的研究提供了新的技术手段和方法。遥感技术具有观测范围广、信息量大、实时、同步等特点，而且卫星遥感在海洋渔业的应用已经从单一要素进入多元分析及综合应用阶段。利用遥感信息可以反演影响海洋理化和生物过程的一些参数，如海表温度、叶绿素浓度、初级生产力水平的变化、海洋锋面边界的位置以及水团的运动等，通过对这些环境因素的分析，可以实时和快速地推测、判断和预测渔场。

**1. 海表温度的遥感反演**

水温是控制生物种群分布及其洄游和繁殖过程的基本环境参量，在海洋渔场鱼情分析预报中占有重要地位，而且水温及其变化过程可以反映出重要的海洋事件（如涌升流、大洋流及中尺度涡旋、锋面等现象）。目前，海洋表层水温（Sea Surface Temperature，SST）是卫星遥感技术在海洋渔业领域应用最成功最广泛的海洋环境因子。卫星遥感海面温度场可分别由热红外和微波传感器进行测量，目前应用较多的是通过极轨气象卫星和地球静止气象卫星的热红外波段进行 SST 信息提取。SST 反演方法有两大类：(1) 利用与卫星同步的实测资料回归得到 SST 反演系数；(2) 利用大气辐射传输模式模拟计算从海面到卫星高度处的辐射，获取 SST 反演系数。实际业务化应用较多的 NOAA/AVHRR 数据 SST 反演采用第一类方法，利用全球浮标资料与 AVHRR 资料回归获得反演系数。

**2. 叶绿素浓度的遥感估算**

叶绿素浓度是海洋浮游植物以及海洋动力过程的示踪剂。叶绿素信息在渔业上的应用主要是基于海洋生态系统中食物链理论，即浮游植物浓度高的海域促使以浮游植物为食的浮游动物资源丰度高，从而使以浮游动物为食的鱼类资源丰富。据此，人们就可以通过观察海水浮游植物含量的高低及其变化来进行渔场分析和渔业资源的评估。海面叶绿素浓度遥感的机理，是基于不同的浮游植物浓度有着不同的辐射光谱特性。在可见光（包括可见光荧光）范围内，海面叶绿素在不同浓度下有其不同的特征光谱曲线。由于海洋水色问题的复杂性和目前卫星遥感技术的局限性，还无法建立全球通用的卫星遥感叶绿素浓度信息提取模型。实际工作中，根据海水叶绿素遥感光谱特征，在现场观测资料的基础上，经过合适的大气校正，对不同的海域采用不同方法建立分析反演模型,进行海表叶绿素浓度信息的提取和反演。

## §9.2 遥感在环境评价中的应用

### 9.2.1 水环境遥感

水环境监测是环境监测的重要组成部分,对污染水体的监测是进行污染源控制、水污染治理和水环境规划管理的技术支撑。传统的环境监测方法由于受到自然条件和时空等因素限制,具有一定的局限性。随着遥感技术的不断进步,遥感技术在水环境监测中的应用也越来越多。水环境遥感监测技术具有以下特点:(1)适应性强,可进行大范围、立体性的监测活动,获取其他监测手段无法获取的信息;(2)效率高、信息量广,可以获得多点位、多谱段和多次增强的遥感信息,提高监测分析的效率和精度;(3)可用于动态监测,建立水污染灾害预警系统,实行应急实时监测,最大限度地对事故进行控制和减轻事故的危害。

水体及其污染物的光谱特性是利用遥感信息进行水环境监测和评价的依据。不同种类和浓度的污染物,使水体在颜色、密度、透明度和温度等方面产生差异,导致水体反射波谱能量发生变化,根据遥感图像在色调、灰阶、纹理等特征上反映的图像信息的差别,从而识别出污染源、污染范围、面积和浓度等。水体中污染物质的化学组分复杂、种类繁多并且形态各异,而遥感传感器记录的是目标物体的电磁辐射特性。因此,并非所有的污染物质都能通过遥感技术进行区分。国内外许多学者利用遥感的方法来估算水体污染参数和监测水质的变化情况,目前对水体富营养化、悬浮固体、油污染和热污染等污染类型,常见的水环境遥感监测方法见表9-1。

表9-1 水环境遥感监测的常用方法

| 监测类型 | 常用遥感方法 | 图像特征 |
| --- | --- | --- |
| 水体富营养化 | 彩色摄影、多光谱扫描成像、相关辐射仪 | 彩色红外图像上呈红褐色或紫色,在多光谱扫描图像呈浅色调 |
| 悬浮固体 | 彩色红外摄影、多光谱摄影、多光谱扫描成像 | 多光谱扫描图像上呈浅色调,在彩色红外图像上呈淡蓝色、灰白色调,水流与清水交界处形成羽状水舌 |
| 油污染 | 可见光、紫外、多光谱摄影、激光扫描成像、红外、微波辐射计 | 可见光、紫外、近红外、微波上呈浅色调,在热红外图像上呈深色调,为不规则斑块状 |
| 热污染 | 红外辐射扫描、微波辐射仪 | 热红外图像上呈白色或羽状水流 |

**1. 水体富营养化的遥感监测**

水中叶绿素浓度是浮游生物分布的指标,也是反映水体富营养化的主要因子,其中以叶绿素 a 尤为突出。通过现场对叶绿素生物量等数据的采样,利用采样数据与遥感数据反映的水体绿度指数建立起遥感回归模型,得出水体中叶绿素及生物量的空间分布信息,从而达到监测水体富营养化的目的。

20 世纪 70 年代初,研究人员就发现了可以从卫星上探测表层水体中浮游植物的叶绿素含量。1978 年美国宇航局(NASA)发射的 Nimbus-7 卫星上装载了世界上第一台海岸水色扫描仪(CZCS),该传感器拥有 6 个带宽为 $20\mu m$ 的工作波段,专门设计用于海面叶绿素定量遥感。我国于 1987 和 1989 年分别发射了两颗配置有海洋水色通道高分辨率扫描辐射计的 FY-1A 和 FY-1B 卫星,并获取了较高质量的海区叶绿素分布图。新一代水色遥感传感器(SeaWiFS)以及中分辨率成像光谱仪(MODIS)等的开发应用,使其具有更多的波段和更高的光谱分辨率。2002 年我国发射了第一颗海洋水色遥感卫星 HY-1,它携带有两个遥感器,10 通道的海洋水色扫描仪(COCTS)和 CCD 相机,更适合于海洋水色环境的监测和管理。近年来,国内外已开始重视采用高光谱遥感技术分析水体的波谱特征。

**2. 悬浮固体的遥感监测**

水中悬浮固体(Suspended Sediment,SS)含量是水质指标的重要参数之一,与这类相关的水质数据有:浑浊度(TURB)、透明度(SD)、悬浮物浓度(SS)、总悬浮颗粒物(TVS)。悬浮物浓度不仅可以作为水体污染物的示踪剂,其含沙量的多少还直接影响水体的透明度、水色等光学性质。一般来说,对可见光遥感而言,0.58-$0.68\mu m$ 对不同泥沙浓度出现辐射峰值,即对水中泥沙反应最敏感,是遥感监测水中悬浮物质的最佳波段,被陆地卫星、NOAA、风云气象卫星及海洋卫星选择。在实际监测当中,往往选择与悬浮物质浓度相关性好的波段,结合实测悬浮物质的数据进行分析,从而建立特定波段辐射值与悬浮固体浓度之间的关系模型,然后对该波段辐射进行反演,得出悬浮固体的浓度。

水中悬浮物微粒会对入射进水里的光进行散射和反射,增大水体的反射率。大量的实验和实地研究表明,悬浮物的含量、类型、悬浮颗粒大小、水底亮度及遥感器的观测角等都会影响悬浮泥沙的光谱反射率,其中悬浮物浓度、颗粒大小和矿质组成是主要的影响因素。随着浑浊水悬浮物浓度的增大和悬浮物粒径的增大,水的反射率逐渐增高,其峰值向长波方向移动,逐渐从蓝光移向绿光和黄绿光。含悬浮物水体的水面反射率光谱有两个峰值:位于黄光波段($0.56-0.59\mu m$)的主峰和位于近红外波段(0.76-1.10$\mu m$)的次级峰。此外,由于水体的反射包括水体本身、悬浮物质和黄色物质等,因此只有在水体本身和黄色物质的吸收都很小的情况下,才能获得比较真实的悬浮固体信息。由于水体本身对近红外波段有强烈的吸收,水中黄色物质对较短波长的辐射吸收很强,而对波长在 0.6$\mu m$ 以下的辐射几乎为 0。因此,最适于遥感悬浮固体的波长是 0.6-0.8$\mu m$,相当于 TM 的 2-4 波段。

**3. 油污染的遥感监测**

遥感监测石油污染不仅能够发现污染源、确定污染的区域范围和估算石油的含量,而且通过连续监测,能够得到溢油的扩散方向和速度,预测将会影响的区域。遥感技术应用于海洋石油污染监测开始于 1969 年,美国利用机载多波段可见光扫描仪对加利福尼亚巴巴拉附近的采油区井喷造成的海上石油污染区域进行海面石油污染监测,取得了较好的效果。航空遥感系统由于其机动灵活以及遥感器的可选择性等优点,主要被用于溢油的应急处理。近年来应用卫星遥感对海洋石油污染的监测受到了许多国家的重视。利用陆地卫星空间分辨率和 NOAA 卫星时间分辨率的互补优势,通过对图像的特殊处理,将石油污染区和周围海水区区别开来。海面油类污染受不同季节风速的影响很大。载有合成孔径雷达的卫星由于其工作波段属于微波,并且采用主动式工作方式,因此具有全天候、全天时的优点,也较多地用于油污染监测。

**4. 热污染的遥感监测**

由于人类活动向水体排放的"废热"引起环境水体的增温效应而产生的污染称之为水体热污染。水体热污染可直接影响到水生生物的多样性,导致局部生态系统的破坏,从而影响人类的生产生活。遥感监测水体热污染是一种有效的宏观监测手段,目前主要的探测方法有热红外遥感和微波遥感。以美国 NOAA 卫星系列的甚高分辨率辐射计(AVHRR)为代表的传感器,可以精确地绘制出海面分辨率为 1km、温度精度优于 1℃的海面温度图像。近红外遥感可有效地监测水库库区水体的热污染状况。利用多时相 TM 数据热红外波段可以有效地进行热污染水域的水温反演,从而确定热污染的强度、范围及其对环境影响。

## 9.2.2 生态环境遥感

随着全球性的环境意识的提高,世界各国对生态环境也日益重视。2000 年 11月我国政府颁布了《全国生态环境保护纲要》,确定了"坚持污染防治和生态环境保护并重"的原则,突出了生态环境管理和保护的重要性,管理和保护好一个区域生态环境的前提是及时掌握生态环境的状况并分析生态环境变化特点和趋势,遥感技术是完成此工作的有力工具。

**1. 生物丰度指数**

生物丰度指数是评价区域内生物多样性的丰贫程度的指标,由森林、水域、草地等生态系统的等效面积占区域面积的比重计算得到。各参数值由卫星遥感解译结果结合植被类型分布图计算得到。计算公式:生物丰度指数=$A_{bio}$×(0.35×林地+0.21×草地+0.28×水域湿地+0.11×耕地+0.04×建设用地+0.01×未利用地)/区域面积。式中:$A_{bio}$=692.096,全国生物丰度指数的归一化系数。

**2. 植被覆盖指数**

指被评价区域内林地、草地、农田、建设用地和未利用地5种类型的面积占被评价区域面积的比重,用于反映被评价区域植被覆盖的程度。植被覆盖指数=$A_{veg}$×(0.38×林地+0.34×草地+0.19×耕地+0.07×建设用地+0.02×未利用地)/区域面积。式中,$A_{veg}$指植被覆盖指数的归一化系数。

**3. 水网密度指数**

指被评价区域内河流总长度、水域面积和水资源量占被评价区域面积的比重,用于反映被评价区域水的丰富程度。水网密度指数=$A_{riv}$×河流长度/区域面积+$A_{lak}$×湖库(近海)面积/区域面积+$A_{res}$×水资源量/区域面积。式中,$A_{riv}$指河流长度的归一化系数,$A_{lak}$指湖库面积归一化系数,$A_{res}$指水资源量的归一化系数。

**4. 土地退化指数**

指被评价区域内风蚀、水蚀、重力侵蚀、冻融侵蚀和工程侵蚀的面积占被评价区域面积的比重,用于反映被评价区域内土地退化程度。土地退化指数=$A_{ero}$×(0.05×轻度侵蚀面积+0.25×中度侵蚀面积+0.70×重度侵蚀面积)/区域面积。式中,$A_{ero}$指土地退化指数的归一化系数。

**5. 环境质量指数**

指被评价区域内环境空气质量、地表水水质等环境质量现状及受纳污染物总量,用于反映评价区域所承受的环境污染压力和环境质量的优劣。环境质量指数=0.13×空气质量+0.11×地表水水质+0.06×酸雨平均频次+0.16×饮用水源地合格率+0.22×(100−$A_{so_2}$×$SO_2$排放量/区域面积)+0.16×(100−$A_{COD}$×COD排放量/

区域年均降雨量)+0.16×(100−$A_{so_1}$×固体废物排放量/区域面积)。式中,$A_{so_2}$指$SO_2$的归一化系数,$A_{COD}$指COD的归一化系数,$A_{so_1}$指固体废物的归一化系数。

**6. 生态环境质量评价指数**

生态环境质量指数(Ecological Quality Index,EQI)反映被评价区域整体生态环境质量状况。生态环境质量指数(EQI)=0.25×生物丰度指数+0.20×植被覆盖指数+0.20×水网密度指数+0.25×(100−土地退化指数)+0.10×环境质量指数。根据生态环境质量指数,将生态环境质量分为5级,即优、良、一般、较差和差,具体分级方法见表9-2。

表 9-2 生态环境质量分级

| 级别 | 状态 |
| --- | --- |
| 优(EQI≥75) | 植被覆盖度好,生物多样性好,生态系统稳定适合人类生存 |
| 良(55≤EQI<75) | 植被覆盖度较好,生物多样性较好,适合人类生存 |
| 一般(35≤EQI<55) | 植被覆盖度处于中等水平,生物多样性一般水平,较适合人类生存,但偶尔有不适合人类生存得约性因子出现 |
| 较差(20≤EQI<35) | 植被覆盖较差,严重干旱少雨,物种较少,存在着明显限制人类生存的因素 |
| 差(EQI<20) | 条件较恶劣,多属戈壁沙漠盐碱地秃山或高寒山区,人类生存环境恶劣 |

当前的生态环境质量评价,大多数是针对一特定地区特定时间的评价,而对时间序列的生态环境质量评价还不多,随着时间的推移,人类以及其他生物非生物的变化必定会或多或少的影响区域生态环境,引起生态质量的变化,因此,研究生态环境质量的时间序列变化就显得非常重要,在多年的比较基础上,希望生态质量既能朝着有利于人类的可持续发展,又能朝着有利于自身的健康、有序、可持续的方向发展。

## 9.2.3 大气环境遥感

遥感技术不但可以快速、实时、动态地监测大范围的大气环境变化和大气环境污染,还可以实时、快速地跟踪和监测突发性大气环境污染事件的发生、发展,以便及时制定处理措施,减少大气污染造成的损失。因此,遥感监测作为大气环境管理和大气污染控制的重要手段之一,正发挥着不可替代的作用。大气环境遥感主要是监测大气中的臭氧($O_3$)、$CO_2$、$SO_2$、甲烷($CH_4$)等痕量气体成分以及气溶胶、有害气体等的三维分布。这些物理量通常不可能用遥感手段直接识别,但由于水汽、二氧化碳、臭氧、甲烷等微量气体成分具有各自分子所固有的辐射和吸收光谱特征,如影响水汽分布的主要光谱波长是$0.7\mu m$,$O_3$在$0.55-0.65\mu m$存在一个明显的吸收带等,因此我们实际上可通过测量大气散射、吸收及辐射的光谱特征值而从中识别出这些组分来。研究表明,在卫星遥感中,有两个非常好的大气窗口可以用来探测这些组分,即位于可见光范围内的 0.40-0.75$\mu m$ 的波段范围和在近红外和中红外的 0.85$\mu m$、1.06$\mu m$、1.22$\mu m$、1.60$\mu m$、2.20$\mu m$ 波段处。

**1. 对沙尘暴的遥感监测**

沙尘暴是严重的生态环境问题,同时也是严重的大气污染问题。它突发性强,危害巨大,属于大气气溶胶的一种极端情况。目前对沙尘暴的遥感监测主要是利用 GMS 和 NOAA/AVHRR 数据,研究表明,GMS 的红外通道数据有利于确定沙尘暴的位置及大尺度监测沙尘暴的运动轨迹。由于 NOAA/AVHRR 数据不但可以监测沙尘暴反射辐射特性,而且可以在较大尺度上监测沙尘暴的时空分布,因而是目前沙尘暴研究和监测的主要遥感信息源。

**2. 对有害气体的遥感监测**

人为或自然条件下产生的 $SO_2$、氟化物等对生物机体有毒害的气体,通常采用间接解译标志监测。植被受污染后对红外线的反射能力下降,其颜色、纹理及动态标志都不同于正常植被,利用这些特点可以间接分析污染情况。根据卫星遥感像元信息构成的物理机制,可以将像元信息理解为土壤、植被、水体等基本信息类型的线性集合与污染气体($SO_2$、$NO_x$)信息的叠加,从而利用 TM 卫星数据直接定量提取大气污染气体累加浓度信息。

## §9.3 遥感在灾害监测中的应用

### 9.3.1 水灾监测

现代遥感技术和航天技术的发展为地球资源和环境研究开辟了广阔的道路,也为自然灾害的调查和防治提供了崭新的手段。在洪水灾害发生前,遥感技术可以不断提供关于洪水灾害发生背景和条件的大量信息,有助于圈定洪水灾害可能发生的地区、时段及危险程度,采取必要的防灾措施,减轻灾害造成的损失。在灾害发生过程中,可以不断监测洪灾的进展和态势,及时把信息传输到各级抗灾指挥机关,帮助他们有效地组织抗灾活动,在成灾以后,可以在大范围内迅速、准确地查明受损情况,圈定受淹地区,以便及时组织救灾。

水的光谱曲线的最明显特征是在 1.00-1.06$\mu m$ 处有一个强烈的吸收峰,在

$0.80\mu m$ 和 $0.90\mu m$ 处有两个较弱的吸收峰，在 $0.54-0.70\mu m$ 波段反射率最高并随着波长的增加光谱反射率呈下降趋势，只在 $1.08\mu m$ 处略有上升。这种光谱特征是任何水体所共有的，只是由于它们的状态不一样，总体反射率有较大差异而已。在自然环境下即使水体很浅，水体在近红外和中红外波段内几乎能吸收全部的入射能量，因此其反射率很小。利用水在整个反射红外波段相对于植被或土壤来说具有很突出的低反射特性，很容易把水体识别出来，包括水体边线的圈定和面积计算。

洪水性状及光谱反映在不同情况下有较大差异，其最重要的影响因素是含沙量。随着洪水中含沙量的增加，其反射率呈整体上升趋势，而光谱曲线的形状并无大的变化。水体的判读标志主要是色调和形状。水体的色调受水体深浅、浑浊度以及数据获取时光照条件的影响而有较大变化，由白色调、灰色调以至变到黑色调。一般情况下，水体浑浊、浅水沙底、水面结冰或光线恰好反射入镜头时，其色调为浅灰色或白色；反之，河水较深或水虽不深但水体下为淤泥，其色调较深。

一般来讲，水体在遥感图像上较其他地物清晰、直观而易于判读。就光谱特性而言，水体对太阳光的吸收、反射和透射能力因波长不同而异，总的是吸收大于反射。水较深时，可能将光线全部吸收；水较浅时，可见光短波段可以透过水体，反映出水底的情况。在卫星图像上，由于水的深度、水底情况和水的浑浊度不同而形成不同的图像。水浅或含沙量大时色调浅；当水浅而水底的物质和周围物质光谱接近时图像上水体的界线就不太明显。许多研究已经证明，利用多波段遥感图像合成方法可以得到更具有解译能力的合成图像。例如在标准假彩色合成图像上，清澈而深的水体呈蓝黑色，水浅时呈浅蓝色，含沙量较小时颜色较浅，含沙量较大时呈乳白色。利用卫星重复观测的特点，选用不同时相的遥感信息进行复合分析，就能及时获取水体的动态变化信息，成为洪水灾害动态监测的有效手段。

对于多平台遥感信息复合在洪水灾害监测中的应用，其优势就更加明显。多时相的气象卫星图像，虽然地面分辨率较粗，但覆盖范围大，同步性强，能昼夜获取信息，记录洪水发生发展的过程，是洪水动态监测的理想资料；机载侧视雷达图像的成像不受天气限制，是获得洪水动态信息、跟踪和实时监测洪峰的最佳信息，且其地面分辨率高，有利于精确估计洪灾损失；陆地卫星图像具有多时相多波段特征，几何性能好，分辨率适中，可有效地获取洪水信息，是洪水淹没损失估算、模拟分析、洪水线回归分析的有效资料；SPOT 卫星图像具有比 TM 图像更优越的特性。将这些遥感图像进行复合分析，可有效地利用各自的优势，获取各单一图像上无法得到的信息。

遥感技术的应用可以为防洪救灾决策提供迅速可靠的洪水灾害动态信息，为减轻洪水灾害损失做出重要贡献。随着遥感信息来源的多样化、信息量的急剧增加和国民经济发展对减轻洪水灾害的要求不断提高，研究更精确的洪灾遥感监测技术成为急需解决的问题。信息复合技术的目的,除了通过不同时相、不同波段、不同平台遥感信息的复合分析来提高解译以精度,获得某些在单一遥感图像上难以得到的信息之外,最终需要在地理信息系统支持下,充分利用不同种类遥感信息的优越性,如卫星资料的宏观性与经济性,航空像片的高分辨率,气象卫星的高时间分辨率,陆地卫星的高空间分辨率,侧视雷达的全天候性等,来实现洪水灾害的实时高精度低费用监测。

### 9.3.2 旱灾监测

旱灾是影响面最广、经济损失最严重的农业自然灾害之一。尤其在我国,旱灾发生频繁,影响面较广。遥感监测具有宏观、快速、客观、经济等常规手段不具备的优势,可以实现对旱情的大范围、实时、动态监测。因此干旱遥感监测一直是遥感技术的重要应用研究领域。

干旱遥感监测研究始于 20 世纪 60 年代,随着地面遥感、雷达遥感、卫星遥感和微波遥感等多种遥感手段的增加,基于 NOAA/AVHRR、Landsat TM、MODIS 等遥感资料的遥感热惯量方法、作物缺水指数法、植被指数法等监测方法日益完善。同时随着 GIS、GPS 集成与应用技术的日益成熟,大面积旱情遥感监测的可行性和使用精度也大大提高。

**1. 热惯量方法的应用**

热惯量是表征土壤热变化的一个物理量,通常表示为:

$$P = \sqrt{\rho \lambda c} \tag{9-1}$$

其中:$P$ 为热惯量,$\lambda$ 为热导率,$\rho$ 为密度,$c$ 为比热。热惯量法是在裸土或低植被覆盖土地的能量平衡方程基础上,对土壤表层水分进行定量反演的一种方法。同一类土壤,含水量越高,热惯量就越大,由此确定干旱灾情的程度。

由于利用遥感数据无法直接获取原始热惯量模型中参数 $\lambda$、$\rho$ 及 $c$ 的值,在实际应用时,通常使用表观热惯量(ATI)来代替真实热惯量($P$),建立表观热惯量与土壤含水量之间的关系:

$$ATI = (1-A)/(T_d - T_n) \tag{9-2}$$

其中:$A$ 为地表反照率;$T_d$、$T_n$ 分别为昼夜温度,可分别由 NOAA/AVHRR 数据 4 通道的昼夜亮温得到。在利用表观热惯量(ATI)反演土壤含水量($W$)时,常用线性经验模型:

$$W = a + b \times ATI \tag{9-3}$$

其中:$W$ 为土壤湿度,$a$、$b$ 为系数。

除了线性经验公式模型外，还可以采用幂函数、指数函数等非线性经验公式。

此外，热惯量法反演土壤含水量需要对研究区昼夜两幅遥感图像进行严格配准，通过亮温得到昼夜温差。由于遥感图像受到云的影响，很难得到同一研究区昼夜无云的图像，因而计算昼夜温差的精度很难保证。当土壤植被覆盖度高时，由于受到植被蒸腾及土壤水分交换的影响，反演土壤含水量时的精度会大大降低。因此，表观热惯量仅适用于裸土或低植被覆盖的土壤，有植被覆盖的干旱遥感监测，主要使用基于蒸散量的遥感监测方法。

**2. 蒸散方法的应用**

土壤、植被、大气之间能量的相互交换，表现为地表的蒸散，其中包括土壤蒸发和植物蒸腾。这两部分与土壤的水分含量有着明显的关系。因此可以通过计算农作物的区域蒸散量来建立干旱监测模型。蒸散法针对不同的下垫面发展了单层、双层和多层模型，其中单层模型是将土壤和植被作为一个整体的边界层建立与大气间热交换模型，应用单层模型发展了估算植被缺水状态的作物缺水指数法。

作物缺水指数研究叶片温度、土壤水分和植被指数之间的关系，是根据热量平衡原理提出的。其表达式为：

$$CWSI = 1 - LE/LP \tag{9-4}$$

其中：$LE$ 为实际蒸散量，$LP$ 为潜在蒸散量。

其具体的表达式为：

$$CWSI = [\gamma(1+rc/ra) - \gamma']/[\Delta + \gamma(1+rc/ra)] \tag{9-5}$$

其中：$\gamma' = \gamma(1+rcp/ra)$，$rcp$ 是植被以潜在蒸腾速率蒸腾时的冠层阻力（此时蒸腾速率等于潜在蒸腾），$\Delta$ 是饱和水气压与温度关系曲率的斜线，$\gamma$ 为干湿表常数，$ra$ 是空气动力学阻力，$rc$ 是冠层对水汽向空气中传输时的传输阻力。

作物缺水指数根据水分平衡原理，以考虑土壤水分和农田蒸散作为出发点进行干旱监测。$LE$ 越小，$CWSI$ 就会越大，反映出供水能力越差，即土壤越干旱。

为了克服 $CWSI$ 只能应用于植被郁闭冠层的条件，Moran 等建立了水分亏缺指数（Water Deficit Index，WDI），表达式为：

$$WDI = [(T_s - T_a)_{max} - (T_s - T_a)r]/[(T_s - T_a)_{max} - (T_s - T_a)_{min}] \tag{9-6}$$

其中：$T_s$ 为陆地表面温度，$T_a$ 为气温。

WDI 以作物缺水指数为理论基础，假设陆地表面温度是冠层温度与土壤表面温度的线性加权及土壤与植被冠层之间不存在感热交换，结合陆地气温差与植被指数得到区域干旱评价指标。

### 3. 植被指数方法的应用

作物的长势可以直接反映出干旱的情况,当作物受旱缺水时,作物的生长将受到限制和影响,反映绿色植物生长和分布的特征函数——植被指数将会降低,所以监测各种植被指数的变化,也是干旱遥感监测的基本方法之一。主要有:距平植被指数、条件植被指数、植被指数差异等方法。这些植被指数可以由卫星遥感资料的可见光和近红外通道数据进行线性或非线性组合得到。考虑到不同下垫面对温度的影响,还发展了温度与植被指数相结合的干旱监测方法,主要有植被供水指数法、温度植被干旱指数法等。

1) 归一化植被指数法

归一化植被指数(Normailized Difference Vegetation Index,NDVI)可定义为:
$$NDVI = A \times (NIR - RED) / (NIR + RED) \tag{9-7}$$
式中:$NIR$、$RED$ 分别为近红外和可见光通道的反射率;$A$ 为扩大系数。$NDVI$ 与 10cm 深处的土壤湿度相关性较好,取值范围在 $-1$ 到 $+1$ 之间,值越大,植被覆盖率就越高。

归一化植被指数法优点显著,可部分消除因照明、观测条件等变化所造成的各通道反射率的改变;相应减少太阳高度角、大气状态和卫星扫描角带来的误差;所需资料较少,易收集,应用简便直观。其不足是地理位置、气候类型、作物长势(与需水、品种、施肥、生长阶段等因素相关)的不同对其有所影响,难以用统一的定量标准来监测大范围区域的旱情;气温和降水的持续性和滞后性及植被覆盖度的影响可导致 NDVI 不符合反演的事实。

2) 距平植被指数法

距平植被指数(Anomaly Vegetation Index,AVI)的定义为:
$$AVI = NDVI_i - \overline{NDVI} \tag{9-8}$$
其中:$NDVI_i$ 为某一年某一时期(如旬、月等)$NDVI$ 的值,$\overline{NDVI}$ 为多年该时期 NDVI 的平均值。如果 $AVI$ 的值大于 0,表明植被生长较一般年份好;如果 $AVI$ 的值小于 0,表明植被生长较一般年份差。一般而言 $AVI$ 为 $-0.1$——$0.2$ 时表示旱情出现,$-0.3$——$0.6$ 表示旱情严重。

3) 条件植被指数法

条件植被指数(Vegetation Condition Index,VCI)的定义为:

$$VCI = (NDVI_i - NDVI_{\min})/(NDVI_{\max} - NDVI_{\min}) \tag{9-9}$$

其中：$NDVI_i$ 为某一特定年第 $i$ 个时期的 NDVI 值，$NDVI_{\max}$ 和 $NDVI_{\min}$ 分别代表所研究年限内 $i$ 个时期 NDVI 的最大值和最小值。

条件植被指数可以反映出 NDVI 因气候变化影响而产生的变化，消除或减弱地理位置或生态系统、土壤条件的不同对 NDVI 的影响，可以表达出大范围干旱状况，尤其适合于制作低纬地区的干旱分布图。

4）植被指数差异法

利用近两年植被指数差异可以反映在土地利用变化不大和耕作条件无明显差异的情况下，水分条件对植被生长的影响。其表达式为：

$$\Delta NDVI_j = NDVI_j - NDVI_{j-1} \tag{9-10}$$

其中：$\Delta NDVI_j$ 为 $j$ 像元两年植被指数的差，$NDVI_j$ 为当年的植被指数值，$NDVI_{j-1}$ 为比较年像元 $j$ 的植被指数。

$\Delta NDVI_j$ 越大表明两年植被指数的差异越大，水分差异越明显；反之 $\Delta NDVI_j$ 越小，表明这两年植被指数的差异越小，水分的供应相当。

5）植被供水指数法

植被供水指数（Vegetation Supplication Water Index，VSWI）表达式为：

$$VSWI = NDVI/T_s \tag{9-11}$$

其中：$T_s$ 为植被叶表温度，NDVI 为归一化植被指数。VSWI 代表植被受旱程度的相对大小，VSWI 值越小，表明作物冠层温度较高，植被指数较低，作物受旱程度越重。

此方法适用于植物蒸腾较强的季节。植被供水指数被广泛地应用到干旱的遥感监测中，最常用到的是 NOAA/AVHRR 的数据资料，其中式（9-11）中的 $T_s$ 为第 4 通道的温度。

6）温度植被干旱指数法

温度植被干旱指数（Temperature Vegetation Dryness Index，TVDI）表达式为：

$$TVDI = TS - TS_{\min}/TS_{\max} - TS_{\min} \tag{9-12}$$

其中：$TS_{\min}$ 表示最小地表温度，对应的是湿边；$TS$ 是任意像元的地表温度；$TS_{\max} = a + b \times NDVI$ 为某一 NDVI 对应的最高温度，即干边；$a$、$b$ 是干边拟合方程的系数。在干边上 $TVDI=1$，在湿边上 $TVDI=0$。TVDI 值越大，土壤湿度越低，表明干旱越严重。

### 7) 条件植被温度指数

条件植被温度指数(Vegetation Temperature Condition Index, VTCI)综合了植被及地表的温度状况而进行土壤水分状况的监测，其表达式为：

$$VTCI = (LSTNDVI_{imax} - LSTNDVI_i) / (LSTNDVI_{imax} - LSTNDVI_{imin}) \tag{9-13}$$

式中：$LSTNDVI_{imax}$、$LSTNDVI_{imin}$分别为研究区内$NDVI_i$某一特定值时的地表温度的最大值和最小值；$LSTNDVI_i$为$NDVI$值是$NDVI_i$时的地面温度。$VTCI$值在[0,1]区间，值越小，相对旱情越严重。

条件植被温度指数可用于近实时旱情监测，具有时空专一性的特点，可较好地监测特定时期内区域相对干旱程度。不足之处是研究区土壤表层含水量需满足从萎蔫含水量到田间持水量的条件；基本与$NDVI$有相同的弱点；不适合山区低$NDVI$、低$LST$地区的$VTCI$旱情监测。

### 8) 作物缺水指数法

作物缺水指数法(Crop Water Stress Index, CWSI)根据能量平衡原理，考虑土壤水分和农田蒸散间的关系以进行旱情监测，可定义为：

$$CWSI = 1 - Ed/Ep \tag{9-14}$$

式中：$Ed$为日蒸散量；$Ep$为日潜在蒸散量。$CWSI$与地表以下50cm的土壤含水量的相关性较好，其值越大，表明作物缺水越严重。

作物缺水指数法考虑了植被、地面风速、水汽压等因素，监测较精确，适于大面积平原地区植被覆盖率较高的季节，其资料易收集且造价不高，实用性较强。

### 9) 指数模型法

指数模型法(Global Vegetation Moisture Index, GVMI)利用植被水含量可反映当地土壤含水量状况，可指示当地干旱度，可定义为：

$$GVMI = a + \{b/[1 + d(EWT\ canopy)]\} + c(EWT\ canopy) \tag{9-15}$$

式中：$a$、$b$、$c$为拟合出的常数；$EWT\ canopy$是单位地表面积内植被水的含量。指数模型法减少了大气噪声、云层、大气散射等的干扰，提高了监测精度；考虑了不同植被覆盖密度对于反演结果的影响，且适用于不同类型的植被覆盖。不足为在植被覆盖稀疏的地区，因土壤的反射辐射的影响，使植被水反演的结果发生大的偏差，需要去除植被稀疏区的阈值。

## 10) 亮温反演土壤湿度法

白天下垫面温度的空间分布能间接反映土壤水分的空间分布,接收相同太阳直接辐射量的同类土壤,地表温度与土壤含水量成反比,可用来监测旱情。其理论计算公式可定义为:

$$T_c = T_b + \Delta T \tag{9-16}$$

式中:$T_c$ 为下垫面温度;$T_b$ 为亮度温度;$\Delta T$ 为大气水汽订正和比辐射率订正等。不同温度的土壤辐射能量不同,反映在图像上的是不同的亮度变化,亮度值越大,表明该土壤越干旱。亮温反演土壤湿度法可快速、实时监测大面积旱灾动态。

## 11) 条件温度指数

条件温度指数(Temperature Condition Index,TCI)强调了干旱、温度与作物长势的关系,可定义为:

$$TCI = (BT_{max} - BT_i) \times 100 / (BT_{max} - BT_{min}) \tag{9-17}$$

式中:$BT_i$ 为某一特定年第 $i$ 个时期的 AVHRR 第 4 波段亮度温度的值;$BT_{max}$ 和 $BT_{min}$ 分别表示所研究年限内第 $i$ 个时期亮度温度的最大值和最小值。TCI 越小,表示越干旱。

条件温度指数准确度有所提高,适于监测年度间大尺度和区域级的相对干旱程度,资料易于获取,简单方便。不足点是 TCI 很难消除季节性地温差异及克服成像条件(净辐射量、湿度、大气传输)的影响,从而影响监测精度。

## 12) 经典双层模型

经典双层模型是利用能量平衡余项法进行植被-土壤-大气能量传输特性的模拟,在模型中,分别将土壤热通量、显热通量和潜热通量对土壤和植被作为能量平衡考虑,其模型表达式为:

$$H = H_S + H_V = \rho C_p (T_0 - T_a) / r_a \tag{9-18}$$

式中:$\rho$ 为空气密度;$C_p$ 为空气定压比热;$\rho C_p$ 为空气的体积热容量;$T_0$ 为冠层中源汇处的空气动力学温度;$T_a$ 为参考高度处的空气温度;$r_a$ 是冠层到参考高度处空气热交换的空气动力学阻抗。

双层模型在稀疏植被覆盖区域或干旱、半干旱地区均取得了较为理想的模拟结果。经典双层模型中分离了作物蒸腾和土壤蒸发,提高了监测精度。但是模型中参数较多,因而限制了其应用性。

13) 区域蒸发散模型

区域蒸发散模型考虑植被蒸散及土壤蒸发的水分和能量在传输过程中的不同以监测旱情,可定义为:

$$E = fE_g + (1-f)E_0 \tag{9-19}$$

式中:$E_g$ 为植被覆盖区蒸散量;$E_0$ 为裸露土壤蒸发量;$f$ 为像元中植被覆盖度。

区域蒸发散模型适于大面积非均匀陆面条件下的干旱半干旱区域的不同植被类型及裸地混合区。但区域蒸发散模型中一些气象参数的区域应用存在尺度转换问题,影响模型计算精度,同时空气动力阻抗的复杂性以及植被与土壤的相互作用都有待进一步探讨。

14) 连续监测地表土壤含水量遥感模型

连续监测地表土壤含水量遥感模型充分考虑了地表湿度、温度及气温之间的关系而建立起旱情遥感模型。该模型中当天土壤含水量(S)可定义为:

$$S = \{A - [CT_{Sv} + (1-C)T_{Sb}]\}/b \tag{9-20}$$

式中:$A$ 为该日温差系数;$T_{Sb}$ 为裸地表温度;$T_{Sv}$ 为全植被覆盖下地表温度;$C$ 为植被覆盖度。连续监测地表土壤含水量遥感模型易收集资料、简单实用、具有大范围连续监测土壤含水量的可推广性。因采用半理论半经验方式确定参数,避免了繁杂的求解过程,但此方式确定的参数无统一的标准,含一定主观意识。

## 9.3.3 雪灾监测

**1. 雪灾背景监测**

雪灾背景监测指研究雪灾多发区的背景状况,包括主要类型下垫面在遥感图像上的特征,对于冬春季的雪灾监测具有重要意义。

1) 夏季监测

夏季各类牧草进入生长旺季,其长势好坏将直接影响到入冬后的干草的高度和产草量,同时对雪灾的判别和监测也有重要的作用。(1)在 NOAA/AVHRR 图像上,牧草的长势状况主要以"绿度"或"绿色叶面指数"反映出来。即利用 AVHRR 通道恰当的组合运算得到最能反映牧区的草类分布、草高、草覆盖度等因素综合效应的指数。(2)利用夏季降水量与产草之间的关系曲线来间接获取牧区牧草长势生产力水平背景信息。

在 AVHRR 数字图像上,对各种草地类型的长势进行分类处理,并与已有的各种草地图件和统计资料配合分析,以确定夏季生产高峰期草场的生产力前景特征,这样对原有图件利用遥感监测信息补充、修正后即可作为雪灾信息系统中进行叠加分析判别的图件之一。

2) 秋末监测

利用 AVHRR 资料对牧区秋末、入冬之前的草场状况予以监测。因为秋末入冬前各种牧草逐渐枯黄,反射光谱特性有很大的变化,枯黄的草原迹象将是入冬后基本的光谱特性背景,它对于降雪以后积雪边界的确定以及雪深的反演都有很大影响。因此,降雪之前草场的背景(包括在可见光和红外通道上的图像特征)监测是不可缺少的。

**2. 雪灾实时监测**

进入雪灾高发期后要增加 NOAA/AVHRR 的监测次数,特别是要抓住第一场降雪。雪灾遥感监测主要是搞清楚一场降雪的积雪覆盖范围、积雪持续时间和积雪深度,当前积雪深度只能用遥感资料和地面资料相结合的综合分析获得,积雪持续时间一般通过连续多天的积雪监测对比得到,而积雪覆盖范围则通过对积雪信息的判别和提取获得。遥感积雪信息提取主要是在获取牧区范围的图像数据的基础上,分别利用极轨气象卫星处理软件及数字图像处理软件,通过 AVHRR 可见光通道的反射率反演,不同波段信息的增强、密度分割、分类及积雪边缘信息的提取等处理过程而实现。处理方法主要是利用图像的亮度信息或从云的反射率分层资料中估算雪盖的面积,并确定其空间分布范围。

1) 积雪信息的判别

积雪信息的判别是根据积雪与背景的反射光谱特性而确定的。在无云条件下,高反射值一般表示积雪信息,而低反射值一般表示背景信息,但如何确定高低反射率值的界线,即确定判别阈值,一直是利用 AVHRR 反射率资料识别积雪的难题。对比分析的方法是实际应用中常用的方法,首先,根据积雪分布的季节特点,将积雪区与背景进行比较;其次,根据积雪分布的地理位置,对不同的地物分布特征进行对比分析,以确定其差别阈值。同时,还可根据该时段内的几次无云图像资料作参考,对确定的差别阈值进行校验。但完全无云的 NOAA 卫星图像往往很难接收到,无法满足对雪盖监测的需要。因此,必须消除云的影响,以提高资料利用率。根据云和雪随时间变化的差异(云的变化相对快),以及在亮温上的差异(云比雪亮),利用 7 天(或

5 天)最小亮度合成的方法可消除云的影响,合成图像数据文件形式为:
$$G(I,J) = \min[g_1(I,J), g_2(I,J), \cdots, g_7(I,J)] \tag{9-21}$$
式中,$G(I,J)$表示 7 天中$(I,J)$点上最小亮度值;$g_i(I,J)$为第 $i$ 天$(I,J)$点上的最小亮度值。利用上式所确定的图像数据文件,也可通过选择判别阈值的方法,达到雪与云(或背景)区分的目的。

2) 雪灾判别模型的建立

雪灾灾情及灾情等级的判别模型采用的是逐步判别分析方法,其形式为:
$$Z_g(X) = \ln P_g + C_{og} + C_g^{(r_1)} X^{(r_1)} + \cdots + C_g^{(r_L)} X^{(r_L)} \tag{9-22}$$
$$g\ 为\ 1, 2, \cdots, G$$

式中:$X$ 为判别因子矩阵;$G$ 为雪灾的等级,这里 $G=1,2,3,4,5$ 分别表示无灾、轻度雪灾、中度雪灾、严重雪灾和特大雪灾;$L$ 为选取的判别因子数,这里 $L=6$;$C_{og}$ 为常参数;$C_g^{(r_1)}$ 为判别系数;$P_g$ 为灾情等级划分的先验概率。其中:

$$C_g^{(r_i)} = (m-G) \sum_{j=1}^{l} W^{r_i r_j} \overline{X} g^{(r_j)} \tag{9-23}$$
$$i = 1, 2, \cdots, l; \quad g = 1, 2, \cdots, G$$
$$C_{og} = -\frac{1}{2} \sum_{i=1}^{l} C_g^{(r_i)} \overline{X} g^{(r_i)} \tag{9-24}$$

判别因子矩阵直接影响到判别模型的效果,因此,判别因子的选择在建模过程中是至关重要的。从动态分析的角度,判别因子矩阵还需进行实时的更新。经过对大量历史雪灾资料的分析,当一场降雪的积雪范围确定以后,选择地面最大积雪深度($X_1$)、积雪日数($X_2$)、大于多年月平均值积雪深度的延续天数($X_3$)、最低气温($X_4$)、低于多年月平均值气温的延续天数($X_5$)以及一次降水过程的降水总量($X_6$)等因子构成雪灾判别因子矩阵。

3) 雪灾发展趋势的预测

由判别因子矩阵可知造成雪灾的主要因素是地面最大积雪深度、积雪日数、最低气温、大于多年月平均值积雪深度的延续天数、低于多年月平均值气温的延续天数以及一次降水过程的降水总量。在这些因素中,最大积雪深度和最低气温是最主要的,它们的发展变化直接决定着其他因素的变化,当一场降雪成灾后,其灾情的发展趋势主要受这两个因素影响。因此,雪灾灾情变化预测转为积雪深度和日均气温两个主要因子的预测,其他判别因子值通过结合雪灾遥感判别模型和积雪深度、日均气温因子得出。在此基础上,当天与后一天或几天降雪的成灾与否及灾情等级即可进行判别。通过连续几天灾情等级的对比,即可对一场降雪能否成灾及灾情的发展趋势作出预测。

(1) 雪灾二次回归分析预测模型

设积雪深度或日均气温的历史数据资料为$\{X_1, X_2, \cdots, X_T\}$,应用最小二乘法估算出二次需求图形的参数$a_T, b_T, c_T$。若方程的表达式为:$\hat{X}_T = a_T + b_T t + c_T t^2$ 则求解系数$a_T$、$b_T$和$c_T$的过程主要使误差平方和 $S = \sum_{t=1}^{T}(\hat{X}_t - X_t)^2$ 为最小。

(2) 雪灾灰色预测模型

传统的预测方法是基于建立离散的递推模型来对系统作出预测,但灰色预测则是基于灰色系统理论,利用连续的灰色微分模型,来对系统的发展变化进行全面的观察分析,并作出预测。西藏那曲雪灾遥感监测评估研究中的灾情发展趋势预测主要是采用拓扑预测,它是对一段时间内行为特征数据波形的预测,是预测波形本身的变化,本质上是对一个变化不规则的行为数据列的整体发展进行预测。在该研究中采用的是GM(1,1)模型,即一阶单变量的微分方程模型。用此模型主要是对雪灾因子的变化进行预测,再结合雪灾遥感判别模型,达到对雪灾的变化进行预测的目的。

模拟预测的结果不是注重其预测值与实测值之间的绝对差异,而主要是分析预测值与多年月均值的相对差异,给出其预测值所处的判别区间:即决定预测值在积雪深度多年日平均值和多年日平均气温的平均值上下的波动情况,并统计其预测值大于多年积雪深度日平均值和小于多年日平均气温平均值的持续天数,对雪灾的发展趋势作出预测。因为大于多年积雪深度日均值和小于多年日均气温平均值的连续持续天数对雪灾的发展起着重要的作用。基于这一预测准则,利用多次回归模型和灰色系统预测模型对1981-1995年的典型历史雪灾进行了模拟预测检验,预测结果基本上是围绕实测值周围波动的,但相比较有稍滞后现象,总体上,预测结果和实测值是相吻合的。

4) 灾情损失的评估

雪灾损失评估模型是根据层次分析理论和模糊聚类方法而建立的,主要用于对一场降雪成灾后所造成的灾情损失进行评估。

(1) 层次分析模型。这是美国著名运筹学家Saaty教授提出的一种定性分析与定量分析相结合的决策评价方法。在雪灾遥感综合评价中,应用这种模型可以按评估因素和各因素间的相互关系把参与评价的指标体系进行分层,建立一种多层次的分析结构,使指标体系条理化。同时,还可在每一层次中按已确定的准则对该层元素进行相对重要性的判断,构造出判断矩阵,并通过求解各判断矩阵的特征值,确定出各元素的排序权重,再经过进一步计算各层元素对目标层的组合权重,为雪灾灾情等级的综合评价提供量化依据。实际上,在评价指标体系和层次结构确定之后,层次分析模型的关键环节就成为构造判断矩阵、求解判断矩阵的特征值及层次排序问题。具体计算步骤为:建立层次结构;构造判断矩阵;进行层次排序。

(2) 模糊聚类模型。研究结果表明,造成雪灾损失(牲畜死亡)的诸多因素中,由于它们彼此之间的不确定关系,很难用数学物理模型来表述。因此,就可用模糊聚类法按雪灾类别所具有的共性为灾情的分类评价提供依据。特别是当灾情损失程度划分或评价指标之间存在模糊性时,采用此法能比较客观地对雪灾造成的损失做出评估。

### 9.3.4 沙漠化监测

土地沙漠化灾害已成为当今全球范围内重大的经济与生态环境问题。我国也是受沙漠化灾害威胁的国家之一,特别是我国的北方农牧交错地区,沙漠化灾害频繁,给人类生命财产造成很大损失,长期以来,人类采取了各种手段,保护自己免受沙漠化灾害的威胁。其中现代遥感技术的发展和地理信息系统的应用,受到了人们的广泛重视,在减灾活动中起着日益重要的作用。

遥感技术与地理信息系统相结合进行沙漠化灾害监测,无论国际还是国内,都是一项新的技术应用领域,它的特点是将沙漠化灾害遥感信息获取、处理、分类、专题图更新与制图进行一体化研究,能及时进行沙漠化灾害的早期报警、灾情监测、灾情评估,为各级政府部门抗灾、救灾决策提供科学依据。

**1. 沙漠化灾害信息提取**

1) 最佳波段组合选择

遥感图像的不同波段,其地物波谱特性不同,同一波段内各地物反射光谱有明显的差异。选择最佳波段组合方案在沙漠化灾害遥感信息提取中显得尤为重要。多波段组合方案选择可以在图像光谱信息统计的定量分析基础上进行。其方法可分为两种:一种是以研究区的地物波谱测试资料为依据,即所谓的"叠加光谱"来直观地选择最佳光谱波段和波段组合;另一种方法是通过计算图像本身的信息量大小来选择。对于第一种方法,由于缺乏地物波谱资料,在实际中往往难以应用。第二种方法,要使合成图像的信息量最大,既要考虑每个波段的信息量,也要考虑波段间的相关性。

为此,用查维茨提出的最佳指数(OIF)的概念,选择最佳波段组合方案:

$$OIF = \sum_{i=1}^{7} S_i / \sum_{i,j=1}^{7} R_{ij} \tag{9-25}$$

式中 $S_i$ 为第 $i$ 个波段的标准差，$R_{i,j}$ 为 $i$，$j$ 两波段的相关系数。因为标准差越大，表明数据的离散程度越大，而波段相关系数越小，表明图像数据的独立性越高，信息的冗余度越小。因此，OIF 越大，则该组合图像的信息量越大，说明该组合方案是最优的。

通过分析对比发现：(1)TM5 亮度值的覆盖等级最宽，所包含的信息量最丰富，其次是 4、3 波段；同时这 3 个波段的相关性较低，相对独立，所以我们选择了 3、4、5 波段组合；(2)根据 TM5 波段沙漠化灾害信息亮度值高，而 TM3、TM4 亮度值相对较低的特点，用 TM5/TM3 进行比值图像处理，对提取沙漠化灾害特征信息效果较好。

2）沙漠化灾害遥感信息提取

沙漠化灾害信息可利用数字图像的分类技术来提取。根据国家环保总局对沙漠化等级的划分，通过遥感手段和地面实地调查，区别各种程度的沙漠化土地主要的综合标志为：

轻度沙漠化：植被盖度 30%-60%，流沙斑点状出现，面积 5%-25%；

中度沙漠化：植被盖度 10%-30%，流沙面积 25%-50%；

严重沙漠化：植被盖度＜10%，植被零星分布，流沙面积超过 50%。

从沙漠化程度标志中可以看出，植被盖度与流沙面积是评价沙漠化等级的重要指标，但它们是相辅相成的，植被盖度大，流沙面积自然就小；反之，植被盖度小，流沙面积就大。因此，从植被盖度一项指标就可以在遥感图像上判别沙漠化等级。可利用监督分类、植被盖度和缨帽变换分别进行提取。

## 2. 沙漠化动态监测

遥感技术获取图像信息的速度快、范围大，特别适合于沙漠化灾害的动态监测。图像信息用于动态监测的方法很多，差值图像是被广泛使用的方法之一。其处理过程是首先将两幅不同时间获取的同一地区的图像信息分别进行几何校正，然后进行地理位置配准，配准后应用减法处理，即从一幅图像的像元点减去另一幅图像上对应的像元点，从而获得每个像元的正值、负值或零值，产生一幅差值图像。图像亮度值为正值或负值的像元，说明它们的变化较大，表现了沙漠化灾害程度变化加剧；零值区说明像元亮度值没有变化，表现为沙漠化灾害程度没有变化或变化很小。另外，为保证差值图像为正值，可适当选取一常数，对差值图像的像元亮度值进行加法处理。

若从沙漠化发生机理出发，通过研究沙漠化土地发生区域的能量场与遥感多维空间数据场之间的关联关系，可建立能反映沙漠化土地生物物理特性的遥感监测指数模型。为此,采用野外沙漠化样点调查的局地研究与景观尺度的遥感分析相结合的方法,研究土地沙漠化过程与地表参数-地表温度($LST$)与植被指数($NDVI$)的关系,进而建立沙漠化监测的遥感模型,可以为沙漠化遥感监测提供有效的定量化方法。下面详细阐述如何基于地表定量参数对沙漠化进行遥感监测。

1) 地表参数的选择

研究证明,$NDVI$ 能有效地用于植被的监测、植被覆盖度和植被叶面积指数的估算,是反映地表植被状态的重要的生物物理参数。沙漠化研究也表明,随着沙漠化程度的加重,地表植被首先遭受严重破坏。地表植被盖度降低和生物量减少是沙漠化的主要特征之一,也是判定沙漠化程度的主要指标之一。因此,$NDVI$ 是反映沙漠化程度的重要生物物理参数。

由遥感数据反演的地表辐射温度 $LST$,是指示地表覆盖特征的重要物理参数,在地—气之间的物质、能量和动量交换过程中起着重要的作用。定位观测与数值模拟表明,沙漠化过程不仅表现为地表植被盖度的降低和生物量的减少,还表现在由于能量与水分平衡的破坏导致地表感热通量的增加,地表能量通量的再分配提高了地表及近地表温度。因此,$LST$ 可作为反映沙漠化程度的重要物理参数。

2) $LST$-$NDVI$ 空间的沙漠化过程

为研究沙漠化过程与地表生物物理参数之间的定量关系,即沙漠化过程与 $NDVI$、$LST$ 之间的定量关系,首先,根据研究区沙漠化土地野外判定指标,确定不同沙漠化土地的野外样点,并用 GPS 确定各样点的地理坐标;然后,在 $NDVI$、$LST$ 图像上标定不同的沙漠化土地,并读取其相应区域的 $NDVI$、$LST$ 值。

对不同沙漠化程度的样点数据进行统计分析,获得不同程度沙漠化土地对应的 $NDVI$、$LST$ 的平均值。据此,在 $NDVI$ 和 $LST$ 组成的二维空间中,得到不同沙漠化程度土地的分布图。

统计分析表明,在 $LST$-$NDVI$ 特征空间中,不同沙漠化土地类型对应的 $NDVI$ 和 $LST$ 具有显著的线性负相关性,即:

$$LST = 121.61 - 0.7594 NDVI \quad (R^2 = 0.6045) \quad (9\text{-}26)$$

式中,$NDVI$、$LST$ 为经处理的植被指数和地表辐射温度。可以看出,随着沙漠化程度的增加,$NDVI$ 逐渐减少,而地表温度则逐渐增加。沙漠化过程及其相应的地表特性的变化能在 $LST$-$NDVI$ 特征空间中得到明显直观的反映(图 9-1)。

3) 沙漠化遥感监测指数确定

上述分析结果说明,在 $LST$-$NDVI$ 特征空间中,利用植被指数和地表辐射温度

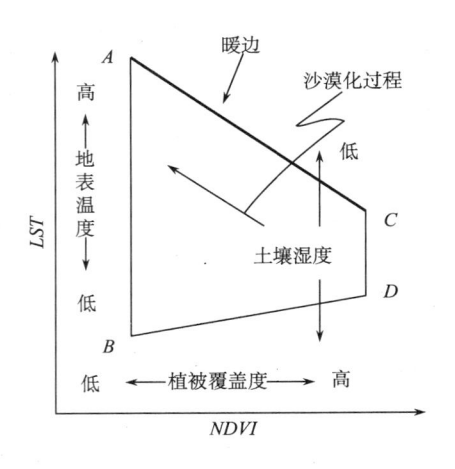

图 9-1　LST-NDVI 空间特征及沙漠化过程（据曾永年等，2005）

的组合信息，通过选择反映沙漠化程度的合理指数，可将不同沙漠化土地加以区分，从而实现沙漠化时空分布与动态变化的定量监测与研究。

在 LST-NDVI 特征空间，不同沙漠化土地对应的植被指数（NDVI）和地表温度（LST）具有显著的线性负相关性。根据前人在遥感光谱指数方面研究的经验与总结，在 LST-NDVI 空间中，选择基于代表沙漠化趋势线的垂线来建立区分不同沙漠化土地的最优指数，即在这些垂直方向上划 LST-NDVI 特征空间，就可以将不同的沙漠化土地区分开来。而垂线方向在 LST-NDVI 特征空间的位置可以用 LST-NDVI 特征空间中简单的二元线性多项式加以表达，即：

$$DDI = a \times NDVI - LST \tag{9-27}$$

式中，DDI 为沙漠化遥感监测指数—沙漠化差值指数；$a$ 为常数；NDVI 为归一化植被指数；LST 为地表辐射温度。

不同类型沙漠化土地之间 DDI 值差异较大，非沙漠化土地、轻度沙漠化土地、中度沙漠化土地、重度沙漠化土地和极重度沙漠化土地 DDI 的平均值分别为 37.7、20.3、10.9、−3.5 和 −22.4，而同一类型沙漠化土地之间 DDI 值则相差甚微。因此，DDI 值可以反映区域土地沙漠化的过程与程度。在 LST-NDVI 空间中，DDI 在直观上表现为垂直于沙漠化趋势线的各等值线的位置，其意义则反映了不同沙漠化土地在 LST-NDVI 空间的地表水热组合与变化的差异。实验与对比分析发现，DDI 能将不同沙漠化土地较好地区分开来。

## 9.3.5 地震监测

**1. 温度遥感的应用**

遥感技术的发展为获取温度资料提供了十分有利的条件。目前正在运行的NOAA卫星和我国的风云一号气象卫星所提供的热红外图像在重复周期、精度和分辨率等方面均有较快发展。以NOAA卫星为例,该卫星每天过境两次,这样的重复周期不仅使中短期的地震趋势监测成为可能,也使震前数天内的短临预报成为可能。它提供的热红外图像的地面分辨率$1\times 1$km,海面温度精度为$0.5℃$,陆地温度精度优于$1℃$。从这种热红外图像上,可识别出面积为$1km^2$、幅度为$1℃$的异常区。强震前的明显增温阶段一般一个月,增温幅度$1℃$以上,累积温度达十几度,增温面积达数万到数千平方公里,因而利用气象卫星的热红外图像分析温度变化来监测预报地震是完全可行的。

从空中测定地面温度主要利用地表辐射与传感器记录的亮度温度的对应关系。当动力温度为$T$时,从地表发射波长为$\lambda$的光谱辐射量$L$依据普朗克公式,可从多重光谱发射率$\varepsilon(\lambda)$推导出来:

$$L(\lambda, T) = \varepsilon(\lambda) T_b(\lambda, T_\varepsilon) = \varepsilon(\lambda) \frac{2hc^2}{\lambda^5 (e^{hc/k\lambda T_\varepsilon} - 1)} \qquad (9-28)$$

这里$h$为普朗克常数,$h = 6.63 \times 10^{-34}$ J·S,$c$为光速,$k = 1.38 \times 10^{-23}$ J·S,是鲍尔兹曼常数,波长单位为m,$T_b(\lambda)$为亮度温度,$T_\varepsilon$为动力温度。

当给出发射的光谱辐射量$L$时,即可求出亮度温度$T_b(\lambda)$。在一定波长、发射率和温度下,亮度温度就是黑体在同一波长发射同等辐射量的黑体温度。亮度温度$T_b(\lambda)$、动力温度$T_\varepsilon$和$\varepsilon(\lambda)$的关系是:

$$T_\varepsilon = \frac{hc}{k\lambda \ln(1 + \varepsilon e^{\frac{hc}{k\lambda T_\varepsilon}} - \varepsilon)} \qquad (9-29)$$

由此可求出动力温度$T_\varepsilon$。需要指出的是在这种情况下求出的$T_\varepsilon$不是实际地温,因为它包含了大气的影响,一般称之为辐射温度。若求实际地温,需要加大气校正。

用气象卫星热红外图像预报地震的基本思路是监测重点地震区内的温度分布和变化,对照该区温度分布背景和正常演化规律,识别增温异常。出现异常后,连续监视异常区的时、空变化和发展趋势,根据已统计出的地震与增温异常二者之间的对应关系,预测未来地震。基本方法可分为以下几个步骤:

1) 分析地震与震前增温异常的关系

根据已有震例分析地震的震中位置、发震时间和地震强度与增温异常出现的范围、延续时间、增温幅度以及发展特征之间的定量关系。近几十年来我国发生的强震，绝大多数都有气温、地表温度或地表下浅层温度资料。用统计方法分析这些震例的共性，也找出各强震区的特殊性，以此作为预报基础。此外，近几年曾开展了一些强震前热红外图像分析工作，并对应了一些增温异常。这些资料对深入分析更具有重要意义。

2) 分析研究区内的温度背景

这种预报方法的基本点是确定那些与地震有关的增温异常，因而了解研究区内正常的温度分布和演化规律就成为一项基本工作。一个地区的温度分布与所处的地理位置、深部地热条件、地质构造和地形有很大关系。在较大范围内，正常的温度分布是有差异的。同时，季节变化在各地区造成的温度升、降演化规律也是不同的。在已知研究区的温度背景的基础上才可确定出异常来，否则将可能把正常的温度空间分布或演化快速阶段误认作增温异常。分析温度背景主要通过收集研究区内各地历年记录的温度资料来完成。绘制出以旬为间隔的温度等值线图较为方便，这样可在监测中与同期温度分布和演化规律相对比。

在以上几项工作的基础上，就可以对研究区实施监测和预报。监测主要是定期分析热红外图像或等温图，根据该区的正常温度背景和温度演化规律判别是否有增温异常区。预报是在发现异常区后，连续分析其发展变化，排除突发大气变化，如强热流等所引起的非震增温现象。根据地震与增温异常的时空关系，提出强震趋势意见或短临预报意见。

### 2. InSAR 方法的应用

InSAR(Interferometric Synthetic Aperture Radar，合成孔径雷达干涉)测量是20世纪后期迅速发展起来的空间对地观测新技术。1989年Grabriel等首次论证了InSAR技术可用于探测厘米级的地表形变；1993年Massonnet等人利用ERS-1 SAR数据采集了1992年的Landers地震的形变场，并用D-InSAR方法计算出精细的地震位移，获得的卫星视方向上的地形变化量与野外断层滑动测量结果、GPS位移观测结果以及弹性位错模型进行比较，结果非常一致。

InSAR技术是利用两颗卫星飞过相同轨道(单轨模式)或者一颗卫星两次飞过相似轨道(重复轨道模式)时发出波长相同的线性调频脉冲信号，并接收脉冲信号的后向散射回波，来获取同一观测地区的复图像对。所谓干涉，即将一幅雷达图像的复共轭与另一幅雷达图像相乘，其相位图为干涉图。根据干涉成像数据处理方法的不同，可以分为二轨法和三轨法。

运用二轨法来测量地面形变量需要精确的 DEM 数据。通常的处理方式是用两幅 SAR 图像进行干涉，同时将精确的 DEM 数据用模拟算法生成干涉相位，再将二轨法得到的干涉相位与 DEM 生成的干涉相位差分运算，就可以得到真实的地面形变产生的干涉相位。

三轨法则是采用同一地区的三幅的 SAR 图像进行相关处理，通过差分和解缠，生成由地面形变产生的干涉图，其中要求至少有两幅 SAR 图像是形变前所获取的。利用三轨法测量形变，形变前的两幅图像干涉的作用与二轨法的 DEM 一致，因此，三轨法不需要精确的 DEM 数据，对于没有 DEM 数据的研究区域来说，三轨法是一个理想的选择。但是，与二轨法相比，三轨法要进行解缠，其工作量要大得多。

## §9.4 遥感在城市研究中的应用

### 9.4.1 遥感用于城市空间信息提取

城市空间信息具有分布密集、类型复杂、动态变化快、人为行为影响显著等特点。高分辨率遥感图像具有丰富的细节信息，能更好地满足城市这一特殊区域对信息提取的需求，弥补常规遥感在城市地物精细提取和定量研究方面的不足。

**1. 基于特征基元的高分辨率遥感图像多尺度信息提取**

遥感图像信息提取过程包括图像预处理、图像特征分割与提取、空间对象特征表达、特征信息学习与分类以及高层知识系统推理，即对图像进行分割并获得基元后，通过对基元的光谱特征、形状、大小及其与邻接对象之间的空间关系等的特征计算，获取基元特征。基于这些特征，利用各种分类器(包括最小距离判别、Bayes 最大似然、BP 神经网络及支撑向量机 SVM 等)，在特征空间中完成基元的分类并进行标识。在领域知识的支持下，构建相应的目标库和知识库，通过各种推理机，进行相关的推理活动，实现对复杂目标对象的识别。

图像分割是特征基元提取和目标识别的基础。从分割技术层面看，单一尺度遥感图像分割方法很难兼顾图像的宏观和微观特征，而且当图像尺寸较大、内容比较丰富时，直接分割会得到很多破碎的区域，降低目标识别的效率。为同时把握遥感图像中的宏观和微观特征并提高操作效率，需要在不同尺度下对遥感图像进行处理。计算机视觉领域的尺度空间理论为多尺度图像处理提供了理论依据，基于该理论，根据自上而下的人类视觉机制，刘雯等人提出大尺度下区域划分策略和精细尺度下特征单元分割，建立了基于特征基元的高分辨率遥感图像多尺度信息提取模式(图 9-2)。

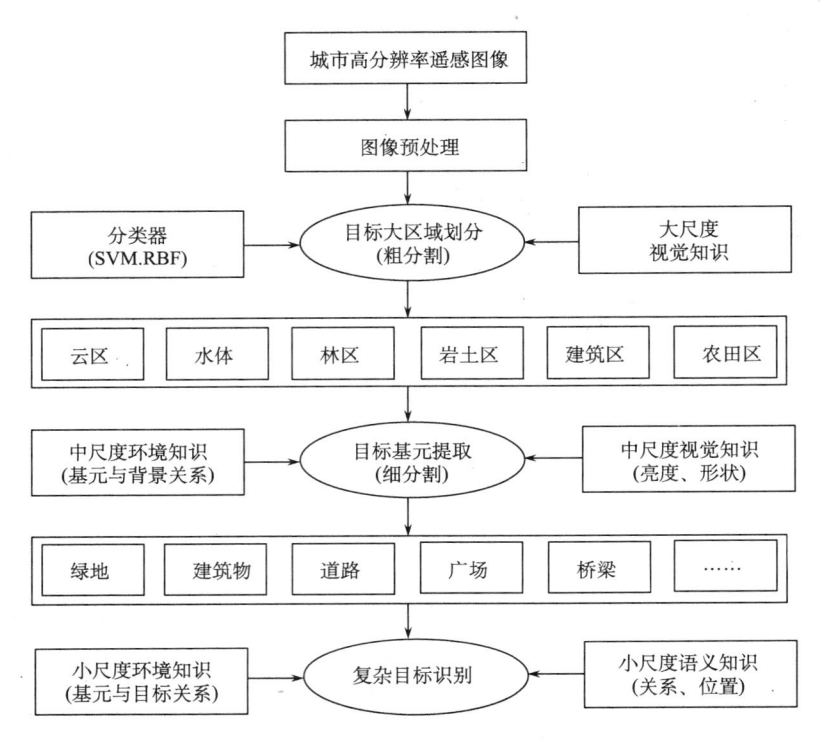

图 9-2　基于特征基元的高分辨率遥感图像多尺度信息提取模式(据刘雯等,2007)

**2. 城市空间信息提取和目标识别关键技术**

利用城市高分辨率遥感图像数据,将城市用地分为水体、建筑物、绿地和道路四大类分别进行提取,步骤如下(图 9-3):

利用纹理与光谱特征,采用基于高斯马尔可夫(GMRF)纹理特征的支撑向量机(SVM)分类方法,利用样本训练进行监督分类,获取大尺度的特征单元。根据领域知识和专家经验,针对目标识别任务,首先将图像划分为水体、林地区、建筑区、农田区等,提取出城市水体区域。

在获取大尺度单元之后,利用相应图像分割方法对特定类别的大尺度单元进行分割并获得基元。对那些不含目标基元的大尺度单元可不作分割,以提高分割的效率。多尺度分割方法试图在不同的分辨率下获得图像的特征,在粗尺度下获得关于图像的全局结构特征,而精细尺度下的分割则提供了图像的细节特征。在多尺度分割结果的基础上,完成对城市特征地物的识别,提取出城市中的建筑物、绿地、道路等部分。

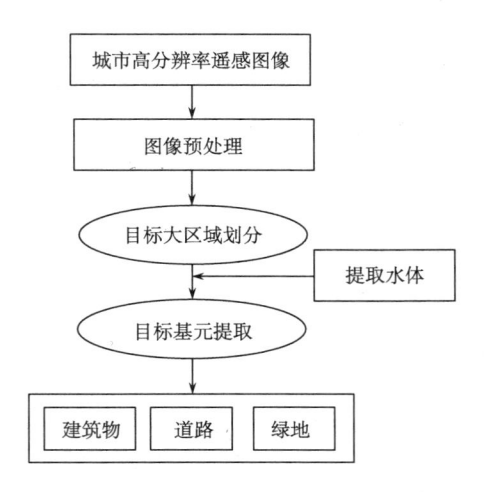

图 9-3　高分辨率遥感图像城市空间信息提取流程

城市地区基元类型包括建筑物、绿地、道路等。其中建筑物、绿地以多边形特征表达,称为块状基元;道路以线特征表达,称为线状基元。基元特征提取的主要技术都包括特征分割、矢量化和特征表达 3 个步骤,根据基元特征的不同,相应步骤中采用的具体技术方法各不相同。

1) 城市水体信息提取

利用纹理与光谱特征,采用目标大区域分割方法,可获取城市水体区域的特征单元。针对水体亮度值较低的特点,可采用直方图阈值分割方法或马尔可夫随机场纹理分类方法对其进行提取。直方图阈值分割方法的基本思想是:若将直方图 $h(z)$ 的包络看作一条曲线,则可选取直方图的波谷作为分割阈值。波谷的确定可借助求曲线极小值的方法,即极小值点应同时满足其一阶差分等于 0、二阶差分大于 0。具体方法如下:

(1) 对原始图像数据进行直方图统计,分为 $N$ 级亮度;
(2) 对原始直方图进行中值滤波,去除毛刺;
(3) 进行平滑处理,进一步消除局部抖动可能带来的误差;
(4) 对平滑后的直方图作一阶差分 $h'(z) = h(z+1) - h(z)$,从左至右检测一阶直方图中第一个由负到正的阶跃点,即为对应的波谷点,检测到的极小值点对应的亮度值即为阈值 $T$;
(5) 对原始图像 $f(x, y)$ 进行分割,小于 $T$ 的像元设为水体,否则为陆地。经过以上步骤提取出水体后,通过矢量化获得水体多边形。

2) 城市建筑物信息提取

建筑物基元提取主要建立在亮度和形状特征基础上。建筑物基元在高分辨率遥感图像中亮度值比较均衡,因此可利用基于灰度直方图的阈值分割方法将建筑物从背景中分离出来,再采用基于形状、面积、亮度等综合特征的监督分类方法识别规则的建筑物基元。具体步骤如下:

(1) 区域分割:完成大尺度分割后,对目标区域进行基于灰度直方图的区域分割,利用建筑物的亮度先验知识,采用有一定人机交互的直方图阈值分割方法,得到二值图像;

(2) 形态处理及细化:采用数学形态学方法对二值图像的边缘进行形态处理,然后利用细化算法,得到单像元的边缘线并去除一定长度阈值内的短线和悬挂线;

(3) 矢量化:在二值细化边缘图像基础上,采用线条追踪算法得到边缘线矢量图层;

(4) 特征计算:主要是夹角判断与亮度判断,即对两条相邻边的夹角进行判断,若接近于直角,且该区域的亮度符合经验知识判断,则认为存在建筑物;

(5) 边缘线连接:将边缘线不连续之处进行自适应连接,实现建筑物提取。

3) 城市绿地信息提取

绿地和建筑物都属于块状基元,其提取往往通过基于特征的区域分割或边缘检测来实现。建筑物基元提取主要建立在亮度和形状特征基础上,而对绿地信息提取时则充分利用图像中丰富的纹理信息。具体步骤如下:

(1) 区域分割:利用全色高分辨率遥感图像生成灰度共生矩阵,计算 5 个纹理参数,与全色图像一并参与分割计算;

(2) 数学形态学处理:采用数学形态学算子对分割后的二值图像进行处理,去除部分零碎斑块,同时将一些相连的斑块断开,消除斑块内的孤立点,去除斑块边缘的毛刺,使得分割图像上斑块与背景对比鲜明,便于矢量化和特征表达;

(3) 矢量化与特征表达:对目标图像矢量化形成多边形,以多边形为单元,计算其形状指数,表达城市绿地的地物特征。

4) 城市道路网信息提取

道路基元的提取主要建立在边缘检测和数学形态学基础上。首先利用高斯马尔可夫随机场纹理模型提取遥感图像的基本特征,然后利用支撑向量机非线性映射模型进行分类得到道路斑块,最后利用启发式连接规则进行道路轴线连接获得最终道路网。主要步骤如下：

(1) 选取样本点并计算高斯马尔可夫随机场纹理特征：采集样本并标记样本点的类别属性为道路样本与非道路样本。采用高斯马尔可夫随机场纹理描述方法对一定大小窗口内的区域进行定量表达，设置高斯马尔可夫随机场模板窗口大小，计算每个样本点高斯马尔可夫随机场特征向量，对相应的类别标号，组成样本特征向量数据集。

(2) 支撑向量机学习与分类：在建立样本数据集的基础上，采用支撑向量机监督分类方法建立分类判别模型，然后对未分类数据进行类别归属划分。获得初始区域划分图像，即道路和非道路分类图像。

(3) 分类后处理与道路块提取：利用数学形态学的一对开闭算子，合并相邻路块，删除过度稀疏、破碎的图斑，得到基本去噪的路块图层，并连接间断路块。算子的模板大小根据噪声斑块大小交互确定。

(4) 图像细化与矢量化：得到道路块之后，采用数学形态学方法对其细化，即将路段中轴两边的像元依次剥离，得到单像元宽的中心轴线；然后通过线条追踪的方法，将轴线点集用矢量的形式记录下来。

(5) 轴线连接得到道路网：指定一个最小路段长度参数，删除细化过程中产生的毛刺状短路段。在此基础上，计算道路轴线的走向，设置路段的搜索半径和张角；然后在轴线集内搜索长且直的轴线，根据其走向、搜索半径、搜索张角构造头尾扇形搜索区域，将落入该搜索区且距其最近的轴线连接，最终构建道路网。

## 9.4.2 城市热岛效应的研究

城市热岛效应是人类活动引起的城市特有的气象现象。所谓城市热岛是指在气温的空间分布上，城区气温高，郊区农村气温低，因此城市宛如"岛屿"矗立在郊区清凉的"海洋"上。研究城市热岛，了解其成因、强度和分布，对城市规划和环境保护有着重要的意义。

城市热岛一般指的是城市气温热岛，其形成受多种因子的制约，城市下垫面温度是其中一个重要因素。用常规方法获取下垫面温度信息特征是十分困难的，而卫星热红外遥感技术的发展和完善，能有效地探测陆面的温度特征，且能周期性、动态地监测热环境的宏观变化趋势，因而是研究城市热岛现象的有效手段。目前，卫星热红外遥感的信息源主要有 NOAA 气象卫星 AVHRR 的第四通道($10.5$-$11.3\mu m$)和第五通道($11.5$-$12.5\mu m$)的数据和陆地卫星 TM 的第六波段($10.4$-$12.5\mu m$)的数据。陆地卫星 TM 第六波段的地面分辨率达 120m，远优于 NOAA 卫星的分辨率，更宜研究城市热环境的细部特征。

**1. 卫星遥感用于城市热岛研究的可行性**

一切物质当它自身的温度高于绝对零度时都以电磁波的方式向外辐射能量。由辐射传输理论,在卫星通道上接收到的大气顶向上的热红外辐射强度可表示为:

$$I = \varepsilon B(T_S)\tau_S + (1-\varepsilon)R_0 + R_U \tag{9-30}$$

式中 $\varepsilon$ 为通道地面发射率,$B$ 为通道黑体辐射强度,$T_S$ 为地面温度,$\tau_S$ 为该通道从地面到卫星的路径上的透射率,$R_0$ 为大气向下的有效辐射,$R_U$ 为大气路径向上的辐射。温度的反演就是建立在本公式的基础之上。

**2. 城市热岛容量模型**

1) 模型建立

影响地物温度的因素主要有辐射总量、初始地温和地物的热惯性。初始地温是整个地表热力系统的背景温度,地物热性质的差别是造成地物温度差异的主要原因。因此,热力系统的地表温度可表示为:

$$T(x,y) = T_1(x,y) + T_2(x,y) \tag{9-31}$$

式中,$x$、$y$ 分别为像元坐标,$T(x,y)$ 为地表温度,$T_1(x,y)$ 为背景温度,$T_2(x,y)$ 为热力系统局部热异常导致的温度增量。

当存在显著的城市热异常叠加于乡村地表温度场之上时,出现城市热岛效应。由于乡村地表的热性质相对稳定,则其温度 $T_1(x,y)$ 可认为是热力系统的背景温度。通常,将城市热岛导致的温度增量 $T_2(x,y)$ 定义为热岛信号函数 $UHI(x,y)$,产生热岛效应的区域为热岛足迹(foot print)$D$,定义为热岛发生的空间范围。若函数 $UHI(x,y)$ 在区域 $D$ 上连续,则通过式(9-32)构建城市热岛容量模型:

$$V_{UHI} = \iint_D UHI(x,y)d\sigma \tag{9-32}$$

式中,$d\sigma$ 为面积元素,为满足二重积分的存在定理,积分区域 $D$ 为一有界闭区域。

由于乡村地表温度场是城市热岛产生的背景,因此,为计算热岛容量 $V_{UHI}$,必须分别确定乡村地表温度场 $R(x,y)$ 与热岛信号函数 $UHI(x,y)$。为过滤一些局域随机因素的影响,使函数 $R(x,y)$ 的空间分布规律明显化,可以将其抽象为一个空间二维平面,如式(9-33):

$$R(x,y) = T_0 + a_1 x + a_2 y \tag{9-33}$$

式中,$T_0$ 为乡村地表温度,$a_1$、$a_2$ 为平面拟合系数。若城市热岛在空间上为高斯曲面分布,则可利用高斯曲面拟合热岛信号函数 $UHI(x,y)$。高斯曲面模拟条件下,

$UHI(x, y)$ 的标准形式：
$$UHI(x,y) = a_0 \times e^{-U/2} \tag{9-34}$$

$$U = \left[\frac{(x-x_0)\cos\varphi - (y-y_0)\sin\varphi}{a_x}\right]^2 + \left[\frac{(x-x_0)\sin\varphi - (y-y_0)\cos\varphi}{a_y}\right]^2 \tag{9-35}$$

式(9-34)、(9-35)中，$a_0$ 为高斯曲面高度，代表热岛强度；$a_x$，$a_y$ 分别为高斯曲面底部椭圆的长半轴和短半轴；$x_0$，$y_0$ 分别为椭圆圆心，即热岛中心；$\varphi$ 为热岛方向角度。

2）热岛足迹简化

热岛足迹有不同的确定方式，根据 Streutker 的方法，为计算的简化，取当 $U=1$ 时确定的椭圆为热岛足迹 $D$。则式(9-33)可以写为：

$$V_{UHI} = a_0 \times \int_{x_1}^{x_2}\int_{\psi_1(x)}^{\psi_2(x)} e^{-\left\{\left[\frac{(x-x_0)\cos\varphi-(y-y_0)\sin\varphi}{a_x}\right]^2+\left[\frac{(x-x_0)\sin\varphi-(y-y_0)\cos\varphi}{a_y}\right]^2\right\}/2} dydx \tag{9-36}$$

式中，$[\psi_1(x), \psi_2(x)]$ 为根据椭圆确定的变量 $y$ 的变化范围。要计算式(9-36)是比较困难的，必须对积分区域即热岛足迹进行简化。实际上，城市热岛容量 $V_{UHI}$ 仅仅与热岛信号函数 $UHI(x, y)$ 在足迹 $D$ 的空间分布有关，与足迹中心 $(x_0, y_0)$、方向 $\varphi$ 无关。因此，在二维平面上将 $D$ 的中心移至坐标原点 $(0, 0)$，并将方向调整为 $x$ 轴方向，如图 9-4。简化后的热岛足迹 $D_1$ 为：

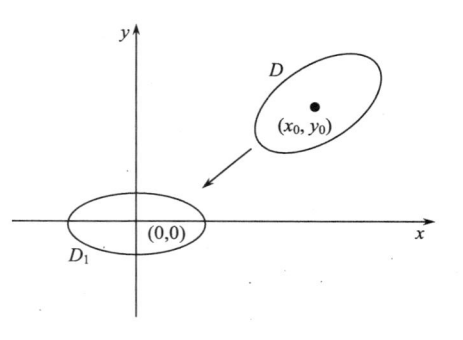

图 9-4　热岛足迹的简化

$$\left(\frac{x}{a_x}\right)^2 + \left(\frac{y}{a_y}\right)^2 = 1 \tag{9-37}$$

因此，重新确定积分区域后的城市热岛容量模型为：

$$V_{UHI} = a_0 \times \int_{-a_x}^{a_x}\int_{-a_y\sqrt{1-\left(\frac{x}{a_x}\right)^2}}^{a_y\sqrt{1-\left(\frac{x}{a_x}\right)^2}} e^{-\left[\left(\frac{x}{a_x}\right)^2+\left(\frac{y}{a_y}\right)^2\right]/2} dydx \tag{9-38}$$

## 9.4.3　遥感在城市人口方面的应用

城市人口数据是城市规划、建设和环境保护等不可缺少的基础数据。在我国，综合性的人口普查要十年才能进行一次，这种普查数据时间间隔较长，造成两次普查之间年份的人口数据缺失。另外，各级统计部门每年都要进行人口统计，这种统计方式费时费力。作为对这些传统方法的补充,利用遥感数据对人口数据进行获取,可以弥补以上缺陷。

近几十年来,国内外学者在利用遥感图像进行人口分布研究中进行了诸多尝试,归结起来比较常用的人口估算方法主要有以下几种:

**1. 居住单元估算法**

居住单元估算法的公式为:
$$P = N_1F_1 + N_2F_2 + \cdots + N_nF_n \tag{9-39}$$
式中:$P$ 为总人口数,$N$ 为每户平均人口数,$F$ 为户数,$1,\cdots,n$ 为不同的住宅类型。

利用大比例尺航空遥感图像,分析建筑物的布局及结构特征,先将住宅与其他建筑区分开,再将不同住宅的类型分开,然后对不同类型的住宅分别进行住宅数统计。每户的平均人数主要通过实地抽样调查获得。此方法适合在大比例尺航空遥感图像上通过目视解译进行,其住宅计数精度可达 99% 以上。

农村的住宅比较分散,其住宅数比较容易统计,所以居住单元估算法最适合于农村。但这种人口估算方法也有一定的局限性。在热带地区,住房通常挡在树荫下,这给住宅计数带来了困难。在湿润的中纬度地区,如果航空图像的拍摄时间不是落叶树叶子少的时期,要正确地进行住宅计数也是比较困难的。另外,有些住宅多户混居,情况也较为复杂。

**2. 土地利用密度法**

城市中不同土地利用类型的人口密度是不同的,人口与土地利用类型之间的关系为:
$$P = \sum_{i=1}^{n}(A_iD_i) \tag{9-40}$$
式中:$A_1, A_2, \cdots, A_n$ 为各土地利用类型的面积,$D_1, D_2, \cdots, D_n$ 为土地利用类型对应的人口密度,$P$ 为总人口数。

土地利用类型是根据人口密度的差异来划分的。这种方法的具体做法是:判读航空像片,首先区分居住地与非居住地,在居住地内再区分各种住宅类型,勾画出各种住宅类型的边界。然后量算出各种住宅用地的面积,将各种住宅类型的面积与抽样街区对应住宅类型统计的平均人口密度相乘,即得各类住宅类型的估算人口。各住宅类型的估算人口之和即为全区的总人口。土地利用密度法城乡都比较适用。

**3. 建成区面积人口估算法**

这种估算方法首先要建立建成区面积和城市人口数量的关系,也就是人口数量的预测模型。选择合适的采样区,利用陆地卫星图像对其中建成区的面积进行量算,根据已知的统计的人口数,回归出模型中的系数,就可以利用这个模型对各城市的人口进行估算。

该模型方法适用于 50-250 万人口的大城市。估算所使用的卫星遥感图像较航空图像容易获取。但是,这种方法不能用来估算小城市或大城市中局部区域内的人口数量。

**4. 改进的土地利用密度法**

土地利用密度法包括两个关键步骤。步骤一是获取样区各类住宅类型的人口密度;步骤二是比较准确地进行住宅分类并得到各类住宅的面积,然后将各类住宅面积和对应抽样区的人口密度相乘得到人口数。土地利用密度法的优点是思路清晰、计算简单,缺点是抽样街区的选择比较困难。通过分析可知在某个区域中,每种居住类型的面积、人口密度和其人口数之间存在一定的数学关系。通过这种数学关系可以不抽样而求出每种居住类型的人口密度。

假设某城市有 $j$ 个已知人口的区域(例如居委会),$j=1,2,\cdots,n$,每个区域的人口数为 $P_j$,每个区域有 $i$ 种住居类型,$i=1,2,\cdots,t$,每种居住类型的人口密度为 $x_i$,则有:

$$P_j = \sum_{i=1}^{t}(a_{ji}x_i) \tag{9-41}$$

如果把人口数作为观测值 $L_j$,相应的改正数为 $v_j$,每种居住类型的面积视为常量,则相应的误差方程可写为:

$$\begin{cases} L_1 + v_1 = a_{11}x_1 + a_{12}x_2 + \cdots + a_{1t}x_t \\ L_2 + v_2 = a_{21}x_1 + a_{22}x_2 + \cdots + a_{2t}x_t \\ \cdots \\ L_n + v_n = a_{n1}x_1 + a_{n2}x_2 + \cdots + a_{nt}x_t \end{cases} \tag{9-42}$$

若设

$$V = \begin{pmatrix} v_1 \\ v_2 \\ \cdots \\ v_n \end{pmatrix} \quad X = \begin{pmatrix} x_1 \\ x_2 \\ \cdots \\ x_n \end{pmatrix} \quad L = \begin{pmatrix} L_1 \\ L_2 \\ \cdots \\ L_n \end{pmatrix} \quad l = \begin{pmatrix} l_1 \\ l_2 \\ \cdots \\ l_n \end{pmatrix} = \begin{pmatrix} -L_1 \\ -L_2 \\ \cdots \\ -L_n \end{pmatrix} \quad B = \begin{pmatrix} a_{11}a_{12}\cdots a_{1t} \\ a_{21}a_{22}\cdots a_{2t} \\ \cdots \\ a_{n1}a_{n2}\cdots a_{nt} \end{pmatrix}$$

则(9-42)式移项后写成矩阵形式时为:

$$V = BX + l \tag{9-43}$$

此式即为间接平差的基本数学模型,写成纯量形式即:

$$\begin{cases} L_1 + v_1 = a_{11}x_1 + a_{12}x_2 + \cdots + a_{1t}x_t + l_1 \\ L_2 + v_2 = a_{21}x_1 + a_{22}x_2 + \cdots + a_{2t}x_t + l_2 \\ \cdots \\ L_n + v_n = a_{n1}x_1 + a_{n2}x_2 + \cdots + a_{nt}x_t + l_n \end{cases} \tag{9-44}$$

该方程即为误差方程。

在式(9-44)的 $n$ 个方程中需要求解 $t$ 个未知参数 $x_1, x_2, \cdots, x_n$ 和 $n$ 个改正数 $v_1, v_2, \cdots, v_n$，即总的未知数有 $n+t$ 个，所以式(9-44)是不定方程组，其解是无穷的，当加入 $V^T P V$ 为最小（$P$ 为观测值的权阵）这一限制条件后，它的解就是唯一的了。根据最小二乘原理可以组成法方程：

$$NX + U = 0 \tag{9-45}$$

式中：$N = B^T P B$ 称为法方程的系数阵，$U = B^T P l$ 称为法方程的自由项向量。当 $N$ 为非奇异阵时，其逆阵存在，则可由：

$$X = -N^{-1}U \tag{9-46}$$

求得解向量 $X$。将 $X$ 代入式(9-44)即可求出改正数向量 $V$，进而求得各观测值的最或然值。

**5. 以地物的光谱反射特性估算**

人口密度低的地区，以植物、土壤等自然体的反射特性为主；人口密度高的地区，以人工结构物的反射特性为主。利用多波段反射率的对比，便可求得两者的关系从而间接求解人口数，如下式所示：

$$P = AX_1 + BX_2 + CX_3 + DX_4 + E \tag{9-47}$$

式中，$P$ 为某一统计网格内人口数；$X_1, X_2, X_3, X_4$ 为多光谱波段的反射率，$A, B, C, D$ 为系数，$E$ 为常数。

## 9.4.4　遥感在城市规划中的应用

城市规划的内容涉及面广、工程周期性强、业务工作量大，这使得规划基础资料调查整理的任务复杂艰巨。规划基础资料的内容涉及自然条件、环境状况、资源分布、城市建设、经济社会发展等诸多方面，不仅要提供这些要素在不同空间层次（如建成区、市域、城市所在区域）的分布状况与数量构成，而且还要反映出某些要素在各个时期的演进过程或变化情况，以便对城市进行宏观与微观相结合的动态研究。

自1972年美国发射第一颗陆地卫星以来，卫星遥感的技术和应用有了很大的发展。在技术方面，陆地卫星的空间分辨率最高已达到亚米级，所利用的电磁波段也从原先的可见光——近红外波段扩展到热红外、微波波段，从原先的二维观测发展到能进行三维观测；在应用方面，从原先宏观的区域研究开始向复杂的城市区域研究。卫星遥感技术在城市规划中的应用可以归纳成 3 个方面：城市空间布局分析、城市格局变化监测及规划实施情况检查。

**1. 城市空间布局分析**

1）城市建成区范围及城镇体系分析

由于城市建成区范围反映城市的宏观特性，因此，它的分析并不需要很高空间分辨率的遥感图像。相反，空间分辨率过高，在轮廓界线的提取时就需要较多的制图综合。一般来说，TM 或 SPOT 图像用来分析城市建成区范围比较合适，一方面，它能比较精确地反映建成区的范围；另一方面，由于成像过程中存在的制图综合，能较容易地提取出轮廓界线。

如果要分析一个城市与周围城市或城镇的关系，同样，选择 TM 或 SPOT 图像比较合适，如在上海地区的 TM 图像上，所有乡（镇）政府所在地的城镇都能明显地反映出它们的大小和形状。

2）城市内部用地结构分析

在卫星遥感图像上，不同类型的城市用地能否判读出，首先取决于它与周围地物的界线能否识别，如果地物的尺寸小于图像的空间分辨率，且与背景的图像特征很接近，那么该地物就会与背景混在一起，就不可能对该地物进行判读。在城市用地的轮廓界线能够反映的情况下，进一步根据图像特征（颜色、形状、大小及纹理等）和相关分析确定城市用地的类型。

从 TM、SPOT 和 IKONOS 3 种不同空间分辨率的卫星遥感图像来看，TM 图像适合分析绿地、水域、村镇建设用地及新建的居住用地、道路广场用地等，对其他用地的判读则精度较差；SPOT 图像与 TM 图像相比在能判读的内容上并没有本质上的差异，但详细程度和判读精度要提高；IKONOS 图像与前面两种图像比较有本质上的提高，不同城市用地的特征基本上都能在图像上反映出，只要判读人员熟悉区域，就能正确地判读出不同类型城市用地的分布。

从其他卫星遥感数据来看，中巴资源卫星（CBERS）数据与 TM 数据判读效果基本一致；而 IRS-1C 的全色波段数据与 TM 多光谱数据的融合图像其判读效果介于 SPOT 与 IKONOS 数据之间，一般的道路都能在图像上反映出，能清楚地勾绘新建的住宅用地、有宽大厂房的工业用地、高楼组成的公共设施用地等。

3）建筑密度与建筑容积率分析

城市建筑密度图的编制通常是以街区为单位，勾绘出每一建筑物的轮廓界线，并计算建筑物占地面积，街区内所有建筑物占地面积之和与街区面积之比即为建筑密度。在卫星遥感图像上能否勾绘出建筑物的轮廓界线与建筑物之间的距离及图像的空间分辨率有关。一般来说，建筑物之间的距离要大于图像空间分辨率1.5-2倍，才能在图像上勾绘出轮廓界线，如空间分辨率为10m，则建筑物之间的间距至少要15m才能在图像勾绘出界线。建筑容积率是建筑物地面以上各层面积总和与建筑地块面积之比值。建筑容积率与建筑高度有密切关系，一般来说，高度越高，容积率越大。利用卫星遥感技术获取建筑物的高度信息早在1973年就开始，总的来说有两种方法：落影测量法和立体量测法。

落影测量法的原理是有一定高度的物体在太阳光的照射下，会在地面产生落影。落影的长度与建筑物的高度和太阳入射角有关，当我们知道太阳的入射角，并且测量出落影的长度时，就可以算出建筑的高度。

阴影宽度与建筑物实际高度之间存在如下的关系：

$$SQRT(EA^2) = H \times SQRT[1/\tan^2\omega + 1/\tan^2\theta - 2 \times (1/\tan\omega) \times (1/\tan\theta)\cos(\alpha-\beta)] \tag{9-48}$$

其中：$EA$ 是与图像上阴影宽度相关的一段距离长度，$H$ 为建筑物高度，$\beta$ 为太阳方位角，$\alpha$ 为卫星方位角，$\omega$ 为太阳高度角，$\theta$ 为卫星高度角（图9-5）。

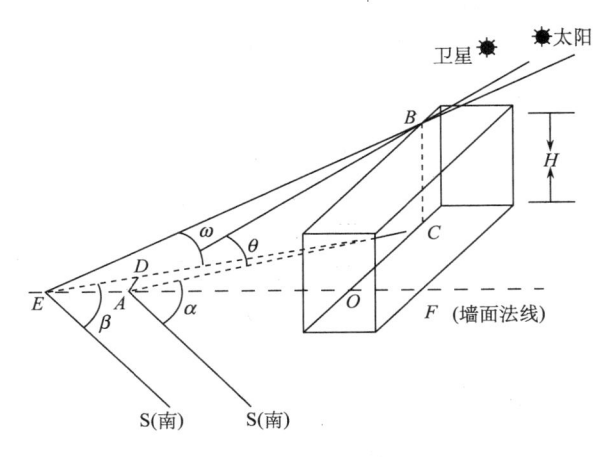

图9-5 太阳和卫星高度、方位角与地面建筑物阴影之间的关系

假设一景QuickBird图像的角度参数在各个位置是不变的，将各参数值代入，太阳方位角103.4°，太阳高度角70.7°，卫星方位角106.0°，卫星高度角84.6°，得以下

关系式：
$$H = ED \times 3.76 \tag{9-49}$$

其中：ED 是遥感成像的阴影部分，其长度可通过像元数得到。建筑高度计算出来后，除以平均楼层高度即可得到各建筑物的楼层数。

立体量测法是利用同一区域两张不同角度成像的图像（立体像对），先在一张图上选定所要测量的建筑物底部和顶部两个点，然后在另一张图上找到同名像点，计算同名像点的视差（与像主点之间距离差），并进行相减得出它们的视差较，利用下面的公式可以计算出这两个点的高差（即建筑物的高程）：

$$dh(x, y) = dp(x, y)H/B \tag{9-50}$$

其中：$dh(x, y)$ 是相对高程，$dp(x, y)$ 是两个点的视差较，$H/B$ 是卫星成像的基高比，即两个图像成像位置之间的距离与成像高度之比。Toutin 总结了利用不同卫星遥感图像获取地面相对高程信息的精度（表 9-3）。

**表 9-3　不同卫星遥感图像获取地面相对高程信息的精度**

| 图像 | 空间分辨率(m) | 精度(m) |
| --- | --- | --- |
| Landsat TM | 30 | 45～70 |
| IRS-1C/D | 6 | 10～30 |
| SPOT-Pan | 10 | 5～15 |
| IKONOS | 1 | 1.5～2 |

将含有建筑楼层数的阴影图层和含有建筑底面积的建筑物图层都准备好后，要进行建筑楼层数和建筑物底面积的乘积运算。将两层图的对象一一对应，即每个阴影都找到属于自己的建筑物，将阴影宽度推导出的楼层数赋给相应的建筑物，此过程可在编程的基础上让计算机自动实现，然后用每幢楼的底面积乘以楼层数得到该幢楼的建筑总面积。

### 2. 城市格局变化监测

在城市规划中，除了要对城市中的各种要素进行现状分析外，还需要对城市进行变化监测。由于卫星遥感具有重复成像的特点，因此是变化监测的有效手段。

遥感变化监测是通过不同时相遥感图像的组合、加工、处理获得地物动态变化信息的技术。变化检测的方法一般可分为两大类：(1)基于图像分类，如分类后比较法和多时相图像分类法；(2)基于单个像元波谱变化，如彩色合成法、图像代数运算法、多时相组合数据法、变化向量法、二值变化掩膜法等。目前比较常用的是分类后比较法、图像代数运算法和变化向量法。

1) 分类后比较法

该法是变化检测中常用的定量方法。首先将两组图像分别进行纠正分类,然后将两个分类图利用变化检测矩阵逐像元比较,但该方法会将分类结果的误差引入到变化检测结果中,因此应尽可能提高分类精度。

2) 图像代数运算法

对已配准图像取差值或比值,可以检测出两个时相图像的相同波段间的变化。通常差值图像的直方图近似高斯分布,没有变化的亮度值位于均值附近,而变化的亮度级则远离均值。比值图像也类似,没有变化的亮度级近似于 1 或某一常数。一般根据图像用于作差值或比值的波段或波段组合不同,可有植被指数法、穗帽变换指数法等。

在城市扩展研究中,通常利用植被指数(如 NDVI)法,这是因为在非干旱区域的城市化过程实际上是建筑材料(低的 NDVI)取代植被(高的 NDVI),NDVI 的突然减少指示城市的发展。植被的变化与城市扩张强烈相关。

3) 变化向量法

变化向量法是一种非常有效的多元变化检测方法。对每一像对,$n$ 个输入数据组成 $n$ 维向量空间,用于描述不同时相输入数据间变化的方向和大小的向量即为变化向量。变化像元两个时相的输入数据出现在空间内不同位置的点,而未变化像元两个时相的输入数据则出现在空间内几乎相同位置的点。通过每一像元变化向量的大小和方向的比较就可检测变化。

一般变化向量的方向可用于区分变化类型,大小(常用 $n$ 维变化的欧氏距离表示)可用于区分每一类变化的强度。对变化信息的分类可采用不同的方法,例如象限代码法是将变化向量按方向分配到不同的象限内并赋予不同的代码,每种代码代表一种变化类型;主成分分析法是将变化向量在 $n$ 维空间的分量作主成分分析,每个主成分代表一种变化类型。最后将图像变化信息与未变化信息复合,可得到完整的变化检测图。

**3. 规划实施情况检查**

对规划实施情况进行监督检查是城市规划管理部门一项主要的日常工作,包括监测未经批准的建设工程及检查规划批准项目的落实情况。

在城市建设过程中存在一些未批先用、越权批地等违法的建设工程项目,作为城市规划管理部门来说,需要及时发现这些违法行为,并进行立案查处。监测未经批准的建设工程首先是要监测新建的建设用地(包括在建和竣工),然后,与规划工程分布图进行叠置分析,产生一张违法建设用地的分布图,并以此查处违法建设工程。检查规划项目的落实情况包括规划项目的完成情况、建设用地的位置、界限、内容等是否与"两证一书"上有关图纸一致等。

由于该项工作涉及对具体项目的分析,因此,用于分析的遥感图像首先要能显示出每一建筑物的形状,即空间分辨率至少要 5m 以上,从目前来看,IKONOS 等高分辨率卫星数据能达到这个要求,SPOT5 全色图像的分辨率达到 2.5m,也能够在这方面发挥作用。具体的工作方法是首先把遥感图像与工程图进行配准叠置,叠置以后就可以发现位置、范围以及建设内容是否与规划相一致。

## 参 考 文 献

[1] Friedl M. A., Michaelsen J., Davis F. W., et al. Estimating grassland biomass and leaf area index using ground and satellite data. *International Journal of Remote Sensing*, 1994, 15(7): 1401-1420.

[2] Gabriel A., Goldstein R, et al. Mapping small elevation changes over large areas: Differential radar interferometry. *Journal of Geophysical Research*, 1989, 94 (B7): 9183-9191.

[3] Griffiths G. N. Monitoring urban change from landsat TM and SPOT satellite imagery by image differencing. *Photogrammetric Engineering and Remote Sensing*, 1988, 63:887-900.

[4] Howarth P. J., Boasson E. Landsat digital enhancements for change detection in urban environments. *Remote Sensing of the Environment*, 1983, 13: 149-160.

[5] Jackson R. D., Idso S. B., Reginato R. J., et al. Canopy temperature as a crop water stress indicator. *Water Resources Research*, 1981, 17:1133-1138.

[6] Kahle A. B. Proceeding of the 10th international symposiumon remote sensing of environment. *Thermal Inertia Mapping*, 1975, 2:985-994.

[7] Kahle A. B. A simple thermal model of earth's surface for geologic mapping by remote sensing. *Journal of Geophysical Research*, 1977, 82:1673-1680.

[8] Massonnet D., Rossi M., et al. The displacement field of the Landers earthquake mapped by radar interfereometry. *Nature*, 1993, 364: 138-142.

[9] Pickup G. A simple model for predicting herbage production from rainfall in rangelands and is calibration using remotely-sensed data. *Journal of Arid Environment*, 1995, 30: 227-245.

[10] Pratt D. A., Foster S. J., Ellyett C. D. A calibration procedure for fourier series thermal inertia models. *Photogrammetric Engineering and Remote Sensing*, 1980, 46(4): 529-538.

[11] Price J. C. Thermal inertia mapping: A new view of the earth. *Journal of Geophysical Research*, 1977, 82: 2582-2590.

[12] Price J. C. On the analysis of thermal infrared imagery: The limited utility of apparent thermal inertia. *Remote Sensing of Environment*, 1985, 18(1): 59-73.

[13] Price J. C. The potential of remote sensed thermal infrared data to infer surface soil moisture and evaporation. *Water Resources Research*, 1980, 16(4): 787-795.

[14] Sandholt I., Rasmussen K., Andersen J. A simple interpretation of the surface temperature / vegetation index space for assessment of surface moisture status. *Remote Sensing of Environment*, 2002, 79: 213-234.

[15] Shuttleworth W. J., Wallace J. S. Evaporation from sparse crops— an energy combination theory. *Quart J Roy Meteorol Soc*, 1985, 111: 839-855.

[16] Streutker D. R. A remote sensing study of the urban heat island of houston, Texas. *International Journal of Remote Sensing*, 2002, 23: 2595-2608.

[17] Streutker D. R. Satellite-measured growth of the urban heat island of houston, Texas. *Remote Sensing of Environment*, 2003, 85: 282-289.

[18] Toutin T. Elevation modeling from satellite visible and infrared (VIR) Data. *International Journal of Remote Sensing*, 2001, 22: 1097-1125.

[19] Verstraete M. M., Pinty B. Designing optimal spectral indexes for remote sensing applications. *Remote Sensing of Environment*, 1996, 34(5): 1254-1265.

[20] Zhang Y. Detection of urban housing development by fusing multisensor Satellite Data and Performing Spatial Feature Post-Classification. *International Journal of Remote Sensing*, 2001, 22(17): 3339-3355.

[21] 查显杰, 傅容珊, 戴志阳. 用 D-InSAR 技术测量地面形变位移三分量. 地球物理学进展, 2005, 20(4): 997-1002.

[22] 查勇, Jay Gao, 倪绍祥. 国际草地资源遥感研究新进展. 地理科学进展, 2003, 22(6): 607-617.

[23] 陈述彭. 人口统计的时空分析. 中国人口·资源与环境, 2002, 12(4): 3-7.

[24] 陈文惠. 国内生态环境遥感监测的内容与方法探讨. 亚热带资源与环境学报, 2007, 2(2): 62-67.

[25] 陈文召, 李光明, 徐竟成, 仇雁翎. 水环境遥感监测技术的应用研究进展. 中国环境监测, 2008, 24(3): 6-10.

[26] 陈彧, 徐瑞松, 蔡睿, 王洁, 苗莉. 遥感技术在地震研究中的应用进展. 地球物理学进展, 2008, 23(4): 1273-1281.

[27] 陈云浩, 李晓兵, 史培军. 中国西北地区蒸发散量计算的遥感研究. 地理学报, 2001, 56(3): 261-268.

[28] 程立刚, 王艳姣, 王耀庭. 遥感技术在大气环境监测中的应用综述. 中国环境监测, 2005, 21(5): 17-23.

[29] 丁家瑞. 遥感在矿产资源调查、合理开发规划、管理和保护工作中的应用. 国土资源遥感, 1998, (2): 12-17.

[30] 丁莉东, 余文华, 覃志豪, 吴昊. 基于 MODIS 的鄱阳湖区水体水灾遥感影像图制作. 国土资源遥感, 2007, (1): 82-85.

[31] 樊伟, 周甦芳, 崔雪森, 王栋, 新强. 海洋渔业卫星遥感的研究应用及发展. 海洋技术, 2002, 21(1): 15-21.

[32] 方宗义, 张运刚, 郑新江等. 用气象卫星遥感监测沙尘暴的方法和初步结果. 第四纪研究, 2001, 21(1): 48-54.

[33] 冯学智, 鲁安新, 曾群柱. 中国主要牧区雪灾遥感监测评估模型研究. 遥感学报, 1997, 1(1): 129-134.

[34] 郭虎, 王瑛, 王芳. 旱灾灾情监测中的遥感应用综述. 遥感技术与应用, 2008, 23(1): 111-116.

[35] 韩雪培, 徐建刚, 付小毛. 基于高分辨率遥感影像的城市建筑容积率估算方法研究——以上海市中心城

区为例. 遥感信息, 2005, (2): 24-28.
[36] 黄广思. 地温遥感预报地震的原理和方法. 地壳形变与地震, 1993, 13(1): 23-29.
[37] 江清霞, 张玮. 基于遥感技术的城市扩展变化研究. 气象与环境科学, 2007, 30(3): 81-84.
[38] 寇有观, 萧术. 卫星遥感在我国土地资源调查中的作用. 中国航天, 1998, (4): 40-43.
[39] 雷坤, 郑丙辉, 王桥. 基于中巴地球资源1号卫星的太湖表层水体水质遥感. 环境科学学报, 2004, 3.
[40] 雷莹, 江东, 杨小唤. 遥感信息融合在城市扩张检测中的应用——以重庆渝北区为例. 测绘信息与工程, 2007, 32(3): 4-5.
[41] 黎刚. 环境遥感监测技术进展. 环境监测管理与技术, 2007, 19(1): 8-11.
[42] 李锦业, 张磊, 吴炳方, 马新辉. 基于高分辨率遥感影像的城市建筑密度和容积率提取方法研究. 遥感技术与应用, 2007, 22(3): 309-313.
[43] 李先华, 徐丽华, 曾齐红, 刘学锋, 常静, 毛建华. 大气层辐射遥感图像与城市大气污染监测研究. 遥感学报, 2008, 12(5): 780-785.
[44] 李旭文. 苏南大运河沿线城市热岛现象的卫星遥感分析. 国土资源遥感, 1993, 18(4): 28-33.
[45] 梁保定, 马隆文. 遥感信息提取在矿产资源调查、预测的应用综述及展望. 南方国土资源, 2005, 4: 30-32
[46] 刘富渊, 李增元. 草地资源遥感调查方法的研究. 草地学报, 1991, 1(1): 44-51.
[47] 刘桂青, 李成才, 朱爱华等. 长江三角洲地区大气气溶胶光学厚度研究. 环境保护, 2003, 8: 50-55.
[48] 刘雯, 骆剑承, 钟秋海, 沈占锋, 徐宪立. 基于特征基元的高分辨率遥感影像城市空间信息提取. 地理与地理信息科学, 2007, 23(4): 25-28.
[49] 刘雅妮, 武建军, 夏虹等. 地表蒸散遥感反演双层模型的研究方法综述. 干旱区地理, 2005, 28(1): 66-71.
[50] 鲁迪, 魏雅丽. 论遥感技术在国土资源调查中的应用. 国土资源导刊, 2005, (2): 36-37.
[51] 陆家驹, 张和平. 应用遥感技术连续监测地表土壤含水量. 水科学进展, 1997, 8(3): 281-287.
[52] 鹿琳琳, 郭华东. 利用遥感影像自动估算深圳福田城市人口. 遥感信息, 2008, (2): 64-68.
[53] 吕安民, 李成名, 林宗坚, 王兴奎等. 基于遥感影像的城市人口密度模型. 地理学报, 2004, 59(6): 158-164.
[54] 明冬萍. 高分辨率遥感特征基元提取与格局判别方法研究. 中国科学院地理科学与资源研究所博士学位论文, 2006.
[55] 牛宝茹. 基于遥感信息的沙漠化灾害程度定量提取研究. 灾害学, 2005, 20(1): 18-21.
[56] 牛明香, 赵宪勇. 卫星遥感和GIS技术在海洋渔业资源研究中的应用. 南方水产, 2008, 4(3): 70-74.
[57] 任晓华, 魏二虎, 李军, 李劲峰. 湖北省土地资源遥感调查与评价. 长江流域资源与环境, 2002, 11(5): 433-436.
[58] 申广荣, 田国良. 基于GIS的黄淮海平原旱情监测研究. 自然灾害学报, 1998, 7(2): 17-21.
[59] 申广荣, 田国良. 基于GIS的黄淮海平原旱灾遥感监测研究——作物缺水指数模型的实现. 生态学报, 2000, 20(2): 224-228.
[60] 师培. 利用遥感解译评价城市生态环境状况. 煤炭科技, 2008, (1): 53-54.
[61] 孙小芳, 卢健, 孙小丹. 城市地区高分辨率遥感影像绿地提取研究. 遥感技术与应用, 2006, 21(2): 159-162.
[62] 孙震, 苏尚典, 益建芳等. 遥感综合技术在城市环境监测中的作用. 测绘与空间地理信息, 2006, 29(2): 92-95.

[63] 万本太. 中国生态环境质量评价研究. 北京:中国环境科学出版社,2004.

[64] 万本太,张建辉,王文杰等. 中国生态环境质量优劣度评价. 中国环境监测,2003,19(2):46-53.

[65] 汪闽. 基于高分辨率遥感图像的目标信息提取研究. 中国科学院地理科学与资源研究所博士学位论文,2005.

[66] 王丽红,付培建. 遥感技术在牧区雪灾监测研究中的应用. 遥感技术与应用,1998,13(2):32-36.

[67] 王鹏新,龚健雅等. 基于植被指数和土地表面温度的干旱监测模型. 地球科学进展,2003,18(4):527-533.

[68] 王素敏,翟辉琴. 遥感技术在我国土地利用/覆盖变化中的应用. 地理空间信息,2004,2(2):32-38.

[69] 王雪. 城市绿地空间分布及其热环境效应遥感分析. 北京林业大学博士学位论文,2006.

[70] 王雪梅,邓孺孺,何执谦. 遥感技术在大气监测中的应用. 中山大学学报(自然科学版),2001,6(40):95-98.

[71] 王艳红,邓正栋. 遥感技术在水源侦察和水质监测中的应用. 污染防治技术,2005,18(1):19-24.

[72] 王颖杰,商彦蕊,郭建谱,赵文双,黄定华等. 农业旱灾遥感检测方法综述. 灾害学,2004,21(4):84-88.

[73] 王周龙. 沙漠化灾害遥感信息提取技术系统. 中国沙漠. 1993,13(4):14-19.

[74] 魏文秋,陈秀万,张继群. 洪灾遥感监测与信息复合分析. 灾害学,1993,8(2):8-1.

[75] 吴健平,张立. 卫星遥感技术在城市规划中的应用. 遥感技术与应用,2003,18(1):52-56.

[76] 武晓波,阎守邕,田国良等. 在 GIS 支持下用 NOAA/AVHRR 数据进行旱情监测. 遥感学报,1998,2(4):280-841.

[77] 谢军飞,李延明. 利用 IKONOS 卫星图像阴影提取城市建筑物高度信息. 国土资源遥感,2004,4:426.

[78] 杨胜天,刘昌明,王鹏新. 黄河流域土壤水分遥感估算. 地理科学进展,2003,22(5):454-462.

[79] 叶笃正,丑纪范,刘纪远等. 关于我国华北沙尘暴天气的成因与治理对策. 地理学报,2000,55(5):513-521.

[80] 于杰,李永振. 海洋渔业遥感技术及其渔场鱼情应用进展. 南方水产,2007,3(1):62-68.

[81] 曾群柱,冯学智,鲁安新等. 雪灾遥感监测评价系统中的关键技术研究. 见:重大自然灾害遥感监测与评价研究进展. 北京:中国科学技术出版社,1993.

[82] 曾永年,冯兆东,向南平. 基于地表定量参数的沙漠化遥感监测方法. 国土资源遥感,2005.2(64):40-44.

[83] 张蓓,王世新,周艺等. 利用 MODIS 数据进行植被水监测的应用研究. 遥感信息,2004,(1):19-23.

[84] 张树誉,赵杰明,袁亚社等. NOAA/AVHRR 资料在陕西省干旱动态监测中的应用. 中国农业气象,1998,19(5):26-32.

[85] 赵英时. 遥感应用分析原理与方法. 北京:科学出版社,2003.

[86] 周纪,陈云浩,李京,翁齐浩,易文斌. 基于遥感影像的城市热岛容量模型及其应用——以北京地区为例. 遥感学报,2008,12(5).

[87] 邹尚辉. 城市人口的遥感估算方法. 环境遥感,1991,6(3):239-240.